高职高专计算机任务驱动模式教材

SQL Server 数据库技术 及应用项目教程

（第二版）

刘　芳　主编

U0313353

清华大学出版社

北京

内 容 简 介

本书结合 SQL Server 2008 数据库管理系统,基于"与企业应用、岗位技能相符"的原则,按照项目教学的基本规律编写。全书以项目为导向,以工作任务为主线,以 SQL Server 2008 数据库的管理与应用开发活动为载体,重点介绍以下知识与技能:SQL Server 2008 数据库环境的建立及其主要管理工具的作用;数据库及各种数据库对象的创建与管理;数据库的复制与移动、备份与恢复、导入与导出等操作;数据库的安全体系及管理方法;数据库的设计方法、Transact-SQL 语言及其应用编程技术;SQL Server 2008 报表的设计与创建;利用 Visual Studio 2008 集成开发环境中的 Visual C♯ 和 Visual Basic 语言开发基于 C/S 和 B/S 结构的数据库应用系统的方法。

本书注重理论联系实践,语言浅显易懂,具有较强的实用性和可操作性。本书结构组织合理,便于教学取舍;选材实用,示例丰富,便于理解和操作。

本书可作为高等职业技术学校计算机相关专业及电子商务、物流管理、机电一体化等专业的教材,也可作为普通高校或成人院校本科非计算机专业的专业课教材,也是 SQL Server 2008 及其应用编程初学者理想的入门读物,对计算机工作者及爱好者也有很好的参考价值。

本书封面贴有清华大学出版社防伪标签,无标签者不得销售。

版权所有,侵权必究。侵权举报电话:010-62782989 13701121933

图书在版编目(CIP)数据

SQL Server 数据库技术及应用项目教程/刘芳主编. —2 版. —北京:清华大学出版社,2015
(2019.7 重印)

高职高专计算机任务驱动模式教材

ISBN 978-7-302-38085-6

Ⅰ. ①S… Ⅱ. ①刘… Ⅲ. ①关系数据库系统－高等职业教育－教材 Ⅳ. ①TP311.138

中国版本图书馆 CIP 数据核字(2014)第 221096 号

责任编辑:王剑乔
封面设计:常雪影
责任校对:刘 静
责任印制:刘海龙

出版发行:清华大学出版社
    网   址:http://www.tup.com.cn,http://www.wqbook.com
    地   址:北京清华大学学研大厦 A 座   邮   编:100084
    社 总 机:010-62770175   邮   购:010-62786544
    投稿与读者服务:010-62776969,c-service@tup.tsinghua.edu.cn
    质 量 反 馈:010-62772015,zhiliang@tup.tsinghua.edu.cn
    课 件 下 载:http://www.tup.com.cn,010-62795764
印 装 者:北京建宏印刷有限公司
经   销:全国新华书店
开   本:185mm×260mm   印   张:27   字   数:618 千字
版   次:2010 年 3 月第 1 版 2015 年 1 月第 2 版   印   次:2019 年 7 月第 7 次印刷
定   价:59.90 元

产品编号:061363-03

前　言

一、关于本书

在以往基于知识体系的教学模式下,学生学习后普遍反映理论知识偏多、要掌握的技能不是太明确,拿到实际项目不能很快上手,遇到新问题也不知道如何解决。如果将学生的学习活动与具体的项目相结合,以工作任务导向来组织教学,既能使理论知识和工作技能紧密融合、减少和分散理论知识,又能使学生更快地获得规划、实施和管理中小型数据库应用系统的方法和技能,提高解决实际问题的能力。为此,编者基于“与企业应用、岗位技能相符”的原则,按照项目教学的基本规律,并结合实际应用 SQL Server 数据库管理系统的经验,于 2010 年 3 月出版了《SQL Server 数据库技术及应用项目教程》。在过去的 4 年多时间里,该书的使用对提高项目教学的实际应用效果起到了较好的作用,让学生体会到了“学中做”、“做中学”的乐趣。

这次对《SQL Server 数据库技术及应用项目教程》的修订,除保持了原书项目任务的体系结构,以及强化技能操作、突出知识重点和实用性外,在内容上还引入 SQL Server 数据库应用的最新技术,版本升级为 SQL Server 2008,并增加了部分项目任务实例,如报表的使用;在编写方案上吸纳有数据库管理与应用经验的企业人员作为顾问,与他们共同探讨内容大纲、技术规范,力求体现技术的规范性。本书是编者多年来在教学实践中对课程项目教学内容、项目教学方法及项目教学效果研究成果的具体应用,也是江苏省教育科学“十二五”规划 2013 年度课题——“面向信息类专业的实训、实战、实体高技能人才培养策略研究”(项目编号 B-b/2013/03/045)的研究成果之一。

二、内容与结构

本书以学生成绩管理系统为主线、以 SQL Server 2008 为教学环境,分 11 个项目重点介绍以下知识与技能:SQL Server 2008 数据库环境的建立及其主要管理工具的作用;SQL Server 数据库和表的创建与管理;数据库的复制与移动、备份与恢复;数据的导入与导出及其高级管理;数据库安全性控制;T-SQL 语言在数据定义、数据操纵及查询中的应用;T-SQL 程序设计及其在数据库编程对象(如函数、存储过程、触发器等)中的应用;SQL Server 报表的设计与创建;数据库应用系统的设计与开发方法等。

另外,本书为了兼顾不同体系结构的数据库应用系统开发需求,在项目 11 中较为详细地介绍了 C/S 和 B/S 两种不同体系结构下的 Windows 窗体应用程序和 Windows Web 应用程序的开发方法,使学生对利用 Microsoft . NET Framework 开发平台进行数据库应用系统编程有一个较为全面的认识,在掌握数据库基本概念和 SQL Server 的基本操作技能的同时,能进行中小型管理系统的设计与开发。

本书中各项目均包括完整的教学环节:知识目标、技能目标、若干工作任务、与任务相关的知识讲解、完成任务的方法和步骤、疑难解析、小结和课后习题等。其中,每一个工作任务又包括"任务描述"、"任务分析"、"任务实现"和"任务总结"(或"任务说明")部分;课后习题包括能巩固所学知识点的选择题、填空题、判断题和简答题,以及与所学技能相配套的实训题。

三、编写思路

本书不仅注重知识与技能的传授,还注重教会学生怎么学、如何做,从而使学生学后就能很快上手。这些做法都是编者多年来从事计算机课程教学的体会,并在教学中收到了较好的教学效果。具体体现在以下几个方面。

(1)强调以学生为主体。以学生的学、练、思为教学主体,在注重对学生实际操作能力培养的同时,也强调其技术应用能力的培养,既让学生了解数据库管理与设计方法,又使学生掌握如何去做,使学生学后会用,学以致用。

(2)合理编排内容,把握认知规律。本书打破常规章节的编排顺序,在讲解数据库知识和训练操作技能的过程中,充分考虑学生的接受能力,按照由浅入深、由感性认识到理性认识的规律组织项目内容。

(3)强化技能操作,突出知识重点。每个项目都分为若干任务,围绕任务进行技能和知识的传授。工作任务设置的总原则为从工作需求出发,选择相关的任务并确定相应的知识点,其目标不是储备知识,而是在任务的完成过程中学习和应用知识。

(4)定位于职业岗位需求,适用面广。本书分成两大部分,前半部分属于数据库管理部分(项目 1~项目 6),可为学生日后从事数据库管理员工作打下基础;后半部分属于数据库设计与开发部分(项目 7~项目 11),可为在今后的岗位上从事数据库应用系统的开发提供保证。

(5)体现技术的先进性和规范性。适当参照相关职业资格标准,所选实例能够满足国家职业资格技能等级数据库管理员中、高级的要求,同时体现新技术、新标准。实现专业课程内容与职业标准对接、教学过程与生产过程对接。

四、本书特色

本书的特色如下。

(1)采用全新的体系结构。篇章结构采用"项目导向,任务驱动"来组织教学内容,整个教材结构合理,便于教学取舍。

(2) 突出实用性和可操作性。以岗位需求和职业能力为目标,以工作任务为主线,以数据库管理与应用开发活动为载体进行内容讲授。所选项目和任务难易适中,具有实用性。

(3) 注重实践、兼顾理论。教材在突出实用性和操作性的基础上也不失系统性和科学性,使学生能在掌握应用技能的同时提高知识的创新能力。

(4) 在内容的表述上,行文朴实流畅,浅显易懂,图文并茂,示例丰富,既便于理解和操作,也便于自学和效仿。

五、适用对象

本书可以作为高等职业院校计算机相关专业以及电子商务、物流管理、机电一体化等专业的数据库技术基础、数据库应用开发课程的教材,也可以作为计算机培训及自学教材。学生在学完本书后,应能熟练掌握 SQL Server 数据库的基本知识,会操作、应用 SQL Server 数据库,并具有开发一般复杂程度的数据库应用系统的能力。

本书由刘芳主编。其中,项目 1~项目 9 以及项目 11 的 11.1 节、11.2 节、11.4 节由刘芳执笔;项目 10、项目 11 的 11.3 节和附录由刘中原执笔,全书由刘芳统稿。在本书的编写过程中,得到了有关企业专家和教师的大力支持,特别是明基逐鹿软件(苏州)有限公司的周洋、苏州普腾信息科技有限公司的冯养信工程师的热情指导,在此一并表示衷心感谢。

由于作者水平有限,书中难免存在疏漏和不足之处,恳望广大读者不吝赐教,批评指正。

编　者

2014 年 8 月

目　录

项目 1　SQL Server 数据库环境的建立

知识目标：①了解数据库和数据库管理系统的基本概念；②了解 SQL Server 数据库管理系统的发展历史及其特性，掌握 SQL Server 2008 的主要组件及其作用；③了解 SQL Server 2008 使用的网络通信协议。

技能目标：①能根据不同的应用对象选择合适的 SQL Server 2008 版本；②能进行 SQL Server 2008 企业版的安装，并能进行安装结果的验证；③学会 SQL Server 2008 网络环境的配置。

SQL Server 是一个功能强大的用来帮助用户创建和管理数据库的关系型数据库管理系统，它采用客户机/服务器的计算模型，为用户提供了极强的后台数据处理能力，越来越多的应用程序开发工具提供了与 SQL Server 的接口。所以，了解 SQL Server 的发展历史、掌握 SQL Server 的主要功能、学会 SQL Server 的基本操作，既有利于对数据库原理的理解，又有利于进行数据库的设计和开发。而要了解和掌握 SQL Server 的功能和基本操作，进行应用系统的开发，首先要建立 SQL Server 数据库环境，即正确地安装和配置 SQL Server 系统，它是确保软件安全、高效运行的基础。安装是选择系统参数并将系统安装在生产环境中的过程，配置则是选择、设置、调整系统功能和参数的过程，安装和配置的目的都是使系统在生产环境中充分发挥作用。按照 SQL Server 数据库环境构建的步骤，本项目主要分解成以下几个任务：

任务 1-1　SQL Server 2008 版本的选择

任务 1-2　安装环境的准备

任务 1-3　安装 SQL Server 2008 企业版

任务 1-4　验证安装结果

任务 1-5　卸载 SQL Server 2008 企业版

任务 1-6　配置 TCP/IP 的 SQL Server 2008 网络

1.1　数据库和数据库管理系统

数据处理是指对数据的分类、组织、编码、存储、检索和维护一系列活动的总和，其目的是从大量原始的数据中提取、推导出对人们有价值的信息，以作为管理者行动和决策的依据。随着计算机技术的发展，利用数据库大容量、高效率处理日益增加的数据资料已成为各企事业单位的首选。这里所说的数据库可以直观地理解为存放数据的仓库。但严格地说,数据库(DataBase,DB)是按一定的数据模型组织,长期存放在某种存储介质上的一组具有较小的数据冗余度和较高的数据独立性、安全性与完整性,并可为各种用户所共享的相关数据集合。通常,这些数据是面向一个单位或部门的全局应用的。例如,高等学校的学生信息管理内容丰富,工作繁多,其中,学生成绩数据的处理就是重要的一部分,可以用数据库进行存储和处理。为此,本教材使用学生成绩数据库作为全书实例数据库,并将在此数据库基础上建立的学生成绩管理系统作为应用开发的实例。

在计算机中,数据库是由多个数据文件及相关的辅助文件所组成,这些文件由一个称为数据库管理系统的软件进行统一管理和维护。数据库管理系统(DataBase Management System,DBMS)是一个在特定操作系统支持下,帮助用户建立和管理数据库的系统软件,它能有效地组织和存储数据、获取和管理数据,接受和完成用户提出的访问数据的各种请求。DBMS 是用户和数据库交互的一个接口,用户在数据库系统中的所有操作都是通过 DBMS 进行的。

数据库及其数据库管理系统均是基于某种数据模型的,数据模型的好坏,直接影响数据库的性能,这是因为在数据库中采用数据模型对现实世界进行抽象描述。目前应用最成熟、最广泛的一种数据模型是关系模型,它的存储结构为一组二维表格,如 SQL Server 2008 即为关系模型的数据库管理系统。有关数据模型的详细内容将在项目 7 中介绍。

1.2　SQL Server 版本的选择

1.2.1　SQL Server 的发展历史

SQL Server 最初由 Microsoft、Sybase 和 Ashton_tate 三家公司合作开发,于 1988 年推出第一个基于 OS/2 的版本。在后来的 20 多年里,SQL Server 经历了若干次的重大革新和升级,其功能和性能也日臻完善。其中,1996 年推出的 SQL Server 6.5 是 Microsoft 公司独立开发和发布的功能齐全、性能稳定的数据库管理系统;1998 年推出的 SQL Server 7.0 在数据存储、查询引擎、可伸缩性等性能方面有了巨大的改进;2000 年推出的 SQL Server 2000 增强了与 Internet 的紧密结合,提供对 XML 的支持,并第一次引入 Notification Service、Data Mining 和 Reporting 等特性;2005 年推出的 SQL Server 2005 凭借其在企业级数据管理、开发工作效率和商业智能方面的出色表现,赢得了众多客户的青睐,成为当时唯一能够真正胜任从低端到高端任何数据应用的企业级数据平台;而 2008 年推出的 SQL Server 2008 更是在 SQL Server 2005 的基础上进行了全新的升级,是用于大规模联机事务处理(OLTP)、数据仓库与电子商务应用的数据库和数据分析平台。如今,Microsoft 已于 2012 年推出最新的 SQL Server 2012,其以 AlwaysOn、Columnstore 索引、BI 语义模型、PowerView、大数据支持等新特性成为 Microsoft 把自己定位为可用性和大数据领域领头羊的重要产品。但从企业的应用角度来讲,SQL Server 2008 仍是当今数据库管理系统中流行的比较成熟的版本之一。

1.2.2　SQL Server 2008 的特性

SQL Server 2008 扩展了 SQL Server 2005 的性能,在安全性、可用性、易管理性、可扩展性、商业智能等方面有了更多的改进和提高,这使它成为大规模联机事务处理、数据仓库和电子商务应用程序的优秀数据库平台。

(1) 安全性、可靠性和可扩展性增强功能。

SQL Server 2008 通过简单的数据加密、外键管理、增强审查来增强它的安全性;通过改进的数据库镜像、热添加 CPU 功能来简化管理、提高它的可靠性;通过提供一个广泛的功能集合,使数据平台上的所有工作负载的执行都是可扩展的和可预测的。

(2) 数据库引擎可编程性增强功能。

数据库引擎引入了新的可编程性增强功能,除了与 Microsoft .NET Framework 的集成外,还提供了 Transact-SQL 的增强功能、新 XML 功能和新数据类型(如新增日期、空间、层次结构等数据类型)。

(3) 数据访问接口方面的增强功能。

SQL Server 2008 提供了 Microsoft 数据访问(MDAC)和 .NET Frameworks SQL 客户端提供程序方面的改进,为数据库应用程序开发人员提供了更好的易用性、更强的控制和更高的工作效率。

(4) Reporting Services 的增强功能。

SQL Server 报表服务(SQL Server Reporting Services,SSRS)是一种基于服务器的报表平台,可以用来创建和管理包含关系数据源和多维数据源中数据的表格、矩阵、图形和自由格式的报表。SQL Server 2008 的 SSRS 的处理能力和性能得到改进,使得大型报表不再耗费所有可用内存。另外,在报表的设计和完成之间有了更好的一致性。

(5) Analysis Services 的增强功能。

SQL Server 分析服务(SQL Server Analysis Services,SSAS)引入了新管理工具、集成开发环境以及与 Microsoft .NET Framework 的集成也得到了很大的改进和增强。IB 堆叠做出了改进,性能得到很大提高,扩展了 Analysis Services 的数据挖掘和分析功能。

(6) Integration Services 的增强功能。

SQL Server 2008 集成服务(SQL Server Integration Services,SSIS)是一个嵌入式应用程序,用于开发和执行 ETL(抽取、转换和加载)包,既包含实现简单的导入导出所必需的 Wizard 插件和工具,又有非常复杂的数据清理功能。SQL Server 2008 的 SSIS 能够在多处理器机器上跨越两个处理器,从而能够更好地并行执行。另外,SSIS 用于获取相关信息的 Lookup 的性能也有了很大的改进,而且能够处理不同的数据源,包括 ADO.NET、XML、OLEDB 和其他 SSIS 压缩包。

(7) 工具和实用工具增强功能。

SQL Server 2008 引入了管理和开发工具的集成套件,通过增强工具和监视功能,改进了对大规模 SQL Server 系统的易用性、可管理性和操作支持。

（8）与 Microsoft Office 2007 的结合。

SQL Server 2008 能够与 Microsoft Office 2007 完美地结合。例如，SQL Server Reporting Server 能够直接把报表导出成为 Word 文档，而且使用 Report Authoring 工具，Word 和 Excel 都可以作为 SSRS 报表的模板。

1.2.3 SQL Server 2008 的版本

SQL Server 2008 为不同的应用提供了两大版本阵营：SQL Server 2008 服务器版和 SQL Server 2008 专业版，其中服务器版是针对企业目标用户的，包括企业版和标准版；而专业版则是针对特定专业用户的，包括开发版、工作组版、精简版和网络版。并且这些版本都具有 X86 和 X64 两种类型，其中企业版和标准版还引入了一种新的类型——I64。用户需要根据自己的应用选择一个合适的版本。表 1-1 列出了 7 种不同版本的功能特点及主要应用场合。

表 1-1 SQL Server 2008 的版本

版本名称	功 能 特 点	主 要 用 途
企业版	一种能够满足企业联机事务处理和数据仓库应用要求的综合数据平台，支持操作系统可支持的最大 CPU 数、无限的伸缩和分区功能，高级数据库镜像功能等	大型企业级商业应用
标准版	完整的数据管理和商业智能平台，为部门级应用程序提供一流的易用性和易管理性支持，最大 4 个 CPU	部门级的中小型商业应用
开发版	在企业版上增加了对终端用户的授权许可验证功能，只能用来开发和测试系统，不能用做生产服务器	开发技术人员应用
工作组版	可靠的数据管理和报表平台，为各分支应用程序提供安全的远程同步和管理功能	个人或小型工作组的应用
网络版	针对运行于 Windows 服务器中要求高可用、面向 Internet Web 服务的环境而设计，为客户提供低成本、大规模、高可用的 Web 应用	Web 客户应用
移动版	可免费下载，为所有 Windows 平台上的移动设备、桌面和 Web 客户端构建嵌入式数据库环境	移动设备、桌面和 Web 客户端应用
精简版	可免费下载，为桌面和 Web 构建单机环境，与 Visual Studio 集成	桌面及小型服务器应用

任务 1-1 SQL Server 2008 版本的选择

【任务描述】 某学校拟开发一个学生成绩管理系统，决定后台采用 SQL Server 数据库管理系统，现已知全日制在校学生 8000 余人。试根据该系统的数据规模和应用场合，为其选择合适的 SQL Server 2008 的版本。

【任务分析】 从表 1-1 可以看出，企业版可以作为生产数据库服务器使用，支持 SQL Server 2008 的所有可用功能，并可以根据支持最大的 Web 站点、企业联机事务处理及数据仓库系统所需的性能水平进行伸缩；标准版可以作为部门级的数据库服务器使用；工作组版可以作为个人或小型工作组的数据库服务器;网络版可为 Web 客户应用提供环境;移动版可以供移动或嵌入式用户使用;精简版可以供桌面用户使用;而开发版可以供程序员用来开发以 SQL Server 2008 作为数据存储的应用程序。如果是企业级商业应用,则选用 SQL Server 2008 企业版;如果是部门的中小商业应用,则选用 SQL Server 2008 标准版;如果是个人或小型的工作组应用,则选用 SQL Server 2008 工作组版;如果是用于移动设备或 Web 客户端,则可选用移动版或网络版;如果仅是单机环境下的应用则精简版就足够了;如果是开发测试,则选用 SQL Server 2008 开发版。

【任务实现】　由任务描述可知,研究的对象是一个具有 8000 名学生的学校,以后学校的人数可能还会进一步增加,所以其应用属于企业级应用,应选择 SQL Server 2008 企业版作为数据库应用服务器。

【任务总结】　在实际应用中,应根据应用程序的需要选择合适的 SQL Server 2008 版本,以满足企业和个人独特的性能、运行时间及价格要求。另外,在安装时需要安装哪些 SQL Server 2008 组件也要根据企业或个人的需求而定。

1.3　SQL Server 2008 的安装

1.3.1　安装 SQL Server 2008 的环境要求

安装前须确保计算机的软硬件环境完全符合安装要求,不同的 SQL Server 版本对所需的软硬件环境各不相同。

1. 硬件环境要求

硬件系统必须有较大的存储空间以存放数据库、DBMS、操作系统,并进行数据备份;要有较高的数据传输能力,以提高数据传输速度;还要有较快的运行速度,以提高数据处理能力。限于篇幅,这里只列出目前常用的 32 位 SQL Server 2008 企业版对计算机硬件环境的要求,如表 1-2 所示。其他版本请查阅软件随机手册、相关资料或访问微软网站。

表 1-2　SQL Server 2008 安装的硬件环境需求

硬　　件	最 低 需 求
CPU	Pentium Ⅲ 兼容处理器,速度最低 1.0GHz,建议 2.0GHz 或更快的速度
内存	至少 512MB,建议 2.0GB 或更大
硬盘	根据所选组件的不同而不同,完全安装至少 1.7GB,建议 4.0GB 或更大
光驱	CD 或 DVD 驱动器
网卡	10/100M 兼容网卡
监视器	VGA 或更高,分辨率至少 1024×768 像素

2. 软件环境要求

SQL Server 2008 安装时所需的软件组件主要包括以下几种：Microsoft. NET

Framework 3.5、SQL Server 本机客户端、SQL Server 2008 安装程序支持文件、Windows Installer 4.5 或更高版本以及 Microsoft 数据访问组件(MDAC)2.8 SP1 或更高版本。至于 SQL Server 2008 各版本对操作系统的要求则不尽相同,64 位版本的 SQL Server 只能安装到 64 位版本的 Windows 上,而 32 位版本的 SQL Server 既能安装到 32 位版本的 Windows 上,也能安装到启用了 WOW(Windows On Windows)的 64 位版本的 Windows 上。表1-3 列出了 32 位 SQL Server 2008 企业版、标准版、开发版、工作组版、网络版和精简版常用的操作系统。

表 1-3　SQL Server 2008 安装的软件环境需求

版　　本	最 低 需 求
企业版	Windows Server 2003(SP2),Windows Server 2008,Windows 7 Professional/Ultimate/Enterprise。另外,企业评估版还可在 Windows XP Professional(SP2)、Windows Vista 上安装
标准版	Windows XP Professional(SP2),Windows Server 2003(SP2),Windows Vista Ultimate/Enterprise,Windows Server 2008,Windows 7 Professional/Ultimate 及更高版本
开发版	Windows XP Professional(SP2),Windows Server 2003(SP2),Windows Vista,Windows Server 2008,Windows 7 Home Basic/Professional 及更高版本
工作组版	Windows XP Professional(SP2),Windows Server 2003(SP2),Windows Vista Ultimate/Enterprise,Windows Server 2008,Windows 7 Home Basic 及更高版本
网络版	Windows XP Professional(SP2),Windows Server 2003(SP2),Windows Vista Ultimate/Enterprise,Windows Server 2008,Windows 7 Professional 及更高版本
精简版	Windows XP Home/Professional(SP2),Windows Server 2003(SP2),Windows Vista,Windows Server 2008,Windows 7 Home Basic 及更高版本

除了上述要求外,SQL Server 2008 对计算机的网络环境也有一定的要求,IE 浏览器需要 6.0 SP1 及以上版本,因为 Microsoft 管理控制台(MMC)、SQL Server Management Studio、Business Intelligence Development Studio、SQL Server Reporting Services 的报表设计器组件和 HTML 帮助都需要它。另外,安装 SQL Server 2008 Reporting Services 还需要 IIS 5.0 或更高版本的支持。

任务 1-2　安装环境的准备

【任务描述】　根据选择的 SQL Server 2008 版本,为学生成绩管理系统配置合适的软硬件环境。

【任务分析】　从表 1-2 和表 1-3 中可以看出,安装 SQL Server 2008 企业版需要在 Windows Server 2003 SP2 以上版本的 Windows 操作系统下运行,其硬盘空间至少 1.7GB,内存至少 512MB。

【任务实现】　为了获得 SQL Server 2008 的最佳性能,在本项目中配置了以下软硬件环境:服务器端的硬件配置为 P4 CPU 2.8GHz＋500GB 硬盘＋2GB 内存＋10/100Mbps 自适应网卡,软件配置为 32 位操作系统 Windows 7 Ultimate＋IIS 8.0;客户端硬件配置为 P3 CPU 1GHz＋80GB 硬盘＋512MB 内存;软件配置为操作系统 Windows

XP+IE 7.0。

【任务总结】　安装 SQL Server 2008 之前,不仅要按 SQL Server 未来的用途规划好所需的软硬件资源,还应彻底检测和验证软硬件的安装与配置情况,并保证它们运转正常,很多在安装过程中或将来使用中发生的问题都可以通过这些准备工作而避免。

任务 1-3　安装 SQL Server 2008 企业版

【任务描述】　在配置的软硬件环境下完成 SQL Server 2008 企业版的安装。

【任务分析】　SQL Server 2008 使用安装中心将新安装、从 SQL Server 2008 或 SQL Server 2005 升级、添加/删除组件的维护及示例更改的管理都集成在一个统一页面中。在安装 SQL Server 2008 企业版的过程中,需进行一些参数的配置,如 SQL Server 实例名的定义、安装位置的选择、服务账户和安全认证模式的选择以及服务器端系统管理员登录密码的设置等,这些都需要预先考虑好,因为它们会影响 SQL Server 的日后运行。另外,SQL Server 2008 没有单独的客户端安装,只需要在选择组件的时候选择 Management Tools 即可。下面重点介绍 SQL Server 2008 服务器端的全新安装方法。

【任务实现】

(1) 将 SQL Server 2008 安装光盘放入光驱中,如果有 Autorun 功能,系统会自动弹出安装启动界面;否则需要运行 SQL Server 2008 的安装程序,即 Autorun.exe 或 Setup.exe,进入图 1-1 所示的 SQL Server 安装中心界面。

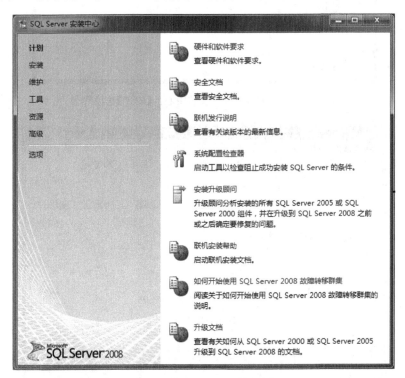

图 1-1　SQL Server 2008 安装中心界面

说明：安装程序启动后，首先检测当前系统是否有 Windows Installer 4.5 和 Microsoft.NET Framework 3.5 环境，如果没有，则会弹出安装提示对话框，单击【确定】按钮提示进行安装。

（2）单击左侧的【安装】选项，可以在右侧窗格选择不同的安装方法，如图 1-2 所示。选择"全新 SQL Server 独立安装或向现有安装添加功能"选项，此时安装程序会对安装 SQL Server 2008 需要遵循的规则进行检测，如图 1-3 所示。

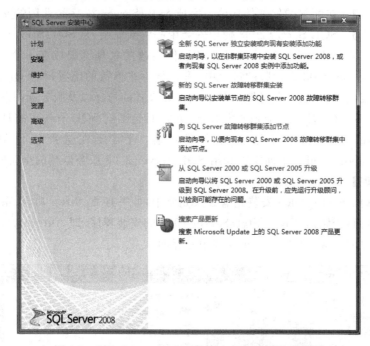

图 1-2　SQL Server 2008 安装中心的【安装】选项界面

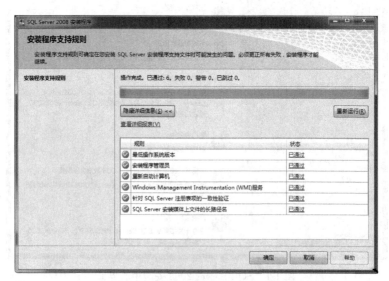

图 1-3　检测【安装程序支持规则】界面

（3）安装程序支持规则全部通过后，单击【确定】按钮，打开【产品密钥】对话框，选择要安装的 SQL Server 2008 版本：如选择"Enterprise Evaluation（评估）"版，则可以不输入产品密钥，但只能免费试用 180 天；如要正常使用，则需要输入产品密钥。这里选择 Enterprise Evaluation 版，并输入正确的产品密钥，如图 1-4 所示。

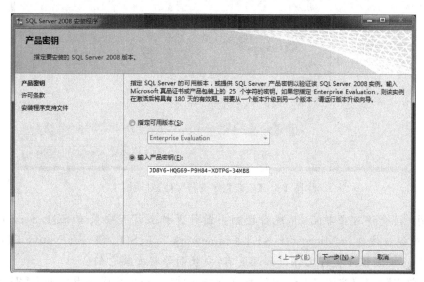

图 1-4　【产品密钥】对话框

（4）单击【下一步】按钮，弹出如图 1-5 所示的【许可条款】对话框，从中选中【我接受许可条款】复选框。

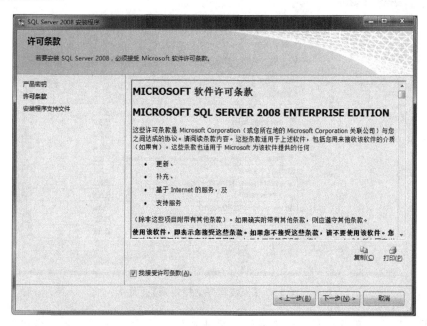

图 1-5　【许可条款】对话框

（5）单击【下一步】按钮，弹出【安装程序支持文件】对话框，如图 1-6 所示。

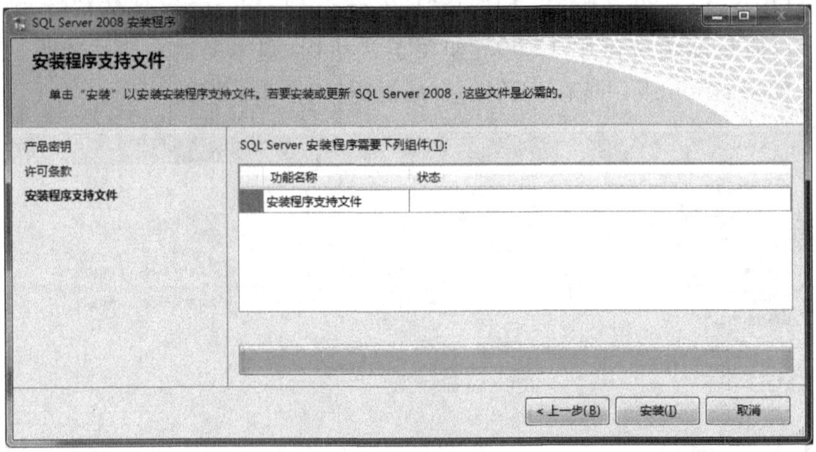

图 1-6　【安装程序支持文件】对话框

说明：接受许可条款后，系统会检测当前计算机上是否安装有 SQL Server 必备组件，这些必备组件包括 Microsoft. NET Framework 3.5、SQL Server Native Client 以及 SQL Server 安装程序支持文件。如果没有，安装向导将安装它们。

（6）单击【安装】按钮，安装"安装程序支持文件"。安装完成后重新进入【安装程序支持规则】界面，如图 1-7 所示。

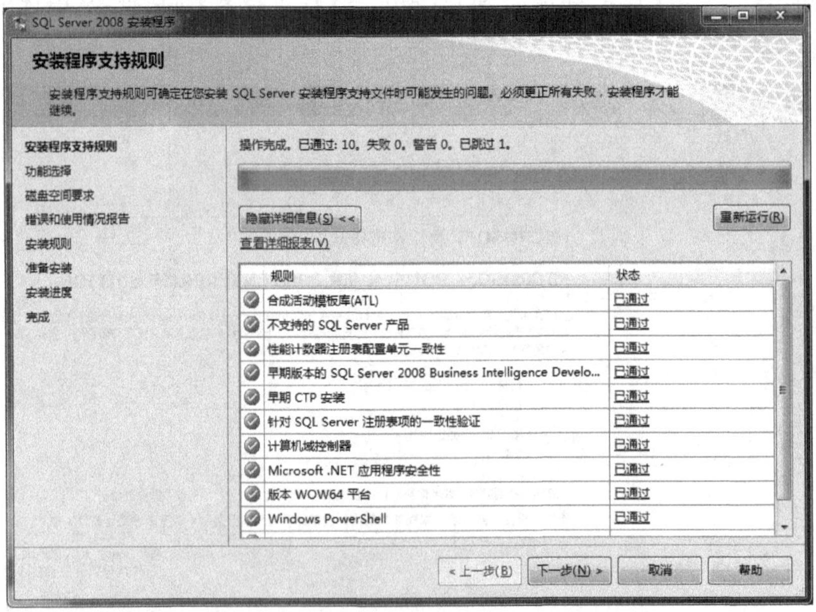

图 1-7　【安装程序支持规则】页面

说明：此时只有当所有检测都通过之后才能继续下面的安装。如果出现错误，则需要更正所有失败后才能安装。

10

（7）单击【下一步】按钮，弹出【功能选择】对话框，从【功能】列表框中选择要安装的组件，这里单击【全选】按钮选择安装所有的组件，如图 1-8 所示。

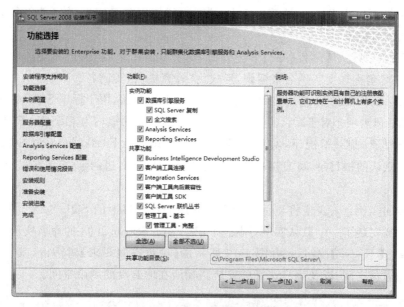

图 1-8　【功能选择】对话框

说明：若要更改共享组件的安装路径，则可在对话框下方的文本框中输入新的路径名，或单击 按钮导航到需要的安装路径。

（8）单击【下一步】按钮，系统进入图 1-9 所示的【实例配置】对话框，用户可指定是安装默认实例还是命名实例以及实例 ID 和实例的根目录。这里选择默认设置。

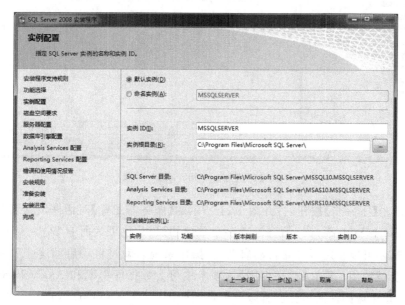

图 1-9　【实例配置】对话框

默认实例：如选中【默认实例】单选按钮，则以计算机的 NetBIOS 名称来命名实例，在一台计算机上只能有一个默认实例。如果【默认实例】单选按钮不可用，则说明已在该计算机上安装了 SQL Server 的其他版本，这时必须使用命名实例，并在【命名实例】文本框中输入实例名称。

命名实例：如选中【命名实例】单选按钮，则表示使用命名实例。命名实例通过计算机的 NetBIOS 名称加上实例名来标识，形式为"计算机名\实例名"。

实例 ID：默认情况下，使用实例名称作为实例 ID 的后缀，用于标识 SQL Server 实例的安装目录和注册表项。对于默认实例，实例名称和实例 ID 后缀均为 MSSQLSERVER。

实例根目录：默认情况下，实例根目录为 C:\Program Files\Microsoft SQL Server\，若要指定非默认的根目录，可直接在文本框中输入或单击右边的 按钮导航到需要的安装路径。

已安装的实例：该表格将显示运行安装程序的计算机上的 SQL Server 实例。如果计算机上已经安装了一个默认实例，则必须安装 SQL Server 2008 的命名实例。

（9）单击【下一步】按钮，打开图 1-10 所示的【磁盘空间要求】对话框，其中显示出安装所需的磁盘空间，以及用户选择的安装路径所在的磁盘的剩余空间。

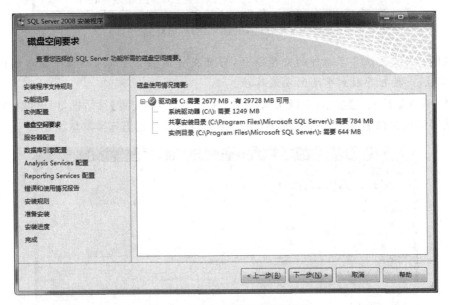

图 1-10 【磁盘空间要求】对话框

（10）单击【下一步】按钮，打开图 1-11 所示的【服务器配置】对话框，在【服务账户】选项卡中可为每个 SQL Server 服务配置一个单独的账户，也可为所有 SQL Server 服务配置同一账户，还可以指定服务是自动启动（在操作系统启动时自动启动这些服务）还是手动启动，或者被禁用。而在【排序规则】选项卡中可为数据库引擎和 Analysis Services 指定非默认的排序规则。这里为所有服务指定同一账户名 Administrator，排序规则采用默认设置。

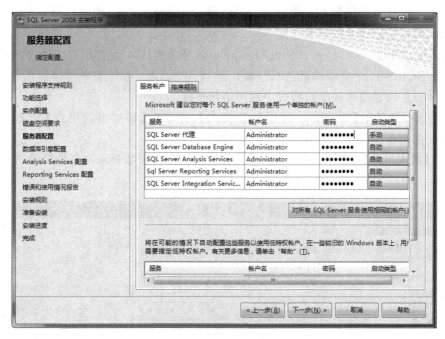

图 1-11　【服务器配置】对话框

（11）单击【下一步】按钮，进入【数据库引擎配置】对话框，包括身份验证模式、管理员、数据文件路径和 FILESTREAM 的配置。图 1-12 所示为其中的【账户设置】选项卡。

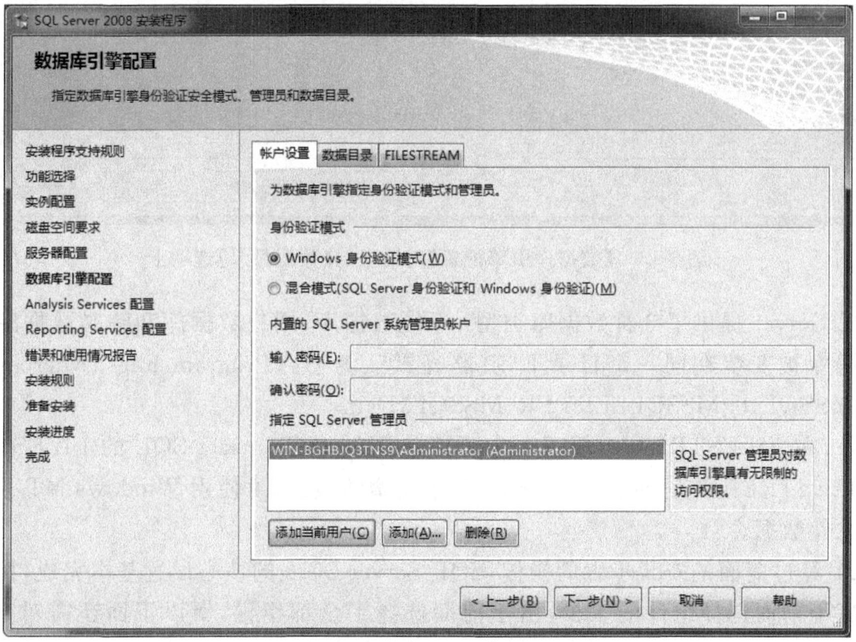

图 1-12　【数据库引擎配置】对话框

Windows 身份验证模式：用户通过 Windows 用户账户连接时，SQL Server 使用 Windows 操作系统中的账户名和密码。

混合模式(SQL Server 身份验证和 Windows 身份验证)：允许用户使用 Windows 身份验证或 SQL Server 身份验证进行连接。通过 Windows 用户账户连接的用户可以在 Windows 身份验证模式或混合模式中使用信任连接。

在此选择默认的【Windows 身份验证模式】，并单击【添加当前用户】按钮，将当前 Windows 系统账户设置为 SQL Server 管理员。

单击【数据目录】选项卡，在此可以指定各种数据库的安装目录和备份目录，如图 1-13 所示。

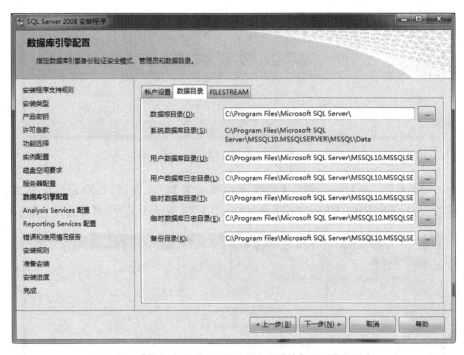

图 1-13　【数据库引擎配置】对话框的【数据目录】选项卡

SQL Server 提供了 3 种数据库类型：系统数据库、用户数据库和临时数据库。通常这些数据库被安装在同一个目录下，其路径默认为 C:\Program Files\Microsoft SQL Server\MSSQL10.MSSQLSERVER\MSSQL\Data。

另外，在 FILESTREAM 选项卡中可以启用针对 Transact-SQL 的 FILESTREAM 功能，FILESTREAM 是 SQL Server 2008 中新增的概念，可使用 Windows NT 系统缓存来存储文件数据。

(12) 经过前面的安装步骤的操作，SQL Server 2008 的核心设置基本完成，接下来的步骤取决于前面选择组件的多少，由于前面选择了全部组件，所以下面还需对 Analysis Services 和 Reporting Services 进行设置，如图 1-14 和图 1-15 所示。

(13) 配置完成后，单击【下一步】按钮，打开图 1-16 所示的【错误和使用情况报告】对话框，用户可以选择将 Windows 和 SQL Server 的错误信息报告到 Microsoft 公司的报告

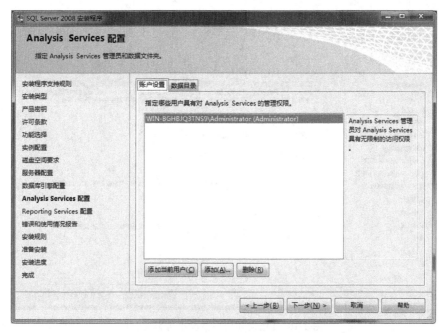

图 1-14　【Analysis Services 配置】的【账户设置】选项卡

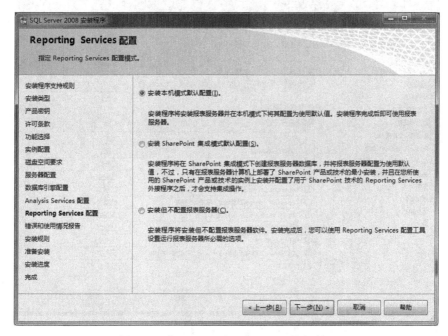

图 1-15　【Reporting Services 配置】对话框

服务器或将功能使用情况发送到 Microsoft 公司。这里不作选择。

（14）单击【下一步】按钮，打开图 1-17 所示的【安装规则】对话框，安装程序根据功能配置选择再次进行环境检查，看当前系统情况是否满足安装 SQL Server 2008 的要求。

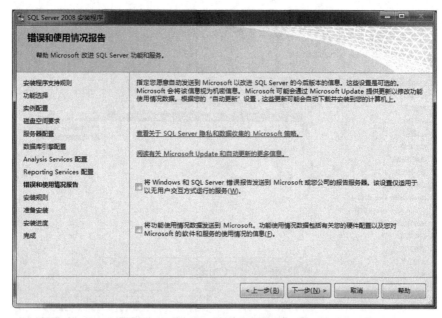

图 1-16 【错误和使用情况报告】对话框

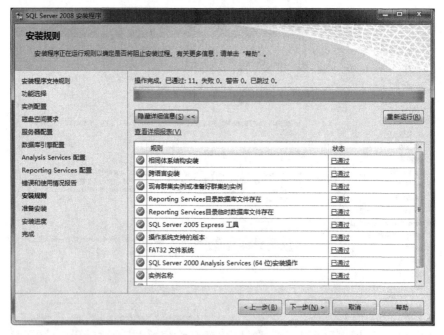

图 1-17 【安装规则】对话框

(15) 如果满足,单击【下一步】按钮,结束对 SQL Server 2008 安装所需参数的配置,进入图 1-18 所示的【准备安装】对话框。该对话框中显示了所有要安装组件的摘要信息,用户可通过扩展/折叠查看详细情况。

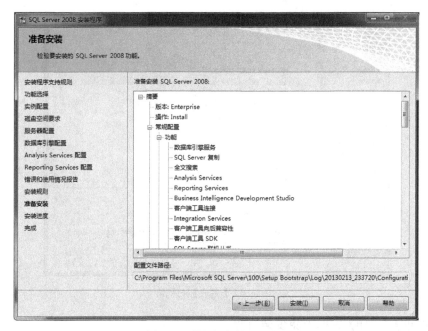

图 1-18 【准备安装】对话框

（16）确认组件列表框中各选项无误后，单击【安装】按钮开始安装，并进入【安装进度】对话框。此时，安装程序会根据用户对组件的选择复制相应的文件到计算机，并显示正在安装的功能名称、状态和安装结果，如图 1-19 所示。

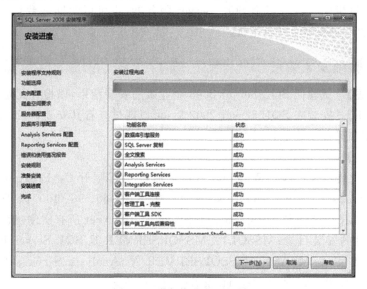

图 1-19 【安装进度】对话框

（17）待【功能名称】列表中所有项安装完成后，单击【下一步】按钮，打开安装【完成】对话框，此时会显示整个 SQL Server 2008 安装过程的摘要、日志保存位置及其他说明信息，如图 1-20 所示。

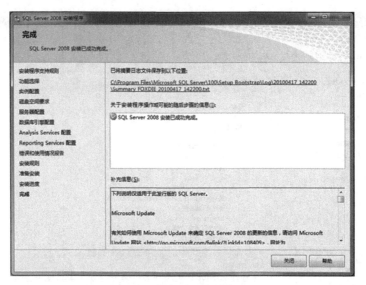

图 1-20 【完成】对话框

(18) 单击【关闭】按钮,结束安装过程。

【任务总结】 SQL Server 引入实例的概念来帮助管理和配置 SQL Server 服务器,一个实例可理解为一个 SQL Server 服务器。实例服务器中各实例共享同一个程序组、同一套客户机管理工具和联机丛书,但各实例具有各自独立的系统数据库和用户数据库、各自独立的 SQL Server 服务和代理服务、各自不同的网络连接地址。实例的引入,不仅可以使同一台计算机同时运行多个 SQL Server 服务器,也可以使同一台计算机同时运行 SQL Server 的不同版本而互不干扰。

任务 1-4 验证安装结果

【任务描述】 试验证 SQL Server 2008 企业版的安装结果,以检查其是否安装正确。

【任务分析】 安装完 SQL Server 2008 后,可以通过查看其安装目录、提供的服务及建立的程序组来验证安装是否正确。

【任务实现】

(1) 查看安装目录。打开 Windows 资源管理器,逐步展开 C:\Program Files 文件夹可以看到 Microsoft SQL Server 文件夹,其下有 80、90、100 以及 MSSQL10. MSSQLSERVER 等文件夹。其中,80、90、100 是 SQL Server 所有实例(默认实例和命名实例)共享文件的安装目录;MSSQL10. MSSQLSERVER 是 SQL Server 程序文件和数据文件的安装目录;MSAS10. MSSQLSERVER 是 Analysis Services 的安装目录;MSRS10. MSSQLSERVER 是 Reporting Services 的安装目录。

(2) 查看程序组。通过【开始】菜单中的【所有程序】→Microsoft SQL Server 2008 命令项,可以看到安装完 SQL Serve 2008 系统后的程序组以及主要的管理组件,如图 1-21 所示。

(3) 查看服务。SQL Serve 2008 包含了多个服务,可以通过图 1-22 所示的菜单中选

18

图 1-21 SQL Server 2008 程序组

择【配置工具】→【SQL Server 配置管理器】命令项,打开图 1-22 所示的 SQL Server Configuration Manager 窗口,在该窗口的左侧单击【SQL Server 服务】节点,此时可在窗口的右侧查看 SQL Serve 2008 的各种服务。

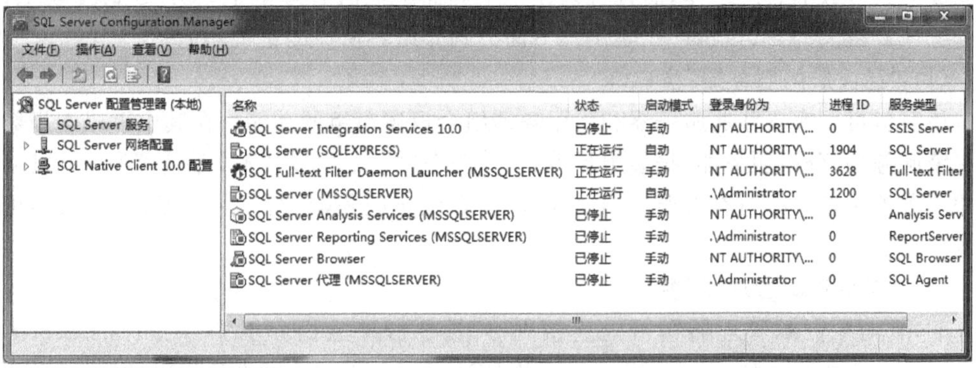

图 1-22 SQL Server Configuration Manager 窗口

说明:SQL Serve 2008 的服务也可通过单击【开始】菜单中的【控制面板】→【系统和安全】→【管理工具】→【服务】命令,在打开的【服务】窗口中查看。其中最重要的服务是 SQL Server 代理(MSSQLSERVER)。

SQL Server 2008 可以作为服务在 Windows 操作系统中运行,服务是一种在系统后台运行的应用程序,通常提供一些核心的操作系统功能,如 Web 服务、事件日志或文件服务。SQL Server 2008 中的 SQL Server 数据库引擎、SQL Server 代理等组件都作为服务运行。

1.3.2 SQL Server 2008 的主要组件

1. SQL Server 配置管理器

SQL Server 配置管理器是 SQL Server 2008 提供的数据库配置工具,用于管理与 SQL Server 相关的服务、配置 SQL Server 服务器端和客户端使用的网络协议以及客户端别名等。在其中可以启动、暂停、继续和停止数据库服务器的实时服务,其提供的服务包括 SQL Server、Integration Services、Analysis Services、Reporting Services、SQL Server 代理、Full-text Filter Daemon Launcher 和 SQL Server Browser 7 个服务。这些将在项目 2 中详细介绍。

2. SQL Server Management Studio

SQL Server Management Studio 是 SQL Server 2008 提供的一种集成环境,它将各种图形工具和多功能的脚本编辑器组合在一起,用于完成访问、配置、控制、管理和开发 SQL Server 的所有工作,大大方便了开发人员和数据库管理员对 SQL Server 的各种访问。

SQL Server Management Studio 是 SQL Server 2008 数据库系统中最重要的管理工具,由多个管理和开发工具组成,主要包括"已注册的服务器"窗口、"对象资源管理器"窗口、"查询编辑器"窗口、"模板资源管理器"窗口、"解决方案资源管理器"窗口等。不仅可以完成绝大多数的管理工作,而且可以在一个界面下同时管理多个 SQL Server 实例,包括远程计算机上的 SQL Server 实例。下面分别介绍各窗口的主要功能。

(1)"已注册的服务器"窗口。

该窗口可以实现注册服务器和将服务器组合成逻辑组的功能。在其中可以选择数据库引擎服务器、分析服务器、报表服务器、集成服务器等,当选中某个服务器时,可以从右键快捷菜单中选择执行查看服务器属性、启动和停止服务器、新建服务器组、导入导出服务器信息等操作。

(2)"对象资源管理器"窗口。

利用"对象资源管理器",可以连接到 SQL Server 数据库引擎、Analysis Services、Integration Services、Reporting Services 及 SQL Server Compact 3.5 SP1 的实例,并为它们的对象提供视图,显示一个用于管理这些服务的用户界面。对象资源管理器的功能会因服务类型的不同而稍有差异,但通常会包括数据库的开发功能及所有服务器类型的管理功能。该窗口可以完成的操作主要有以下几个:

- 注册和管理 SQL Server 服务器。
- 连接、启动、暂停或停止 SQL Server 服务。
- 创建和管理数据库。
- 创建和管理各种数据库对象,包括表、视图、同义词、存储过程、触发器、规则、默认值、用户定义数据类型、函数及全文目录等。
- 通过生成 Transact-SQL 对象创建脚本。
- 备份数据库和事务日志;恢复数据库;复制数据库;设置任务调度。
- 让管理者进行作业管理和警报设置;提供跨服务器的拖放操作。
- 管理用户账户、数据库对象权限。
- 监视服务器活动、查看系统日志;管理和控制数据库邮件等。

(3)"查询编辑器"窗口。

该窗口用于输入和执行 Transact-SQL 语句,并迅速查看这些语句的执行结果,以分析和处理数据库中的数据。这是一个非常实用的工具,对掌握 SQL 语言,深入理解 SQL Server 的管理工作有很大帮助,支持彩色代码关键字、可视化地显示语法错误,并可用于交互式地设计和测试 Transact-SQL 语句、批处理和脚本。SQL Server Management Studio 中可以有多个"查询编辑器"窗口,以标签页的形式存放,其既可以工作在连接模式下,也可以工作在断开模式下。

(4)"解决方案资源管理器"窗口。

该窗口提供指定解决方案的树状结构图。解决方案可以包含多个项目,允许同时打开、保存、关闭这些项目。解决方案中的每一个项目还可以包含多个不同的文件或其他项(项的类型取决于创建这些项所用到的脚本语言)。

(5)"模板资源管理器"窗口。

该工具提供了执行常用操作的模板。用户可以在此模板的基础上编写符合自己要求的脚本。例如,在"模板资源管理器"窗口中打开 Database 节点,可以生成如 Attach Database、Bring Database Online、Create Database on Multiple Filegroups 等操作的模板。

3. Business Intelligence Development Studio

Business Intelligence Development Studio 是包含特定于 SQL Server 2008 商业智能的附加项目类型的 Microsoft Visual Studio 2008 开发工具,是用于开发包括 Analysis Services、Integration Services 和 Reporting Services 项目在内的商业解决方案的主要环境。每个项目类型都提供了用于创建商业智能解决方案所需对象的模板,并提供了用于处理这些对象的各种设计器、工具和向导。

在 Business Intelligence Development Studio 中开发项目时,可以将其作为某个解决方案的一部分进行开发,而该解决方案独立于具体的服务器。例如,可以在同一个解决方案中包括 Analysis Services 项目、Integration Services 项目和 Reporting Services 项目。在开发过程中,可以将对象部署到测试服务器中进行测试,然后,可以将项目的输出结果部署到一个或多个临时服务器或生产服务器。

4. Reporting Services 配置管理器

Reporting Services 配置管理器可以配置 SQL Server 2008 Reporting Services 的安装。如果使用"仅文件"安装选项安装报表服务器,必须使用此工具来配置服务器;否则服务器将不可用。如果使用默认配置安装选项安装报表服务器,可以使用此工具来验证或修改在安装过程中指定的设置。如果从以前的版本升级,可以使用此工具将报表服务器数据库升级为新格式。

Reporting Services 配置管理器可以用来配置本地或远程报表服务器实例。用户必须对承载要配置的报表服务器的计算机具有本地系统管理员权限,必须有权限在用于承载报表服务器数据库的 SQL Server 数据库引擎上创建数据库。

5．SQL Server Profiler

SQL Server Profiler 是 SQL 跟踪的图形用户界面，用于监视 SQL Server Database Engine 或 SQL Server Analysis Services 的实例。从 SQL Server Management Studio 窗口的【工具】菜单中即可运行 SQL Server Profiler。

利用 SQL Server Profiler，可从服务器中捕获 SQL Server 事件，这些事件可以是连接服务器、登录系统、执行 Transact-SQL 语句等操作，它们被保存到一个跟踪文件中供以后分析。例如，可以对生产环境进行监视，了解哪些存储过程由于执行速度太慢影响了性能；还可以显示 SQL Server 如何在内部解析查询，使管理员能够准确查看提交到服务器的 Transact-SQL 语句或多维表达式，以及服务器是如何访问数据库或多维数据集以返回结果集的。SQL Server Profiler 具体可执行的操作如下：

- 创建基于可重用模板的跟踪。
- 当跟踪运行时监视跟踪结果。
- 将跟踪结果存储在表中。
- 根据需要启动、停止、暂停和修改跟踪结果。
- 重播跟踪结果。

6．数据库引擎优化顾问

数据库引擎优化顾问(Database Engine Tuning Advisor)可以帮助用户分析工作负荷、提出创建高效率索引的建议等。借助数据库引擎优化顾问，用户不必详细了解数据库的结构就可以选择和创建最佳的索引、索引视图、分区等。

数据库引擎优化顾问分析一个或多个数据库的工作负荷和物理实现。工作负荷是对要优化的一个或多个数据库执行的一组 Transact-SQL 语句，在优化数据库时，数据库引擎优化顾问将使用跟踪文件、跟踪表或 Transact-SQL 脚本作为工作负荷输入。可以通过 SQL Server Management Studio 中的查询编辑器创建 Transact-SQL 脚本工作负荷，也可以使用 SQL Server Profiler 中的优化模板来创建跟踪文件和跟踪表工作负荷。

7．导入和导出数据

导入和导出数据采用 Data Transformation Services(DTS，数据转换服务)向导来完成。此向导包含了所有的 DTS 工具，提供了完成各种异构数据格式(如数据库、电子表格、文本文件等)转换的最简捷的方法。

任务 1-5　卸载 SQL Server 2008 企业版

【任务描述】　试述卸载 SQL Server 2008 企业版的步骤。

【任务分析】　当 SQL Server 2008 不再有用时，可以将其从计算机中卸载。要完全卸载，不仅仅是运行卸载程序，还需要在注册表中编辑。另外，在卸载前，最好先停止 SQL Server 2008 所有已启动的服务。

【任务实现】

（1）单击【开始】菜单中的【控制面板】命令，打开【控制面板】窗口，找到并单击【卸载程序】图标，系统将弹出图 1-23 所示的【卸载或更改程序】窗口。

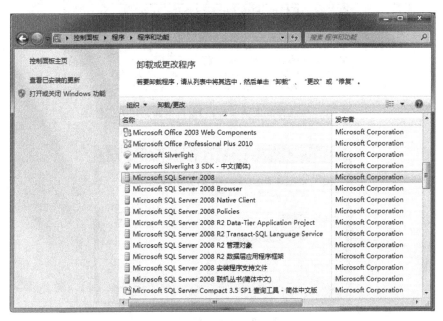

图 1-23　【卸载或更改程序】窗口

（2）在程序列表框中找到并右击 Microsoft SQL Server 2008 选项，在弹出的快捷菜单中选择【卸载/更改】命令，打开 SQL Server 2008 对话框，如图 1-24 所示。

（3）单击【删除】项，按提示卸载 SQL Server 2008。其中包括"安装程序支持规则"、"选择实例"、"选择功能"、"删除规则"、"准备删除"、"删除进度"等步骤。完成后单击【关闭】按钮即可。

（4）在【卸载或更改程序】窗口卸载与 SQL Server 2008 相关组件，如图 1-25 所示。

图 1-24　SQL Server 2008 对话框

（5）单击【开始】菜单中的【运行】文本框中输入并运行 regedit.exe 命令，或在键盘上按"开始＋R"组合键，快速进入图 1-26 所示的【运行】对话框，输入 regedit，单击【确定】按钮，打开【注册表编辑器】窗口。

在【注册表编辑器】窗口中删除以下选项：

HKEY_LOCAL_MACHINE\SOFTWARE\Microsoft\MSSQLServer。

HKEY_LOCAL_MACHINE\SOFTWARE\Microsoft\Microsoft SQL Server。

HKEY_LOCAL_MACHINE\SOFTWARE\Microsoft\Windows\CurrentVersion\Uninstall 中所有与 SQL 有关键值。

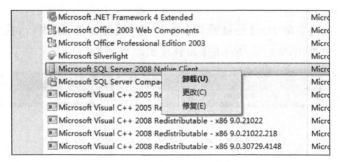

图 1-25 在【卸载或更改程序】窗口中卸载相关组件

图 1-26 【运行】对话框

HKEY_LOCAL_MACHINE\SYSTEM\CurrentControlSet\Services 中所有与 SQL 有关键值。

HKEY_LOCAL_MACHINE\SYSTEM\CurrentControlSet\Control\Session Manager 中的 PendingFileRenameOperations 项。

(6) 手工删除 SQL Server 2008 默认的安装目录 C:\Program Files\Microsoft SQL Server。

(7) 重新启动计算机。

【任务总结】 由于 SQL Server 2008 是一个包含了许多组件和服务的大型软件,所以其卸载不同于一般软件的卸载,必须通过上面介绍的步骤进行。

1.4 SQL Server 2008 的网络配置

SQL Server 2008 网络中的服务器和客户机构建完毕后,如要在客户端访问远程的 SQL Server 服务器,必须在客户机和服务器上配置相同的网络通信协议。下面以配置 TCP/IP 的 SQL Server 2008 网络为例加以说明。

任务 1-6 配置 TCP/IP 的 SQL Server 2008 网络

【任务描述】 试在 SQL Server 2008 网络中配置 TCP/IP 协议,用于连接服务器与客户机。

【任务分析】　SQL Server 2008 服务器和客户机之间通过相同的网络通信协议进行通信,但在实际操作时,需要对服务器和客户机的连接协议分别进行配置,此过程可在【SQL Server 配置管理器】中完成。服务器的配置通过"SQL Server 网络配置"实现,它可以为每一个服务器实例独立地设置网络配置;客户机的配置通过"SQL Native Client 10.0 配置"实现,前者主要是用来配置本计算机作为服务器时允许使用的链接协议,并设置相关参数;后者主要用来配置客户端的网络连接通信协议,定义服务器别名等。

【任务实现】

(1) 在服务器端配置 TCP/IP。

① 在 SQL Server 2008 服务器上,单击【开始】菜单中的【所有程序】→Microsoft SQL Server 2008→【配置工具】→【SQL Server 配置管理器】命令,打开【SQL Server 配置管理器】窗口。

② 在该窗口的左侧展开【SQL Server 网络配置】节点,单击其下的【MSSQLSERVER 的协议】项,此时可在窗口的右侧查看 SQL Server 2008 支持的网络通信协议及其使用情况,如图 1-27 所示。

图 1-27　【SQL Server 配置管理器】窗口

③ 右击需要配置的 TCP/IP 协议,在弹出的快捷菜单中选择【启用】命令,弹出如图 1-28 所示的【警告】对话框,说明只有在重新启动 SQL Server 服务后对此协议的更改才会生效,单击【确定】按钮启用 TCP/IP 协议。

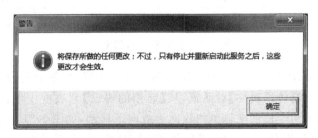

图 1-28　【警告】消息框

④ 再在弹出的快捷菜单中选择【属性】命令,打开【TCP/IP 属性】对话框,在其【IP 地址】选项卡中设置 TCP 端口,这里采用默认的设置 1433,如图 1-29 所示。

图 1-29　服务器端【TCP/IP 属性】对话框

（2）本地客户端配置 TCP/IP。

① 在【SQL Server 配置管理器】窗口的左侧展开【SQL Native Client 10.0 配置】节点,单击其下的【客户端协议】,此时可在窗口的右侧查看客户端应用程序使用的网络通信协议及客户端尝试连接到服务器时使用的协议的顺序。在默认情况下,Shared Memory（共享内存）协议总是首选的本地连接协议,如图 1-30 所示。

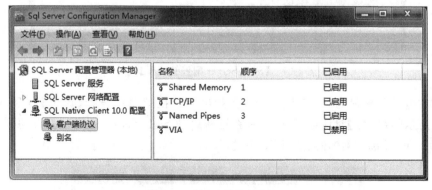

图 1-30　【客户端协议】窗口

② 如要改变 TCP/IP 协议的顺序,则可右击任一协议,在弹出的快捷菜单中选择【顺序】命令,打开【客户端协议属性】对话框,从【启用的协议】列表框中单击选择 TCP/IP 协议,然后通过右侧的两个按钮来调整协议向上或向下移动,如图 1-31 所示。

③ 如要配置 TCP/IP 协议,则可右击 TCP/IP 协议,在弹出的快捷菜单中选择【属性】命令,打开【TCP/IP 属性】对话框,设置 TCP/IP 端口,使其与上面服务器的端口号一致,这里仍采用默认的设置 1433,如图 1-32 所示。

需要说明的是,在使用 TCP/IP 的情况下,远程客户机和本地客户机的配置方法一样。

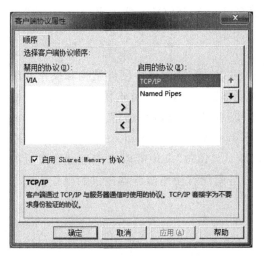

图 1-31　【客户端协议属性】对话框　　　　图 1-32　客户端【TCP/IP 属性】对话框

【任务总结】　要在客户端访问远程的 SQL Server 服务器,就必须在客户机和服务器上配置相同的网络协议,其中 TCP/IP 是首选协议。如果客户端试图使用 TCP/IP 协议连接到 SQL Server 的实例,而服务器上只安装了 Named Pipe 协议,则客户端将不能建立连接,此时必须使用服务器上的【SQL Server 配置管理器】激活服务器的 TCP/IP 协议。另外,在 TCP/IP 网络环境下,通常不需要对客户端进行网络设置。

1.4.1　SQL Server 2008 网络采用的通信协议

SQL Server 2008 能使用多种网络通信协议,包括 Shared Memory、Named Pipe、TCP/IP 和 VIA。所有这些协议都有独立的服务器和客户端配置。

1. Shared Memory 协议

Shared Memory(共享内存)协议是 SQL Server 2008 可供使用的最简单协议,仅用于本地连接。共享内存是一种在同一个 Windows 操作系统进程间的通信机制。如果 SQL Server 2008 的服务器和客户机安装在物理上同一台计算机上,则可以通过共享内存来访问,而且这样的速度也是最快的。此时可通过【SQL Server 网络配置】节点下的 "MSSQLSERVER 的协议"列表中不要启用任何协议,并使【客户端协议】列表中禁用所有的协议,而在【客户端协议属性】对话框中选中【启用 shore Memory 协议】复选框来实现。

2. Named Pipe 协议

Named Pipe(命名管道)协议主要用在 Windows 2000 以前版本的操作系统的本地连接或远程连接,是为局域网开发的协议。如启用了 Named Pipe 协议,SQL Server 2008 会使用 Named Pipe 网络库通过一个标准的网络地址进行通信,默认实例的格式为"\\服务器名\Pipe\sql\query",命名实例是"\\服务器名\Pipe\MSSQL＄实例名\sql\query"。

3. TCP/IP 协议

TCP/IP 被广泛用于构建局域网和 Internet,可以与互联网络中硬件结构和操作系统各异的计算机进行通信,是通过本地或远程连接到 SQL Server 的首选协议。TCP/IP 协议在网络数据的传输速率上要比 Named Pipe 协议高,虽然其网络通信交互性比 Named Pipe 协议差,但在网络速度较慢的局域网中使用,其性能要比 Named Pipe 协议高。SQL Server 服务器通过"服务器的 IP 地址:端口号(默认 1433)"来侦听以响应远端客户机的请求,客户机如果配置了服务器的 IP 地址和端口号就能够使用服务器提供的服务。

4. VIA 协议

如果在同一台计算机上安装有两个或多个 SQL Server 实例,则 VIA(虚拟接口适配器协议)连接可能会不明确。VIA 协议启用后,将尝试使用 TCP/IP 设置,并侦听端口 0: 1433。对于不允许配置端口的 VIA 驱动程序,两个 SQL Server 实例均将侦听同一端口。传入的客户端连接可能是到正确服务器实例的连接,也可能是到不正确服务器实例的连接,还有可能由于端口正在使用而被拒绝连接。所以,建议用户将该协议禁用。

由此可见,在实际工作中应根据不同的网络环境(局域网、广域网、Internet、网络连接速度等),设置不同的连接协议,以提高 SQL Server 2008 的网络性能。一般的局域网环境下使用 TCP/IP 协议和 Named Pipe 协议在连接性能上不相上下,但在网络速度较慢的情况下建议使用 TCP/IP 协议来构建 SQL Server 2008 网络,而在 Internet 网络中只能使用 TCP/IP 协议。另外,Shared Memory 协议的客户端仅可以连接到同一台计算机上运行的 SQL Server 2008 实例,远程客户机不能采用该机制。

1.4.2 SQL Server Native Client 10.0

SQL Server Native Client (SQLNCLI10)是一种数据访问技术,是 Microsoft SQL Server 的新增功能,是用于 OLE DB 和 ODBC 的独立数据访问应用程序编程接口(API)它将 SQL OLE DB 访问接口和 SQL ODBC 驱动程序组合成一个本机动态链接库(DLL),同时提供了一个与 Microsoft 数据访问组件(MDAC)截然不同的新功能。使用 SQL Server 安装程序可以将 SQLCLI 作为 SQL Server 工具的一部分安装。客户端应用程序连接到 SQL Server 服务器使用的 TCP/IP、命名管道、VIA 或共享内存协议就是通过使用 SQL Server Native Client dll 中包含的客户端网络库来实现的。

1.5　疑　难　解　答

(1) SQL Server 2008 的 X86、X64 和 I64 版有何区别?

答:简单地说,X86 版的 SQL Server 2008 适合安装在 32 位处理器的机器上,X64 版的 SQL Server 2008 适合安装在 64 位处理器的机器上,而 I64 版则是为面向高端的新架构 IPF 的 64 位 CPU 准备的。32 位和 64 位均是指 CPU 的处理字长,相对于 32 位 CPU,64 位的 CPU 可在同一时间内处理更大范围的整数运算,可以支持更大的内存。但要实现真正意义上的 64 位计算,必须有 64 位的操作系统以及 64 位的应用软件才行,三者缺一不可。

(2) 在 SQL Server 2008 安装失败或出现错误的情况下,如何查看其安装日志?

答:在软件安装失败或出现错误的情况下,养成阅读安装日志的习惯将会有很大的帮助。可以参考以下步骤来阅读和分析出错的日志文件:①进入＜drive＞:\Program Files\Microsoft SQL Server\100\Setup Bootstrap\Log 文件夹,打开 Summary. txt 文件,查看该文件有无错误消息;②如果在 Summary. txt 文件中找不到有关失败的信息,则打开同一根目录中的 SQLSetup[xxxx]. cab 文件;③如果该. cab 文件不存在,则可在下列路径＜drive＞:\Program Files\Microsoft SQL Server\100\Setup Bootstrap\Log\Files 中查看最新修改的核心日志 SQLSetup[xxxx]_[计算机名称]_Core. log;④如果安装过程中在用户界面中显示了错误,则可查找 SQLSetup[xxxx][S]_[计算机名称]_WI. log 日志文件;⑤如果安装过程中某个组件失败,则打开日志文件 SQLSetup[xxxx]_[计算机名称]_SQL. log,然后执行"UE3"搜索以扫描错误。

(3) 登录数据库时出现"无法连接到服务器 MyServer,SQL Server 不存在或访问被拒绝",如何解决?

答:①在客户机上测试服务器的 IP 地址是否连通,命令为"Ping 服务器的 IP 地址",如果地址测试成功,则表明 TCP/IP 没有问题,否则要检查网络连接情况;②查看 SQL Server 2008 的服务是否启动;③在【SQL Server 配置管理器】中检查服务器端和客户端网络配置参数是否吻合。

(4) 设置 SQL Server 网络配置参数的端口号时有何注意事项? 如何为 SQL Server 2008 设置非 1433 端口?

答:①无论是"服务器端"还是"客户端"网络配置的都是 SQL Server 2008 服务器的端口号,端口号必须成对出现;②在【SQL Server 配置管理器】中,依次展开"SQL Server 网络配置/MSSQLSERVER 的协议"节点,双击"TCP/IP 协议",打开【TCP/IP 属性】对话框,在其【IP 地址】选项卡中将显示若干个 IP 地址,格式为 IP1、IP2、…直到 IPA11。这些 IP 地址中有一个是环回适配器的 IP 地址(127.0.0.1),其他是计算机上的各个 IP 地址。如果"TCP 动态端口"框中包含 0,则表示数据库引擎正在侦听动态端口,请清除 0。在"IPn 属性"区域框的"TCP 端口"框中输入希望此 IP 地址侦听的端口号,单击"确定"按钮。重启 SQL Server 服务。在配置完 SQL Server 以侦听特定的端口后,可在客户端上创建一个别名,指定端口号即可使客户端应用程序连接到特定端口。

小结:本项目紧紧围绕建立 SQL Server 2008 环境这个主题,以安装和配置 SQL Server 2008 任务为主线,介绍了 SQL Server 2008 企业版的安装方法与步骤、安装结果的验证以及 SQL Server 网络环境的配置方法。同时还介绍了 SQL Server 2008 的版本、特性及其组件的作用,安装 SQL Server 2008 需要的软硬件环境等知识。

习 题 一

一、选择题

1. 在 SQL Server 2008 的工具中,用于输入和执行 Transact-SQL 语句,并迅速查看这些语句的执行结果的工具是(   );可以设置本机作为 SQL Server 服务器时允许的连接协议的工具是(   );而提供了有关 SQL Server 2008 管理和开发的所有信息,管理和开发人员经常从中获取帮助的工具又是(   )。

    A. SQL Server Profiler   B. 查询编辑器

    C. 联机帮助   D. SQL Server 配置管理器

2. 下列(   )不是 SQL Server 2008 网络采用的通信协议。

    A. Named Pipe 协议   B. TCP/IP 协议

    C. 共享内存协议   D. VTA 协议

二、填空题

1. SQL Server 2008 是一个 _____ 型的数据库管理系统,其版本主要包括 _____、_____、_____、_____、_____、_____ 和 _____。

2. SQL Server 2008 中常用的管理和开发工具有 _____、_____、_____、_____、_____ 和 _____ 等。

三、判断题

1. SQL Server 实例的引入,不仅可以使同一台计算机同时运行多个 SQL Server 服务器,而且可以使同一台计算机同时运行 SQL Server 的多个版本。 (   )

2. 为了使 SQL Server 有较好的工作性能,SQL Server 最好安装在一个独立的服务器上。 (   )

3. 如果用户要与 SQL Server 2008 进行对话,必须先启动 SQL Server 服务器。

(   )

4. 无论是 SQL Server 2008 服务器的网络配置,还是 SQL Server 2008 客户机的网络配置,都是在【SQL Server 配置管理器】中进行的。 (   )

四、简答题

1. 在 Windows 7 家庭版操作系统下可安装何种版本的 SQL Server 2008?

2. SQL Server 配置管理器有何作用? SQL Server SQL Server Management Studio 又有何作用?

五、项目实训题

1. 试着在 Windows 7 操作系统下安装 SQL Server 2008。

2. 试着在 Windows Server 2008 操作系统下安装 SQL Server 2008。

3. 利用【SQL Server 配置管理器】更改服务器的端口为 2000。

4. 试着在 Windows 7 操作系统下删除 SQL Server 2008。

项目 2　SQL Server 服务器的管理和配置

　　知识目标：①了解 SQL Server 2008 提供的服务及其作用；②掌握 SQL Server 2008 的体系结构；③掌握 SQL Server 服务器组及其注册服务器的概念。

　　技能目标：①会用多种方法启动 SQL Server 服务器；②能创建 SQL Server 服务器组、注册 SQL Server 服务器；③会启动、暂停和停止 SQL Server 2008 提供的服务。

　　作为一种客户机/服务器体系结构的数据库管理系统，SQL Server 服务器的管理是保证整个系统正常运行的关键，它可分为 3 个层次：服务器级的管理和配置、数据库级的管理和配置以及数据对象的管理和配置。本项目主要介绍服务器级的管理和配置操作，另外两个层次的管理将在以后的项目中介绍。按照 SQL Server 服务器级的管理内容，本项目主要分解成以下几个任务：

　　任务 2-1　启动 SQL Server 服务器
　　任务 2-2　使用 SQL Server Management Studio
　　任务 2-3　创建 SQL Server 服务器组
　　任务 2-4　注册 SQL Server 服务器
　　任务 2-5　暂停 SQL Server 服务
　　任务 2-6　停止 SQL Server 服务
　　任务 2-7　启动和停止 SQL Server 2008 的其他服务
　　任务 2-8　查看服务器的环境信息

2.1　SQL Server 2008 的启动

任务 2-1　启动 SQL Server 服务器

　　【任务描述】　试述启动 SQL Server 服务器的 4 种方法。

　　【任务分析】　当 SQL Server 2008 安装成功后，可以通过 SQL Server 配置管理器、设置操作系统启动时自动启动、后台启动以及 SQL Server Management Studio 4 种方法启动服务器。

　　【任务实现】

　　(1) 用 SQL Server 配置管理器启动。

　　① 单击【开始】菜单中的【所有程序】→Microsoft SQL Server 2008→【配置工具】→

【SQL Server 配置管理器】命令，系统将弹出图 2-1 所示的【SQL Server 配置管理器】窗口。

图 2-1 SQL Server Configuration Manager 窗口

② 在配置管理器的左侧窗格中，单击"SQL Server 服务"命令，此时会在右侧的详细信息窗格中显示 SQL Server 已安装的各种服务信息。

③ 在详细信息窗格中，右击"SQL Server（MSSQLServer）"项，从弹出的快捷菜单中选择【启动】命令。此时如果服务器名称旁的图标上出现绿色箭头，则表明服务器已成功启动。

（2）自动启动服务器。

可在操作系统启动时自动启动服务器，也就是在安装 SQL Server 2008 时，默认选择此特性，即在图 1-11 所示的对话框中，将启动类型设为"自动"。也可以安装完毕后，在【SQL Server 配置管理器】窗口或 Windows 的【服务】窗口中，将 SQL Server 服务设置为自动启动。具体步骤如下。

① 打开【SQL Server 配置管理器】窗口，单击"SQL Server 服务"命令，在详细信息窗格中，右击"SQL Server（MSSQLServer）"项，从弹出的快捷菜单中选择【属性】命令，打开【SQL Server 属性】对话框。

② 单击【服务】选项卡，将"启动模式"设置为自动，如图 2-2 所示。

图 2-2 【SQL Server 属性】对话框的【服务】选项卡

（3）通过后台启动。

当 SQL Server 2008 安装成功后,其提供的服务都体现在系统服务的后台。SQL Server 2008 的每个后台服务都代表一个或一组进程。后台服务可用以下方法启动。

① 单击【开始】菜单中的【所有程序】→【控制面板】命令,打开 Windows 的控制面板。

② 在控制面板中单击"系统和安全"链接,再单击"管理工具"链接,打开【管理工具】窗口。

③ 在【管理工具】窗口中双击"服务"图标,打开【服务】窗口。

④ 在【服务】窗口中,找到需要启动的 SQL Server 服务,即"SQL Server (MSSQLSERVER)"并右击,在弹出的快捷菜单中选择【启动】命令,如图 2-3 所示。

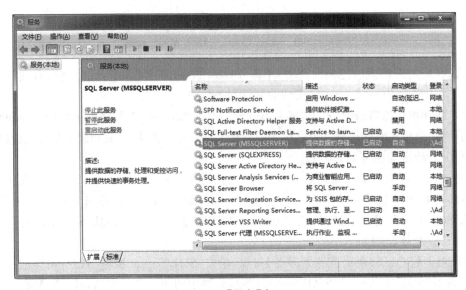

图 2-3 【服务】窗口

（4）通过 SQL Server Management Studio 启动。

在 SQL Server Management Studio 的"对象资源管理器"中,右击要启动的服务器,从弹出的快捷菜单中选择【启动】命令,也可启动 SQL Server 服务器。

【任务总结】 SQL Server 可以作为服务在 Windows 操作系统中运行,服务是一种在系统后台运行的应用程序。SQL Server 2008 中的 SQL Server 数据库引擎、SQL Server 代理等组件都作为服务运行。可以配置 SQL Server 服务,使得每次 Windows 启动时自动启动 SQL Server;也可以用 SQL Server 配置管理器启动;或者通过 Windows 的【服务】窗口启动。

2.1.1 SQL Server 2008 提供的服务

用 SQL Server 配置管理器来启动 SQL Server 2008 服务器的实时服务时,可以看到其提供的服务包括 SQL Server、Integration Services、Analysis Services、Reporting Services、SQL Server 代理、SQL Server Full-text Search 和 SQL Server Browser 7 个

服务。

（1）SQL Server 服务。这是 SQL Server 2008 服务器提供的最重要的服务，包括数据库引擎（用于存储、处理和保护数据的核心服务）、复制、全文搜索以及用于管理关系数据和 XML 数据的工具。主要功能为负责协调和执行客户对数据库的所有服务请求指令；管理分布式数据库，保证数据的一致性和完整性；对数据加锁，实施并发控制等。在计算机上运行的每个 SQL Server 实例都有一个 SQL Server 服务。

（2）Analysis Services 服务。这是 SQL Server 用于创建和管理联机分析处理、数据挖掘和商业智能应用程序的工具，包括服务器组件和客户端组件，前者作为 Windows 服务来实现，后者使用公用标准 XML for Analysis（XMLA）与 Analysis Services 进行通信。该服务允许开发人员设计、创建和管理包含从其他数据源聚合的数据的多维数据结构，以及通过一组行业标准的数据挖掘算法构造的数据挖掘模型。

（3）Reporting Services 服务。包括用于创建、管理和部署表格报表、矩阵报表、图形报表以及自由格式报表的服务器和客户端组件。Reporting Services 还是一个可用于开发报表应用程序的可扩展平台，并可将 SQL Server 的数据管理功能与 Office 应用系统相结合，实现信息的实时传递、转换，以表现数据的改变。

（4）Integration Services 服务。这是一组图形工具和可编程对象，用户不用编写一行代码就可以通过构造、运行和管理 SSIS 包来使用 ETL（Extraction、Transformation and Loading，抽取、转换和加载），生成企业级数据集成和数据转换解决方案，实现数据的移动、复制和转换。该服务特别适合用于合并来自异类数据源的数据以填充数据仓库和数据集市。

（5）SQL Server Full-Text Search 服务。用于快速创建结构化和半结构化数据的内容和属性的全文目录和索引，提供全文本检索和查询服务。全文查询可以包括词和短语，或者词和短语的多种形式，它主要是根据特定语言的规则对词或短语进行操作，其匹配条件灵活，搜索速度快。

（6）SQL Server 代理服务。这是一个任务规划器和警报管理器，用来启动和管理 SQL Server 中的作业，激发警报，并可向数据库管理员发出通知、定位出现的问题等。通过对它的配置和使用，用户可以实现对数据库系统的定时、自动管理。在计算机上运行的每个 SQL Server 实例都有一个 SQL Server 代理服务。

（7）SQL Server Browser。此服务对 SQL Server 浏览器提供支持，将 SQL Server 连接信息提供给客户端计算机。

任务 2-2　使用 SQL Server Management Studio

【任务描述】　试通过【开始】菜单中的 SQL Server 程序组命令打开 SQL Server 2008 的 SQL Server Management Studio，并查看其窗口界面结构。

【任务分析】　SQL Server Management Studio 是 DBA 管理 SQL Server 2008 的主要图形化工具，它将 SQL Server 2000 中的企业管理器、查询编辑器和 Analysis Manager 整合到同一环境中，能够对 SQL Server 数据库进行全面的管理。如要使用 SQL Server Management Studio，可按下列方法进行。

【任务实现】

（1）单击【开始】菜单中的【所有程序】→Microsoft SQL Server 2008→SQL Server Management Studio 命令，打开【连接到服务器】对话框，如图 2-4 所示。

图 2-4 【连接到服务器】对话框

（2）在该对话框中，选择好服务器类型、服务器名称及身份验证的方式后，单击【连接】按钮，系统将进入 SQL Server Management Studio 窗口。这是一个标准的 Visual Studio 风格的窗口。默认情况下，窗口的左侧是【对象资源管理器】，它以树状结构来表现 SQL Server 数据库中的对象，如"数据库"、"安全性"、"服务器对象"、"复制"、"管理"等。在【视图】菜单中选择【对象资源管理器详细信息】命令，可以在窗口的右侧打开【对象资源管理器详细信息】窗格，在其中可以查看选择对象的详细信息，如图 2-5 所示。

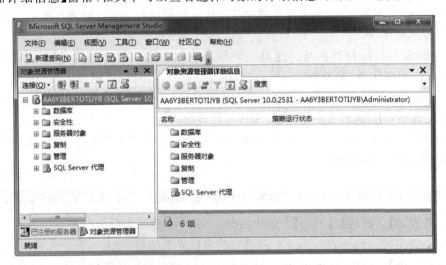

图 2-5 SQL Server Management Studio 窗口

（3）在【对象资源管理器】中，展开【数据库】节点，可以查看当前数据库服务器（实例）中包含的所有数据库，其中包括系统数据库和用户自定义的数据库。

（4）展开【系统数据库】节点，可以看见当前已经有 4 个系统数据库显示在其中，分别为 master、model、msdb 和 tempdb，如图 2-6 所示。

图 2-6　SQL Server 已经存在的 4 个系统数据库

【任务总结】　SQL Server Management Studio 是由多个管理和开发工具组成的，主要包括"已注册的服务器"窗口、"对象资源管理器"窗口、"查询编辑器"窗口、"模板资源管理器"窗口、"解决方案资源管理器"窗口等。

2.1.2　SQL Server 2008 的体系结构

在 SQL Server Management Studio 中展开【系统数据库】节点后，看到的 4 个系统数据库是在安装 SQL Server 2008 时由安装程序自动创建的。SQL Server 2008 是关系型数据库，它是按照二维表结构方式组织的数据集合，每个 SQL Server 都包含了两种类型的数据库，即系统数据库和用户数据库。系统数据库存储的是有关 SQL Server 的信息，SQL Server 通过系统数据库来操作和管理系统；用户数据库由用户来建立，SQL Server 中可以包含一个或多个用户数据库。另外，在每个数据库中还定义了若干系统视图和系统存储过程。系统视图显示了从各种隐藏表和隐藏函数中获得的 SQL Server 系统信息及每个用户数据库的定义信息；系统存储过程主要用来访问、修改系统表中的内容。可以利用系统视图查看 SQL Server 当前连接的数据库的系统信息，而系统存储过程则是进行数据库管理和配置的有效工具。

1. SQL Server 2008 的系统数据库

在 SQL Server 2008 中，除了前面看到的 master、tempdb、model 和 msdb 这 4 个系统数据库外，还有一个隐藏的系统数据库 resource，它们是运行 SQL Server 2008 的基础，建立在这 5 个系统数据库中的表定义了运行和使用 SQL Server 2008 的规则。

(1) resource 数据库。

resource 数据库为一个隐藏的只读数据库,它在 SQL Server 的正常操作期间是不可访问的。该数据库包含了 SQL Server 运行所需的所有只读的关键系统表、元数据及存储过程。虽然这些系统对象在物理上都存储在 resource 数据库中,但在逻辑上显示在每个数据库的 sys 架构中。resource 数据库不包含用户数据或用户元数据,因为它只在安装新服务补丁时被写入,微软创建它是为了允许非常快速和安全地更新,即通过将单个 resource 数据库文件复制到本地服务器便可完成升级。

在 SQL Server 2008 中,resource 数据库的物理文件名为 mssqlsystemresource. mdf 和 mssqlsystemresource. ldf,这些文件的默认位置为<驱动器>:\ Program Files\ Microsoft SQL Server\MSSQL10.<实例名称>\MSSQL\Binn\,且无法移动。其数据和日志文件不再依赖于 master 数据库的数据文件的位置,所以可以在不移动 resource 数据库的情况下移动 master 数据库文件。每个 SQL Server 实例只有一个 resource 数据库。

(2) master 数据库。

master 数据库是 SQL Server 系统中的一个重要的数据库,它记录了 SQL Server 2008 的相关系统信息。这些系统信息包括所有的登录信息、系统配置信息、SQL Server 的初始化信息和其他系统数据库及用户数据库的相关信息,如数据库文件的存储位置等。

由于 master 数据库的关键性,一旦它受到损坏,可能导致用户 SQL Server 应用系统的瘫痪,所以应该经常对 master 数据库进行备份。有关备份的内容将在项目 4 中介绍。

(3) tempdb 数据库。

tempdb 数据库是一个临时数据库,它为所有的临时表、临时存储过程及其他临时操作提供存储空间,并允许所有可以连接上 SQL Server 服务器的用户使用。每次启动 SQL Server(数据库引擎)服务器时都会重新创建该数据库,而当 SQL Server 服务器停止运行时,tempdb 数据库中所有的信息会被自动清除。又因为当系统关闭后任何连接都不会处于活动状态,所以 tempdb 数据库中的任何内容都不会从 SQL Server 的一个会话保存到另一个会话。

(4) model 数据库。

model 数据库是所有用户数据库和 tempdb 数据库的模板数据库,如果表、存储过程或数据库选项应包括在服务器上创建的每个新的数据库中,则可通过在 model 中创建该对象来简化该过程。这样,每当执行创建数据库时,服务器就会通过复制 model 数据库来建立新数据库的前面部分,而新数据库的后面部分则被初始化成空白的数据页,以供用户存放数据。

(5) msdb 数据库。

msdb 数据库包含 SQL Server 代理、日志传送、SSIS 以及关系数据库引擎的备份和还原系统等使用的信息,还存储了有关作业、操作员、警报以及作业历史的全部信息。主要为警报、任务调度和记录操作员的操作提供存储空间,被 SQL Server 代理用来进行复制、作业调度及管理报警等活动。

2. SQL Server 2008 的系统视图

前已述及，SQL Server 2008 中的系统信息存储在隐藏的只读数据库 resource 中，该数据库只能被服务器自身直接访问，一般用户和数据库管理员必须通过一系列的分类视图（如目录视图、动态管理视图、兼容视图等）来访问它们。下面列出几个常用的在每个数据库中都存在的系统视图及其作用。

① Sysobjects 视图：可以查看每个数据库对象的信息。

② Syscolumns 视图：可以查看基表或者视图的每个列和存储过程中的每个参数。

③ Sysindexes 视图：可以查看每个索引和没有聚簇索引的每个表。

④ Sysusers 视图：可以查看数据库中的每个 Windows NT 用户、Windows NT 用户组、SQL Server 用户或者 SQL Server 角色。

⑤ Sysdatabases 视图：可以查看 SQL Server 系统上的每个系统数据库和用户自定义的数据库。

⑥ Sysdepends 视图：可以查看对表、视图和存储过程之间的每个依赖关系。

⑦ Sysconstraints 视图：可以查看对使用 CREATE TABLE 或者 ALTER TABLE 语句为数据库对象定义的每个完整性约束。

例如，在 StudentScore 数据库中可以看到的系统视图如图 2-7 所示。

图 2-7　SQL Server 2008 每个数据库中存储的系统视图

3. SQL Server 2008 的系统存储过程

SQL Server 2008 的系统存储过程是 SQL Server 自身提供的程序命令集，使用系统存储过程可以方便地查看数据库和数据库对象的相关信息，进行系统表的检索和修改。

SQL Server 2008 的系统存储过程物理上存储在 resource 数据库中，但在逻辑上显示在每个数据库的 sys 架构中。所有系统存储过程的名字都以 sp_为前缀,下划线后是这个系统存储过程的功能简介。例如,sp_catalogs 的功能就是返回指定链接服务器中目录的列表。当创建一个新的数据库时,一些系统存储过程会在新数据库中被自动创建。用户可在 master 数据库中查看所有当前可用的系统存储过程,如图 2-8 所示。

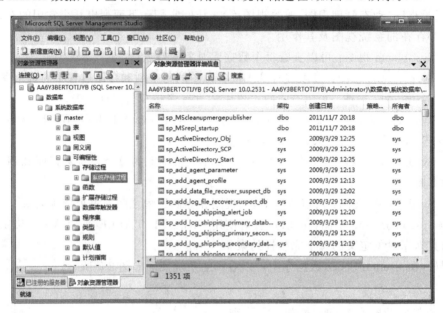

图 2-8　SQL Server 2008 的系统存储过程

2.2　注册 SQL Server 2008 服务器

2.2.1　SQL Server 服务器组的概念

由于 SQL Server 2008 采用了基于服务器组的管理结构来管理服务器,所以下面先介绍服务器组的概念。在一个网络系统中,可能有多个 SQL Server 服务器,可以对这些 SQL Server 服务器进行分组管理,将若干相关的服务器集中在一个服务器组中,以便于对不同类型和用途的 SQL Server 服务器进行管理。另外,SQL Server 2008 中的服务器组可以分层管理,即可以在当前服务器组下面创建子组。SQL Server 安装后,会自动创建一个名为 Local Server Groups 的本地服务器组,但用户可以根据应用需求创建多个服务器组。

任务 2-3　创建 SQL Server 服务器组

【任务描述】　试在 SQL Server Management Studio 中创建一个名为 pb group 的顶层组。

【任务分析】　SQL Server 分组管理由 SQL Server Management Studio 中的【已注册

的服务器】窗口来进行,要建立一个新的服务器组,可按以下步骤进行。

【任务实现】

(1) 在 SQL Server Management Studio 的菜单中选择【视图】→【已注册的服务器】命令,打开【已注册的服务器】窗口。

(2) 在【已注册的服务器】窗口中展开"数据库引擎"节点,右击"Local Server Groups(本地服务器组)",选择快捷菜单中的【新建服务器组】命令,打开图 2-9 所示的对话框。

图 2-9　新建 SQL Server 服务器组

(3) 在【组名】文本框中输入组的名称 pb group;在【组说明】文本框中输入服务器组的描述信息,单击【确定】按钮完成服务器组的创建工作。

需要注意的是,在同一层次上的服务器组的名称必须唯一;否则 SQL Server 将拒绝执行创建工作。

若要改变一个服务器或服务器组所属的组,则可在服务器或服务器组上右击,选择快捷菜单中的【任务】→【移到…】命令,在弹出的对话框中,为服务器或服务器组指定新的位置。

若要删除某个已创建的服务器组,则可在【已注册的服务器】窗口中右击该组,选择快捷菜单中的【删除】命令,并在【确认删除】对话框中单击【是】按钮即可。

2.2.2　注册服务器的概念

服务器在注册后才被纳入 SQL Server Management Studio 的管理范围。注册服务器是指将网络系统中的其他 SQL Server 服务器注册到 SQL Server Management Studio 的某个服务器组中,以便于管理。第一次运行 SQL Server Management Studio 时,系统将在 Local Server Groups 中自动注册本地 SQL Server 所有已安装的实例,用户可以使用【新建服务器注册】对话框来注册任何其他正在运行的 SQL Server 服务器,从而实现对远程服务器的管理。

任务 2-4　注册 SQL Server 服务器

【任务描述】　使用 SQL Server Management Studio 在 Local Server Groups 中注册一个新的服务器。

【任务分析】　在通过 SQL Server Configuration Manager 中的【SQL Server 网络配置】工具正确配置好服务器和客户机的网络协议后,可在 SQL Server Management Studio

中注册远程服务器,其方法如下所述。

【任务实现】

(1) 在 SQL Server Management Studio 的【已注册的服务器】窗口中展开【数据库引擎】节点,右击"Local Server Groups(本地服务器组)",选择快捷菜单中的【新建服务器注册】命令,打开图 2-10 所示的【新建服务器注册】对话框。

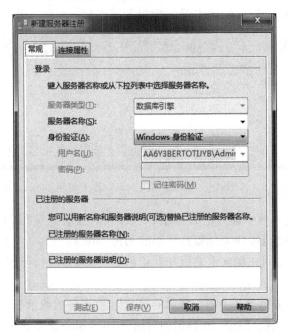

图 2-10 【新建服务器注册】对话框

(2) 在该对话框中进行以下设置:

① 服务器名称。在"服务器名称"下拉列表框中列出了系统在网络中检测到的 SQL Server 服务器,选中要注册的服务器。

② 登录到服务器时使用的身份验证模式。SQL Server 提供两种身份验证模式:"Windows 身份验证"和"SQL Server 身份验证"。

③ 用户名和密码。如果使用 SQL Server 身份验证,则必须提供用户名和密码。

④ 已注册的服务器名称。默认值是服务器名称,但可以用直观的名称覆盖它。

⑤ 已注册的服务器说明(可选)。

(3) 单击【连接属性】选项卡,在此对话框中可以设置连接到数据库、网络以及其他连接属性,如图 2-11 所示。

在【连接到数据库】下拉列表框中指定当前用户将要连接到的数据库名称,其中,"默认值"表示连接到系统中当前用户默认使用的数据库。当选择"浏览服务器"选项时,将打开【查找服务器上的数据库】对话框,可以从当前服务器中选择一个数据库,如图 2-12 所示。

(4) 设置完成后,单击【确定】按钮返回到【连接属性】选项卡,单击【测试】按钮,验证连接是否成功,如果成功,则会打开图 2-13 所示的【连接测试成功】消息框。

图 2-11　【连接属性】选项卡

图 2-12　【查找服务器上的数据库】对话框

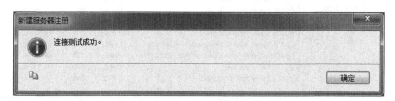

图 2-13　【连接测试成功】消息框

（5）单击【确定】按钮返回到【连接属性】选项卡，单击【保存】按钮，保存新建的服务器，完成该服务器的注册操作。

服务器注册完成后，在【已注册的服务器】窗口中展开服务器组，即可看到注册好的

SQL Server 服务器,这样就可在 SQL Server Management Studio 中对已注册的服务器进行管理了。

与注册服务器相反的操作是删除服务器,操作方法为:在所要删除的服务器上右击,并从弹出的快捷菜单中选择【删除】命令。需要注意的是,删除服务器并不是从计算机中将服务器删除,而只是从 SQL Server Management Studio 中删除了对服务器的引用,当需要再次使用该服务器时,只需在 SQL Server Management Studio 中重新注册即可。

2.3 暂停、启动和停止 SQL Server 服务

前已述及,要用 SQL Server 管理数据库,必须先连接服务器,启动 SQL Server 服务。但在数据库的日常管理工作中,除了要运行 SQL Server 服务外,有时还要根据实际应用需求暂停、关闭 SQL Server 服务,启动 SQL Server 2008 提供的其他服务,如 SQL Server 代理、SQL Server FullText Search 等。对服务器的上述操作既可以在 SQL Server 配置管理器中进行,也可以在 SQL Server Management Studio 中进行,下面以 SQL Server 配置管理器为例介绍其操作方法。

任务 2-5　暂停 SQL Server 服务

【任务描述】　试用 SQL Server 配置管理器暂停 SQL Server 服务。

【任务分析】　在 SQL Server 配置管理器中,SQL Server 服务左侧的图标可以表明服务器的当前状态:▶ 表示已启动,⏸ 表示暂停,⏹ 表示停止。此时,可对 SQL Server 服务的启动状态进行管理。

【任务实现】

(1) 单击【开始】菜单中的【所有程序】→Microsoft SQL Server 2008→【配置工具】→【SQL Server 配置管理器】命令,打开图 2-14 所示的【SQL Server 配置管理器】窗口。

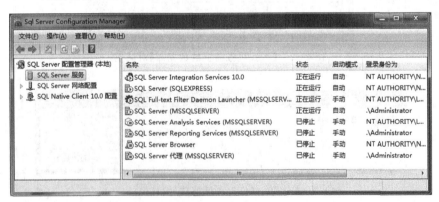

图 2-14　SQL Server 配置管理器

(2) 在配置管理器的左侧窗格中,单击"SQL Server 服务"节点。

(3) 在右侧的详细信息窗格中,右击要操作的服务 SQL Server (MSSQLServer),从

弹出的快捷菜单中选择【暂停】命令,出现图 2-15 所示的【正在暂停服务】消息框。

图 2-15   【正在暂停服务】消息框

2.3.1   为何要暂停 SQL Server 服务

为了保险起见,DBA 通常会在停止运行 SQL Server 之前先暂停 SQL Server。其主要原因在于,一旦暂停 SQL Server,将不再允许任何新的上线者,然而原先已联机到 SQL Server 的用户仍然能继续作业,这样可以确保原来正在进行中的作业不会中断,而可以持续进行直至完成。一般而言,系统管理员会先对所有的用户进行广播,告知他们再过多长时间就要停止运行,以提醒大家尽快完成手边的作业。

任务 2-6   停止 SQL Server 服务

【任务描述】   试用 SQL Server 配置管理器停止 SQL Server 服务。

【任务实现】   在【SQL Server 配置管理器】窗口中右击要操作的服务 SQL Server (MSSQLServer),从弹出的快捷菜单中选择【停止】命令,出现图 2-16 所示的【正在停止服务】消息框。

图 2-16   【正在停止服务】消息框

2.3.2   暂停和停止 SQL Server 服务的区别

暂停 SQL Server 服务并不从内存中清除所有 SQL Server 2008 服务器的进程,仅仅暂停对数据库的登录请求和对数据的操作,所以此时已经建立的客户机连接并不受影响,可以继续工作,但拒绝新的客户机连接请求。而停止 SQL Server 服务则从内存中清除所有 SQL Server 2008 服务器的进程,此时已经建立的连接也会立即中止。

任务 2-7   启动和停止 SQL Server 2008 的其他服务

【任务描述】   试用 SQL Server 配置管理器练习启动和停止 SQL Server 2008 提供的其他服务,如 SQL Server 代理、Analysis Services、Reporting Services 等服务。

【任务实现】 启动和停止 SQL Server 2008 提供的其他服务的方法与启动和停止 SQL Server 服务一样,读者可以自行练习。需要注意的是,SQL Server 2008 提供的 SQL Server 代理服务是建立在 SQL Server 服务的基础上的,如果启动服务器上的 SQL Server 代理服务,则 SQL Server 服务也被启动;而关闭 SQL Server 服务的同时也会关闭 SQL Server 代理服务,出现图 2-17 所示的【停止服务】消息框,单击【是】按钮即可。

图 2-17 【停止服务】消息框

2.4 配置服务器

任务 2-8 查看服务器的环境信息

【任务描述】 打开 AA6Y3BERTOTIJYB 服务器的【属性】对话框,查看服务器的环境信息。

【任务分析】 服务器组件的默认设置允许在安装 SQL Server 实例后立即运行此实例,在大多数情况下无须重新配置服务器。但在下列情况下则需要进行服务器管理,设置特殊的服务器配置、更改网络连接或设置服务器配置选项以提高 SQL Server 的性能。可以通过 SQL Server Management Studio 和 SQL Server 配置管理器来管理服务器属性。

【任务实现】

(1) 在【对象资源管理器】中,右击要查看的服务器,如 AA6Y3BERTOTIJYB,选择快捷菜单中的【属性】命令,打开图 2-18 所示的【服务器属性】对话框。

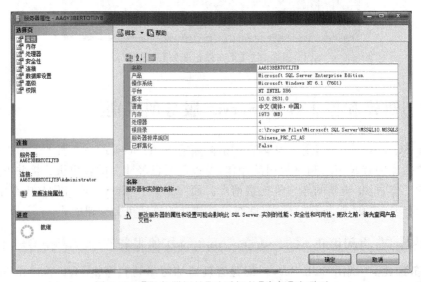

图 2-18 【服务器属性】对话框的【常规】选项页

（2）在【常规】选项页中，可以看到当前服务器的注册名称、产品版本、操作系统名称、平台名称、版本号、使用的语言、内存大小、处理器数量、SQL Server 安装目录、服务器的排序规则以及是否已群集化等信息。

（3）切换到【内存】选项页，可以对 SQL Server 2008 内存使用方式进行配置。

使用 AWE 分配内存：在 SQL Server 2008 中，可以使用地址窗口化扩展（AWE）插件 API 访问超出已配置虚拟内存限制的物理内存。此选项解决了 32 位应用程序中固有的限制，即不能访问大于 4GB 的进程地址空间。如果服务器有非常大的物理内存，建议选中此项。

最小服务器内存：在服务器的内存非常小，同时要保证 SQL Server 数据库有效运行的情况下，建议指定此最小内存空间。

最大服务器内存：如果服务器的物理内存有限，同时要保证其他应用程序的正常运行，建议指定此最大内存空间。

创建索引占用的内存：在此指定当用户创建索引时可以使用的内存空间。如输入 0，则表示由服务器动态分配内存。此时，SQL Server 实例会在 Windows 操作系统的调度下动态获得内存。

每次查询占用的最小内存：指定分配给查询执行时所需要的最小内存空间（KB）。

（4）切换到【处理器】选项页，可以查看或修改处理器选项。

处理器关联：将处理器分配给特定的线程，以消除处理器重新加载和减少处理器之间的线程迁移。只有在安装了多个处理器时，才可以启用处理器关联设置。

I/O 关联：将 SQL Server 磁盘 I/O 绑定到指定的 CPU 子集。

自动设置所有处理器的处理器关联掩码：允许 SQL Server 设置处理器关联。

自动设置所有处理器的 I/O 关联掩码：允许 SQL Server 设置 I/O 关联。

最大工作线程数：在此用户可以设置服务器使用的最大 CPU 线程数。如果为 0，则允许 SQL Server 动态设置工作线程数，对于大多数系统而言，此为最佳设置。但是，如果希望让 SQL Server 实例占用尽可能多的处理器线程以获得最佳性能，则可将此选项设置为特定值。

提升 SQL Server 的优先级：选中此项，SQL Server 实例将优先于其他程序执行。建议在要求 SQL Server 性能的情况下选中此复选框。

使用 Windows 纤程（轻型池）：纤程是轻型线程，它需要的资源比 Windows 线程少，并可以在用户模式下切换上下文。一个线程可以映射到多个纤程。每个 SQL Server 实例都是一个单独的操作系统进程，每个实例都必须处理潜在的成千上万个并发用户请求，SQL Server 实例使用 Windows 线程来有效管理这些并发任务。如选中此项，SQL Server 实例将使用 Windows 纤程来管理这些并发任务。不过需要注意的是，此选项仅适用于 Windows 2003 以上的服务器版。

（5）切换到【安全性】选项页，可以更改 SQL Server 的身份验证模式、启用审核功能、设置代理账户等信息。

服务器身份验证：Windows 安全验证模式即使用 Windows 身份验证对所尝试的连接进行验证。SQL Server 和 Windows 身份验证模式即使用混合模式的身份验证对所尝试的连接进行验证,以便向后兼容以前版本的 SQL Server。更改安全模式时,如果 sa 密码为空白,系统就会提示用户输入 sa 密码。需要注意的是,更改安全性配置后需要重新启动服务;将服务器身份验证更改为 SQL Server 和 Windows 身份验证模式时,也不会自动启用 sa 账户。

登录审核:无——关闭登录审核;仅限失败的登录——仅审核未成功的登录;仅限成功的登录——仅审核成功的登录;成功和失败的登录——审核所有登录尝试。

服务器代理账户:启用服务器代理账户,即启用供 xp_cmdshell 使用的账户。在执行操作系统命令时,代理账户可模拟登录、服务器角色和数据库角色。注意:服务器代理账户所用的登录账户应该只具有执行既定工作所需的最低权限,代理账户的权限过大有可能会被恶意用户利用,从而危及系统安全。代理账户——指定所使用的代理账户。密码——指定代理账户的密码。

选项:启用 C2 审核跟踪——审查对语句和对象的所有访问尝试,并记录到文件中,这些信息可以帮助用户了解系统活动,并跟踪可能的安全策略冲突。对于默认 SQL Server 实例,该文件位于\MSSQL\Data 目录中,对于 SQL Server 命名实例,该文件位于\MSSQL$实例名\Data 目录中。跨数据库所有权链接——选中此项将允许数据库成为跨数据库所有权链的源或目标。有关安全性的详细说明请参考教材项目 6 的有关内容。

(6)切换到【连接】选项页,可以指定并发用户连接的最大数目、进行分布式事务设置等。

最大并发连接数:最大并发连接数(0——无限制),如果设置为非零值,则将限制 SQL Server 允许的连接数。注意:如果将此值设置为较小的值(如 1 或 2),则可能会阻止管理员进行连接以管理该服务器;但是"专用管理员连接"始终可以连接。

允许远程连接到此服务器:从运行 SQL Server 实例的远程服务器控制存储过程的执行。选中此复选框与将 sp_configure remote access 选项设置为 1 具有相同的作用。清除此复选框可阻止从远程服务器执行存储过程。

远程查询超时值:指定在 SQL Server 超时之前远程操作可以执行的时间(秒),0=无超时。默认为 600 秒,或等待 10 分钟。

需要将分布式事务用于服务器到服务器的通信:通过 Microsoft 分布式事务处理协调器(MS DTC)事务保护服务器到服务器过程的操作。

(7)切换到【数据库设置】选项页,可以进行索引填充因子、SQL Server 需要用来完成每个数据库恢复过程的最大分钟数以及数据库文件的默认存放路径等设置。

默认索引填充因子:提供填充因子选项是为了优化索引数据存储和性能。当创建或重新生成索引时,填充因子值可确定每个叶级页上要填充数据的空间百分比,以便保留一定百分比的可用空间供以后扩展索引。默认索引填充因子指定在 SQL Server 使用现有数据创建新索引时对每一页的填充程度。由于在页填充时 SQL Server 必须花时间来拆分页,因此填充因子会影响性能。默认值为 0;有效值为 0～100。填充因子值为 0 或 100 时,表示基于完全数据页创建聚集索引,并基于完全叶子页创建非聚集索引,但在索引树的较高级别中预留空间。较小的填充因子值将导致 SQL Server 基于不饱满的页创建索引。每一个索引占用更多的存储空间,但同时也允许以后无须拆分页面即可插入索引。

备份和还原:指定了 SQL Server 等待更换磁带时的时间。无限期等待——指定 SQL Server 在等待新备份磁带时永不超时;尝试一次——指定如果需要备份磁带但它却不可用,则 SQL Server 将超时;尝试的分钟数——指定如果备份磁带在指定的时间内不可用,SQL Server 将超时。

默认备份媒体保持期(天):它提供了一个系统范围默认值,指示在用于数据库备份或事务日志备份后每一个备份媒体的保留时间。此选项可以防止在指定的日期前覆盖备份。

压缩备份:在 SQL Server 2008 Enterprise(或更高版本)中,指示 backup compression default 选项的当前设置。此选项决定了用于压缩备份的服务器级默认设置,具体如下:如果未选中"压缩备份"框,在默认情况下将不压缩新备份;如果选中"压缩备份"框,则默认情况下将压缩新备份。

恢复间隔(分钟):它设置每个数据库恢复时所需的最大分钟数。默认值为 0,指示由 SQL Server 自动配置。实际上,这表示每个数据库的恢复时间不超过 1 分钟,对于活动的数据库大约每 1 分钟有一个检查点。

数据:指定数据文件的默认位置。单击"浏览"按钮导航到新的默认位置。

日志:指定日志文件的默认位置。单击"浏览"按钮导航到新的默认位置。

(8)切换到【高级】选项页,可以进行并行计划、网络数据包的大小、文件流、用户的默认语言以及对两位数年份的支持。

并行:并行的开销阈值——指定阈值,在高于该阈值时,SQL Server 将创建并运行查询并行计划。开销指的是在特定硬件配置中运行串行计划估计需要花费的时间(秒)。只能为对称多处理器设置此选项。锁——设置可用锁的最大数目,以限制 SQL Server 为锁分配的内存量。默认设置为 0,即允许 SQL Server 根据不断变化的系统要求动态地分配和释放锁。推荐的配置是允许 SQL Server 动态地使用锁。最大并行度——限制执行并行计划时所使用的处理器数(最多为 64 个)。如果默认值为 0,则使用所有可用的处理器。如果该值为 1,则取消生成并行计划。如果该值大于 1,则将限制执行的单个查询所使用的最大处理器数。如果指定的值比可用的处理器数大,则使用实际可用数量的处理器。查询等待值——指定在超时之前查询等待资源的秒数(0~2147483647)。如果使用默认值-1,则按估计查询开销的 25 倍计算超时值。

网络:网络数据包大小——设置整个网络使用的数据包大小(B)。默认数据包大小为 4096B。如果应用程序执行大容量复制操作或者发送或接收大量的 text 和 image 数据,则使用比默认值大的数据包可以提高效率。如果应用程序发送和接收的信息量很小,可以将数据包的大小设置为 512B,这对于大多数数据传输来说已经足够了。注意:除非确信能够提高性能;否则不要更改数据包的大小。对于大多数应用程序而言,默认数据包大小为最佳数值。远程登录超时值——指定从远程登录尝试失败返回之前 SQL Server 等待的秒数。此设置影响为执行异类查询所创建的与 OLE DB 访问接口的连接。默认值为 20 秒。如果该值为 0,则允许无限期等待。

文件流访问级别：显示 SQL Server 实例上支持的 FILESTREAM 的当前级别。已禁用——无法将二进制大型对象(BLOB)数据存储在文件系统中。这是默认值。已启用 T-SQL 访问——可使用 T-SQL 访问 FILESTREAM 数据,但不能通过文件系统进行访问。已启用完全访问——FILESTREAM 数据可使用 T-SQL 以及通过文件系统进行访问。

杂项：游标阈值——指定游标集中的行数,超过此行数,将异步生成游标键集。当游标为结果集生成键集时,查询优化器会估算将为该结果集返回的行数。如果查询优化器估算出的返回行数大于此阈值,则将异步生成游标,使用户能够在继续填充游标的同时从该游标中提取行;否则,同步生成游标,查询将一直等待到返回所有行。如果设置为−1,则将同步生成所有键集,此设置适用于较小的游标集。如果设置为 0,则将异步生成所有游标键集。如果设置为其他值,则查询优化器将比较游标集中的预期行数,并在该行数超过所设置的数量时异步生成键集。默认全文语言——指定全文索引列的默认语言。全文索引数据的语言分析取决于数据的语言。该选项的默认值为服务器的语言。最大文本复制大小——指定用一个 INSERT、UPDATE、WRITETEXT 或 UPDATETEXT 语句可以向复制列添加的 text 和 image 数据的最大大小(B)。启动时扫描存储过程——指定 SQL Server 将在启动时扫描并自动执行存储过程。如果设置为 True,则 SQL Server 将扫描并自动运行服务器上定义的所有存储过程。如果设置为 False(默认值),则不执行扫描。两位数年份截止——指示可作为两位数年份输入的最高年数。可将所列年份及其之前的 99 年作为两位数年份输入。所有其他年份必须作为 4 位数年份输入。例如,2049 的默认设置表明：作为'3/14/49' 输入的日期将被解释为 2049 年 3 月 14 日,而作为'3/14/50' 输入的日期则将被解释为 1950 年 3 月 14 日。默认语言——所有新登录名的默认语言,除非另行指定。全文升级选项——控制将数据库从 SQL Server 2000 或 SQL Server 2005 升级到 SQL Server 2008 或更高版本时迁移全文索引的方式。此属性适用于以下升级方式：附加数据库、还原数据库备份、还原文件备份或使用复制数据库向导复制数据库。阻塞的进程阈值——生成阻塞的进程报告时使用的阈值(以秒为单位)。该阈值可介于 0～86400 之间。默认情况下,不为阻塞的进程生成报告。允许触发器激发其他触发器——允许触发器激发其他触发器。触发器最多可以嵌套 32 级。

(9) 切换到【权限】选项页,可以查看或设置数据库安全对象的权限。单击【搜索】按钮可以将项添加到上部网格。在上部网格中选中一个项,可以在下部"显示权限"网格中为其设置适当的权限。

【任务总结】 许多服务器属性是只读属性,一般情况下不需要重新配置服务器。但是,当要设置特殊的服务器配置、更改网络连接或设置服务器配置选项以提高 SQL Server 性能时就需要进行服务器配置。当服务器的配置更改后,有的参数不需要重新启动服务器就可以生效,而有的参数则必须重新启动服务器后才能生效。另外,服务器配置参数的设置情况还可以通过在"查询编辑器"中执行以下 SQL 语句来查看：

```
SELECT * FROM sys.configurations
```

2.5　疑　难　解　答

（1）为何在 SQL Server 2008 中不能用 Local 连接本地服务器？

答：SQL Server 2008 版本的服务器名称较 SQL Server 2005 版本做了改变，现在使用的是：计算机名\实例名。这就导致了"无法连接到(local)"的问题。

（2）如何查看和修改 SQL Server 2008 数据库服务器名称？

答：可以使用 SELECT @@ServerName 语句查看当前数据库的服务器名称；使用 SELECT ＊ FROM Sys.SysServers 语句查看当前的所有服务器名称。如要修改数据库服务器名称，则需先使用"sp_dropserver '服务器名称'"语句将这个服务器名删除，然后使用"sp_addserver '服务器名称','LOCAL'"将本地服务器重新添加到服务器表中，并且命名为所需服务器名称，此时再次查询 Sys.SysServers 表，服务器名称已经修改了，最后重启数据库服务，完成修改操作。

（3）如何使用命令行工具来快速查看、启动和停止 SQL Server 服务？

答：若要查看当前正在运行的 SQL Server 服务，则可以在命令提示符中输入 net start 命令，具体步骤为：在【开始】菜单的【运行】命令框中输入 cmd，打开【命令提示符】窗口。若要查看当前正在运行的服务，则可输入 net start 并回车；若要启动 SQL Server 服务，则可输入 net start mssqlserver 并回车；若要停止 SQL Server 服务，则可输入 net stop mssqlserver 并回车。

（4）什么是服务器的错误日志？

答：SQL Server 2008 服务器的运行过程中的核心步骤、产生故障的原因等信息都会记录在一个特殊的文本文件中，称为服务器的错误日志。文件默认路径为 C:\Program Files\Microsoft SQL Server\MSSQL\LOG\ERRORLOG。与 Windows 操作系统提供的"事件查看器"相比，SQL Server 的错误日志提供了服务器运行的核心情况，可以通过查看错误日志来判断故障的原因。

小结：本项目以 SQL Server 服务器的管理任务为主线，介绍了 SQL Server 2008 服务器的启动、SQL Server Management Studio 的使用、服务器组的创建以及 SQL Server 服务器的注册与配置的方法，同时还介绍了 SQL Server 服务器的功能以及 SQL Server 2008 的体系结构。

习　题　二

一、选择题

1. 下列（　　）不是 SQL Server 所具有的功能。

A. 协调和执行客户对数据库的所有服务请求指令

B. 管理分布式数据库,保证数据的一致性和完整性

C. 降低对最终用户查询水平的要求

D. 对数据加锁,实施并发性控制

2. 下列(　　)是 SQL Server Full-Text Search 所具有的功能。

A. 建立数据库　　　　　　　　　B. 查找用户

C. 建立全文索引　　　　　　　　D. 查找数据库错误

3. 下列(　　)数据库记录了 SQL Server 2008 的所有系统信息。

A. master　　　　B. model　　　　C. resource　　　　D. msdb

4. 下列(　　)数据库是 SQL Server 在创建数据库时可以使用的模板。

A. master　　　　B. model　　　　C. pubs　　　　D. msdb

二、填空题

1. 每个 SQL Server 都包含了两种类型的数据库:_____和_____。

2. SQL Server 2008 安装后,会自动创建一个名为"_____"的服务器组,默认情况下注册的服务器都在这个服务器组中,如本地服务器。

三、判断题

1. 如果 master 数据库被破坏了,SQL Server 可以照常运行。 (　　)

2. 如果 SQL Server 被停止运行,则 tempdb 数据库中的所有数据都将丢失。 (　　)

3. 由于在 SQL Server 2008 的安装过程中系统会自动注册本地的 SQL Server 服务器,所以用户只需注册要管理的远程服务器。 (　　)

4. 如果要注册一个远程 SQL Server 服务器,则必须确保这个要注册的远程 SQL Server 服务器正在运行。 (　　)

四、简答题

1. SQL Server 2008 提供了哪 7 种服务? 各有什么作用?

2. SQL Server 服务器和服务器组有何区别与联系?

3. 为什么需要在停止运行 SQL Server 之前先暂停 SQL Server?

五、项目实训题

1. 分别用下列 4 种方法启动 SQL Server 服务器:

(1) 自动启动服务器。

(2) 用 SQL Server 配置管理器启动。

(3) 通过后台启动。

(4) 通过 SQL Server Management Studio 启动。

2. 试着暂停、断开和再次连接服务器。

3. 使用 SQL Server Management Studio 创建一个名为 teach 的服务器组。

4. 使用 SQL Server Management Studio 在 teach 服务器组中注册一个新的服务器。

项目 3　SQL Server 数据库和表的管理

知识目标：①掌握 SQL Server 数据库文件和文件组的概念；②掌握 SQL Server 数据类型、约束和索引的概念、种类和使用场合；③理解 SQL Server 脚本的作用。

技能目标：①学会 SQL Server 数据文件初始大小的估算方法；②会用 SQL Server Management Studio 创建和管理 SQL Server 数据库；③会进行 SQL Server 数据表及其约束、索引的创建和管理；④能用所创建的数据库表生成脚本。

在安装 SQL Server 2008 并对其进行合理的配置后，就可以在其上建立用户自己的数据库和表以存放特定的数据，同时对创建的数据库和表进行管理。按照 SQL Server 数据库和表的管理内容，本项目主要分解成以下几个任务：

任务 3-1　创建学生成绩数据库前的准备工作

任务 3-2　创建学生成绩数据库

任务 3-3　查看学生成绩数据库信息

任务 3-4　修改学生成绩数据库

任务 3-5　收缩学生成绩数据库

任务 3-6　分离和附加学生成绩数据库

任务 3-7　使用复制数据库向导复制和移动学生成绩数据库

任务 3-8　创建学生成绩数据库表前的准备工作

任务 3-9　创建学生成绩数据库中的表

任务 3-10　数据的输入与编辑

任务 3-11　管理学生成绩数据库中的表

任务 3-12～任务 3-16　为学生成绩数据库表建立约束

任务 3-17　利用 SQL Server 数据库关系图建立约束

任务 3-18　为学生成绩数据库表建立索引

任务 3-19　管理学生成绩数据库表索引

任务 3-20　将学生成绩数据库表生成脚本

3.1 创建和管理 SQL Server 数据库

3.1.1 SQL Server 数据库文件和文件组

1. 数据库文件

数据库的存储结构分为逻辑存储结构和物理存储结构两种。数据库的逻辑存储结构表明数据库由哪些性质的信息所组成。SQL Server 数据库不仅仅是存储数据,所有与数据处理操作相关的信息都存储在数据库中。就用户而言,一个数据库可以看成是包含表、视图、存储过程及触发器等数据库对象的容器。数据库的物理存储结构讨论如何在磁盘上存储数据库,数据库在磁盘上是以操作系统文件为单位存储的。在 SQL Server 中,每个数据库对应于操作系统中的多个文件,数据库中的所有数据和对象都存放在这些操作系统文件中。根据文件的作用不同,可以分为 3 类:主要数据文件、次要数据文件和事务日志文件。

(1) 主要数据文件。

每个数据库都有且只能有一个主要数据文件,它包含数据库的启动信息,并用于存储数据。主要数据文件的扩展名为.mdf。

(2) 次要数据文件。

每个数据库都可以有一个或多个次要数据文件,也可以没有次要数据文件。如果主要数据文件足够大,能够容纳数据库中的所有数据,则可以不要次要数据文件。如果想在多个磁盘上存储数据,则可创建多个次要数据文件。次要数据文件的扩展名为.ndf。

(3) 事务日志文件。

每个数据库都必须至少有一个事务日志文件,这些文件记录了 SQL Server 所有的事务和由这些事务引起的数据库的变化信息,以用于恢复数据库。事务日志文件的扩展名为.ldf。

日志文件是 SQL Server 维护数据完整性、防止数据库破坏的一个重要工具。如果某一天,由于某种不可预料的原因使得数据库系统崩溃,但仍然保留有完整的日志文件,那么数据库管理员就可以通过日志文件完成数据库的恢复与重建。另外,在执行数据库修改操作的时候,SQL Server 总是遵守"先写日志,再进行数据库修改"的原则。

默认情况下,SQL Server 数据库文件保存在<驱动器>:\Program Files\Microsoft SQL Server\MSSQL10.<实例名称>\MSSQL\Data 文件夹下。另外,每个数据库文件都拥有两个名称,即逻辑名称和物理名称。逻辑名称在 SQL 语句中引用物理文件时使用,如新建一个名为 StudentScore 的数据库,它的主要数据文件的逻辑名称为 StudentScore_Data,它的事务日志文件的逻辑名称为 StudentScore_Log;而物理名称则是包含路径的文件名,如 C:\ Program Files \ Microsoft SQL Server \ MSSQL10. MSSQLSERVER\ MSSQL \ Data \ StudentScore _ Data. mdf 和 C:\ Program Files \

Microsoft SQL Server \ MSSQL10. MSSQLSERVER \ MSSQL \ Data \ StudentScore _
Log. ldf。

2. 数据库文件组

为了更好地实现数据库文件的组织,可以把各个数据库文件组成一个组,对它们整体
进行管理。通过设置文件组,可以有效地提高数据库的读写速度。例如,有 3 个数据文件
分别存放在 3 个不同的物理驱动器上,若将这 3 个文件组成一个文件组,则在创建表时,
可以指定将表创建在该组上,从而使该表的数据分布在 3 个盘上。这样,当对该表执行查
询操作时,就可以并行操作,极大地提高了查询效率。另外,也可以通过将不同的文件组
创建在不同的磁盘分区上,然后在不同文件组上创建不同的表,从而实现对多个表执行并
行查询以提高查询效率。SQL Server 2008 的文件组有以下两种类型。

(1) 主要文件组。在创建数据库时,由数据库引擎自动创建,默认名为 PRIMARY,
包含主要数据文件和所有没有被包含在其他文件组里的数据文件。SQL Server 数据库
的系统表都被包含在主要文件组里。

(2) 用户定义文件组。由用户创建,包含所有在使用 Create Database 或 Alter
Database 命令时使用 FileGroup 关键字来进行约束的文件。

在创建数据库文件组时,需要遵循以下原则:①一个文件或文件组只能被一个数据
库使用;②一个文件只能属于一个文件组;③数据和事务日志不能共存于同一个文件或
文件组上;④事务日志文件不能属于任何文件组。

每个数据库都有一个文件组作为默认文件组运行,其中包含所有在创建时没有指定
文件组的表、索引,以及 text、ntext、image 数据类型的数据。如果没有指定默认文件组,
则主要文件组为默认文件组。

需要说明的是,数据库应用程序的规模不大时,通常不需要创建用户定义文件组。

任务 3-1 创建学生成绩数据库前的准备工作

【任务描述】 根据对学生成绩管理系统应用单位的调查,已知该校学生人数为 8000
人,共有 8 个系部、32 个专业、60 个教学班级,平均每个班级开设 20 门课程。现要求描述
为此系统建立一个 SQL Server 数据库之前的准备工作,并估算其数据文件的初始大小。

【任务分析】 由于每个 SQL Server 数据库均用一组操作系统文件存储在磁盘上,这
些操作系统文件存放了数据库中的所有数据和对象,所以在创建数据库前必须先确定数
据库的名称、对应的各操作系统文件的名称、初始大小、存放位置,以及用于存储这些文件
的文件组。为安全起见,还要说明数据库的所有者,并考虑以下事项。

(1) 创建数据库的权限默认授予 sysadmin 和 dbcreator 固定服务器角色的成员,但
是它仍可以授予其他用户。

(2) 创建数据库的用户将自动成为该数据库的所有者。

(3) 在一个服务器上,最多可以创建 32767 个数据库,且每个数据库最多可有 32767
个文件和 32767 个文件组。

(4) SQL Server 数据库大小最小为 4MB,其中主要数据文件至少为 3MB;最大值由

可用磁盘空间量决定,但最大不超过 524272TB。

(5) 数据文件的容量要为日后在使用中可能产生增加存储空间的要求留有余地,但最大不能超过 16TB。

(6) 数据库名称必须遵循标识符规则。

【任务实现】 根据任务分析,现将学生成绩管理系统中的数据库名称、对应的各操作系统文件的名称、初始大小、存放位置及所有者确定如下:

(1) 数据库的名称为 StudentScore。

(2) 数据库的主要数据文件名为 StudentScore_Data. MDF,存放位置为 C:\Program Files \ Microsoft SQL Server \ MSSQL10. MSSQLSERVER \ MSSQL \ Data,存储在 PRIMARY 文件组中。

(3) 数据库的事务日志文件名为 StudentScore_Log. LDF,存放位置为 C:\Program Files\ Microsoft SQL Server\MSSQL10. MSSQLSERVER\MSSQL\Data。

(4) 数据库的所有者是对数据库具有完全操作权限的用户。这里选择默认设置,即 dbo 数据库用户。

(5) 学生成绩数据库数据文件初始大小的估算。

① 估算数据部分大小。由于在该系统中,专业表和班级表的数据量相对于成绩表来说很小,可忽略不计,所以下面主要考虑学生信息表和成绩表的数据量。

学生表数据:8000＝8000 行数据。

成绩表数据:8000×60×20＝960000 行数据。

现假设两个表的每行数据大小均为 100B,则一个数据页可存储 8096÷100≈80 条记录。学生数据表将占用 8000÷80＝100 个数据页的空间,成绩数据表将占用 960000÷80＝12000 个数据页的空间。所以,数据部分所需的总字节数为:(100＋12000)×8KB÷1024≈95MB。

注:每个数据页的占用空间为 8192B(＝8KB),但用于存储数据页类型、可用空间等信息的数据页表头要占用 96B,所以每个数据页实际可用空间为 8096B。

② 估算索引部分大小。在本项目的后面将介绍索引概念。SQL Server 中有两种类型的索引,即聚集索引和非聚集索引。

对于聚集索引,索引大小为数据大小的 1％以下是一个比较合理的取值;对于非聚集索引,索引大小为数据大小的 15％以下是一个比较合理的取值。所以,如果建立聚集索引,则索引的大小＝95×1％＝0.95(MB);如果建立非聚集索引,则索引的大小＝95×15％＝14.25(MB)。

由①和②,将数据部分和索引部分相加就是该数据库数据文件的初始大小,约为 110MB。

【任务总结】 在使用 SQL Server 开发一个新的应用系统时,首先必须做的就是创建一个或多个数据库。在创建新的数据库之前,规划它在服务器上如何实现是很重要的。这个规划可以包含许多内容,如数据库的拥有者、预计大小、数据文件的存放位置,以及丢失数据的容错等,而这些都需要对数据库存储的信息以及如何使用这些信息有一个基本的了解。例如,在预计数据库的大小方面,经常改变数值的数据库要比主要进行查询的数据库需要更多的可用空间来记录修改过程。这里有关丢失数据的容错将在项目 4 中介绍。

需要说明的是,由于本教材中的学生成绩数据库是一个教学示例数据库,因此在后面创建数据库的任务中并没有按这里的估算值设置,而是将数据库主要数据文件的初始大小设为最小值,即默认值 3MB。

3.1.2 SQL Server 数据库初始大小的估算方法

SQL Server 采用的是先分配空间后使用的方法,如果不对文件的初始大小进行估算,可能会导致过小或者过大的空间分配,过小的空间分配会导致数据库不够用,或者需要不停地动态分配;过大的空间又会产生不必要的浪费。所以在创建数据库之前,对数据库的数据文件的大小进行初步的预估是一个良好的习惯。

数据库的数据文件的大小主要由各数据表及其索引的存储空间决定。下面介绍计算表需要的存储空间大小的方法,其具体步骤如下所示。

(1) 计算表中的行数:Num_Rows。

(2) 计算固定长度列需要的空间。列的大小取决于数据类型和长度说明。

固定长度列数:Num_Cols。

所有固定长度列的总字节数:Fixed_Data_Size。

管理固定长度列的空位图所需要的存储空间:$Null\_Bitmap = 2 + ((Num\_Cols + 7)/8)$。

固定长度列所需要的总空间为:Fixed_Data_Size + Null_Bitmap。

(3) 计算可变长度列需要的空间。列的大小取决于数据类型和长度说明。

可变长度列数:Num_Variable_Cols。

所有可变长度列的最大字节数:Max_Var_Size。

管理可变长度列所需要的存储空间:$2 + (Num\_Variable\_Cols * 2)$。

可变长度列所需要的总空间为:$Variable\_Data\_Size = 2 + (Num\_Variable\_Cols * 2) + Max\_Var\_Size$。

此公式假设所有可变长度列均百分之百充满。如果预计可变长度列占用的存储空间比例较低,则可以按照该比例调整 Max_Var_Size 值,从而对整个表大小得出一个更准确的估计。如果没有可变长度列,则将 Variable_Data_Size 设置为 0。

(4) 计算总的行所需要的总空间,下面公式中的值 4 是数据行的行标题开销。

$$Row\_Size = Fixed\_Data\_Size + Variable\_Data\_Size + Null\_Bitmap + 4$$

(5) 计算每页理论上可分配的行数。由于 SQL Server 2008 中最基本的数据存储单元是页,每页的大小是 8KB(8192B),每页除去 96B 的头部(用于存储页类型、可用空间等信息),所以每页最大有 8096B 可用空间。

$$Rows\_Per\_Page = 8096/(Row\_Size + 2)$$

又因为表中的每一行数据都不能跨页存储,所以每页的行数应向下舍入到最接近的整数。

(6) 计算存储所有行所需的页数:$Num\_Pages = Num\_Rows/Rows\_Per\_Page$。

估计的页数应向上舍入到最接近的整数。

（7）计算表所需的存储空间（每页的总字节为 8192B）：表大小（B）＝8192 ∗ Num_Pages。

需要注意的是，上面的计算并没有考虑索引的开销。对于聚集索引和非聚集索引，由于计算较复杂，在此不一一叙述，但可根据实际经验，依据表存储空间的百分比来进行估算。

任务 3-2 创建学生成绩数据库

【任务描述】 根据任务 3-1 的解决方案，现需要在 SQL Server 数据库文件的默认存放路径下创建名为 StudentScore 的数据库。要求如下：主要数据文件名为 StudentScore_Data.MDF，初始值大小为 3MB，增长方式为按照 10％的比例增长；日志文件名为 StudentScore_Log.LDF，初始值大小为 1MB，增长方式为按照 1MB 的增量增长。

【任务分析】 在 SQL Server 2008 中，创建数据库的方法主要有以下两种。

（1）在 SQL Server Management Studio 中创建数据库。

（2）使用 Transact-SQL 语言创建数据库。

需要说明的是，无论使用上述哪种方法，主要数据文件总存储在 PRIMARY 文件组中，非主要数据文件所属文件组则可以更改。

下面主要介绍第一种方法，第二种方法将在项目 8 中讨论。

【任务实现】 在 SQL Server Management Studio 中可以按照下列步骤创建数据库。

（1）在【对象资源管理器】中展开服务器实例，右击【数据库】文件夹或其下属任一数据库图标，选择快捷菜单中的【新建数据库】命令，打开【新建数据库】对话框的【常规】选项页。

（2）在【常规】选项页的【数据库名称】文本框中输入数据库的名称 StudentScore，此时系统会在【数据库文件】列表框中自动生成两个文件的相关信息：一个是主要数据文件，默认的逻辑名称为 StudentScore；一个是事务日志文件，默认的逻辑名称为 StudentScore_log，如图 3-1 所示。

图 3-1 【新建数据库】对话框中的【常规】选项页

（3）在【数据库文件】列表框中设置数据库文件的逻辑名称、文件类型、所属文件组、初始容量大小、文件的增长方式和存储位置等信息。

逻辑名称：指定相应文件的文件主名，其扩展名使用各自的默认设置。

文件类型：用于区分当前文件是数据文件还是事务日志文件。

所属文件组：显示当前数据库文件所属的文件组，一个数据文件只能存在于一个文件组中；日志文件不属于任何文件组。

初始容量大小：指定该文件的初始容量，数据文件的默认值为 3MB，事务日志文件的默认值为 1MB。

文件的增长方式：用于设置当数据库文件被填充满时采用的文件增长策略。通过单击【自动增长】列右边的▦按钮，打开图 3-2 所示的【更改 StudentScore 的自动增长设置】对话框进行设置，其中包括是否允许文件自动增长、文件增长方式是以百分比增长还是以兆字节增长、最大文件大小是否有限制等项。

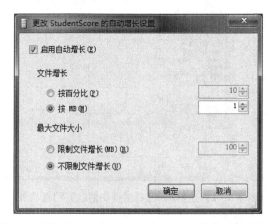

图 3-2 【更改 StudentScore 的自动增长设置】对话框

若要允许当前的文件自动增长，则选中【启用自动增长】复选框，并选择增长方式是按当前大小的百分比增长还是按固定步长增长；若要指定文件的最大容量，则选中"限制文件增长（MB）"单选按钮，否则默认为"不限制文件增长"。

存储位置：用于指定数据文件或日志文件存储位置的物理路径。单击右边的▦按钮，在出现的对话框中可以指定将数据文件或日志文件创建在磁盘上的物理路径。默认情况下，在创建数据库时，数据和事务日志被放在同一个驱动器上的同一路径下，即 SQL Server 2008 安装文件夹下的 Data 子文件夹下，这是为处理单磁盘系统页采用的方法。但在实际应用中，为了数据库读写的性能，建议将数据和日志文件放在不同的分区上，或放在不同的磁盘上。在企业级的生产环境中，建议使用磁盘阵列（如 RAID）提高数据库的访问性能。

此外，用户还可以通过单击【添加】按钮来创建多个数据文件，单击【所有者】文本框右边的▦按钮更改所有者，以及启用【使用全文索引】复选框以在数据库中使用全文索引进行查询操作。

这里将主要数据文件的逻辑名称设置为 StudentScore_Data，增长方式设置为按照

10％的比例增长,日志文件的增长方式设置为按照 1MB 的增量增长,其余均采用默认设置。

（4）单击【选择页】中的【选项】选项页,打开对话框的【选项】选项页,该选项页用来设置数据库的排序规则、恢复模式、兼容级别、游标等选项,其具体内容的含义将在任务 3-4 中介绍。这里均采用默认设置,如图 3-3 所示。

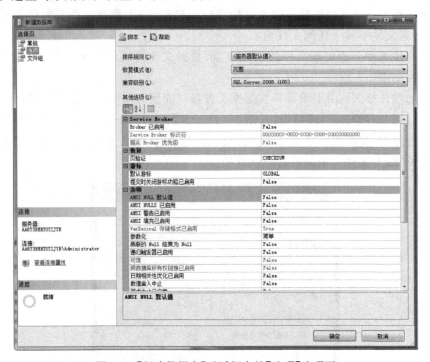

图 3-3 【新建数据库】对话框中的【选项】选项页

（5）设置完成后,单击【确定】按钮创建新的数据库,此时在【对象资源管理器】展开的【数据库】节点中可以看到新建的数据库 StudentScore,并且它已经包含了 model 数据库中的所有系统视图。

【任务总结】 在 SQL Server 中创建数据库时,可以为数据库设置数据库名称、所需的主要数据文件、次要数据文件和日志文件的文件名、初始大小及增长方式等属性。但实际上,除数据库名称必须由用户指定外,其他属性均可用 SQL Server 的默认设置。 当然这并不是一个好的方案。

任务 3-3 查看学生成绩数据库信息

【任务描述】 查看 StudentScore 数据库的如下信息：①查看数据库的配置信息；②查看数据库的磁盘使用情况。

【任务分析】 创建好学生成绩数据库后,DBA 在需要时可以通过 SQL Server Management Studio 或者系统存储过程来查看数据库的各种信息,主要包括数据库的基本信息、数据库空间的使用信息以及其他的一些配置信息。

【任务实现】

（1）通过 SQL Server Management Studio 查看数据库信息。

① 查看数据库的配置信息。在 SQL Server Management Studio 的【对象资源管理器】中,右击要查看的数据库,如 StudentScore,在弹出的快捷菜单中选择【属性】命令,打开【数据库属性-StudentScore】对话框,在其上的各个属性页中可以看到该数据库的各种配置信息,如图 3-4 所示。

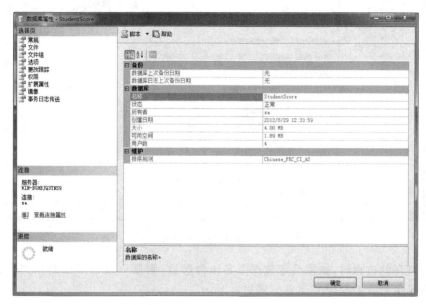

图 3-4 【数据库属性-StudentScore】对话框中的各选项页

其中,【常规】选项页显示了数据库上次备份日期、数据库日志上次备份日期、数据库名称、状态、所有者、创建日期、大小、可用空间、用户数、排序规则名称等信息。【文件】选项页显示了数据库中各数据文件的基本信息。【文件组】选项页显示了数据库中各文件组的基本信息,默认情况下,只有一个主要文件组。【选项】选项页显示了用户对数据库的访问方式、数据库故障还原类型以数据库的相关设置。【更改跟踪】选项页显示了对数据库中的数据所做的更改和访问与这些更改相关信息的更改跟踪机制的配置。【权限】选项页显示了用户/角色对数据库的权限。【扩展属性】选项页显示了用户向数据库对象添加自定义属性的内容。【镜像】选项页用来配置并修改数据库的数据库镜像的属性。还可以使用该页来启动配置数据库镜像安全向导,以查看镜像会话的状态,并可以暂停或删除数据库镜像会话。【事务日志传送】选项页用来配置和修改数据库的日志传送属性。

② 查看数据库的磁盘使用情况。在 SQL Server Management Studio 的【对象资源管理器】中右击要查看的数据库 StudentScore,在弹出的快捷菜单中选择【报表】→【标准报表】→【磁盘使用情况】命令,打开图 3-5 所示的【磁盘使用情况】选项卡,在其中可以查看数据库的总空间使用量、数据文件的空间使用量和事务日志空间使用量,并以饼图的方式显示数据文件和事务日志文件的空间使用率情况。

(2)通过系统存储过程或目录视图查看数据库的信息。

① 使用系统存储过程 sp_helpdb 查看数据库的基本信息,其语法格式如下:

```
[[EXEC[UTE]] sp_helpdb [数据库名]
```

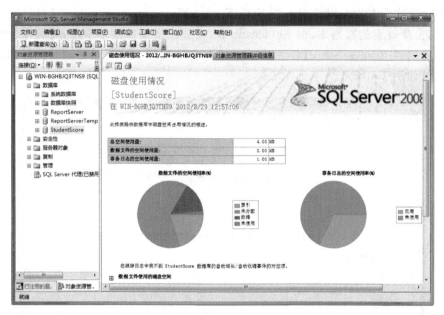

图 3-5　查看数据库的磁盘使用情况

执行该存储过程时,如果给定数据库名作为参数,则显示该数据库的相关信息;否则显示服务器中所有数据库的信息。例如:

```
EXEC sp_helpdb StudentScore
```

运行结果如图 3-6 所示。

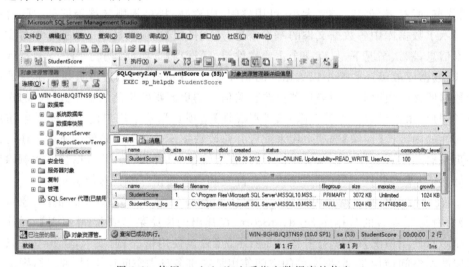

图 3-6　使用 sp_helpdb 查看指定数据库的信息

② 使用系统存储过程 sp_spaceused 查看当前数据库空间使用信息。

```
USE StudentScore
GO
```

```
EXEC sp_spaceused
```

运行结果如图 3-7 所示。

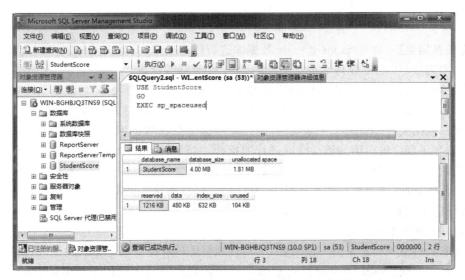

图 3-7　使用 sp_spaceused 查看当前数据库的空间使用信息

③ 使用 sys.databses 目录视图的 state_desc 列或 DATABASEPROPERTYEX()函数中的 status 属性查看数据库状态。

```
SELECT DATABASEPROPERTYEX('StudentScore','status') as '当前数据库状态'
```

运行结果如图 3-8 所示。

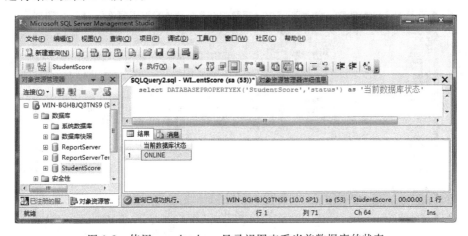

图 3-8　使用 sys.databses 目录视图查看当前数据库的状态

【任务说明】　数据库总是处在某个特定的状态中,大部分时间是 ONLINE(联机状态)。其他常见的状态包括 OFFLINE(脱机状态)、RESTORING(还原状态)、RECOVERING(恢复状态)、SUSPECT(可疑状态)或 EMERGENCY(紧急状态)。另外,数据库文件也有独立的状态,与数据库相比,文件没有 EMERGENCY 状态,但增加了一个 DEFUNCT 状态。数据库文件状态可以通过查询 sys. database_files 或 sys. master_files 目录视图来查看。

任务 3-4　修改学生成绩数据库

【任务描述】　针对 StudentScore 数据库进行以下操作：①修改数据库的大小；②修改数据库选项；③将数据库名改为 StudScore；④删除数据库。

【任务分析】　对已有数据库的修改主要包括修改数据库的大小、修改数据库选项、数据库更名和删除数据库等操作。其中修改数据库的大小可通过改变数据文件的大小，或通过增减数据文件和日志文件来实现；而删除数据库是在数据库及其中的数据失去利用价值后，为了释放被占用的磁盘空间进行的操作。当删除一个数据库时会删除数据库中所有的数据和该数据库所使用的所有磁盘文件，删除之后如想恢复是很麻烦的，必须从备份中恢复数据库，或通过它的事务日志文件恢复，所以删除数据库应格外小心。

【任务实现】

（1）修改数据库的大小。

随着数据量和日志量的不断增加，会出现数据库的存储空间不够的问题，因而需要增加数据库的空间。SQL Server 除可根据在创建数据库时所定义的增长参数自动扩充数据库外，还可以手动扩充数据库的空间。主要有两种方法：一是增加已有数据库文件的大小；二是增加数据库文件的数目。

① 增加已有数据库文件的大小。在 SQL Server Management Studio 的【对象资源管理器】中，右击要修改的数据库 StudentScore，在弹出的快捷菜单中选择【属性】命令，打开【数据库属性-StudentScore】对话框，单击左侧窗格中【文件】选项，打开其选项页，修改【初始大小】和【自动增长】两列的值，如图 3-9 所示。

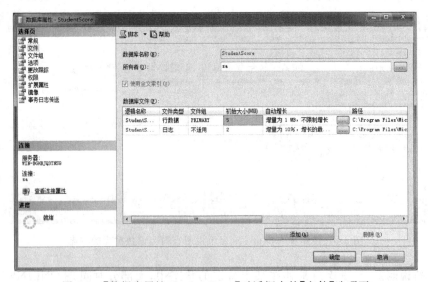

图 3-9　【数据库属性-StudentScore】对话框中的【文件】选项页

注意：新指定的数据库空间必须大于现有空间；否则 SQL Server 将报错。

② 增加数据库文件的数目。在【数据库属性-StudentScore】对话框的【文件】选项页

中,单击【添加】按钮,在【数据库文件】列表框中会出现一个空行,在【逻辑名称】列输入文件主名,文件的其余信息都会自动生成,新的数据文件名后缀为.ndf,事务日志文件名后缀为.ldf;若要更改文件名、文件类型、文件组、位置、初始大小和自动增长等列的默认值,则可单击要更改的单元格,再输入或选择新值。单击【确定】按钮即可完成增加数据库文件数目的操作。

③ 删除数据库文件。在【数据库属性-StudentScore】对话框的【文件】选项页中,选中要删除的文件,单击【删除】按钮,便删除了该文件,以缩减数据库的空间。

注意:只有文件中没有数据或事务日志信息时,才可以从数据库中删除文件;文件必须完全为空才能够删除。

(2)修改数据库选项。

数据库有许多可以设置的选项,这些选项可以在【数据库属性-StudentScore】对话框的【选项】选项页中进行修改,选项值通常为逻辑值 True 或 False,如图 3-10 所示。

图 3-10 【数据库属性-StudentScore】对话框中的【选项】选项页

其中,【排序规则】下拉列表框可以设置对字符串数据进行排序和比较的规则。【恢复模式】下拉列表框可以设置数据库的恢复模式。【兼容级别】下拉列表框可以将某些数据库设置为与指定的 SQL Server 版本兼容。【状态】区域中的【限制访问】项可以设置数据库为多用户模式、单用户模式或受限的模式;【数据库为只读】项可以将数据库设置为只能查看不能修改状态。【杂项】区域中的【ANSI NULL 默认值】可以指定默认情况下是否允许在数据库表的列中输入空(NULL)值;【ANSI 填充已启用】决定了 varchar 和 nvarchar 列的尾部空格是否算作其总长度;【递归触发器已启用】指定是否允许触发器递归调用,SQL Server 设定的触发器递归调用的层数最多为 32 层;【自动】区域中的【自动创建统计信息】可以在优化查询(Query Optimizer)时,根据需要自动创建统计信息;【自动更新统计信息】指定是否在查询优化中重建所有过期统计信息;【自动关闭】可以设置当数据库中无用户时,自动关闭该数据库,并将所占用的资源交还给操作系统,但对那些不间断使用的数据库请不要使用此选项;【自动收缩】允许定期对数据库进行检查,当数据库文件或日志文件的未用空间超过其大小的 25% 时,系统将会自动缩减文件,使其未用空间等于25%;【自动异步更新统计信息】允许异步更新信息,即当它设置为 True 时,查询不必等到统计信息更新完毕才进行编译。

(3)数据库更名。

在 SQL Server 2008 中,数据库重命名既可以在 SQL Server Management Studio 中实现,也可以用系统存储过程 sp_renamedb 或 ALTER DATABASE 语句实现。

① 在 SQL Server Management Studio 中实现。在【对象资源管理器】中,右击要重命名的数据库,在弹出的快捷菜单中选择【重命名】命令,此时数据库名称项变成编辑状态,输入新的数据库名即可。

② 用 sp_renamedb 重命名数据库,其命令的语法格式如下:

```
sp_renamedb '旧数据库名', '新数据库名'
```

相应任务的命令代码为:

```
sp_renamedb 'StudentScore', 'StudScore'
```

③ 用 ALTER DATABASE 重命名数据库,其命令的语法格式为:

```
ALTER DATABASE 数据库旧名 MODIFY NAME=数据库新名
```

相应任务的命令代码为:

```
ALTER DATABASE StudentScore MODIFY NAME=StudScore
```

(4)删除数据库。

在【对象资源管理器】中,展开【数据库】节点,右击要删除的数据库 StudentScore,在弹出的快捷菜单中选择【删除】命令,弹出图 3-11 所示的【删除对象】对话框。

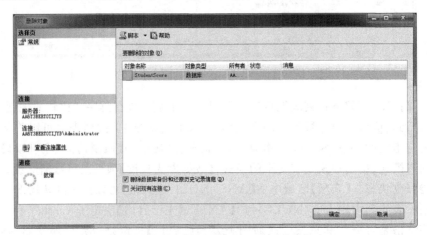

图 3-11 【删除对象】对话框——删除数据库

单击【确定】按钮,即可完成指定数据库的删除操作。

任务 3-5　收缩学生成绩数据库

【任务描述】　用自动收缩和手动收缩两种方法收缩 StudentScore 数据库。

【任务分析】　SQL Server 2008 采取预先分配空间的方法来建立数据库的数据文件或者日志文件,比如数据文件的空间分配了 100MB,而实际上只占用了 50MB 空间;此外,当数据从数据库中删除时,其占用的空间仍然被分配给数据库文件。这些都会造成存储空间的浪费。为此,SQL Server 2008 提供了收缩数据库的功能,并允许对数据库中的每个文件进行收缩,删除已经分配但没有使用的页。

需要注意的是,不能将整个数据库收缩到比其原始大小还要小。例如,如果数据库创建时的大小为 10MB,后来增长到 100MB,则该数据库最小只能收缩到 10MB,即使已经删除该数据库中所有数据也是如此;也不能将数据库收缩到没有剩余的可用空间为止。例如,某个 5GB 的数据库已经有 4GB 的数据,如果指定将数据库收缩到 3GB,则实际上只会释放 1GB 的空间。实际上,收缩后的可用空间应该留有一定的空闲空间,这样当数据发生更改时不必额外分配空间。

SQL Server 2008 支持对数据库实行自动收缩和手工收缩两种方式。

【任务实现】

(1)自动收缩数据库。

打开图 3-12 所示的【数据库属性-StudentScore】对话框,切换到【选项】选项页,将【自动收缩】项设置为 True 以实现自动收缩。此后 SQL Server 服务器每 30 分钟检查数据库的空间使用情况,如果发现大量闲置的空间,就会自动缩小数据库的文件大小。

图 3-12　设置自动收缩功能

(2) 手动收缩数据库。

① 在【对象资源管理器】中,右击要收缩的数据库,如 StudentScore,从弹出的快捷菜单中选择【任务】→【收缩】→【数据库】命令,打开图 3-13 所示的【收缩数据库-StudentScore】对话框。

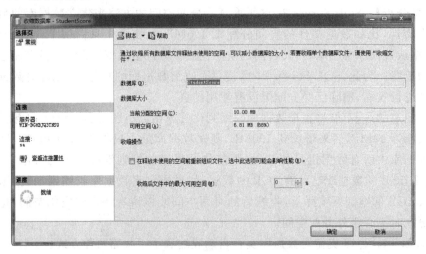

图 3-13 【收缩数据库-StudentScore】对话框

② 在【数据库大小】区域查看【当前分配的空间】和【可用空间】的值,这是决定是否进行收缩的重要依据。在【收缩操作】区域中,如果选中【在释放未使用的空间前重新组织文件。选中此选项可能会影响性能。】复选框,则必须为【收缩后文件中的最大可用空间】指定值,以设置收缩数据库后数据文件中的最大可用空间百分比。需要注意的是,此项设置将会重组数据页并将其移动到文件的开头,如果设置不当,则会影响数据库性能。这里不进行设置。

③ 单击【确定】按钮,完成数据库的手动收缩。

另外,可以使用 DBCC SHRINKDATABASE 语句来手动收缩数据库。语法格式如下:

```
DBCC SHRINKDATABASE(数据库名[ | 0,收缩后的剩余可用空间百分比])
```

说明:在 DBCC SHRINKDATABASE 后如使用 0,则表示收缩当前数据库。

相应任务的命令代码为

```
DBCC SHRINKDATABASE(StudentScore,10)
```

(3) 手动收缩数据库文件。

① 在【对象资源管理器】中,右击要收缩文件的数据库,如 StudentScore,从弹出的快捷菜单中选择【任务】→【收缩】→【文件】命令,打开图 3-14 所示的【收缩文件-StudentScore】对话框,对特定的数据文件或日志文件设置更精细的收缩策略。

② 在【数据库文件和文件组】区域通过【文件类型】、【文件组】、【文件名】和【位置】等项来选择要收缩的数据文件或者日志文件,并可查看相应文件的【当前分配的空间】和【可用空间】以确定是否要进行收缩。

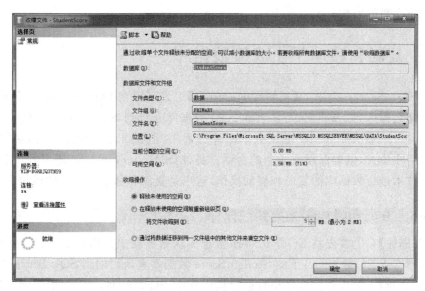

图 3-14　【收缩文件-StudentScore】对话框

③ 在【收缩操作】区域中选择合适的收缩动作,主要有以下 3 种收缩操作。

- 释放未使用的空间。将任何文件中未使用的空间释放给操作系统,并将文件收缩到最后分配的区域,因此无须移动任何数据即可减小文件尺寸,也不会将行重新定位到未分配的页。
- 在释放未使用的空间前重新组织页。选中此单选按钮时,用户必须在【将文件收缩到】数字框中指定目标文件的大小,并且此值不得小于当前分配的空间或大于为文件分配的全部区域的大小。
- 通过将数据迁移到同一文件组中的其他文件来清空文件。移动数据文件中的所有数据到同一个文件组的其他文件中去。此选项允许使用 ALTER DATABASE 语句删除要移走的文件。

这里使用默认的【释放未使用的空间】单选按钮。

④ 单击【确定】按钮,完成数据库文件的手动收缩。

同样,可以使用 DBCC SHRINKFILE 语句来手动收缩数据库中的文件。语法格式如下:

```
DBCC SHRINKFILE(文件名 [,新的大小 ])
```

例如,将 StudentScore 数据库中名为 StudentScore_data. mdf 的文件大小收缩到 2MB,相应的语句为:

```
DBCC SHRINKFILE(StudentScore_data,2)
```

【任务总结】　收缩数据库可以删除已经分配但尚未使用的页,从而更好地利用存储空间。但不能在备份数据库时收缩数据库,也不能在收缩数据库时创建或备份数据库。另外,过度的收缩会导致文件碎片,而且在数据库设置为自动增长的情况下,还会导致自动增长操作次数的增加。

3.1.3 复制和移动学生成绩数据库

使用 SQL Server 2008 的【复制数据库向导】工具可以在 SQL Server 的不同实例间复制和移动数据库,以及将 SQL Server 2005 数据库升级到 SQL Server 2008,所有这些操作除 model、msdb 和 master 系统数据库外都适用,但在开始复制操作前,必须将数据库设为单用户模式,以确保没有活动的会话。另外,SQL Server 2008 还可利用分离和附加数据库技术进行数据库的复制和移动操作,这也是复制和移动数据库的最快方法。

任务 3-6 分离和附加学生成绩数据库

【任务描述】 ①首先将 StudentScore 数据库从服务器中分离出来,然后将其数据库文件复制到 C:\下;②将 C:\下的 StudentScore 数据库重新附加到 SQL Server 中。

【任务分析】 分离数据库是将数据库从服务器(SQL Server 实例)中删除,但保留了与数据(. mdf 和. ndf)及日志(. ldf)相关的物理文件,以便压缩复制文件。如果不需要对数据库进行管理,又希望保留该数据库,则可以对其进行分离操作。需要注意的是,在分离数据库时,需要拥有对数据库的独占访问权限,即如果要分离的数据库正在使用中,则必须将其设置为 SINGLE_USER 模式才能进行分离操作。但在下列情况下无法执行数据库的分离操作:①数据库正在使用,而且无法切换到 SINGLE_USER 模式下;②数据库存在数据库快照;③数据库处于可疑状态;④数据库为系统数据库。如果需要对已经分离的数据库进行管理,则可以用附加数据库功能再次将分离后的文件附加到 SQL Server 实例中。分离和附加数据库的功能也可以用于将数据库移植到另一台服务器上的场合。

【任务实现】

(1) 分离 StudentScore 数据库。

① 在【对象资源管理器】中,展开【数据库】节点。右击要分离的 StudentScore 数据库,从弹出的快捷菜单中选择【任务】→【分离】命令,打开图 3-15 所示的【分离数据库】对话框。

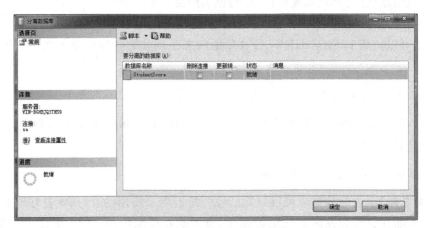

图 3-15 【分离数据库】对话框

②　在【分离数据库】对话框中,可以根据实际需要选择是否在分离操作前断开连接、更新统计信息。默认情况下,分离操作将在分离数据库时保留过期的优化统计信息;若要更新现有的优化统计信息,可选中【更新统计信息】复选框。另外,要成功地分离数据库,数据库【状态】应为"就绪"。

③　单击【确定】按钮,完成数据库的分离操作,此时被分离数据库的数据库节点已从【对象资源管理器】的【数据库】节点中被删除。

④　找到 StudentScore 数据库物理文件所在磁盘位置,将其数据文件和日志文件均复制到 C:\ 下。

也可以使用 sp_detach_db 存储过程分离数据库,语法结构如下:

```
sp_detach_db[@dbname=]'dbname'[,[@skipchecks=]'skipchecks']
    [,[@KeepFulltextIndexFile=]'KeepFulltextIndexFile']
```

参数说明如下:

[@dbname=]'dbname'指定要分离的数据库名称。

[,[@skipchecks=]'skipchecks']指定跳过还是运行 UPDATE STATISTIC。skipchecks 的数据类型为 nvarchar(10),默认值为 NULL。要跳过 UPDATE STATISTIC,请指定 true;要显式运行 UPDATE STATISTIC,请指定 false。默认情况下,执行 UPDATE STATISTIC 以更新有关 SQL Server 数据库引擎中的表数据和索引数据的信息。对于要移动到只读媒体的数据库,执行 UPDATE STATISTIC 非常有用。

[,[@KeepFulltextIndexFile=]'KeepFulltextIndexFile']指定在数据库分离操作过程中不会删除与正在被分离的数据库关联的全文索引文件。KeepFulltextIndexFile 的数据类型为 nvarchar(10),默认值为 true。如果 KeepFulltextIndexFile 为 NULL 或 false,则会删除与数据库关联的所有全文索引文件以及全文索引的元数据。

相应任务的命令代码为:

```
sp_detach_db 'StudentScore'
```

(2) 附加 StudentScore 数据库。

①　在【对象资源管理器】中,展开要附加数据库的服务器节点。右击【数据库】节点,从弹出的快捷菜单中选择【附加】命令,打开图 3-16 所示的【附加数据库】对话框。

②　单击【添加】按钮,打开【定位数据库文件】对话框,选择要附加的数据库的主要数据文件,如图 3-17 所示。如果找不到指定位置的文件,或次要数据文件和日志文件不在相应的路径下,则附加操作将失败。

③　单击【确定】按钮,返回【附加数据库】对话框,该对话框中已显示出要附加数据库的数据文件和日志文件的详细信息,此时在其中可以修改数据库名及其拥有者,但数据库名不能与任何现有数据库名称相同。

④　单击【确定】按钮,新附加的数据库的数据库节点立即出现在【对象资源管理器】相应 SQL Server 服务器的【数据库】文件夹中。

也可以在 CREATE DATABASE 语句中使用 ATTACH 关键字的方法附加数据库,语句如下:

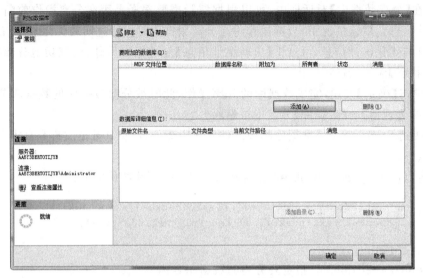

图 3-16 【附加数据库】对话框

图 3-17 【定位数据库文件】对话框

```
CREATE DATABASE StudentScore ON
(FILENAME='C:\StudentScore_Data.MDF'),(FILENAME='C:\StudentScore_log.LDF')
FOR ATTACH
GO
```

【任务总结】 分离和附加数据库技术可以分离数据库的数据和事务日志文件,然后将它们重新附加到同一或其他 SQL Server 实例。如要将数据库更改到同一计算机的不同 SQL Server 实例或要移动数据库,分离和附加数据库会很有用,但此方法需要将源数据库设置为 SINGLE_USER 模式,以使其处于脱机状态或断开所有与源数据库的连接,并且用户必须是源和目标服务器 sysadmin 固定服务器角色的成员。

任务 3-7 使用复制数据库向导复制和移动学生成绩数据库

【任务描述】 利用复制数据库向导复制和移动 StudentScore 数据库。

【任务分析】 此方法速度稍慢,并且要求 SQL Server 代理服务运行于目标服务器上,但不要求源数据库脱机。另外,要使用该方法,用户必须是源数据库的所有者,并有 Create Database 的权限,或者在目标服务器上是固定 dbcreator 服务器角色的成员。

【任务实现】

(1) 在【对象资源管理器】中,展开【数据库】节点,右击要复制的数据库 StudentScore,在弹出的快捷菜单中选择【任务】→【复制数据库】命令,打开【复制数据库向导】窗口的欢迎界面,如图 3-18 所示。

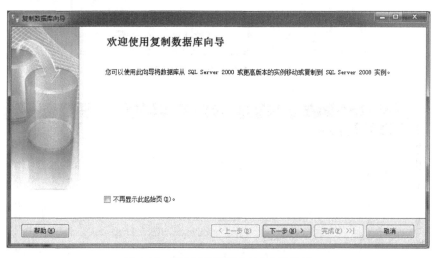

图 3-18 【复制数据库向导】欢迎界面

(2) 单击【下一步】按钮,进入图 3-19 所示的【选择源服务器】对话框,指定想要复制或移动数据库的服务器。可以输入源服务器的 DNS 或主机名,也可以单击右侧的 ⋯ 按钮以选择可用服务器,如图 3-20 所示。设置身份验证方式,默认为 Windows 身份验证,这里采用 SQL Server 身份验证,并输入正确的用户名的密码。

(3) 单击【下一步】按钮,进入图 3-21 所示的【选择目标服务器】对话框,指定复制或移动数据库的目标服务器,并设置身份验证方式。

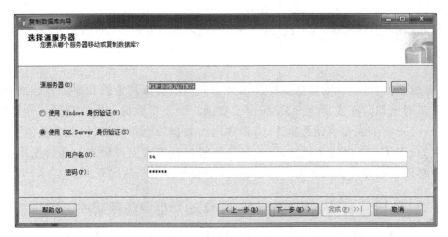

图 3-19 【选择源服务器】对话框

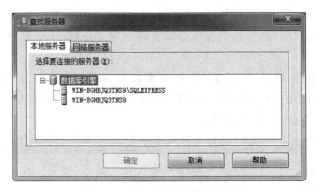

图 3-20 【查找服务器】对话框

图 3-21 【选择目标服务器】对话框

（4）单击【下一步】按钮，进入【选择传输方法】对话框，指定复制或移动数据库的传输方式，默认为【使用分离和附加方法】，并且在出现失败情况后自动附加源数据库，如图 3-22 所示。这里选中【使用 SQL 管理对象方法】单选按钮。

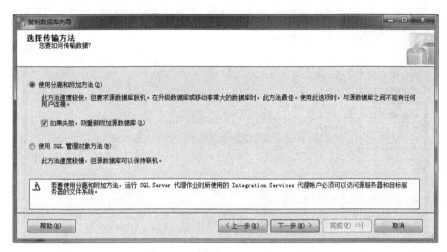

图 3-22 【选择传输方法】对话框

（5）单击【下一步】按钮，进入【选择数据库】对话框，从中指定要复制或移动的数据库，这里选择 StudentScore 数据库，如图 3-23 所示。

图 3-23 【选择数据库】对话框

（6）单击【下一步】按钮，进入【配置目标数据库】对话框，在这里任何与数据库相关联的数据文件和日志文件的名称和位置都被显示出来，可以通过输入新的值指定目标数据库的名称、数据库文件的存放位置，以及当目标服务器上已有同名数据库时的操作方法，如图 3-24 所示。

（7）单击【下一步】按钮，进入【配置包】对话框，在此输入包名 StudentScore，并设置【日志记录选项】，如图 3-25 所示。

（8）单击【下一步】按钮，进入【安排运行包】对话框，可以选择立即运行向导，或者计划向导在稍后的时间运行。此处选中【立即运行】单选按钮，如图 3-26 所示。

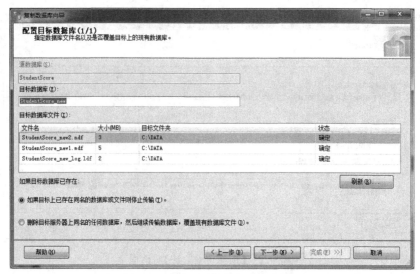

图 3-24 【配置目标数据库】对话框

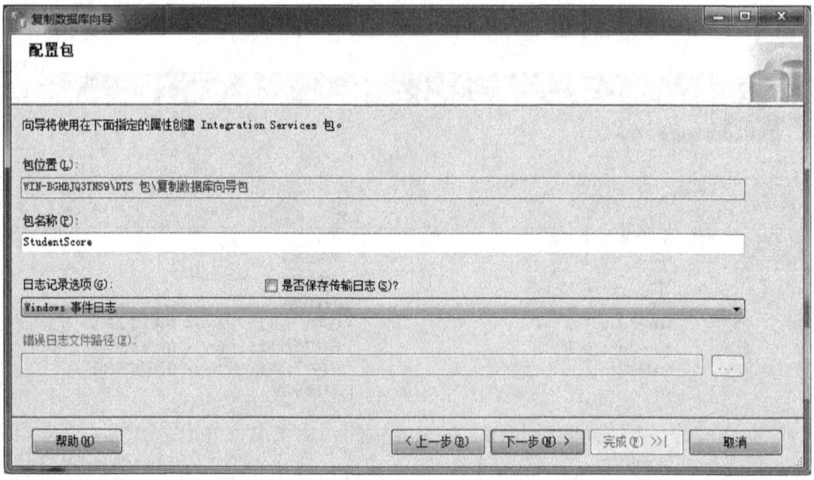

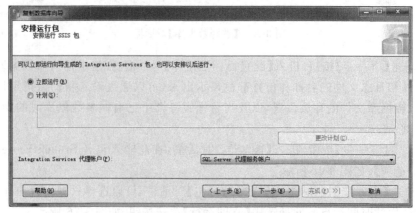

图 3-25 【配置包】对话框

图 3-26 【安排运行包】对话框

（9）单击【下一步】按钮，进入【完成该向导】对话框，检查所做选择，无误后单击【完成】按钮，如图 3-27 所示。

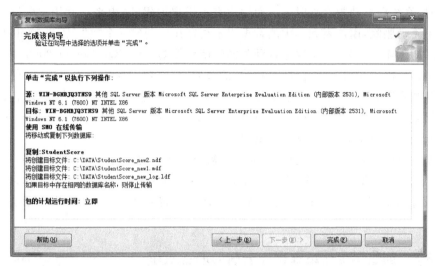

图 3-27 【完成该向导】对话框

（10）向导执行所需准备和创建、复制/移动的包。如果在执行这些任务期间发生严重错误，操作将失败并提示发生了什么错误；否则将进入图 3-28 所示的操作成功界面。

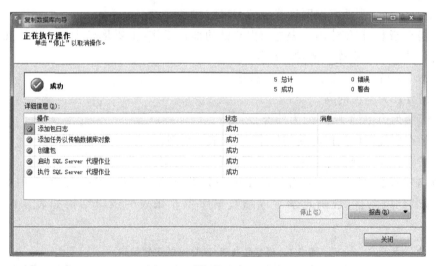

图 3-28 【操作成功】对话框

3.2 创建和管理 SQL Server 数据表

表是数据库存储数据的主要对象，也是数据库中最重要的对象，因此对表的管理是对 SQL Server 数据库管理的重要内容。在 SQL Server 中，根据不同的分类标准可将表分为不同的类型。如按照存储的时间来分,可将表分为永久表和临时表两类;如按照表的用途来分,可将表分为系统表和用户表两类。其中,临时表存储在 tempdb 数据库中,当不再使用时,系统会自动删除临时表。而用户表是用户创建的、用来存储用户数据的表,如果用户不手动删除,用户表和其中的数据将永久存在。创建一个数据库后,就可以着手在该数据库中创建用户表,用于存储各种各样的用户数据。在 SQL Server 2008 中,一个数据库中最多可以创建的表数受到对象总数的限制,每个数据库中最多可有 20 亿个对象。用户创建数据库表时,最多可以定义 1024 列(即 1024 个字段),而表的行数及总大小仅受可用存储空间的限制,每行最多可以存储 8060B,但对于带 varchar、nvarchar、varbinary 或 sql_variant 列的表,其行宽可以超过此限制。

需要注意的是,在创建表之前,应先确定需要什么样的表,各表中都有哪些列,这些列的名称、数据类型、宽度是什么,有何限制等。这就是创建数据表前的准备工作,也是数据库逻辑设计和物理设计的内容,其具体的设计方法将在项目 7 中介绍,下面只作简要说明。

任务 3-8　创建学生成绩数据库表前的准备工作

【任务描述】　假设学生成绩数据库已经完成了表的设计。根据设计结果,已知 StudentScore 数据库中共有 6 张数据表,分别是班级信息表(bClass)、专业信息表(bMajor)、学生信息表(bStudent)、课程信息表(bCourse)、学生选课成绩表(bScore)和用户信息表(Users),现要求说明这些表的逻辑结构。

【任务分析】　在创建用户表之前需要做的准备工作,主要是确定表中以下几方面的内容,它们决定了数据库表的逻辑结构。

① 每个列的名称、数据类型及其长度。

② 需要设为空值的列。

③ 哪些列为主键,哪些列为外键。

④ 是否要使用以及何时使用约束、默认值或规则。

⑤ 需要在哪些列上建立索引以及所需索引的类型。

【任务实现】　根据对应用环境的了解和分析,并结合 SQL Server 2008 中支持的数据类型及其约束条件,现确定学生成绩数据库中 6 张表的逻辑结构如表 3-1～表 3-6 所示。

表 3-1　班级信息表(bClass)的逻辑结构

字段	字段名	类型	宽度	小数位	中文含义	备　注
1	Class_Id	Char	8		班级代号	主键、索引
2	Class_Name	Varchar	20		班级名称	不能为空、唯一
3	Class_Num	Int			班级人数	默认值(0)
4	Major_Id	Char	2		专业代号	外键
5	Length	Char	1		学制	
6	Depart_Id	Char	2		所属系部	

表 3-2 专业信息表(bMajor)的逻辑结构

字段	字段名	类型	宽度	小数位	中文含义	备 注
1	Major_Id	Char	2		专业代号	主键、索引
2	Major_Name	Varchar	40		专业名称	不能为空、唯一
3	Depart_Id	Char	2		系部代号	
4	Depart_Name	Varchar	40		系部名称	

表 3-3 学生信息表(bStudent)的逻辑结构

字段	字段名	类型	宽度	小数位	中文含义	备 注
1	Stud_Id	Char	10		学生学号	主键、索引
2	Stud_Name	Varchar	40		学生姓名	不能为空
3	Stud_Sex	Char	2		学生性别	男/女
4	Birth	Datetime			出生日期	聚集索引
5	Member	Char	2		是否团员	是/否
6	Family_Place	Varchar	50		学生籍贯	
7	Class_Id	Char	8		所在班级	外键

表 3-4 课程信息表(bCourse)的逻辑结构

字段	字段名	类型	宽度	小数位	中文含义	备 注
1	Course_Id	Char	8		课程代号	主键、索引
2	Course_Name	Varchar	30		课程名称	不能为空、唯一
3	Course_Type	Char	1		课程类型	2—考试;1—考查;0—选修
4	Hours	Int			课时数	检查约束≥0

表 3-5 学生选课成绩表(bScore)的逻辑结构

字段	字段名	类型	宽度	小数位	中文含义	备 注
1	Stud_Cod	Int			成绩编码	标识列
2	Stud_Id	Char	10		学生学号	外键
3	Course_Id	Char	8		课程代号	外键
4	Term	Tinyint			学期	检查约束≥0
5	Score	Numeric		1	成绩	检查约束≥0
6	Credit	Numeric		1	学分	检查约束≥0
7	Makeup	Numeric		1	补考成绩	检查约束≥0

表 3-6　用户信息表(Users)的逻辑结构

字段	字段名	类型	宽度	小数位	中文含义	备　注
1	Users_dh	Char	10		用户账号	主键、索引
2	Users_name	Varchar	40		用户姓名	
3	Users_bz	tinyint			用户级别	1—管理员；2—教师；3—学生
4	Password	Varchar	40		用户密码	不能为空

3.2.1　SQL Server 的数据类型

在 SQL Server 2008 中,Transact-SQL 语句(详见项目 8)中的每个局部变量、表达式和参数都有一个相关的数据类型,表中的每个列也都属于某种数据类型。在创建表的过程中,应当根据实际需要对每个列指定适当的数据类型。在 SQL Server 2008 中,既可以使用系统数据类型集,也可以基于系统数据类型集创建用户定义的数据类型。

1. 数字数据类型

(1)整数类型。

整数类型是常用的数据类型之一,它主要用来存储数值,可以直接进行算术运算,而不必使用函数转换。

① int：即 integer 数据类型,可以存储从 -2^{31}(-2147483648)～$2^{31}-1$(2147483647)范围内的任意整数。每个 int 型数据占 4 个字节的存储空间,共 32 位。

② smallint：可以存储从 -2^{15}(-32768)～$2^{15}-1$(32767)范围内的所有整数。每个 smallint 型数据占 2 个字节的存储空间,共 16 位。

③ tinyint：只能存储从 0～255 范围内的所有整数。每个数据占 1 个字节的存储空间。当要存储的数据值不超过 255 且都是正数时,可以使用该类型。

④ bigint：它是整数类型中存储容量最大的一种,可以存储从 -2^{63}～$2^{63}-1$ 之间的任意整数。每个 bigint 型数据占 8 个字节的存储空间。需要注意的是,只有当整数值可能超过 int 数据类型支持范围的情况下才考虑使用 bigint 类型。

(2)小数类型。

小数类型又称为“浮点数据类型”,用于存储十进制小数。浮点类型的数据在 SQL Server 中采用“上舍入”的方式进行存储,即只入不舍。如对 3.14159265358979 保留两位小数时,结果为 3.15。由于浮点数的这种特性可能会引起计算结果的不精确,所以在货币运算中一般不使用它,而只用在科学计算或统计计算等不要求绝对精确的场合。

① real：real 型数据的取值范围在 $-3.4E+38$～$3.4E+38$ 之间,精度最大可以达到 7 位,每个 real 型数据占 4 个字节的存储空间。

② float：float 型数据的取值范围在 $-1.79E-308$～$1.79E+308$ 之间,精度可以达到 15 位。其定义形式为 float(n),n 为用于存储 float 数值尾数的位数(以科学记数法表

示),范围是 1～53。当 n 的取值为 1～24 时,精度为 7 位,用 4 个字节存储;当 n 的取值为
25～53 时,精度为 15 位,用 8 个字节存储。如果不指定 float 数据类型的长度,将默认占
用 8 个字节的存储空间。

③ decimal 和 numeric:decimal 数据类型和 numeric 数据类型完全相同,它们可以精
确指定小数点两边的总位数(即精度)和小数点右边的位数,其定义形式为 decimal(m,
n),m 为总位数,范围是 1～38,默认为 18;n 为小数位数,范围是 0～m,当小数位数为 0
时,其值可以作为整数类型来对待,如 decimal(5,0)。decimal 和 numeric 数据类型用 5～
17 个字节来存储 $-10^{38}+1$～$10^{38}-1$ 之间的数值。

2. 字符串数据类型

字符串数据类型是使用最多的数据类型,可以用来存储各种字母、数字符号和特殊符
号,只是在使用字符串常量为字符串数据类型赋值时,需要在其前后加上英文单引号或双
引号。

(1) char。char 型数据使用固定长度来存储字符,每个字符占用 1 个字节的存储空
间。利用 char 来定义表列或变量时需给定数据的最大长度,其定义形式为 char(n),n 的
取值范围为 1～8000,即最多不能超过 8000 个字符。如果实际数据的长度小于给定的最
大长度,则多余的部分用空格填充;反之,则超过的部分被截断。

(2) varchar。varchar 数据类型的使用方式与 char 数据类型相似,其取值范围也为
1～8000。不同的是,varchar 数据类型的存储空间可以随着数据字符数的不同而发生变
化,并且它可以用 max 指示最大存储大小,即可以存储长达 $2^{31}-1$(2147483647)个字符
的可变长度字符串。

例如,在定义学生姓名列时,将其定义为 varchar(40),则存储在姓名列上的数据最多
可以达到 40 个字符,而在数据没有达到 40 个字符时,也不会在多余的字节上填充空格。

(3) text。这是 SQL Server 早期版本中提供的专门用于存储数量巨大、长度可变的
字符数据,其容量理论上可达到 $2^{31}-1$ 个字节,微软公司建议使用 varchar(max)替代之。

(4) nchar。nchar 与 char 数据类型相似,但 nchar 数据类型最多不能超过 4000 个字
符,因为它采用的是 unicode 标准字符集。unicode 标准规定每个字符占用两个字节的存
储空间,这样可以将全世界的语言文字都保存在内,而不会发生编码冲突。

(5) nvarchar。nvarchar 与 varchar 数据类型相似,但 nvarchar 采用的也是 unicode
标准字符集,当用 nvarchar(n)形式定义时,n 的取值范围为 1～4000;当用 nvarchar
(max)形式定义时,可以存储数据最大长度达 $2^{30}-1$ 个字符的可变长度字符串。

(6) ntext。这也是 SQL Server 早期版本提供的专门用于存储数量巨大、长度可变的
unicode 数据,最大长度达 $2^{30}-1$ 个字符。该类型的数据微软公司建议使用 nvarchar
(max)替代。

3. 日期和时间数据类型

SQL Server 提供的日期和时间数据类型可以存储日期和时间或者它们的组合信息。
将日期和时间数据存储在这些数据类型中,SQL Server 2008 可以自动将其格式化,并可

以使用特殊的日期和时间函数来操作它们,从而比使用字符数据类型来存储日期和时间方便得多。

(1) date 和 time。前者以 1 天为精度用于存储日期数据,占 3 个字节的存储空间,可以存储从公元元年 1 月 1 日至公元 9999 年 12 月 31 日范围内的日期;后者用于存储时间数据,其取值范围为 00:00:00.0000000~23:59:59.9999999,数据定义形式为 time(n),n 为指定的秒数的小数位数,取值为 0~7,如不指定则默认为 7(100ns)。

(2) datetime2。它为一种日期时间混合的数据类型,即以 100ns 的精度存储日期和时间,其日期部分的表示方法和取值范围与 date 数据类型相同;时间部分的表示方法和取值范围与 time 数据类型相同。

(3) datetime。它为 SQL Server 早期版本中提供的用于存储日期时间混合的数据类型,可存储公元 1753 年 1 月 1 日至公元 9999 年 12 月 31 日范围内的日期和时间,并精确到 1/300 秒。datetime 型数据占用 8 个字节的存储空间。

(4) smalldatetime。它与 datetime 数据类型相似,但只允许存储公元 1900 年 1 月 1 日至公元 2079 年 6 月 6 日范围内的日期和时间,且只能精确到 1 分钟。smalldatetime 型数据占用 4 个字节的存储空间。

(5) datetimeoffset。其表示方法和取值范围与 datetime2 数据类型相似,但带有时区偏移量。时区偏移量指定时间相对于协调世界时(UTC)偏移的小时和分钟数,系统使用时区偏移量获取本地时间。在实际应用中,时区的提示非常重要,特别是当处理数据包含了多个不同时区的国家时间。

需要说明的是,在用户没有指定时间部分时,SQL Server 会自动设置 datetime2 和 datetimeoffset 数据的时间为 00:00:00.0000000;而设置 datetime 和 smalldatetime 数据的时间为 00:00:00。另外,在 SQL Server 2008 中,日期和时间有特定的输入格式,具体如下。

① 日期数据的输入格式。

可用英文+数字、数字+分隔符或纯数字的输入格式。其中,英文可用缩写形式,分隔符可为斜线、短画线或小数点。例如,

```
Aug 1 2012   2012/8/1   2012-8-1   2012.8.1   20120801
```

② 时间数据的输入格式。

输入时间必须按照小时→分钟→秒→毫秒的顺序输入,并在其间用冒号隔开。例如,

```
2012-9-8 5:36:59:99 PM   2012-9-8 17:36:59:99
```

4. 其他数据类型

(1) 二进制数据类型。

① binary:存储固定长度的二进制数据,其定义形式为 binary(n),n 的取值范围为 1~8000,存储大小为 n 字节。当输入的二进制数据长度小于 n 时,余下部分填充 0。此类型常用于存储图像等数据。

② varbinary:存储可变长度的二进制数据,其定义形式为 varbinary(n),n 的取值范

围为 1～8000,存储大小为所输入数据的实际长度加上 2 个字节。它也可以用 max 指示最大存储大小,以存储长达 $2^{31}-1$ 个字节的数据。

③ image:为 SQL Server 早期版本中提供的用于存储照片、目录图片或者图画的可变长度二进制数据类型,其理论容量为 $2^{31}-1$ 个字节。该类型的数据微软公司建议使用 varbinary(max)替代之。

(2) 货币数据类型。

货币数据类型专门用于货币数据处理。

① money:存储在 money 数据类型中的数值以一个正数部分和一个小数部分存储在两个 4 字节的整型值中,存储范围为 $-922337213685477.5808～922337213685477.5808$,精度为货币单位的万分之一。

② smallmoney:与 money 数据类型类似,但其存储的货币值范围比 money 数据类型小,其存储范围为 $-214748.3468～214748.3467$。

(3) 位数据类型。

bit 称为位数据类型,其数据有两种取值,即 0 和 1,长度为 1 字节。在输入 0 以外的值时,系统均把它们当作 1 看待。在 SQL Server 中,字符串值 TRUE 和 FALSE 可以转换为以下 bit 值:TRUE 转换为 1,FALSE 转换为 0。

(4) 特殊数据类型。

① timestamp:亦称时间戳数据类型,这是一种自动记录时间的数据类型,主要用于在数据表中记录其数据的修改时间。若定义了一个表列为 timestamp 类型,则 SQL 会将一个均匀增加的计数值隐式地添加到该列中。

② uniqueidentifier:用于存储一个 16 字节长的二进制数据类型,它是 SQL Server 根据计算机网络适配器地址和 CPU 时钟产生的全局唯一标识符代码(Globally Unique IDentifier,GUID)。

③ sql_variant:用于存储除 text、ntext、image 和 timestamp 类型数据外的其他任何合法的 SQL Server 数据。该数据类型常用在不能准确确定将要存储的数据类型的场合,以方便数据库的开发工作。

④ xml:可以用来保存整个 XML 文档,还可以借助 Xquery 语法执行搜索。

⑤ HierarchyId:用于存储记录在树结构中的准确位置,与 HierarchyId 类型配合使用的还有一系列函数,如 GetAncestor 和 GetDescendant 方法可以用来遍历树;ToString 和 Parse 方法用于 HierarchyId 类型与字符串之间的转换。

5. 用户定义数据类型

用户定义数据类型并不是真正的数据类型,它需要基于 SQL Server 的系统数据类型。用户定义数据类型提供了一种加强数据库内部元素和某个数据类型之间一致性的一种机制,通过使用用户定义数据类型可以简化对常用规则和默认值的管理。如当多个表的列中要存储同样类型的数据类型,而且想确保这些列具有完全相同的数据类型、长度和是否为空属性时,可使用用户定义数据类型。

创建用户定义数据类型有两种方法:一种是使用 SQL Server Management Studio 创建;另一种是使用系统存储过程 sp_addtype 或 CREATE TYPE 语句来创建。下面主要介绍前一种方法,对后一种方法只使用 CREATE TYPE 语句作简要说明,因为 sp_addtype 将在微软的后续版本中被删除。

(1) 使用 SQL Server Management Studio 创建。

① 在 SQL Server Management Studio 的【对象资源管理器】中,展开要创建用户定义数据类型的【数据库】节点,如 StudentScore,然后在该数据库下面再依次展开【可编程性】→【类型】节点。

② 右击【用户定义数据类型】节点,从弹出的快捷菜单中选择【新建用户定义数据类型】命令,打开图 3-29 所示的【新建用户定义数据类型】对话框。

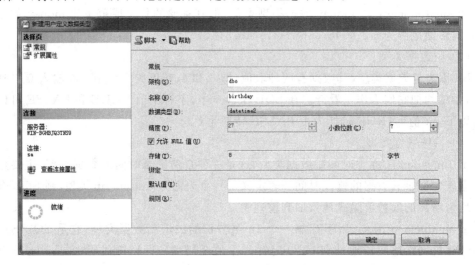

图 3-29 【新建用户定义数据类型】对话框

③ 在该对话框中,指定要定义的数据类型的名称、继承的系统数据类型、精度及是否为 NULL 值等属性。如要为该用户定义数据类型指定规则或默认值,则可在规则或默认值列表中选择一个规则或默认值,将其绑定到用户定义数据类型上。这里设置名称为 birthday,数据类型为 datetime2,其余均保持默认。

④ 单击【确定】按钮,即可把创建的用户定义数据类型对象添加到指定的数据库中。

需要注意的是,在数据库的某个表中使用用户定义数据类型时,与系统类型一样,在表结构定义的下拉列表框中选择即可。

(2) 使用 CREATE TYPE 语句创建。

前面在 StudentScore 数据库中创建的用户定义数据类型对象如使用 CREATE TYPE 语句来创建,其代码具体如下:

```
USE StudentScore
GO
CREATE TYPE birthday FROM datetime2 NULL
```

3.2.2 NULL、NOT NULL 和 Identity

1. NULL 与 NOT NULL

一个列中出现 NULL 值(空值)意味着用户还没有为该列输入值。NULL 值既不等价于数值型数据中的 0,也不等价于字符型数据中的空串,只是表明列值是未知的。如学生信息表中,某一学生的出生日期为空值并不表示该学生没有出生日期,而是表示他的出生日期目前还不知道。

如果必须在表中的某一列中输入数据,那么在创建表结构时应当设置该列不允许取空值,即 NOT NULL。如在学生信息表中,学生的姓名列就应该设置为不允许为空,因为姓名是学生基本情况中最重要的一个信息。

2. Identity

每一个表中都可以有一个标识列,其中包括由系统自动生成的能够标识表中每一行数据的唯一序列值,这种机制在某些情况下很有用。如在学生选课成绩表中,为了编程的方便,需要有一列存放成绩编号,最简单的方法就是把它作为标识列,这样每次向表中插入一条选课成绩记录时,SQL Server 都会自动生成唯一的值作为选课成绩记录的编号,避免了人工添加序号时可能产生的序号冲突问题。

将一个列作为表中的标识列,需要定义该列的 Identity 属性,语法格式如下:

```
IDENTITY[(SEED,INCREMENT)]
```

其中,SEED 是初始值,即表中第一行数据的标识列的取值,默认值为 1;INCREMENT 是步长值,默认值也为 1。

此项操作也可以在 SQL Server Management Studio 中通过【表设计器】列属性下的"标识规范"项实现。

使用 Identity 列时,要注意以下 3 点:①每张表只允许一个 Identity 列;②该列的数据类型只能为 int、bigint、decimal、numeric、smallint 或 tinyint 之一,通常取 int 或 bigint;③该列不允许为 NULL 值,也不能有默认值。一般情况下,不允许人为向 Identity 列中插入数值,也不允许修改 Identity 列的值。

任务 3-9 创建学生成绩数据库中的表

【任务描述】 根据任务 3-8 的实现结果利用 SQL Server Management Studio 的表设计器创建 StudentScore 中的 6 张数据表。

【任务分析】 创建一个表即为对该表的结构进行定义,也就是对该表中的每个列的名称、数据类型和其他属性进行设置。SQL Server 2008 提供了两种方法创建数据库表:一种是利用 SQL Server Management Studio 创建表;另一种是利用 Transact-SQL 语句中的 CERATE TABLE 命令创建表。本项目主要介绍前一种方法,后一种方法将在项目 8 中介绍。

下面以创建 StudentScore 数据库中的班级表(bClass)为例,说明用 SQL Server Management Studio 创建表的步骤。

【任务实现】

(1) 在 SQL Server Management Studio 的【对象资源管理器】中,选择并展开要创建新表的数据库 StudentScore。

(2) 在展开的树形目录中右击【表】节点,从弹出的快捷菜单中选择【新建表】命令,打开图 3-30 所示的表设计器窗口。

图 3-30 表设计器窗口

(3) 在表设计器窗体的上半部分,定义列的基本属性,如列名、数据类型、是否允许为空。其中,列名必须遵循标识符规则,且最好能"见名知意"。

(4) 选中表的任一列,在窗体的下半部分【列属性】处编辑该列的其他属性,包括列的长度、默认值、标识列及其初始值和增量值等。参照表 3-1 班级表 bClass 的逻辑结构输入列的属性,如图 3-30 所示。

(5) 选择【视图】菜单中的【属性窗口】命令或按 F4 键,打开【表属性】窗格,在其中设置当前表的属性信息。这里在"(名称)"属性中输入表名 bClass,其余均采用默认设置。

(6) 定义好表结构并给表重命名后,单击工具栏中的【保存】按钮将该表保存到 StudentScore 数据库中。需要说明的是,这里如没有给表重命名(即上面的第(5)步),则会在单击【保存】按钮或关闭表设计器时弹出【选择名称】对话框,提示用户输入表名。

用同样的方法创建 bMajor 表、bStudent 表、bCourse 表、bScore 表和 Users 表。

任务 3-10 数据的输入与编辑

【任务描述】 在任务 3-9 创建的 6 张数据表中输入合适的数据(具体值可参考书后

附录提供的样本数据)。

【任务分析】 数据库中表的结构定义好后,就可以打开已建好的数据表,输入一些用于测试的数据记录。在输入过程中会受到数据类型或是否为空值的限制,如果出现一些不符合要求的数据,则会出错,此时就需要进行修改。下面以班级表(bClass)为例,说明如何在数据表中输入与编辑数据。

【任务实现】

(1) 在 SQL Server Management Studio 的【对象资源管理器】中,展开 StudentScore 数据库及其下的【表】节点。

(2) 右击要操作的数据库表,如 bClass,从弹出的快捷菜单中选择【编辑前 200 行】命令,打开图 3-31 所示的编辑表数据的窗口,其中显示了数据库表中存放的数据。第一次打开表时,是一个空表,可用鼠标激活后输入及编辑数据。

图 3-31　显示和编辑表格数据窗口

任务 3-11　管理学生成绩数据库中的表

【任务描述】 对学生成绩数据库中所创建的表进行如修改表结构、重命名数据表、删除数据表的操作。

【任务分析】 可以利用 SQL Server Management Studio 对所创建的表进行管理,其管理内容包括修改表结构、删除数据表及重命名数据表等。其中,修改表结构的操作最好是在表中还没有数据的情况下进行;并且,在 SQL Server 2008 中,如要成功保存所做更改,还需预先通过【工具】菜单中的【选项】命令打开【选项】对话框,在【Designers】、【表设计器】和【数据库设计器】选项页中,将【阻止保存要求重新创建表的更改】复选框中的钩去掉。

【任务实现】

(1) 在 SQL Server Management Studio 的【对象资源管理器】中,展开 StudentScore

数据库及其下的【表】节点。

（2）右击要管理的表，从弹出的快捷菜单中选择要进行的管理操作。

如要修改表，则选择【设计】命令，在打开的【表设计器】窗口中，可以利用图形化工具完成增加、删除和修改字段的操作，以实现对表结构的修改。修改结束后，关闭表，并在弹出的【保存表更改】对话框中单击【是】按钮，保存表的修改信息，如图 3-32 所示。

图 3-32　【保存表更改】对话框

如要重命名表，则选择【重命名】命令，然后直接修改表名，并按回车键。

如要删除表，则选择【删除】命令，在弹出的【删除对象】对话框中单击【确定】按钮，即可删除表，如图 3-33 所示。

图 3-33　【删除对象】对话框——删除表

3.3　数据完整性的实现

3.3.1　SQL Server 的完整性控制机制

在正确创建了数据库之后，需要考虑数据的完整性、安全性等要求。数据库的完整性是指数据库中数据应始终保持正确的状态，防止不符合语义的错误数据输入，以及无效操作所造成的错误结果。为了维护数据库的完整性,防止错误信息的输入和输出,关系模型提供了 3 类完整性约束规则:实体完整性、参照完整性和用户定义的完整性(详见项目 7)。与之相应的,DBMS 必须提供一种机制来检查数据库中的数据是否满足完整性约束条件。在 SQL Server 中,数据完整性约束条件从约束存在的位置上可分为属性级约束和表级约束,从约束发生的时机上可分为静态级约束和动态级约束。

1. 静态级约束

(1)静态属性级约束。

它是当表创建时对各属性取值域的说明,为最常见、最简单的一类完整性约束,包括以下几个方面。

① 数据类型的约束:对数据的类型、长度、单位、精度等的约束。例如,学生姓名的数据类型为字符型,长度为 40。

② 数据格式的约束。例如,学生学号的前 8 位表示班级代号,后 2 位为顺序编号。其中,班级代号的前 2 位为系部代号,接着 2 位为专业代号,然后是年份和学制,最后 1 位为顺序编号。

③ 取值范围或取值集合的约束。例如,成绩的取值范围为 0~100;性别的取值集合为[男,女]。

④ 空值的约束。空值表示未定义或未知的值,它与零值和空格不同。有的列允许空值,有的则不允许。例如,学生学号通常不能取空值,而成绩可为空值。

⑤ 其他约束。例如,关于列的排序说明,组合列等。

(2)静态表级约束。

它是当表创建时对一个关系的各个元组之间,或若干关系之间存在的各种联系或约束的说明。常见静态表级约束有实体完整性约束、参照完整性约束、函数依赖约束和统计约束。

2. 动态级约束

(1)动态属性级约束。

它是修改列定义或列值时应满足的约束条件,包括以下两个方面。

① 修改列定义时的约束。例如,将原来允许空值的列改为不允许空值时,由于该列目前已存在空值,所以拒绝修改。

② 修改列值时的约束。修改列值时,新、旧值之间要满足的约束条件。

(2)动态表级约束。

它是改变表时在若干元组间、关系中以及关系之间联系应满足的约束条件。

下面主要针对 SQL Server 提供的一系列在列上强制数据完整性的约束机制,如提供了主键约束和唯一性约束来维护实体完整性,提供了主键和外键约束来维护参照完整性,提供了检查约束、默认约束和规则来维护用户定义的完整性,介绍它们的创建和管理方法。

3.3.2 为数据库建立约束

1. 建立主键约束

主键(Primary Key)约束是指利用表中的一列或多列的组合来唯一地标识表中的每一行数据。在受到主键约束的列上不允许有相同的数据值,也不能取空值,通过它可以强制表的实体完整性。需要注意的是,当主键是由多个列组成时,某一列上的数据可以有重复值,但这几个列的组合值必须是唯一的。例如,在学生选课成绩表中,将学生学号和课程号的组合作为主键,在表中的数据里可以出现学生学号的重复值、课程号的重复值,但它们的组合值不允许出现重复值。

任务 3-12　为学生成绩数据库表建立约束——主键约束

【任务描述】　根据表 3-1～表 3-6 所示学生成绩数据库表逻辑结构说明中的备注列,分别为学生成绩数据库中的 6 张表建立主键约束。

【任务分析】　主键约束可以通过在 SQL Server Management Studio 中打开表设计器创建主键来实现。下面以创建 bClass 表的主键约束为例,说明其创建方法。

【任务实现】

(1) 在 SQL Server Management Studio 的【对象资源管理器】中,展开 StudentScore 数据库及其下的【表】节点。

(2) 右击要建立主键约束的表,如 bClass,从弹出的快捷菜单中选择【设计】命令,打开【表设计器】窗口。

(3) 在要创建主键约束的 Class_Id 列上右击,从弹出的快捷菜单中选择【设置主键】命令,如图 3-34 所示,则该列就被设置为主键,并且在该列的开头会出现钥匙形状的图标。

图 3-34　设置主键约束

需要注意的是,如要设置多个列的组合为主键,则需按住 Ctrl 键同时选中这些列,然后在选取的任意列上右击,并在弹出的快捷菜单中选择【设置主键】命令。另外,当已设置某列为主键后,如再设置另一列为主键,则原已设置的主键将自动取消。

设置了主键后,可在【表设计器】中右击,从弹出的快捷菜单中选择【索引/键】命令,打开【索引/键】对话框,可以看到主键的默认名称为 PK_bClass,以及相应生成的聚集索引,如图 3-35 所示。

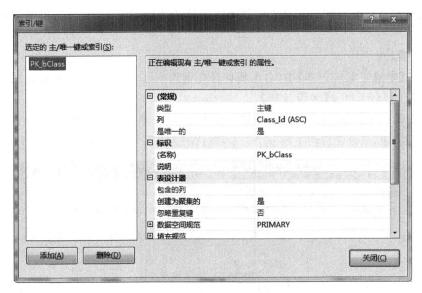

图 3-35　【索引/键】对话框 1

用同样的方法分别为其余 5 张表创建主键约束。

如需删除已创建的主键约束,则可在已建立主键约束的列上右击,从弹出的快捷菜单中选择【删除主键】命令;或在图 3-35 所示的对话框中选择主键约束并单击【删除】按钮。

2. 建立外键约束

外键(Foreign Key)是用于建立和加强两个表数据之间链接的一列或多列。通过将表中主键值的一列或多列添加到另一个表中,可以创建两个表之间的链接,而这个列就成为第二个表的外键。可以称前者为主键表(或父表),后者为外键表(或子表)。建立外键约束,就是要将一个表中的主键字段与另一个表的外键字段建立关联。通过外键约束,可以强制参照完整性,以维护两个表之间的一致性关系。如学生信息表(bStudent)中的班级代号应与班级信息表(bClass)中的班级代号相关,该列是 bStudent 表的外键。作为外键的列的值,要么是空值,要么是它所引用的表中已存在的值,以防止 bStudent 表中出现不存在的班级。同时,还可以通过 SQL Server 2008 中的级联更新和级联删除功能,指定在 bClass 表中的班级记录被修改或删除时,bStudent 表中的对应学生记录也一起被修改或删除。

外键约束不仅可以与另一个表中的主键约束建立联系,也可以与另一个表中的唯一性约束建立联系,并且主键表中的被引用列与外键表中的外键列数据类型和长度必须严格匹配。

任务 3-13 为学生成绩数据库表建立约束——外键约束

【任务描述】 根据表 3-1～表 3-6 所示学生成绩数据库表逻辑结构说明中的备注列，为学生成绩数据库中表之间所存在的外键关系建立外键约束。

【任务分析】 外键约束也可以使用【表设计器】来创建，下面以在学生信息表中，要求在班级代号列上建立与班级信息表中的班级代号的关联关系为例，说明外键约束的建立方法。

【任务实现】

（1）在【对象资源管理器】中，右击要创建外键约束的表 bStudent，从弹出的快捷菜单中选择【设计】命令，打开【表设计器】。

（2）在任意列上右击，从弹出的快捷菜单中选择【关系】命令，打开【外键关系】对话框。单击【添加】按钮，系统会自动生成一个关系，默认的关系名以 FK_ 开头，如图 3-36 所示。

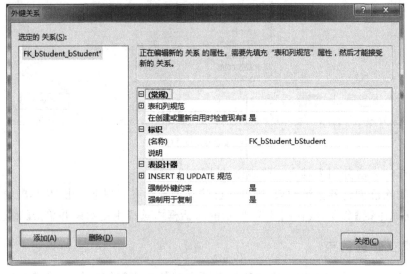

图 3-36 设置外键约束对话框

（3）单击【表和列规范】后面的 ... 按钮，打开【表和列】对话框。在【关系名】文本框中输入外键约束名，这里采用默认设置。在【主键表】下拉列表框中选择 bClass，并从下方的列表框中选择要进行关联的列名 Class_Id；在【外键表】bStudent 下方的列表框中同样选择列名 Class_Id，如图 3-37 所示。

（4）单击【确定】按钮，返回【外键关系】对话框。此时外键名称已经自动变成 FK_bStudent_bClass。

如果要修改已经建立的外键约束，则可以从【选定的关系】列表框中选择对应的关系名后再修改；如果要删除外键约束，则可以单击【删除】按钮。

（5）设置完成后，单击【关闭】按钮，返回【表设计器】。

（6）单击工具栏中的【保存】按钮，在弹出的【保存】对话框中单击【是】按钮，保存对表

图 3-37　【表和列】对话框 1

的修改,以完成外键约束的创建。

用同样的方法创建 bClass 表与 bMajor 表、bScore 表与 bStudent 表、bScore 表与 bCourse 表之间的外键约束。

3. 建立唯一性约束

使用唯一性(Unique)约束可以确保在非主键列中不输入重复的值。尽管唯一性约束和主键约束都强制唯一性,且设置了唯一性约束的列也可以被外键约束所引用,但它们之间有 3 个明显的不同之处:

① 唯一性约束主要作用在非主键的一列或多列上。

② 唯一性约束允许该列上存在空值,主键则不允许出现空值。

③ 在一个表中可以定义多个唯一性约束,但只能定义一个主键约束。

任务 3-14　为学生成绩数据库表建立约束——唯一性约束

【任务描述】　根据表 3-1～表 3-6 所示学生成绩数据库各表逻辑结构说明中的备注列,分别为学生成绩数据库表中的相关列建立唯一性约束。

【任务分析】　根据实际应用的需求,往往要求在某些列上不允许输入重复的值,如学生成绩数据库中的班级名称列、专业名称列等。这同样可以在设计数据表时,通过在表设计器的【索引/键】对话框中建立相应列的唯一性约束实现。下面以 bClass 表中要求在班级名称列上建立唯一性约束为例,说明唯一性约束建立的方法。

【任务实现】

(1) 打开要创建唯一性约束的数据库表 bClass 的设计界面,右击任意列,从弹出的快捷菜单中选择【索引/键】命令,打开【索引/键】对话框。

(2) 单击【添加】按钮,添加一个以 IX_开头的键。在右侧属性列表的【类型】下拉列表框中选择"唯一键",如图 3-38 所示。

(3) 单击【列】后面的 ⋯ 按钮,打开【索引列】对话框,在【列名】下拉列表框中选择将要建立约束的列 Class_Name,排序顺序采用默认的"升序"设置,如图 3-39 所示。

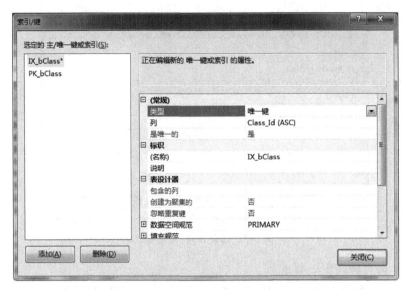

图 3-38　创建唯一性约束

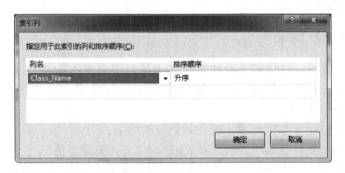

图 3-39　【索引列】对话框 1

（4）单击【确定】按钮，返回【索引/键】对话框。此时如果要修改已经建立的约束，可以从【选定的主/唯一键或索引】列表框中选择对应的约束名后再修改；如果要删除约束，则单击【删除】按钮。

（5）单击【关闭】按钮，返回【表设计器】。

（6）单击工具栏中的【保存】按钮，在弹出的【保存】对话框中单击【是】按钮，保存对表的修改，以完成唯一性约束的创建。

用同样的方法创建其余数据表中相关列要求的唯一性约束。

4. 建立检查约束

检查（Check）约束通过限制输入到列中的值来强制域的完整性，这与外键约束控制列中数据的有效性相似，区别在于它们如何判断哪些值有效：外键约束从另一个表中获得有效数据列表，检查约束则利用逻辑表达式来限制列上可以接受的数据值，而非基于其他表的数据。例如，要限制课程信息表（bCourse）中的课时数不能为负数，就可以在课时数列上设置一个检查约束，让满足逻辑表达式：Hours ＞＝0 的数据才能被数据库接受。

　　检查约束可以在列上定义,也可以在表上定义。一个列级检查约束只能与限制的字段有关;一个表级检查约束只能与限制的表中字段有关。可在一列上定义多个检查约束,此时所有的约束按照创建的顺序依次进行数据有效性的检查;如要在多个字段上定义检查约束,则必须将检查约束定义为表级约束。

　　当执行 INSERT 语句或者 UPDATE 语句时,检查约束将验证数据。

任务 3-15　为学生成绩数据库表建立约束——检查约束

　　【任务描述】　根据表 3-1～表 3-6 所示学生成绩数据库各表逻辑结构说明中的备注列,分别为学生成绩数据库表中的相关列建立检查约束。

　　【任务分析】　下面以在课程信息表 bCourse 中,要求在课时数列上建立检查约束,以限制课时数必须大于等于 0 为例,说明使用表设计器创建检查约束的方法。

　　【任务实现】

　　(1) 打开要创建检查约束的数据库表 bCourse 的设计界面,右击任意列,从弹出的快捷菜单中选择【CHECK 约束】命令,打开【CHECK 约束】对话框。

　　(2) 单击【添加】按钮,系统将自动生成一个以 CK_开头的空的检查约束。在【表达式】文本框中输入要设置的检查约束的逻辑表达式:Hours>=0,如图 3-40 所示。

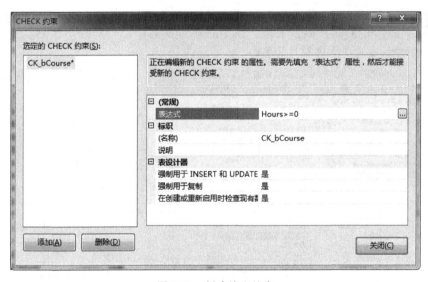

图 3-40　创建检查约束

　　(3) 此时如果要创建更多的检查约束,则继续单击【添加】按钮进行相应的设置;如果要修改已经建立的检查约束,则可以从【选定的 CHECK 约束】列表框中选择对应的约束名后进行修改;如果要删除约束,则单击【删除】按钮。

　　(4) 单击【关闭】按钮,返回【表设计器】。

　　(5) 单击工具栏中的【保存】按钮,保存对表的修改,以完成检查约束的创建。

　　可用同样的方法对 bScore 表中的相应列(如 Score 列)建立检查约束,规定其必须大于等于 0。

5. 建立默认约束

有时候可能会有这种情况：当向表中装载新行时，可能不知道某一列的值，或该值尚不存在。如果该列允许空值，就可以将该行赋予空值；如果不希望有可为空的列，更好的解决办法是为该列定义默认(Default)约束。默认约束指定在输入操作中没有提供输入值时，系统将自动提供给某列的值。

任务 3-16 为学生成绩数据库表建立约束——默认约束

【任务描述】 使用表设计器为学生信息表 bStudent 的出生日期列建立一个默认约束，以实现在输入操作中没有提供输入值时，系统自动将该列的值设为 1900 年 1 月 1 日。

【任务分析】 在 SQL Server 2008 中，既可以通过在表设计器中为某个字段指定默认值来建立默认约束，也可以通过 CREATE DEFAULT 语句在数据库中创建默认值对象来建立默认约束。这里只介绍前一种方法，后一种方法将在项目 8 中加以介绍。

【任务实现】 打开要创建默认约束的数据库表 bStudent 的设计界面，选中要创建默认约束的列 Birth，在下方【列属性】页的【默认值或绑定】项右边输入具体值 1900-1-1，如图 3-41 所示。

图 3-41 使用表设计器创建默认约束

6. 约束的验证

打开已建好的数据表，输入相应的记录。由于此时在各数据表中已建立了相关的约束条件，所以记录的输入会受到约束的限制。如 bCourse 表中已规定了课时数要大于等于 0，输入数据时就会检查约束条件是否满足，一旦出错，会提示信息。如不小心将计算机应用基础课程的课时数输入为 -60 时,会弹出警告对话框,如图 3-42 所示。

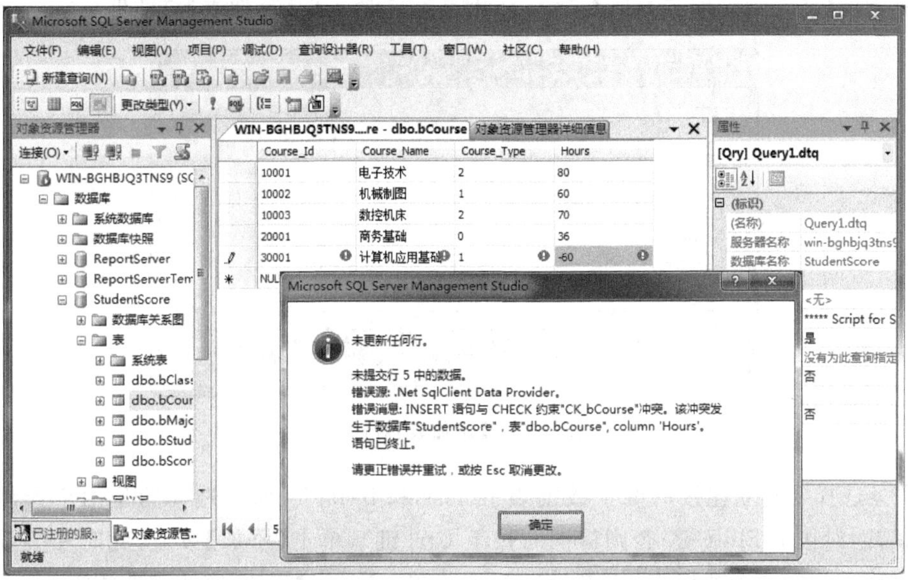

图 3-42 错误警告对话框

又如,bStudent 表中已定义了出生日期列的默认值为 1900-1-1,在输入数据时就不必填写,其值由刚才创建的默认约束设定。

任务 3-12～任务 3-16 中介绍的各种约束都是通过表设计器来创建的,其实它们也可以通过数据库的关系图来创建。关系是数据库对象之间的关联,一个对象是起点,另一个对象是目的。这样,信息模型中的所有对象通过一个关系链相互关联,该关系链从一个对象延伸到下一个对象,贯穿此信息模型。这种将信息模型用图形表示的方法就是关系图。关系图可建立表之间的关联,确保表中的关联字段是完全一样的。

任务 3-17 利用 SQL Server 数据库关系图建立约束

【任务描述】 以在班级信息表中,要求在专业代号列上建立与专业信息表中的专业代号相关联的外键约束为例,说明关系图的使用方法。

【任务实现】

(1) 在 SQL Server Management Studio 的【对象资源管理器】中,展开要建立外键约束的数据库 StudentScore,右击【数据库关系图】节点,选择快捷菜单中的【新建数据库关系图】命令,如果是首次为该数据库创建关系图,此时会出现图 3-43 所示消息框。

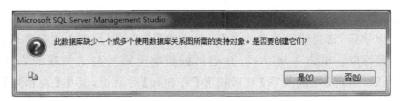

图 3-43 首次为数据库创建关系图出现的消息框

97

（2）单击【是】按钮，为数据库创建支持对象。重新右击【数据库关系图】节点，选择快捷菜单中的【新建数据库关系图】命令，打开图 3-44 所示的【添加表】对话框。

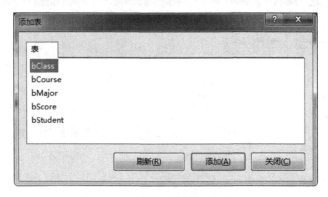

图 3-44　【添加表】对话框

（3）选择要建立连接的两个数据表 bClass 和 bMajor（如果选择的是两个连续的对象，则需同时按下 Shift 键；否则需同时按下 Ctrl 键），单击【添加】按钮，此时在关系图窗口会出现添加的两个数据表，如图 3-45 所示。单击【关闭】按钮，完成表的添加。

图 3-45　添加到关系图的数据表

（4）此时如果还没有为 bMajor 表创建主键，则可在【关系图设计器】中右击 bMajor 表的 Major_Id 字段，选择快捷菜单中的【设计主键】命令，为其建立主键字段；否则将不允许建立外键约束。单击主键字段，并用鼠标拖动至需要与之关联的表的外键字段上，释放鼠标后，出现【外键关系】对话框和【表和列】对话框，其中【表和列】对话框如图 3-46 所示。

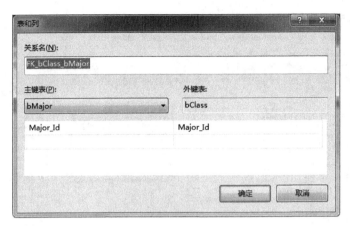

图 3-46　【表和列】对话框 2

（5）在【表和列】对话框中设置【主键表】和【外键表】项，完成后单击【确定】按钮，进入【外键关系】对话框，如图 3-47 所示。

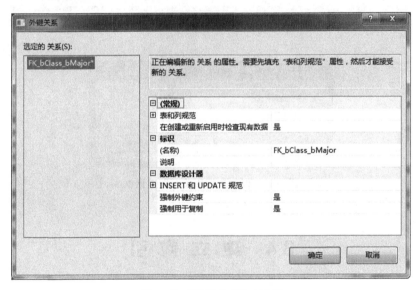

图 3-47　【外键关系】对话框

（6）再次单击【确定】按钮，关系图窗口中的两个数据表就建立了关联，如图 3-48 所示。

说明：此时如果还需建立数据库中其他表之间的外键关系，则可右击关系图设计器的空白处，从弹出的快捷菜单中选择【添加表】命令，重复（3）～（6）步骤，以建立 StudentScore 数据库各表之间的关系图。

（7）单击工具栏上的【保存】按钮，打开【选择名称】对话框，在文本框中输入关系图的名称，如图 3-49 所示，单击【确定】按钮，在出现的【保存】对话框中单击【是】按钮，完成关系图的创建。

图 3-48　数据库关系图

图 3-49　保存数据库关系图对话框

3.4　建 立 索 引

数据库中的索引与书籍中的索引类似,在一本书中,利用索引可以快速查找所需信息,无须阅读整本书。在数据库中,索引使数据库程序无须对整个表进行扫描,就可以在其中找到所需数据,从而优化查询响应的速度。书中的索引是一个词语列表,其中注明了包含各个词的页码;而数据库中的索引是某个表中一列或者若干列值的集合,以及相应的指向表中物理标识这些值的数据页的逻辑指针清单,即对表中的数据提供逻辑排序。

1. 索引的使用场合

在考虑是否在列上创建索引时,应考虑列在查询中所起的作用。下面的列适合创建索引。

① 用作查询条件的列,如经常在 WHERE 子句中出现的列,这样可以大大加快数据

检索速度。

② 该列的值唯一,通过创建唯一索引,可以保证数据记录的唯一性。

③ 表连接中频繁使用的列,可以加速表与表之间的连接。这一点在实现数据的参照完整性方面特别有意义。

④ 在使用 ORDER-BY 和 GROUP-BY 子句进行检索数据时,可以显著减少查询中分组和排序的时间。

虽然索引很有用,但是也不是越多越好。一是因为创建索引要花费时间和占用存储空间;二是因为索引会在进行数据修改时,增加维护索引的额外开销。另外,在下面的列上可以不考虑建立索引。

① 很少或从来不作为查询条件的列。

② 在小表中通过索引查找行可能比简单地进行全表扫描还慢。

③ 只从很小的范围内取值的列,即字段重复值比较多的列。

④ 数据类型为 text、ntext、image 等特殊类型的列。

2. 索引的类型

在 SQL Server 2008 中,有两种基本类型的索引,即聚集索引和非聚集索引。此外,还有唯一索引、视图索引、全文索引和 XML 索引。由于聚集索引和非聚集索引是数据库引擎中索引的基本类型,也是理解其他索引的基础,所以下面重点介绍它们,其他略作介绍。

(1) 聚集索引。

聚集索引对表的物理数据页中的数据按列进行排序,再重新存储到磁盘上,其存储结构按照 B 树结构进行组织,它的叶节点中存储的是实际的数据,即聚集索引与数据是混为一体的。因为聚集索引是直接建立在物理行上的,所以每个表只能有一个聚集索引。

聚集索引特别有利于那些经常要按范围值搜索的列。因为聚集索引的顺序与数据行存放的物理顺序相同,所以使用聚集索引找到包含第一个值的行后,就可以很快找到后面的行。例如,若要查询某一日期范围内的行,则使用聚集索引可以迅速找到包含开始日期的行,然后检索表中所有相邻的行,直到结束日期。同样,如果对从表中检索的数据进行排序时经常要用到某一列,则可以将该表在该列上聚集(物理排序),避免每次查询该列时都进行排序,从而节省成本。另外,当索引值唯一时,使用聚集索引查找特定的行也很有效率。

如果表中没有创建其他的聚集索引,则在表的主键列上自动创建聚集索引。

(2) 非聚集索引。

非聚集索引也使用 B 树结构进行组织,只是 B 树的叶层是由索引页而不是数据页组成的,即具有完全独立于数据行的结构,数据存储在一个地方,索引存储在另一个地方,索引带有指针,指向数据的存储位置。索引中的逻辑顺序并不等同于表中行的物理顺序。与使用书中索引的方式相似,SQL Server 在搜索数据值时,先对非聚集索引进行搜索,找到数据值在表中的位置,然后从该位置直接检索数据。这使非聚集索引非常适合于那些精确匹配单个条件的查询,而不太适合于返回大量结果的查询。非聚集索引作为与表分离的对象存在,可以为表的每一个常用于查询的列定义非聚集索引。

为一个表建立的默认索引都是非聚集索引;在一列上建立唯一性约束,也自动在该列上创建非聚集索引。

(3)唯一性索引。

聚集索引和非聚集索引是按照索引的结构划分的。若按照索引实现的功能还可以划分为唯一性索引和非唯一性索引。一个唯一性索引能够保证在创建索引的列或多列的组合上不包括重复的数据值。聚集索引和非聚集索引都可以是唯一性索引。

在创建主键和唯一性约束的列上会自动创建唯一性索引。

(4)视图索引。

对视图创建聚集索引后,结果集将永久存储在唯一的聚集索引中,其存储方法与带聚集索引的表的存储方法相同。视图索引在基表不经常更新的情况下效果最佳,如果基表更新频繁,则视图索引的维护成本可能会超过使用索引视图带来的性能收益。

(5)全文索引。

全文索引是一种特殊类型的基于标记的功能性索引,由 SQL Server 全文引擎服务创建和维护,用于对存储在数据库中的文本数据进行快速检索。每个表只允许有一个全文索引。

另外,还有一种 XML 索引,即为对 xml 数据类型列创建的索引。

任务 3-18　为学生成绩数据库表建立索引

【任务描述】　①为班级信息表 bClass 中的班级代号列创建一个唯一性的聚集索引;②为班级信息表 bClass 中的班级名称列创建一个唯一性的非聚集索引。

【任务分析】　在 SQL Server 2008 中,可以在表设计器中通过【索引/键】对话框创建索引;也可以使用 CERATE INDEX 语句创建索引。下面主要介绍前一种方法,后一种方法将在项目 8 中讨论。另外,需要注意的是,如已为表创建了主键约束,则不能再创建聚集索引,除非先将主键约束删除。同样,也不能在已创建了主键或唯一性约束的列上再创建唯一性索引,除非先将其删除。

【任务实现】

(1)创建唯一性的聚集索引。

① 在【对象资源管理器】中,右击要创建索引的数据表 bClass,选择快捷菜单中的【设计】命令,打开 bClass 的设计界面。右击任意列,从弹出的快捷菜单中选择【索引/键】命令,进入【索引/键】对话框,其中列出了已经存在的索引,如图 3-50 所示。

② 单击【添加】按钮,在【选定的主/唯一键或索引】列表框中显示系统分配给新索引的名称。单击【列】属性右侧的██按钮,打开【索引列】对话框,如图 3-51 所示。

③ 在【列名】下拉列表框中选择要创建索引的列,可以选择多列,这里选择 Class_Id。【排序顺序】用于指定具体某个索引列的升序或降序排序方向,这里选择默认的升序。单击【确定】按钮,返回【索引/键】对话框。

④ 如果要创建唯一索引,则在【是唯一的】属性中选择"是"。

⑤ 如果要创建聚集索引,则在【创建为聚集的】属性中选择"是"。

⑥ 单击【关闭】按钮,当保存表时即可生成唯一性的聚集索引。

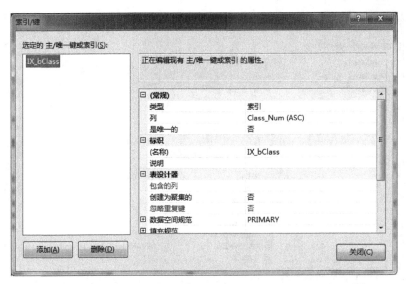

图 3-50　【索引/键】对话框 2

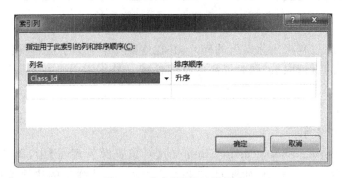

图 3-51　【索引列】对话框 2

（2）创建唯一性的非聚集索引。

具体步骤与"（1）创建唯一性的聚集索引"基本相同，只是选择要创建索引的列为 Class_Name，并且在【创建为聚集的】属性中选择"否"，如图 3-52 所示。

【任务总结】　索引是对数据库表中一个或多个列的值进行排序的结构，通过创建索引可以快速访问表中的记录，大大提高数据库的查询性能，而业务规则、数据特征和数据的使用决定了需要在哪些列上建立索引。另外，创建索引后，随着更新操作的不断执行，数据会变得支离破碎，这些数据碎片会导致额外的页读取，影响数据的并行扫描，所以需要定期对索引进行维护，以提高数据的读取速度。

任务 3-19　管理学生成绩数据库表索引

【任务描述】　①重新组织班级信息表 bClass 中的聚集索引；②重新生成班级信息表 bClass 中的班级名称列的非聚集索引；③禁用索引。

【任务分析】　重新组织索引是通过对页进行物理重新排序，使其与叶节点的逻辑顺序相匹配，从而对索引进行叶级别的碎片整理。重新生成索引指删除指定的索引，并创建

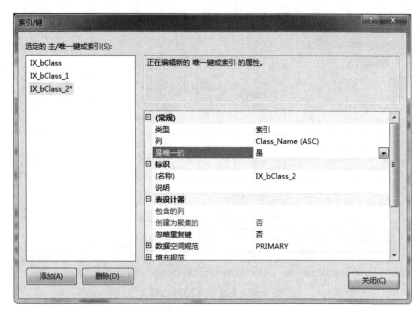

图 3-52　创建唯一性的非聚集索引

一个新的索引。此过程将删除索引的碎片,并在连接页中对索引进行重新排序,从而减少获取数据所需要的页读取数,同时提高磁盘的性能。禁用索引是在不删除索引的情况下停止使用索引。

【任务实现】

(1) 重新组织索引。

① 在 SQL Server Management Studio 的【对象资源管理器】中,展开指定表 bClass 的【索引】节点,右击一个索引(如标明为"聚集"的索引),从弹出的快捷菜单中选择【重新组织】命令,打开【重新组织索引】对话框,如图 3-53 所示。

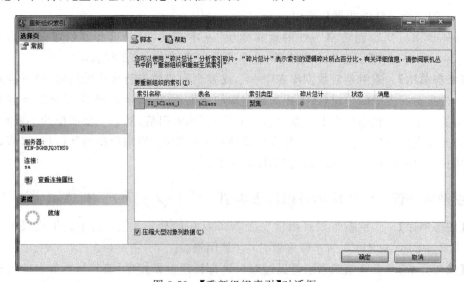

图 3-53　【重新组织索引】对话框

② 单击【确定】按钮,对选择的索引进行重新组织。

(2) 重新生成索引。

① 在【对象资源管理器】中,展开指定表 bClass 的【索引】节点,右击一个索引(如标明为"唯一,非聚集"的索引),从弹出的快捷菜单中选择【重新生成】命令,打开【重新生成索引】对话框,如图 3-54 所示。

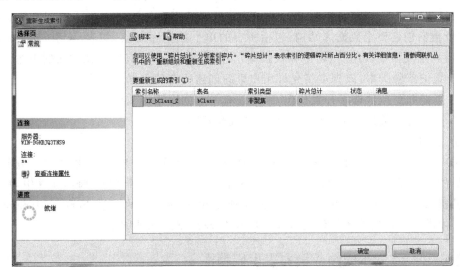

图 3-54　【重新生成索引】对话框

② 单击【确定】按钮,对选择的索引进行重新生成。

(3) 禁用索引。

① 在【对象资源管理器】中,展开指定表 bClass 的【索引】节点,右击一个索引,从弹出的快捷菜单中选择【禁用】命令,打开【禁用索引】对话框,如图 3-55 所示。

② 单击【确定】按钮,禁用选择的索引。

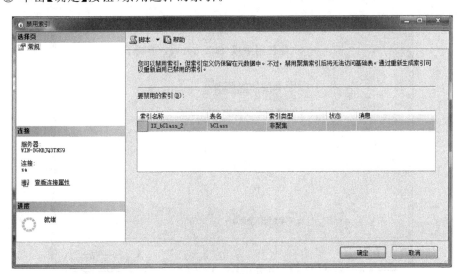

图 3-55　【禁用索引】对话框

3.5 生 成 脚 本

SQL Server 脚本包含用于创建数据库及其对象的语句的描述。可以从现有数据库中的对象生成脚本,以便于以后通过运行该数据库的脚本将这些对象添加到其他数据库中,或者重新创建整个数据库结构,包括所有的单个数据库对象(如表、索引、规则、视图、存储过程、触发器以及用户、角色和权限等)。总的来说,脚本有以下几方面的用途。

① 维护备份脚本,该脚本将允许用户重新创建所有的数据库对象。

② 创建和更新数据库开发代码,编写现有的数据库结构文档。

③ 从现有的数据库架构创建一个测试或开发环境。

④ 培训新员工。

SQL Server 脚本可通过 SQL Server Management Studio 生成,可以将整个数据库对象生成的脚本保存在一个 SQL 脚本文件中;也可以保存在多个 SQL 脚本文件中,其中每个文件都只包含一个对象的架构。另外,可通过 SQL Server 的 SQL Server Management Studio 中的查询编辑器或任何文本编辑器查看 SQL Server 脚本。

任务 3-20 将学生成绩数据库表生成脚本

【任务描述】 根据所创建的学生成绩数据库表生成相应的脚本文件。

【任务分析】 可以利用 SQL Server Management Studio 将学生成绩数据库生成脚本。

【任务实现】

(1) 在【对象资源管理器】中展开【数据库】节点。

(2) 在展开的列表中右击需要生成脚本的数据库 StudentScore,从弹出的快捷菜单中选择【任务】→【生成脚本】命令,打开图 3-56 所示【脚本向导】对话框。

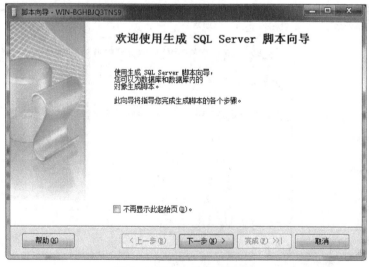

图 3-56 【脚本向导】对话框

（3）单击【下一步】按钮，在【选择数据库】列表框中，选择要编写脚本的数据库，如
StudentScore，并选中【为所选数据库中的所有对象编写脚本】复选框，以编写
StudentScore 数据库中所有对象（表、视图等）的脚本，如图 3-57 所示。

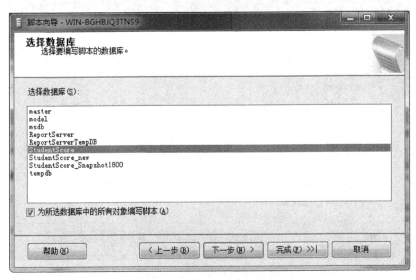

图 3-57 【选择数据库】对话框

（4）单击【下一步】按钮，在【选择脚本选项】对话框的【选项】列表框中，可设置脚本格
式选项，这里使用默认设置，如图 3-58 所示。

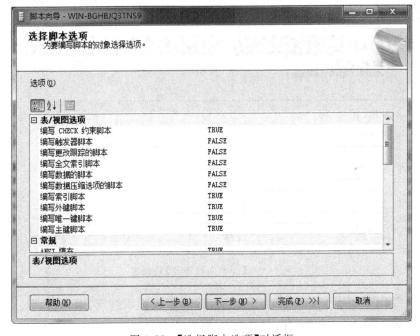

图 3-58 【选择脚本选项】对话框

（5）单击【下一步】按钮，在【输出选项】对话框的【脚本模式】区域中，可设置与表和脚本文件有关的选项，这里也使用默认设置，如图 3-59 所示。

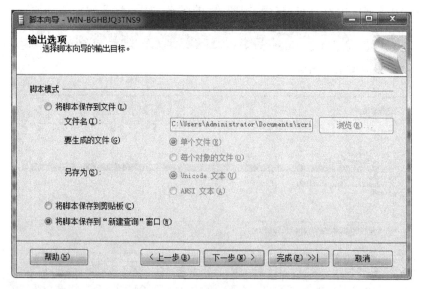

图 3-59　【输出选项】对话框

说明：如果选中【将脚本保存到文件】单选按钮，则可设置文件保存的位置、是生成单个文件还是每个对象的文件以及文件的编码方式。

（6）单击【下一步】按钮，打开图 3-60 所示的【脚本向导摘要】对话框，检查无误后，单击【完成】按钮，开始生成脚本。

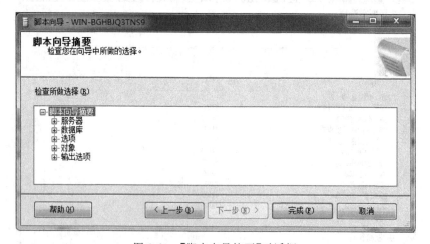

图 3-60　【脚本向导摘要】对话框

（7）单击【下一步】按钮，打开图 3-61 所示的【生成脚本进度】对话框，显示生成的状态，全部成功后，单击【关闭】按钮，完成 SQL 脚本的生成。

至此，已将学生成绩管理系统中的数据库及其表全部创建成功。在后面的项目中，将进一步介绍该数据库的高级管理和应用程序的开发方法。

图 3-61　【生成脚本进度】对话框

3.6　疑 难 解 答

（1）使用精确数字数据类型需要注意什么？

答：SQL Server 2008 使用 decimal 和 numeric 来表示精确数字数据类型。两者表示的数据精度没有区别，区别在于只有 numeric 数据类型才能成为关键字列。数据库在表示精确数字数据时有两个重要的概念：精度为小数点两边的总位数；刻度为小数点后面的位数。SQL Server 2008 分配给 decimal 和 numeric 型数据的存储空间随数据的精度不同会有所不同：当数据精度范围为 1～9 时，存储字节数为 5；当数据精度范围为 10～19 时，存储字节数为 9。

（2）收缩数据文件和日志文件有什么不同？收缩操作是如何执行的？

答：不论是收缩数据文件还是日志文件，都会确实减少物理文件的大小，两者不同之处是：数据文件可以作为文件组或单独地进行手工收缩。日志文件收缩分别考虑每个文件，基于整个日志文件进行收缩。日志文件的收缩将删除非活动的 VLF。

文件的收缩操作始终从文件末端开始反向进行。例如，如果要将一个 5GB 的文件收缩到 4GB，则 SQL Server 2008 将从文件的最后一个 1GB 开始释放尽可能多的空间。如果文件中被释放的部分包含使用过的页面，则 SQL Server 2008 会将这些页面重新定位到保留的部分。

（3）如何查看 tempdb 数据库中的临时表？

答：tempdb 数据库中的临时表在 SQL Server Management Studio 中是无法看到的，

如要查看 tempdb 数据库中的临时表,则可以通过在查询编辑器中输入下列语句来实现:

```
Select * from tempdb..sysobjects where xtype='u'
```

其中 where xtype='u',表示查询用户建立的临时表。

(4) 为什么非聚集索引适合返回少数值的查询,而聚集索引适合范围查询?

答:聚集索引和非聚集索引在存储结构上的不同决定了它们适合的范围不同。在非聚集索引中,叶级节点只包含参与索引的数据以及快速找到相关数据页上其他数据的指针,所以当所需要的行位于多个不同的数据页时,就会多次进行不连续的磁盘 I/O 操作,甚至可能会出现从非聚集索引中获得的每一行都要求一个额外的不连续磁盘 I/O 才能检索行数据的情况,从而导致数据库系统性能下降。而在聚集索引中,索引的叶级节点是表的实际数据行,即聚集索引的叶级在物理上按照组成聚集索引的列顺序排列在磁盘上,从而可以执行磁盘 I/O 顺序的操作。所以非聚集索引特别适合于根据键值从大型 SQL Server 表中返回少数几行的查询,而聚集索引特别适合于按范围的查询。

小结:本项目紧紧围绕创建和管理 SQL Server 数据库和表这个命题,以学生成绩数据库的创建和管理任务为主线,介绍了用户数据库的创建、配置、修改、维护、收缩、检查和删除等操作,以及数据库表的创建和管理操作、数据完整性的实现、索引的建立和脚本的生成等操作。同时介绍了 SQL Server 数据库文件和文件组的概念、SQL Server 的数据类型、约束和索引的概念和作用。

习　题　三

一、选择题

1. 每个数据库有且只能有一个(　　　);(　　　)不属于任何文件组。

    A. 次要数据文件　　　B. 主要数据文件　　　C. 事务日志文件　　　D. 其他

2. 主要数据文件的扩展名为(　　　);事务日志文件的扩展名为(　　　)。

    A. txt　　　　　　　B. db　　　　　　　C. mdf　　　　　　　D. ldf

3. 下列(　　　)不是事务日志文件所具有的功能。

    A. 帮助用户进行计算和统计　　　　　　B. 记载用户针对数据库进行的操作

    C. 维护数据完整性　　　　　　　　　　D. 帮助用户恢复数据库

4. 如果数据表中的某列值是从 0~255 的整型数据,最好使用(　　　)数据类型。

    A. int　　　　　　　B. tinyint　　　　　C. bigint　　　　　　D. decimal

5. 下面(　　　)数据库类型用来定义固定长度的非 Unicode 字符数据,且最大长度不能超过 8000 个字符。

    A. varchar　　　　　B. nchar　　　　　　C. char　　　　　　　D. nvarchar

6. 下列(　　　)数据类型的列不能设置标识属性(IDENTITY 列)。

    A. decimal　　　　　B. int　　　　　　　C. bigint　　　　　　D. char

7. 下列(　　　)数据类型的列不宜作为索引的列。

　　A. char　　　　　　　B. image　　　　　　C. int　　　　　　　D. datetime

8. 在(　　)索引中,表中各行的物理顺序与键值的逻辑(索引)顺序相同。

　　A. 聚集索引　　　　B. 非聚集索引　　　　C. 两者都是　　　　D. 两者都不是

二、填空题

1. 收缩数据库即为删除_____的页,从而更好地利用存储空间。其方法主要有_____和_____。

2. 从物理结构层次上说,SQL Server 2008 数据库是由两个或多个文件组成,根据文件的作用,可以将这些文件分为 3 类:_____、_____和_____。

3. _____记录了 SQL Server 所有的事务和由这些事务引起的数据库的变化,它是维护数据库完整性的重要工具。执行数据库修改操作的时候,SQL Server 总是遵守"先写_____再进行_____"的原则。

4. 关系模型提供了 3 类完整性约束,分别是实体完整性、参照完整性和用户定义的完整性。SQL Server 中提供了_____约束和_____约束来维护实体完整性;提供了_____和_____约束来维护参照完整性;提供了_____约束和_____约束来维护用户定义完整性。

5. 索引是 SQL Server 在列上创建的一种数据库对象。索引对表中的数据提供_____,可以提高数据的_____;但过多地建立索引会_____。

三、判断题

1. 在 SQL Server 2008 中,收缩数据库操作可在任何时候进行。　　　　　　(　　)

2. 当主键是由多个列组成时,某一列上的数据可以有重复,但是这几个列的组合值必须是唯一的。　　　　　　　　　　　　　　　　　　　　　　　　(　　)

3. 外键约束主要用来维护两个表之间的一致性关系。在外键表(子表)中创建外键约束时,一定要保证主键表(父表)中被引用的列为主键或是唯一性约束,且其数据类型和长度也必须与外键表(子表)中的外键列相同。　　　　　　　　　　　　　(　　)

4. 聚集索引与非聚集索引之间有以下不同点:一个表只能有一个聚集索引,但可以有多个非聚集索引。　　　　　　　　　　　　　　　　　　　　　　　(　　)

5. 当在一列上设置唯一性约束时也自动在该列上创建非聚集索引。　　　(　　)

四、简答题

1. 在创建数据库时应考虑哪些问题? 在创建表之前又应考虑什么问题?

2. 在哪些情况下不能进行数据库的分离操作?

3. 主键约束和唯一性约束的相同点和区别有哪些?

4. 哪些情况下可以考虑使用聚集索引? 哪些情况下可以考虑使用非聚集索引?

五、项目实训题

1. 创建人事管理数据库,要求:数据库名为 People,主要数据文件名为 People_

Data. MDF,存放在 C:\目录下,初始大小为 3MB,增长方式为按照 1MB 的增量增长;日志文件名为 People_Log. LDF,存放在 C:\目录下,初始大小为 1MB,增长方式为按照 10%的比例增长。

2. 创建部门信息表 bDept,数据表的各字段属性值如表 3-7 所示。

表 3-7　bDept 表的各字段属性

列　名	数据类型	长度	小数位	属　性	描　述
DeptId	Char	4		主键	部门号
DeptName	Varchar	20		不允许空	部门名
DeptNum	Int			检查约束≥0	部门人数
DeptTel	Char	8			部门电话
Deptmanager	Varchar	40			部门经理

3. 创建职工信息数据表 bEmployee,数据表的各字段属性值如表 3-8 所示。

表 3-8　bEmployee 表的各字段属性

列　名	数据类型	长度	小数位	属　性	描　述
EmployeeId	Varchar	10		主键	职工编号
Name	Varchar	40		不允许空	姓名
Sex	Char	2		检查(男,女)	性别
Birthday	Smalldatetime			默认值 1900-01-01	出生日期
Birthplace	Varchar	20		默认值(汉族)	民族
Identity	Char	18			身份证号
Political	Char	3			政治面貌
Culture	Char	3			文化程度
Marital	Char	3			婚姻状况
Zhicheng	Varchar	20		不允许空	职称
DeptId	Char	4		外键	部门号

4. 创建请假信息表 bLeave,数据表的各字段属性值如表 3-9 所示。

表 3-9　bLeave 表的各字段属性

列　名	数据类型	长度	小数位	属　性	描　述
Leave_Id	Varchar	6		主键	假条编号
EmployeeId	Char	10		外键	职工编号
Start_date	Datetime				起始日期
End_date	Datetime	30			中止日期
Days	Numeric	5	1		请假天数
Reason	Varchar	30			请假原由
signer	Varchar	30			请假批准人

5. 创建工资信息表 bSalary,数据表的各字段属性值如表 3-10 所示。

表 3-10　bSalary 表的各字段属性

列　名	数据类型	长度	小数位	属　性	描　述
Salary_Id	Varchar	6		主键	工资编号
EmployeeId	Char	10		外键	职工编号
B_Salary	Numeric	7	1		基本工资
P_Salary	Numeric	7	1		岗位工资
Subsidy	Numeric	7	1		各种补助
Total_Salary	Numeric	7	1		应发工资
Deduct	Numeric	7	1		各种扣除
Final_Salary	Numeric	7	1		实发工资

6. 为 People 数据库中的数据表 bEmployee 的身份证号列创建一个唯一性的非聚集索引 Identity_index。

7. 在 SQL Server Management Studio 中进行 People 数据库的分离和附加操作。

项目 4 数据库的备份与恢复

知识目标：①了解数据库备份与恢复的基本概念；②掌握数据库各种备份类型及恢复模型的特点和使用场合；③了解备份设备的概念及分类，掌握数据库备份与恢复的方法。

技能目标：①能根据实际应用进行备份与恢复的需求分析；②会制订数据库备份与恢复方案；③能进行备份设备的创建，并能在其上进行各种备份的创建，实现定期或不定期的数据库备份；④知道如何从备份中恢复数据。

在实际数据库应用系统中，计算机系统可能会受到各种各样的干扰和侵袭，最为常见的有病毒破坏、计算机硬件故障及误操作等，这些异常情况很可能导致数据的丢失和破坏。为了能够尽快恢复系统的正常工作并把损失降到最低，数据库管理系统必须能够对数据库中的数据进行备份，并在需要时及时恢复数据。定期备份数据库，在发生故障时进行恢复，是 DBA 的日常重要工作之一。按照数据库备份与恢复的管理内容，本项目主要分解成以下几个任务。

任务 4-1　备份与恢复的需求分析

任务 4-2　制订数据库备份与恢复方案

任务 4-3　设置数据库的恢复模型

任务 4-4　设置 SQL Server 代理自动启动

任务 4-5　创建和查看备份设备

任务 4-6　备份数据库

任务 4-7　备份尾日志

任务 4-8　恢复数据库

4.1 数据库备份与恢复前的准备工作

任务 4-1　备份与恢复的需求分析

【任务描述】　根据实际需求，说明用户访问学生成绩数据库的可用性要求及其所能采用的备份工具。

【任务分析】　为了将数据库完整、安全地备份，并在发生故障时能及时地将其恢复到最佳状态，应在具体执行备份操作之前，根据系统环境和实际需要制订一个切实可行的备份计划，以确保数据库的安全。一般地，制订计划时需要了解用户访问数据库的可用性、可以接受的丢失数据的程度等要素,具体有以下内容。

(1) 数据库的可用性和恢复要求。

① 在每天的什么时间,数据库必须处于联机状态? 如 24 小时可用。

② 服务器故障时间将造成多大的经济损失? 允许的故障处理时间是多长? 如 2 小时。

③ 业务处理的频繁程度及服务器的工作负荷是怎样的?

④ 数据丢失的允许程度是多少? 哪些表中的数据是很重要的,不允许丢失? 哪些表中的数据是允许丢失一部分的? 如不能丢失任何数据。

⑤ 可接受的备份/恢复处理技术难度如何? 如中等。

⑥ 重新创建丢失数据的难易程度如何? 如难。

(2) 备份和恢复工具、技术的选择。

① 数据库的大小及数据库大小的增长速度如何? 如约 50MB。

② 哪些表中的数据变化是频繁的? 哪些表中的数据是相对固定的? 如学生成绩数据库 bScore 表中的数据变化较为频繁,而 bClass 和 bMajor 表中的数据相对固定。

③ 什么时候大量使用数据库,导致频繁的插入和更新操作? 如 9:00~16:00。

④ 数据库服务器是否属于故障转移群集? 如否。

⑤ 数据库是否在集中管理的多服务器环境中? 如是。

⑥ 现有的数据库备份资源(磁盘、磁带、光盘)有哪些? 如磁盘。

【任务实现】

(1) 可用性要求。

每周一至周五,要求早上 8:00~12:00 和 13:00~17:00 必须可用,其余时间可用于执行数据库备份;周六和周日不用数据库,也可以执行数据库备份。要求保证数据库数据的安全,且在发生故障时要求尽可能快地恢复到故障点。在重要的情况下,可以恢复到一周前的数据。

(2) 备份工具的选择。

无故障转移集群,无磁带机,只能采用磁盘备份。

4.1.1　数据库备份的概念

1. 数据库备份的概念及意义

数据库备份是指系统管理员定期或不定期地将数据库部分或全部内容复制到磁带或另一个磁盘上保存起来的过程。这些复制的数据称为后备副本。数据库备份是在数据丢失的情况下,能及时恢复重要数据,防止数据丢失的一种重要手段。

当数据库遭到破坏后,可以利用后备副本进行数据库的恢复,但只能恢复到备份时的状态。要使数据库恢复到发生故障时刻前的状态,必须重新运行自备份以后到发生故障前所有的更新事务。

2. 数据库备份类型

针对不同数据库系统的应用情况,SQL Server 2008 提供了 4 种数据库备份类型。

(1) 完整数据库备份。

完整数据库备份(Full Backup)是指备份整个数据库的复制,包括所有的数据以及数据库对象。这种备份生成的备份文件大小和备份需要的时间是由数据库中数据的容量决定的。完整数据库备份在还原时可以直接从备份文件还原到备份时的状态,不需要其他文件的支持,操作简单;但其不能恢复备份结束以后到意外发生之前的操作数据。又因为是对数据库的整个备份,所以这种备份方法不仅速度慢,而且将占用大量的磁盘空间。一般常将完整数据库备份安排在凌晨进行,因为此时整个数据库系统几乎不进行其他事务操作,从而可以提高数据库备份的速度。

(2) 差异数据库备份。

差异数据库备份(Differential Backup)是指备份自上次完整备份后,发生了更改的数据。这种备份生成的备份文件大小和备份需要的时间,取决于自上次完整备份后数据库的数据变化情况。因为差异备份只备份发生了更改的数据,所以在做差异备份前,必须至少有一次完整备份。而还原的时候,也必须先还原差异备份前一次的完整备份,才能在此基础上进行差异备份数据的还原。但由于差异备份的数据量较小,备份和恢复所用的时间较短,对 SQL Server 服务性能的影响也较小,因此常用作相邻两次完整备份之间的辅助备份,且可以相对频繁地执行,以减少数据的丢失。需要注意的是,差异备份每做一次就会变得更大一些,所以有必要在相邻两次完整备份之间制定合适的差异备份次数。

在下列情况下,可考虑使用差异数据库备份:

① 自上次数据库备份后,数据库中只有相对较少的数据发生了更改。如果多次修改相同的数据,这种备份方式尤其有效,因为差异数据库备份仅仅记录最后一次修改的结果。

② 使用的是简单恢复模型(恢复模型的概念请见 4.1.2 小节),希望进行更频繁的备份,但不希望进行频繁的完整数据库备份。

③ 使用的是完整恢复模型或大容量日志记录恢复模型,希望只用最少的时间在恢复数据库时前滚事务日志备份。

(3) 事务日志备份。

事务日志备份(Transaction Log Backup)是指备份自上次备份后对数据库执行的所有事务的一系列记录。这个上次备份,可以是完整备份、差异备份、事务日志备份。这种备份生成的备份文件最小,需要的时间也最短,对 SQL Server 服务性能的影响也最小,适宜于经常备份。但在事务日志备份前,至少有一次完整备份;而还原的时候,必须先还原完整备份,再还原差异备份(如果有的话),最后按照事务日志备份的先后顺序,依次还原各次日志备份的内容。另外,因为在恢复事务日志备份时,SQL Server 2008 会前滚事务日志中记录的所有更改,所以使用事务日志备份可以将数据库恢复到特定的即时点或恢复到故障点。

由上述可见,差异备份与事务日志备份不同的是,差异备份只能将数据库恢复至进行最后一次差异备份完成时的那一刻,而无法像事务日志备份那样提供恢复到出现意外前的某一指定时刻的无数据损失备份。

(4)文件和文件组备份。

文件和文件组备份(File and Filegroup Backup)是指单独备份组成数据库的文件或文件组,在还原时可以只恢复数据库中遭到破坏的文件或文件组,而不需要恢复整个数据库。这里所说的文件是指数据文件。这种备份方法平常使用的概率比较小,常常用于数据库非常庞大或数据非常重要的场合。它要求在数据库设计前就考虑好,把需要单独做特别备份的表进行分组,给它们分配不同的文件组,这样才能在做备份的时候单独备份这些数据。

在应用中,如能根据实际需求综合使用上述 4 种备份类型,则可以大大提高数据库的安全性。

4.1.2 数据库恢复的概念

1. 数据库恢复的概念及意义

数据库恢复是指把遭到破坏、丢失的数据或出现重大错误的数据库恢复到原来正常的状态。能够恢复到什么状态是由备份决定的。数据库恢复是数据库管理系统管理的一项重要工作,从某种意义上讲,数据库的恢复比数据库的备份更加重要,因为数据库备份是在正常的工作环境下进行的,而数据库恢复是在非正常状态下进行的,比如硬件故障、软件瘫痪及误操作。有两种情况需要执行恢复数据库的操作。

① 数据库或数据损坏。因为用户误删了数据库里的关键数据,或数据库文件被意外损坏,以及服务器里硬盘驱动器损坏等情况。

② 因维护任务或数据的远程处理需要从一个服务器向另一个服务器复制数据库。

数据库恢复是数据库备份的逆向操作,是将先前所做的数据库备份加载并应用事务日志重建数据库的过程。执行恢复操作,可以重新创建备份数据库完成时数据库中存在的相关文件,但备份后对数据库的所有修改将不能恢复。

2. 数据库恢复模型

在 SQL Server 2008 中,日志文件对数据库恢复起着重要的作用,DBA 应尽可能地保证日志文件内容的完整。一种最简单的办法就是对数据库所有的能够产生日志的操作都详尽地记录下来,这样的数据库安全性最好,但日志文件的空间却会急剧增加。如果在日志文件中忽略一些次要的操作日志,则日志的空间增长就会缓慢一些,但发生故障时又不能保证恢复到故障发生点时的状态。这样,对安全和空间的权衡及选择,SQL Server 2008 提供了以下 3 种恢复模式。

(1)简单恢复模式。

使用简单恢复模式,数据只能恢复到最近的完整数据库备份或差异备份的即时点,而不能将数据库还原到故障点或特定的即时点。这种模式下,SQL Server 2008 不使用事务日志备份,而使用最小事务日志空间,一旦不再需要日志空间从服务器故障中恢复,日志空间便可以重新使用,从而防止事务日志的空间不够用。简单恢复模式一般用于小型或数据更改频率不高的数据库,但不适合生产系统,因为对生产系统而言,任何最新更改的丢失都是不可接受的。

(2) 完整恢复模式。

完整恢复模式为数据提供了最大的保护性和灵活性。该模式使用数据库备份和事务日志备份对数据库提供完全的可恢复性,并有效地防止故障所造成的数据损失,有将数据库恢复到故障点或特定即时点的能力。为保证这种恢复程度,包括大容量操作(如 SELECT INTO、CREATE INDEX 和大容量装载数据)在内的所有操作都需完整地记入日志。由于这些大型操作会占据大量的日志空间,所以事务日志的空间必须分配足够。在这种模式下,必须定期进行数据库备份或者事务日志备份以确保日志空间被定期截断(回收)使用;否则日志空间将无限增长。这种模式适合用于对安全性要求极高的场合。

(3) 大容量日志恢复模式。

大容量日志恢复模式为数据提供了最大的保护。该模式为某些大规模操作(如创建索引或大容量复制、处理大对象数据)提供了更高的性能和最少的日志使用空间。不过这将牺牲即时点恢复的某些灵活性。该模式下的数据库日志对大型的数据库操作日志进行简化,只记录多个操作的最终结果,不记录这些大型操作的过程细节,所以日志尺寸更小,大容量操作的速度也更快,但无法确保当这些大型操作发生介质故障时能够成功恢复。另外,当日志备份包含大容量更改时,大容量日志恢复模式只允许数据库恢复到事务日志备份的结尾处,不支持时间点恢复。在生产系统中,不建议使用该数据库恢复模式,但执行大容量操作时,应该保留大容量日志恢复模式。建议在运行一个或多个大容量操作之前将数据库设置为大容量日志恢复模式,完成后立即将数据库设置为完整恢复模式。

恢复模式用于控制数据库备份和还原操作的基本行为(如将事务记录在日志中的方式、事务日志是否需要备份以及可用的还原操作)。

4.1.3　数据库备份方法的选择

SQL Server 2008 数据库在不同的恢复模式下支持不同的备份类型,如表 4-1 所示。

表 4-1　3 种恢复模式支持的备份类型

恢复模式	完整备份	差异备份	事务日志备份	文件和文件组备份
简单	必须	可选	不允许	不允许
完整	必须	可选	必须	可选
大容量日志	必须	可选	必须	可选

由此可见,在简单恢复模式下只能进行完整数据库备份和差异数据库备份,而事务日志备份则须与完整恢复模式和大容量日志恢复模式一起使用。所以,在进行不同类型的数据库备份时需要先设置好相应的恢复模式。

另外,如果数据库由几个在物理上位于不同磁盘上的数据文件组成,当其中一个磁盘发生故障时,是恢复整个数据库还是只需要恢复发生了故障的磁盘上的文件呢,很显然后者会使恢复的速度更快一些。在高可用性的超大型数据库中,如果可用的备份时间(如只能有 2 个小时的备份时间)不足以支持完整数据库备份(假设至少需要 3 个小时),此时也需要进行文件或文件组备份。

由于文件备份和恢复操作必须与事务日志备份一起使用,即在进行文件备份后必须保持连续的事务日志备份才能进行恢复。因此,文件备份也只适用于完整恢复模式和大容量日志恢复模式。

需要说明的是,完整数据库备份实际上也就包括了文件和文件组的备份,所以在恢复时,也可以利用完整数据库备份来恢复特定的数据文件。

任务 4-2   制订数据库备份与恢复方案

【任务描述】 根据任务 4-1 说明的数据库可用性要求,为学生成绩数据库制订一个合理的数据库备份与恢复方案。

【任务分析】 一个合理的数据库备份方案,应该能够在数据丢失时,有效地恢复重要数据,同时要考虑技术实现难度和有效地利用资源。

在实际应用中,为了最大限度地减少数据库恢复时间以及降低数据损失量,绝大部分数据库需要工作在完整恢复模式下,这样才能保证数据库的事务日志的完整性,保证恢复到故障发生点。对于完整恢复模式下的数据库,有两种可以选择的备份方案。

(1)完整数据库备份+连续的日志备份。

一般情况下,完整数据库备份可以是每月、每周、每天进行,事务日志备份是每周、每天,甚至每小时进行。在恢复时,可以先还原最近一次的完整数据库备份,再进行该完整备份后的连续事务日志备份的恢复即可。

(2)完整数据库备份+间隔的差异数据库备份+连续的日志备份。

有时,为了加快恢复的速度,可以在完整数据库备份中间的某些时间执行若干个差异数据库备份,同时执行连续的事务日志备份。如可使用下面的备份方案。

① 创建定期的完整数据库备份,如每月月末执行一次。

② 在每个完整数据库备份之间创建定期的差异数据库备份,如对于高度活动的系统,每隔 4 小时或以上时间备份一次。

③ 在相邻的两次差异备份之间进行事务日志备份,事务日志备份的频率比差异数据库备份要高,如每隔 30 分钟进行一次。

而在进行恢复时,可以先还原最近一次的完整数据库备份,接着根据需要选择执行某个差异备份的还原,最后进行该差异备份后的连续事务日志备份的恢复即可。

需要说明的是,上述恢复方案实现的是时间点恢复,还不能实现故障点恢复。更多的情况下,希望数据库能恢复到数据库发生故障的那一时刻,此时可以利用下面的恢复策略:①如果能够访问数据库事务日志文件,则备份当前正处于活动状态的事务日志(即尾日志);②恢复最近一次的完整数据库备份;③恢复最近一次的差异数据库备份;④按顺序恢复自差异备份以来进行的事务日志备份。

【任务实现】

(1)学生成绩数据库备份方案。

由任务 4-1 可知,这是一个典型的 8 小时上班制单位的数据库备份与恢复问题。根据用户的需求和实际环境,设计以下的备份和恢复方案。

① 每周五 18:00 执行完整数据库备份,完整数据备份保存 2 个月。

② 每周一至周五每天 19:00 执行差异数据库备份,差异数据库备份保存 2 个月。

③ 每周一至周日每 1 小时执行一次事务日志备份,事务日志备份保存 2 个月。

④ 备份同时在两台计算机上进行,保存的备份完全一致。

⑤ 每周删除前 2 个月的备份,以清空磁盘空间。

由此备份方案可知,在一周内可有 1 个完整数据库备份、5 个差异数据库备份和 $7 \times 24 = 168$ 个事务日志备份。

另外,对系统数据库只要在发生数据库结构的变化时就应该及时进行备份。

(2) 学生成绩数据库恢复方案。

恢复方案的制订与具体的故障类型相关,本系统常见故障及相应的恢复计划如下。

① 时间点故障:备份当前处于活动状态的事务日志;进行完整数据库备份的恢复;根据时间点选择是否进行差异备份的恢复;按顺序重做连续的日志备份的恢复。

② 备份介质的故障:复制另外一台计算机的备份。

③ 日志文件不可读:恢复到最后的日志备份点;手工重做事务。

④ 系统数据库故障:恢复系统数据库;恢复用户数据库。

⑤ 服务器故障:重做服务器;恢复系统数据库;恢复用户数据库。

⑥ 服务器物理故障:在另外的计算机上重新安装 SQL Server 2008;按照服务器故障恢复。

4.1.4　数据库的定期备份与不定期备份

数据库备份分为两种:一种为定期进行的备份;另一种是不定期的数据库备份,它一般是数据库发生某些改变后进行。

1. 周期性数据库备份

一般而言,对于数据更新频繁的数据库,或者数据丢失了就很难再重新得到的数据库,备份的频率应该安排得高一些。对于数据更新频率较低,或者能够很容易重新建立的数据库,备份频率可以低一些,毕竟进行备份操作将影响访问数据库的性能。

一种经常采用的备份方案是:每月、每周、每日都进行一次备份。每月一次的备份,要么在月初,要么在月末,这个备份可以永久保存;每周一次的备份,它应该保存一段时期,比如一年;每日的备份,应该保存一个月。备份应该保存在一个安全的地方,比如防火、距离机房较远的地方。

2. 不定期数据库备份

在数据库发生下列改变后,应该进行数据库的备份。

(1) 创建、修改、删除数据库前应该备份数据库,如执行 CREATE DATABASE、

ALTER DATABASE 和 DROP DATABASE 命令等。

（2）创建了用户定义对象。因为创建了用户自定义对象，master 数据库就会被修改，因此，必须备份 master 数据库。

（3）增加或删除服务器的系统存储过程。

（4）修改了 master、msdb、model 数据库。

（5）清除事务日志或执行了不写入事务日志的操作。

任务 4-3　设置数据库的恢复模式

【任务描述】　将学生成绩数据库 StudentScore 的恢复模式设置为"完整"。

【任务分析】　在制订了数据库的备份与恢复方案后，就需要使数据库工作在合适的恢复模式下，下面将介绍在 SQL Server Management Studio 中设置数据库恢复模式的方法。

【任务实现】

（1）在 SQL Server Management Studio 的【对象资源管理器】树形目录中，展开相应服务器下的【数据库】节点。右击要设置数据库恢复模式的数据库 StudentScore，从弹出的快捷菜单中选择【属性】命令，打开数据库【数据库属性-Credit】对话框。

（2）切换到【选项】选项页，从【恢复模式】下拉列表框中选择"完整"恢复模式，如图 4-1 所示。默认情况下，为"简单"恢复模式。

图 4-1　设置数据库恢复模式

（3）单击【确定】按钮，完成数据库恢复模式的设置。

任务 4-4   设置 SQL Server 代理自动启动

【任务描述】 将 SQL Server 代理服务设置为自动启动。

【任务分析】 SQL Server 的备份可以手工完成,也可以通过 SQL Server 代理完成。由于数据库备份是一个周期性的工作,因此应该让 SQL Server 按照制订的备份方案自动地完成各种备份,而不要手工进行日常的备份处理。

为了让备份方案能自动完成,除了要在备份时设置调度计划外,还要将 SQL Server 代理服务设置为自动启动,以便 SQL Server 代理可以在事先设定的任一天的任何时候执行备份计划。

【任务实现】

(1) 在 Windows 中,依次打开【控制面板】→【管理工具】→【服务】窗口。

(2) 在【服务】窗口中,右击"SQL Server 代理(MSSQLSERVER)"服务,从弹出的快捷菜单中选择【属性】命令,打开图 4-2 所示的【SQL Server 代理(MSSQLSERVER)的属性】对话框,在【启动类型】下拉列表框中选择"自动"选项,然后单击【确定】按钮。

图 4-2 【SQL Server 代理(MSSQLSERVER)的属性】对话框

4.2   数据库的备份

4.2.1   数据库备份设备

1. 备份设备的概念

备份设备是 SQL Server 2008 用来存储数据库备份、事务日志备份或文件和文件组备份副本的存储介质。它可以是本地机器上的磁盘文件、远程服务器上的磁盘文件及磁带驱动器。在备份操作过程中,如要将备份数据写入备份设备,则需要事先创建备份设备。在使用备份设备创建备份时,还必须选择存放备份数据的备份设备。当创建一个备份设备时,要给该设备指定一个物理备份设备名和一个逻辑备份设备名。物理备份设备名主要用来标识备份设备的名称,供操作系统对备份设备进行引用和管理,通常是以文件方式存储的完整路径名,如 C:\Backup\StudentScore\StuScore.bak;逻辑备份设备名是物理备份设备的别名,它被永久地记录在 SQL Server 的系统表中,使用逻辑备份设备名的好处是它比引用物理备份设备名简单,如上述物理备份设备名对应的逻辑备份设备名可为 Backup_StuScore。

2. 备份设备的类型

(1) 磁盘备份设备。

磁盘备份设备是指被定义成备份文件的硬盘或其他磁盘存储介质。引用磁盘备份设备与引用任何其他操作系统文件是一样的。可以将服务器的本地磁盘或共享网络资源的远程磁盘定义成磁盘备份设备。磁盘备份设备根据需要可大可小,最大时相当于磁盘上可用的闲置空间。如果将磁盘备份设备定义到网络的远程计算机上,则需使用通用命名规则名称(UNC)来引用该文件,即以 \\Servername\Sharename\Path\File 格式指定文件的位置;而在将文件写入备份设备时,还必须给 SQL Server 2008 使用的用户账户授予可以在远程磁盘上读写该文件的权限。另外,由于在网络上备份数据可能受网络错误的影响,因此在完成备份后需要验证备份。

建议不要将备份与数据库放在同一个物理磁盘上。如果两者放在一起,当包含数据库的磁盘设备发生故障时,备份数据库可能会一起遭到破坏,导致数据库无法恢复。

(2) 磁带备份设备。

磁带备份设备的用法与磁盘设备相同。但 SQL Server 2008 中仅支持本地磁带设备,不支持远程磁带设备,即使用时必须将其物理地安装到运行 SQL Server 2008 实例的计算机上。如果磁带备份设备在备份操作过程中已满,但还需要写入一些数据,SQL Server 2008 将提示更换磁带并继续备份操作。此时所使用的第一个媒体称为"起始磁带",该磁带含有媒体标头,每个后续磁带称为"延续磁带",其媒体序列号比前一磁带的媒体序列号大 1。

任务 4-5　创建和查看备份设备

1) 创建备份设备

【任务描述】　创建一个逻辑设备名为 DISKBackup_StuScore、物理设备名为 C:\BACKUP\DISKBackup_StuScore.bak 的备份设备。

【任务分析】　创建备份设备可以使用 SQL Server Management Studio 或命令语句两种方式实现。而创建备份设备前,还需要事先创建好存储备份设备的文件夹BACKUP。

【任务实现】

(1) 用 SQL Server Management Studio 创建备份设备。

① 在 SQL Server Management Studio 的【对象资源管理器】窗口中,依次展开相应的服务器及其下的【服务器对象】节点。

② 右击【备份设备】项,选择快捷菜单中的【新建备份设备】命令,打开【备份设备】对话框,在【设备名称】文本框中输入需创建的备份设备的逻辑名称 DISKBackup_StuScore,如图 4-3 所示。

图 4-3 【备份设备】对话框

③ 在【目标】选项区设置该逻辑设备对应的物理备份设备的类型。选中【磁带】单选按钮,表示使用磁带设备;选中【文件】单选按钮,表示使用磁盘设备。由于系统中没有安装磁带驱动器,故在此【磁带】选项为灰色,不能选择。在【文件】对应的文本框中输入磁盘备份设备所使用的物理设备名,或通过单击其后的 按钮,在【定位数据库文件】对话框中从本地计算机上选择一个物理文件存放路径,并在【文件名】文本框中输入备份设备的文件名 DISKBackup_StuScore.bak,如图 4-4 所示。

④ 单击【确定】按钮,关闭【定位数据库文件】对话框,返回到【备份设备】对话框,再次单击【确定】按钮,完成备份设备创建工作。

(2) 用命令行方式创建备份设备。

可以使用系统存储过程 sp_addumpdevice 创建备份设备,其命令格式为:

```
sp_addumpdevice '备份设备类型'[,'备份设备的逻辑名'][,'备份设备的物理名']
```

其中,"备份设备类型"可为 disk 或 tape,分别表示磁盘或磁带;"备份设备的物理名"必须遵循操作系统文件名的规则,或者网络设备的通用命名规则,并且必须包括完整的路径。

【命令语句】在查询编辑器中输入并执行下列语句:

```
sp_addumpdevice 'disk', 'DISKBackup_StuScore', 'C:\DISKBackup_StuScore.bak'
```

124

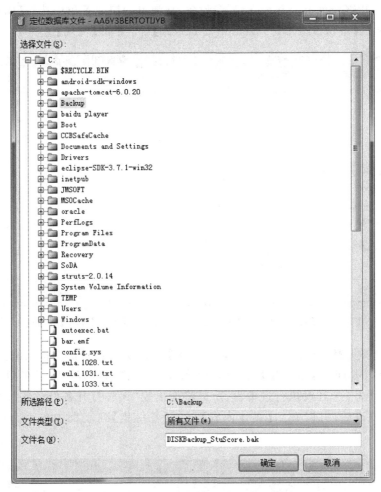

图 4-4 【定位数据库文件】对话框

2）查看备份设备

【任务描述】　查看 DISKBackup_StuScore 备份设备的信息。

【任务分析】　创建备份设备后，如果多个备份存在于一个备份设备中或一个备份集分布于多个备份设备，就需要查看有关备份的信息，如包含在特定备份集内的数据库文件和事务日志文件列表、特定备份媒体上所有备份的首部信息、特定备份媒体的媒体首部信息等。在查看备份首部信息时，将显示媒体上的所有外部备份集的信息，包括使用的备份设备类型、备份类型以及备份开始和完成的日期、时间等信息，这些信息对确定还原备份设备上的哪个备份集或确定备份设备上包含的备份都很有用。查看备份设备也可用 SQL Server Management Studio 或命令语句两种方式实现。

【任务实现】

（1）用 SQL Server Management Studio 查看备份设备。

① 在 SQL Server Management Studio 的【对象资源管理器】窗口中，展开【服务器对象】及其下的【备份设备】节点。

② 右击 DISKBackup_StuScore 磁盘设备,从弹出的快捷菜单中选择【属性】命令,打开图 4-5 所示的【备份设备-DISKBackup_StuScore】对话框的【常规】选项页。

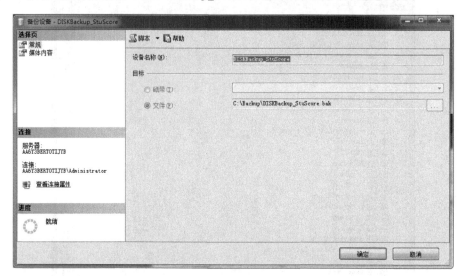

图 4-5　【备份设备-DISKBackup_StuScore】对话框的【常规】选项页

③ 在【选择页】任务列表中,单击【媒体内容】选项,如果此备份设备上已实施过备份,则会在【媒体内容】页的【备份集】列表框中显示备份的详细内容。由于在 DISKBackup_StuScore 备份设备上还没执行过备份,所以将会出现"无法打开备份设备"的提示信息。单击【确定】按钮后,可以看到【媒体内容】页的【备份集】列表框中显示为空,如图 4-6 所示。

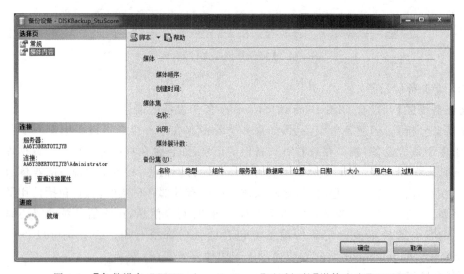

图 4-6　【备份设备-DISKBackup_StuScore】对话框的【媒体内容】选项页 1

（2）用命令行方式查看备份设备。

可以使用系统存储过程 sp_helpdevice 查看备份设备;使用 RESTORE FILELISTONLY

语句查看备份集内包含的数据库和日志文件列表；使用 RESTORE HEADERONLY 语句查看特定备份设备上所有备份集的备份首部信息。限于篇幅，这些语句的具体语法格式在此不作介绍。

【命令语句】在查询编辑器中输入并执行下列语句：

```
USE StudentScore
GO
sp_helpdevice
RESTORE FILELISTONLY FROM DISKBackup_StuScore
RESTORE HEADERONLY FROM DISKBackup_StuScore
```

3）删除备份设备

【任务描述】 删除 DISKBackup_StuScore 备份设备。

【任务分析】 当备份设备不再使用时，就可以将其删除。删除备份设备也可以用 SQL Server Management Studio 或命令语句两种方式实现。另外，需要注意的是，删除备份设备后，其上的数据都将丢失。

【任务实现】

（1）用 SQL Server Management Studio 删除备份设备。

① 在 SQL Server Management Studio 的【对象资源管理器】窗口中，展开【服务器对象】节点。

② 单击【备份设备】项，右边【对象资源管理器详细信息】窗口中列出了系统中所有已创建的备份设备。

③ 右击需要删除的备份设备 DISKBackup_StuScore，从弹出的快捷菜单中选择【删除】命令，系统将弹出图 4-7 所示的【删除对象】对话框，单击【确定】按钮确认删除。

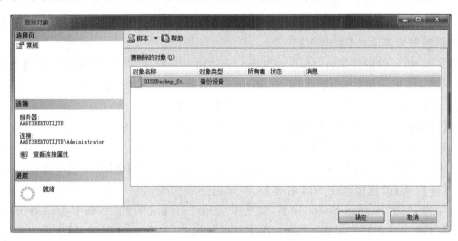

图 4-7 【删除对象】对话框

（2）用命令行方式删除备份设备。

可以使用系统存储过程 sp_dropdevice 删除备份设备，其命令格式为：

```
sp_dropdevice '备份设备逻辑名'[,'DELETE']
```

上述格式中,如果指定了 DELETE 参数,则在删除备份设备的同时会删除它使用的操作系统文件。

【命令语句】在查询编辑器中输入并执行下列语句:

```
USE master
EXEC sp_dropdevice 'DISKBackup_StuScore'
GO
```

4.2.2　执行数据库备份

前已述及,SQL Server 提供了 4 种类型的数据库备份,即完整备份、差异备份、事务日志备份及文件和文件组备份。这 4 种类型的数据库备份既可以使用 SQL Server Management Studio 提供的图形工具进行,也可以使用命令语句进行。下面通过任务具体介绍其方法。

任务 4-6　备份数据库

1) 使用 SQL Server Management Studio 进行备份

【任务描述】　使用 SQL Server Management Studio 分别对 StudentScore 数据库进行完整备份、差异备份、事务日志备份及文件和文件组备份。

【任务分析】　在实际备份操作中,经常使用 SQL Server Management Studio 来进行数据库备份,下面将详细说明在 SQL Server Management Studio 中如何进行备份操作。

【任务实现】

(1) 在 SQL Server Management Studio 中进行完整数据库备份。

① 在 SQL Server Management Studio 的【对象资源管理器】中,展开要备份的数据库所在的服务器及其下的【数据库】节点。

② 右击要备份的数据库 StudentScore,从弹出的快捷菜单中选择【任务】→【备份】命令,打开图 4-8 所示的【备份数据库-StudentScore】对话框的【常规】选项页。

③ 在对话框的【常规】选项页中设置以下备份参数。

在【源】设置区域中,从【数据库】下拉列表框中选择要备份的数据库,这里默认为刚才右击的数据库;在【备份类型】下拉列表框中选择"完整"选项,进行完整数据库备份(注意完整数据库备份是其他备份的基础);在【备份组件】选项区选中【数据库】单选按钮。

在【备份集】设置区域中,在【名称】文本框内为备份输入一个便于识别的备份集名称,这里就用默认的"StudentScore-完整 数据库 备份";在【说明】文本框中为该备份输入一个描述性信息(可选),这里输入"第一次完整备份";在【备份集过期时间】选项中使用默认的设置。这里【晚于】单选按钮指定在多少天后此备份集才会过期,从而可被覆盖,此值范围为 0～99999 天,0 表示备份集将永不过期,此为默认设置;【在】单选按钮指定备份集过期并可被覆盖的具体日期。

在【目标】设置区域中,【备份到】选项选中【磁盘】单选按钮,表示备份到磁盘;这里因为服务器没有安装磁带设备,所以【磁带】单选按钮不可用。其下的列表框中显示出曾对

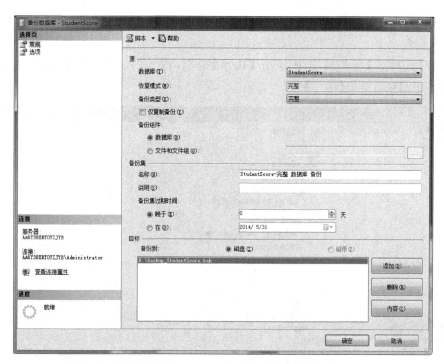

图 4-8 【备份数据库-StudentScore】对话框的【常规】选项页 1

该数据库进行备份时使用的备份设备或备份文件名,第一次设置时默认将数据库备份到
C:\Program Files\Microsoft SQL Server\MSSQL10.MSSQLSERVER\MSSQL\
Backup\文件夹下。

④ 删除列表框中的默认设置,单击【添加】按钮,打开【选择备份目标】对话框,可以添
加备份设备或备份文件名。在该对话框中选中【文件名】单选按钮,表示使用临时性的备
份文件存储数据库的备份内容;选中【备份设备】单选按钮,表示使用永久性的现有备份设
备或创建新的备份设备存储数据库的备份内容。这里选中【备份设备】单选按钮,并在其
下拉列表框中选择已经创建的备份设备 DISKBackup_StuScore,如图 4-9 所示。

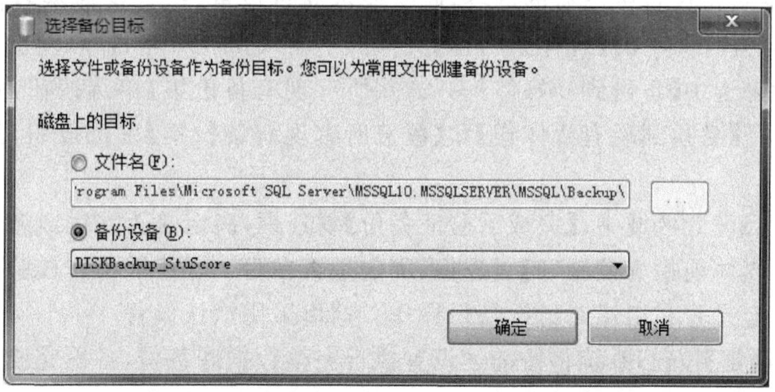

图 4-9 【选择备份目标】对话框

⑤ 单击【确定】按钮,返回到【备份数据库-StudentScore】对话框,完成【常规】选项页中参数的设置。

⑥ 在【选择页】任务列表中,单击【选项】选项,进入图 4-10 所示的【备份数据库-StudentScore】对话框的【选项】页。

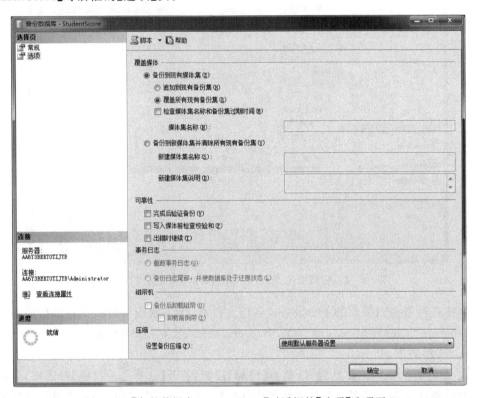

图 4-10 【备份数据库-StudentScore】对话框的【选项】选项页 1

在【覆盖媒体】设置区域中,如果选中【备份到现有媒体集】单选按钮,则选中【追加到现有备份集】单选按钮,将备份追加到现有的备份设备上;单击【覆盖所有现有备份集】单选按钮,将覆盖备份设备中原有的内容,此时还可通过设置【检查媒体集名称和备份集到期时间】复选框并在其下的【媒体集名称】文本框中输入相应媒体名称,以检查备份媒体防意外重写。如果选中【备份到新媒体集并清除所有现有备份集】单选按钮,则可以新建媒体集。这里选择【备份到现有媒体集】和【覆盖所有现有备份集】单选按钮,其余采用默认设置。

在【可靠性】设置区域中,【完成后验证备份】复选框,决定是否在完成备份后进行备份的验证;【写入媒体前检查校验和】复选框,决定是否在写入媒体前检查校验和;【出错时继续】复选框,决定是否在出错时继续备份操作。这里采用默认设置。

⑦ 单击【确定】按钮,系统将按前述设置执行完整数据库备份,备份完成后出现图 4-11所示的【对数据库的备份已成功完成】消息框,单击【确定】按钮,即可完成数据库的完整备份。

说明:完成 StudentScore 数据库的一个完整备份后,为了验证备份是否真的完成,可

图 4-11 【完成数据库备份】消息框

通过备份设备【属性】对话框查看其媒体内容是否存在,方法如下。

① 在 SQL Server Management Studio 的【对象资源管理器】窗口中,展开【服务器对象】节点下的【备份设备】节点。

② 右击 DISKBackup_StuScore 磁盘设备,从弹出的快捷菜单中选择【属性】命令,打开【备份设备-DISKBackup_StuScore】对话框。

③ 在【选择页】任务列表中,单击【媒体内容】选项,进入图 4-12 所示的【媒体内容】页,可以看到刚刚创建的 StudentScore 数据库完整备份的详细内容。

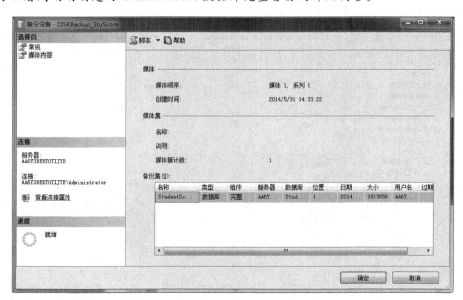

图 4-12 【备份设备-DISKBackup_StuScore】对话框的【媒体内容】选项页 2

(2) 在 SQL Server Management Studio 中进行差异备份。

除第③步在【源】设置区域中,将【备份类型】设置为"差异"选项;在【备份集】设置区域中,设置【名称】为默认的"StudentScore-差异 数据库 备份"、第⑥步一般选择默认的【追加到现有备份集】单选按钮以避免覆盖已经存在的完整备份外,其他步骤与完整数据库备份操作相同。

(3) 在 SQL Server Management Studio 中进行事务日志备份。

除第③步在【源】设置区域中,将【备份类型】设置为"事务日志"选项;在【备份集】设置区域中,设置【名称】为默认的"StudentScore-事务日志 备份",第⑥步一般选择【追加到现有备份集】单选按钮外,其他步骤与完整数据库备份操作相同。

需要注意的是,选择了"事务日志"备份类型后,【常规】选项页中的【备份组件】选项区将不可用,但可在【选项】属性页中设置是截断事务日志,还是备份日志尾部并使数据库处于还原状态。而截断事务日志是指当 SQL Server 完成事务日志备份时,会自动截断数据库事务日志中不活动的部分,不活动的部分是指已经完成的事务日志,这些事务日志已经被备份起来,所以可以截断。事务日志被截断后,释放出空间可以被重复使用,这样就避免了日志文件的无限增长。默认为截断事务日志。

(4)在 SQL Server Management Studio 中进行文件和文件组备份。

要想执行文件组备份,就必须创建文件组。现假设已在 StudentScore 数据库中创建了一个文件组 StudFileGroup,并在其上创建了一个次要数据文件 StudentScoreData.ndf,这里为了便于介绍文件组的备份,将 StudentScore 数据库中 bStudent 表的【文件组或分区方案名称】设置为 StudFileGroup,如图 4-13 所示。

图 4-13 设置为【文件组者分区方案名称】

由于在 SQL Server Management Studio 中进行文件和文件组备份,除第③步在【源】设置区域中,将【备份类型】设置为"完整",将【备份组件】设置为"文件和文件组",并选择相应的文件或文件组;在【备份集】设置区域中,设置【名称】为默认的"StudentScore-完整文件组 备份"外,其他步骤与完整数据库备份操作相同。所以以下面只说明第③步的操作。

在第③步中,选中【文件和文件组】单选按钮,打开图 4-14 所示的【选择文件和文件组】对话框。该对话框中显示了该数据库中存在的文件组和文件,选中需要备份的文件组 StudFileGroup 前的复选框,单击【确定】按钮返回【备份数据库-StudentScore】对话框。

注意:事务日志备份以及文件和文件组备份只能与完整恢复模式和大容量日志恢复模式一起使用,在简单恢复模式下,这两种备份都是不可用的。

图 4-14 【选择文件和文件组】对话框

2) 使用命令语句备份数据库

（1）使用 BACKUP 语句进行数据库备份。

【任务描述】 在 C:\下创建两个磁盘备份设备 DISKBackup_StuScore1 和 DISKBackup_StuScore2，分别对 StudentScore 数据库进行完整备份和差异备份。

【任务分析】 使用 BACKUP 语句进行数据库备份的语法格式为：

```
BACKUP DATABASE 数据库名|@ 数据库名变量 TO <备份设备名>[,...n]
[WITH [[,]FORMAT][[,]INIT|NOINIT][[,]RESTART][[,]DIFFRENTIAL]
```

其中：①"备份设备名"指定备份操作时所要使用的逻辑或物理备份设备。②FORMAT 表示应将媒体头写入用于此备份操作的所有卷，任何现有的媒体头都被重写。此选项使整个媒体内容无效，并且忽略任何现有的内容。③INIT|NOINIT：INIT表示将重写那个设备上的所有现有的备份集数据，但是保留媒体头；NOINIT 表示备份集将追加到指定的磁盘或磁带设备上，以保留现有的备份集。NOINIT 是默认设置。④RESTART 表示 SQL Server 将重新启动一个被中断的备份操作。⑤DIFFERENTIAL指定备份为差异备份，如果不指定该参数则是完整备份。

【任务实现】 在查询编辑器中输入并执行下列语句：

```
USE StudentScore
/* 创建两个备份设备 */
EXEC sp_addumpdevice 'disk',' DISKBackup_StuScore1','C:\DISKBackup_
StuScore1.dat'
EXEC sp_addumpdevice 'disk',' DISKBackup_StuScore2','C:\DISKBackup_
StuScore2.dat'
/* 执行两种备份方式 */
BACKUP DATABASE StudentScore TO DISKBackup_StuScore1 WITH INIT
BACKUP DATABASE StudentScore TO DISKBackup_StuScore2 WITH DIFFRENTIAL
GO
```

（2）使用 BACKUP 语句进行事务日志备份。

【任务描述】 在 C:\下创建一个磁盘备份设备 BackupLog_StuScore，并将数据库StudentScore 的事务日志备份到该设备上。

【任务分析】 使用 BACKUP 语句进行事务日志备份的语法格式为：

```
BACKUP LOG 数据库名|@数据库变量名 TO 备份设备名[,...n]
[WITH NO_ TRUNCATE] [[,] TRUNCATE ONLY| NO LOG]
```

其中：①NO_TRUNCATE 表示允许在数据库损坏时备份日志。②TRUNCATE ONLY| NO LOG：删除不活动的日志部分，并且截断日志，该选项会释放空间。

【任务实现】 在查询分析器中输入并执行下列语句：

```
USE StudentScore
EXEC sp_addumpdevice 'disk', 'BackupLog_StuScore', 'C:\BackupLog_StuScore.log'
BACKUP LOG StudentScore TO BackupLog_StuScore
GO
```

（3）使用 BACKUP 语句进行文件和文件组备份。

【任务描述】 在 C:\下创建一个磁盘备份设备 BackupFile_StuScore，并将数据库 StudentScore 的文件组 StudFileGroup 备份到该设备上。

【任务分析】 使用 BACKUP 语句进行文件和文件组备份的语法格式为：

```
BACKUP DATABASE 数据库名|@数据库变量名
FILE='逻辑文件名'|FILEGROUP='逻辑文件组名' TO 备份设备名[,...n]
[WITH [[,]NAME][[,]DESCRIPTION][[,]INIT|NOINIT][[,] DIFFERENTIAL]]
```

其中：①FILE='逻辑文件名'指定备份数据库中的一个或多个文件；FILEGROUP= '逻辑文件组名'指定备份数据库中的一个或多个文件组。②WITH 选项与其他几种备份类型相同。

【任务实现】 在查询编辑器中输入并执行下列语句：

```
USE StudentScore
EXEC sp_addumpdevice 'disk', 'BackupFile_StuScore', 'C:\BackupFile_StuScore.bak'
BACKUP DATABASE StudentScore FILEGROUP='StudFileGroup' TO BackupFile_StuScore
GO
```

4.2.3 尾日志的备份

尾日志是数据库备份以及事务日志备份之后没有备份的日志。正常备份数据库后，如果没有任何数据操作，恢复数据库即可。如果备份之后进行了其他操作，又没有及时备份数据库，则需要进行尾日志备份。

在完整恢复模式或大容量日志恢复模式下，必须先备份活动事务日志（称为日志尾部），然后才能在 SQL Server Management Studio 中还原数据库。

任务 4-7　备份尾日志

【任务描述】 为了还原任务 4-6 中创建的事务日志备份，必须先创建 StudentScore 数据库的尾日志备份，请说明创建此尾日志备份的方法。

【任务分析】 尾日志备份可以在 SQL Server Management Studio 中完成,也可以用 SQL 语句完成。需要注意的是,尾日志备份必须在数据库处于独占状态下进行。

【任务实现】

(1) 在 SQL Server Management Studio 中备份尾日志。

① 在【对象资源管理器】中,右击备份设备 DISKBackup_StuScore,在弹出的快捷菜单中选择【备份数据库】命令,打开【备份数据库-StudentScore】对话框。在【源】设置区域中,从【数据库】下拉列表框中选择 StudentScore;从【备份类型】下拉列表框中选择"事务日志"。由于刚才是通过右击 DISKBackup_StuScore 备份设备打开的对话框,所以在【目标】设置区域【备份到】列表框中的项已自动设为 DISKBackup_StuScore,如图 4-15 所示。

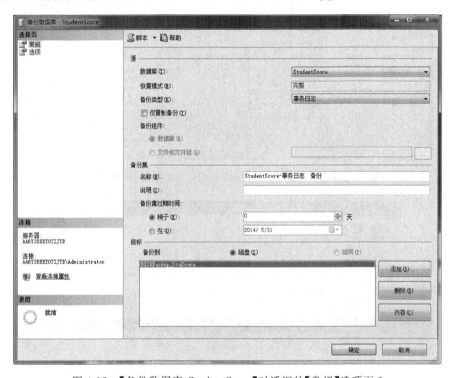

图 4-15 【备份数据库-StudentScore】对话框的【常规】选项页 2

② 在【选择页】任务列表中,单击【选项】选项,显示【备份数据库-StudentScore】对话框的选项页。在右侧窗格的"事务日志"选项区中,选中【备份日志尾部,并使数据库处于还原状态】单选按钮,如图 4-16 所示。

③ 单击【确定】按钮,执行尾日志备份。备份完成后显示图 4-17 所示的消息框,表示已成功完成尾日志备份。

④ 在【对象资源管理器】中,右击"备份设备"节点下的 DISKBackup_StudScore,从弹出的快捷菜单中选择【属性】命令,打开【备份设备-DISKBackup_StuScore】对话框。在【选择页】任务列表中,单击【媒体内容】选项,此时【备份集】列表框中显示出已经执行成功的尾日志备份,如图 4-18 所示。

图 4-16　【备份数据库-StudentScore】对话框的【选项】选项页 2

图 4-17　成功完成尾日志备份消息框

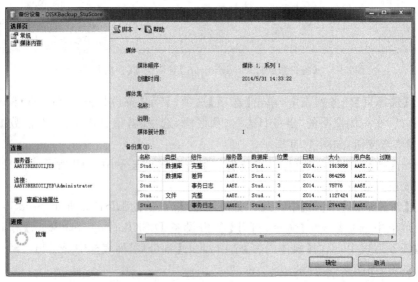

图 4-18　【备份设备-DISKBackup_StudentScore】对话框的【媒体内容】选项页 3

说明：使用 SQL Server Management Studio 控制台备份目标数据库的尾日志后，数据库的状态更新为"正在还原"，如图 4-19 所示。

图 4-19　数据库"正在还原"状态

如果需要更新数据库的状态，可通过以下代码实现：

```
Restore Database StudentScore With recovery
```

单击【执行】命令按钮，即可将数据库恢复至正常状态。

（2）使用命令语句备份尾日志。

【命令语句】在查询编辑器中输入并执行下列语句：

```
BACKUP LOG StudentScore TO DISKBackup_StuScore
WITH NO_TRUNCATE
```

4.3　数据库的恢复

数据库的恢复可以使用 SQL Server Management Studio 提供的图形工具进行，也可以使用命令语句进行。下面通过任务具体介绍恢复方法。

任务 4-8　恢复数据库

1）使用 SQL Server Management Studio 恢复数据库

【任务描述】　由于人为原因，不小心删除了 StudentScore 数据库中的部分有用数据，现需要使用 SQL Server Management Studio 对 StudentScore 数据库分别从完整数据库备份、差异备份、事务日志备份及文件和文件组备份中恢复。

【任务分析】 数据库的恢复需要根据不同的恢复要求选择不同的恢复方案。本任务分别有以下 4 种不同的恢复方案:①只从完整数据库备份中恢复数据;②从完整和差异数据库备份中恢复数据;③从完整、差异和事务日志备份中进行时间点故障的恢复;④从文件和文件组备份中恢复数据。另外,在执行从差异备份、事务日志备份还原数据前,都必须先执行一次从完整数据库备份中还原数据的操作。

【任务实现】

(1) 只从完整数据库备份中恢复数据。

① 在 SQL Server Management Studio 的【对象资源管理器】窗口中,展开相应服务器下的【数据库】节点。

② 右击【数据库】节点,选择快捷菜单中的【还原数据库】命令,打开图 4-20 所示【还原数据库 StudentScore】对话框的【常规】选项页。

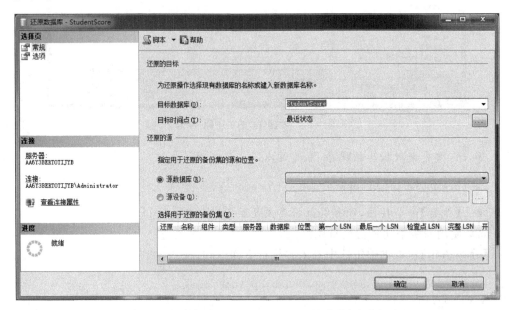

图 4-20 【还原数据库-StudentScore】对话框的【常规】选项页

③ 在【常规】选项页的"还原的目标"设置区域中,在【目标数据库】下拉列表框中选择要还原的目标数据库,这里选择 StudentScore;【目标时间点】使用默认设置"最近状态"。

④ 在【还原的源】设置区域中,选中【指定用于还原的备份集的源和位置】选项组中的【源设备】单选按钮,并单击 按钮,打开图 4-21 所示【指定备份】对话框。

⑤ 因前面对数据库进行完整数据库备份时使用了备份设备 DISKBackup_StuScore,故还原时需使用从备份设备中还原。因此,在【备份媒体】下拉列表框中选择"备份设备"选项,并单击【添加】按钮,打开图 4-22 所示【选择备份设备】对话框。

⑥ 在【备份设备】下拉列表框中选择 DISKBackup_StuScore 备份设备,单击【确定】按钮,返回【指定备份】对话框,这时【备份位置】列表框中将出现备份设备 DISKBackup_StuScore 的逻辑文件名,如图 4-23 所示。

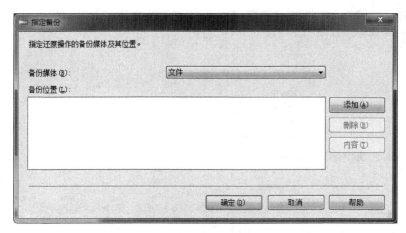

图 4-21　【指定备份】对话框

图 4-22　【选择备份设备】对话框

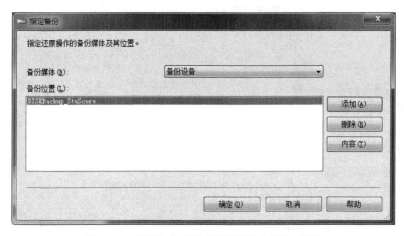

图 4-23　已添加备份设备的【指定备份】对话框

⑦ 单击【确定】按钮,返回【还原数据库-StudentScore】对话框,此时在【选择用于还原的备份集】列表框中列出了备份设备中包含的除文件和文件组外的其他所有媒体内容,如图 4-24 所示。在其中选中需要还原的备份集,这里选择"完整"备份集。

⑧ 在【选择页】任务列表中,单击【选项】选项,显示图 4-25 所示的【还原数据库-StudentScore】对话框的【选项】选项页。其中,有 3 方面的设置项。

139

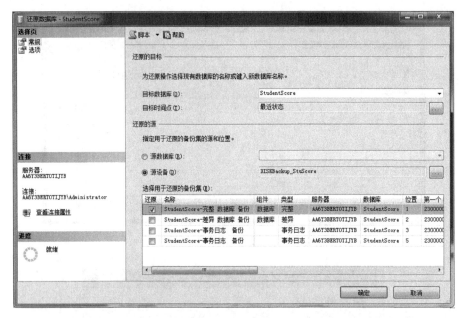

图 4-24 选择了备份集的【还原数据库-StudentScore】对话框的【常规】选项页

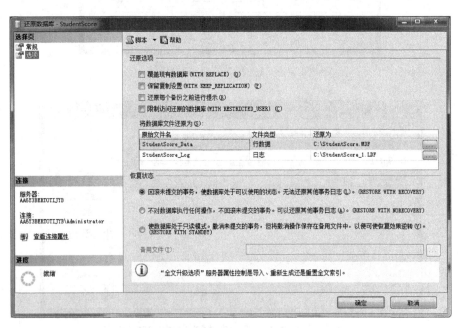

图 4-25 【还原数据库-StudentScore】对话框的【选项】选项页

a. 在【还原选项】设置区域中,设置还原的选项。

覆盖现有数据库:指定还原操作应覆盖所有现有数据库及其相关文件,即使已存在同名的其他数据库或文件。

保留复制设置:将已发布的数据库还原到创建该数据库的服务器之外的服务器时,保留复制设置。仅在选中【回滚未提交的事务,使数据库处于可以使用的状态。无法还原其他事务日志】单选按钮时,此选项才可用。

还原每个备份之前进行提示:在还原每个备份设置前要求管理员进行确认。

限制访问还原的数据库:还原的数据库仅供 db_owner、dbcreator 或 sysadmin 的成员使用。

b. 在【将数据库文件还原为】选项区域中,指定文件的恢复目标文件夹。默认情况下,显示数据库的原始文件名,管理员可以更改要还原到的任意目的文件的路径及名称。

原始文件名:源备份文件的完整路径。

还原为:要还原的数据库文件完整路径。如果要指定新的还原文件,单击文本框,输入数据库文件路径和文件名即可。

c. 在【恢复状态】设置区域中,设置数据库的恢复状态。

回滚未提交的事务,使数据库处于可以使用的状态。无法还原其他事务日志。(RESTORE WITH RECOVERY):恢复数据库。默认选择此项。

不对数据库执行任何操作,不回滚未提交的事务。可以还原其他事务日志。(RESTORE WITH NORECOVERY):使数据库处于还原状态。若要恢复数据库,使用前面的 RESTORE WITH RECOVERY 选项来执行另一个还原操作。

使数据库处于只读模式。撤销未提交的事务,但将撤销操作保存在备用文件中,以便可使恢复效果逆转。(RESTORE WITH STANDBY):使数据库处于备用状态。

以上 3 方面的设置这里均使用默认选项。

⑨ 单击【确定】按钮,系统根据上述设置的参数,进行完整数据库备份的恢复。恢复完成后显示图 4-26 所示的消息框,提示数据库还原成功。

图 4-26 还原数据库成功消息框

说明:①在执行恢复操作之前,应该关闭其他所有与目标数据库的连接,如在 SQL Server Management Studio 中与当前数据库有连接的查询窗口。②备份数据库后,如果没有任何数据更新操作,则在恢复数据库之前不必进行尾日志备份;否则在恢复数据库之前必须进行尾日志备份。这里由于在任务 4-7 中已经创建尾日志备份,因此,可以直接使用 SQL Server Management Studio 还原数据库。③如果还需要恢复别的备份文件,则需要在【还原数据库-StudentScore】对话框的【选项】选项页中选中【不对数据库执行任何操作,不回滚未提交的事务。可以还原其他事务日志(RESTORE WITH NORECOVERY)】单选按钮,恢复完成后,数据库会显示"处于正在还原状态,无法进行操作",必须到最后一个备份还原为止。

(2) 从完整和差异数据库备份中恢复数据。

首先执行从完整数据库备份中还原数据的操作,其操作过程可参考"①只从完整数据库备份中恢复数据",唯一不同的是在第⑧步的【还原数据库-StudentScore】对话框的【选项】选项页中,需要在【恢复状态】选项区中选中【不对数据库执行任何操作,不回滚未提交的事务。可以还原其他事务日志。(RESTORE WITH NORECOVERY)】单选按钮,使数据库继续处于还原状态,如图 4-27 所示。

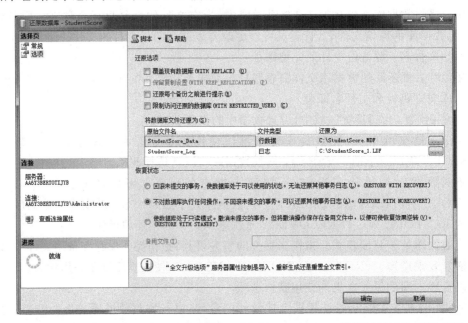

图 4-27　使数据库继续处于还原状态的【还原数据库-StudentScore】对话框的【选项】选项页

　　然后再执行从差异备份中还原数据的操作,此过程亦与执行从完整数据库备份中还原数据的操作大同小异,只是在第⑦步的【选择用于还原的备份集】列表框中选中"差异"备份集(即第二个备份集)即可。

　　说明:①同样,如果在备份数据库后没有任何数据更新操作,则在恢复数据库之前不必进行尾日志备份;否则在恢复数据库之前必须进行尾日志备份。②上述两个步骤可以合二为一,即在第⑦步的【选择用于还原的备份集】列表框中同时选中"完整"和"差异"备份集即可。③如果对同一个数据库进行了多次差异备份,产生了多个差异备份集,则在恢复时每次只能取一个差异备份集进行。

　　(3) 从完整、差异和事务日志备份中进行时间点故障的恢复。

　　首先执行从完整数据库备份和差异数据库备份中还原数据的操作,其操作过程可参考"②从完整和差异数据库备份中恢复数据"。然后再执行从事务日志备份中还原数据的操作,此过程只需在第⑦步的【选择用于还原的备份集】列表框中选中"事务日志"备份集(即第三个备份集)即可。

　　说明:①同样,如果在备份数据库后没有任何数据更新操作,则在恢复数据库之前不必进行尾日志备份;否则在恢复数据库之前必须进行尾日志备份。②上述两个步骤也可以合二为一,即在第⑦步的【选择用于还原的备份集】列表框中同时选中"完整"、"差异"和"事务日志"备份集即可。③如果有一系列的事务日志备份,则事务日志的还原需要从该组的第一个事务日志开始,依次还原到该组的最后一个事务日志备份,因此,事务日志备份需要保持连续的序列。如果中间某个日志备份序列被删除或损坏,则数据库只能恢复到前一个日志备份序列的即时点。

(4) 从文件与文件组中恢复数据。

因前面执行文件和文件组备份时使用的是备份设备,所以执行从文件与文件组备份中还原数据的操作与执行从完整数据库备份中还原数据的操作基本一致,只是在第②步右击【数据库】节点后需选择快捷菜单中的【还原文件和文件组】命令;以及在第⑦步的【选择用于还原的备份集】列表框中选中"文件组"(即第四个备份集)即可。

2) 使用命令语句进行恢复

【任务描述】　从 DISKBackup_StuScore 备份设备中对数据库 StudentScore 进行完整数据库恢复,之后再还原差异备份。

【任务分析】　与备份一样,也可以使用命令语句来恢复数据库,其命令为 RESTORE DATABASE,具体的语法格式为

```
RESTORE DATABASE{数据库名 | @数据库名变量}[FROM<备份设备名>[,...n]
[WITH [RESTRICTED_USER]]
[[,]FILE={备份集号 | @备份集号变量}]
[[,]PASSWORD={备份集密码 | @备份集密码变量}]
[[,]MEDIANAME={媒体名 | @媒体名变量}]
[[,]MEDIAPASSWORD={媒体集密码 | @媒体集密码变量}]
[[,]MOVE '逻辑文件名' TO '操作系统文件名'][,...n]
[[,]KEEP_REPLICATION]
[[,]{NORECOVERY | RECOVERY | STANDBY=撤销文件名}]
[[,]{NOREWIND | REWIND}]
[[,]{NOUNLOAD | UNLOAD}]
[[,]REPLACE]
[[,]RESTART]
[[,]STATS[=百分率]]]
```

其中,①DATABASE 指定从备份还原整个数据库,如果指定了文件和文件组列表,则只还原那些文件和文件组。②FROM 指定从中还原备份的备份设备,如果没有指定 FROM 子句,则不会发生备份还原,而是还原数据库。可用省略 FROM 子句的办法尝试还原通过 NORECOVERY 选项还原的数据库,或切换到一台备用服务器上。如果省略 FROM 子句,则必须指定 NORECOVERY、RECOVERY 或 STANDBY。③RESTRICTED_USER 限制只有 db_owner、dbcreater 或 sysadmin 角色的成员才能访问最近还原的数据库。④"备份集号"表示要还原的备份集,一个备份媒体上可以有多个备份集。⑤如果提供"媒体名",则该名称必须与备份卷上的媒体名称相匹配,否则还原操作将终止。⑥"媒体集密码"是一个字符串,如果格式化媒体集时提供了密码,则访问该媒体集上的任何备份集时都必须提供该密码。⑦"MOVE '逻辑文件名' TO '操作系统文件名'"用于重新定位数据库文件以避免与现有文件冲突,默认情况下,逻辑文件将还原到其原始位置。⑧KEEP_REPLICATION 表示当在备用服务器上还原数据库或日志备份并且还原数据库时,可防止删除复制设置。还原备份时若指定了该选项,则不能选择 NORECOVERY 选项。

⑨"NORECOVERY|RECOVERY | STANDBY= 撤销文件名"：确定在还原操作时,如何处理未提交的事务。其中,NORECOVERY 表示还原操作不回滚任何未提交的事务;RECOVERY 表示还原操作回滚任何未提交的事务;"STANDBY=撤销文件名"表示撤销文件名以便可以取消还原效果。⑩NOREWIND | REWIND：表示 SQL Server 在备份操作完成后使磁带保持打开状态。磁带保持打开可以防止其他过程访问磁带,直到服务器关闭时才释放该磁带。该选项只用于磁带设备。如果对 RESTORE 使用非磁带设备,将忽略该选项。⑪NOUNLOAD | UNLOAD：指定在还原任务完成后,是否自动卸载磁带,该选项只用于磁带设备。⑫REPLACE 表示即使存在另一个相同名称的数据库,SQL Server 也应该创建指定的数据库及其相关文件,在这种情况下将删除现有的数据库。如果没有指定 REPLACE 选项,则将进行安全检查以防止意外重写其他数据库。⑬RESTART 表示 SQL Server 应该从断点重新启动被中断的还原操作。⑭"STATS[=百分率]"：表示每当另一个"百分率"结束时显示一条消息,并用于测量进度。如果省略"百分率",则 SQL Server 每完成 10% 显示一条消息。

【任务实现】 在查询分析器中执行下列语句：

```
RESTORE DATABASE StudentScore FROM DISKBackup_StuScore
WITH NORECOVERY
RESTORE DATABASE StudentScore FROM DISKBackup_StuScore
WITH FILE=2
GO
```

说明：RECOVERY 选项用于通知 SQL Server 数据库恢复过程已经结束,用户可以重新开始使用数据库,它只能用于恢复过程的最后一个文件。例如,如果对一个数据库执行了完整备份,接着执行了差异备份,然后又执行了事务日志备份,则必须恢复所有这 3 个文件才能使数据库恢复到一致状态。如果在恢复差异备份时指定了 RECOVERY 选项,则 SQL Server 将不允许再恢复其他任何备份。如果有多个文件需要恢复,则必须在除了最后一个文件之外的所有文件中指定 NORECOVERY 选项。

另外,需要注意的是,SQL Server 记住了源文件在备份时的存储位置。所以,如果备份来自 C 盘的文件,SQL Server 就会将它恢复到 C 盘上。如果需要将备份至 C 盘的文件恢复到 D 盘或其他位置,则要使用 MOVE TO 选项。

4.4 疑难解答

(1) 仅有.BAK 文件时如何恢复?

答：如果要将一个.BAK 文件在别的 SQL Server 2008 服务器上进行恢复,可以按以下方法进行：首先在图 4-20 所示的【还原数据库-StudentScore】对话框的【常规】选项页的【还原的源】设置区中,选中【指定用于还原的备份集的源和位置】选项组中的【源设备】单选按钮,并单击 ▪ 按钮;然后在打开的图 4-21 所示的【指定备份】对话框中,从【备份媒体】下拉列表框中选择"文件"选项,并单击【添加】按钮,在出现的【定位备份文件】对话框

中将 .BAK 文件添加进来;最后单击两次【确定】按钮回到图 4-20 所示的【还原数据库-StudentScore】对话框中,选中用于还原的备份集执行备份即可。

(2) 为什么无法进行事务日志备份和文件备份?

答:在 SQL Server Management Studio 中执行数据库备份时发现"事务日志"和"文件和文件组"无法选择,这是因为数据库工作在简单恢复模式下,只需要将其更改为完整恢复模式或者大容量日志恢复模式即可。

(3) 为什么无法进行差异数据库备份?

答:创建差异数据库备份时必须以至少一次的完整数据库备份为基础,所以如果还没有对数据库执行完整数据库备份,则无法进行差异数据库备份。

(4) 何时需要备份系统数据库? 如何进行?

答:在备份用户数据库时也需要备份系统数据库,以便在系统数据库发生故障时可以重建系统。需要经常备份的系统数据库包括 master 和 msdb,特别是 master 数据库,任何语句或系统存储过程更改了 master 数据库中的信息后,都应考虑备份 master 数据库;如果 model 数据库被修改过,也需要进行定期备份。在下列情况下需要备份 master 数据库:①创建或删除用户数据库;②添加登录或执行其他与登录安全有关的操作;③更改任何服务器范围的配置选项或数据库配置选项;④创建或删除逻辑备份设备;⑤将服务器配置为分布式查询和远程过程调用,如添加链接服务器或远程登录等。

而在下列操作后则不需备份 master 数据库:用户数据库自动增长以便容纳新的数据、删除文件和文件组、向数据库中添加用户等,因为这些操作对 master 数据库没有影响。

对 master 数据库进行备份的操作与备份用户数据库相似,但只能创建 master 数据库的完整数据库备份。

小结:本项目紧紧围绕数据库备份与恢复这个主题,以学生成绩数据库的备份与恢复任务为主线,介绍了如何根据实际需求选择合适的备份方法,制订切实可行的备份计划和恢复方案,以及数据库备份与恢复的具体实施方法。同时还介绍了备份与恢复的基本知识,系统数据库备份和恢复的注意事项。

习 题 四

一、选择题

1. 数据库备份设备是用来存储备份数据的存储介质,下面(   )设备不属于常见的备份设备类型。

    A. 磁盘设备   B. 软盘设备   C. 磁带设备   D. 命名管道设备

2. 在下列情况下,SQL Server 可以进行数据库备份的是(   )。

    A. 创建或删除数据库文件时   B. 创建索引时

    C. 执行非日志操作时   D. 在非高峰活动时

3. 在下列(　　)情况下,可以不使用日志备份的策略。

A. 数据非常重要,不允许任何数据丢失

B. 数据量很大,而提供备份的存储设备相对有限

C. 数据不是很重要,更新速度也不是很快

D. 数据更新速度很快,要求精确恢复到意外发生前几分钟

4. 下列(　　)系统数据库不需要进行备份和恢复。

A. master　　　　　　B. model　　　　　　C. tempdb　　　　　　D. msdb

二、填空题

1. 数据库管理系统必须具有把数据库从错误状态恢复到某一已知的正确状态的功能,这种功能是通过数据库的_____与_____机制实现的。

2. 数据库备份是指_____的过程。

3. 针对不同数据库系统的应用情况,SQL Server 2008 提出了 4 种数据库备份类型,它们是_____、_____、_____及_____。

4. 数据库恢复是指_____。能够恢复到什么状态是由_____决定的。

5. 对于完整恢复模式下的数据库,有两种可供选择的备份方案:一是_____;二是_____。

三、判断题

1. 差异备份只能将数据库恢复到上一次差异备份结束的时刻,而无法恢复到出现意外前的某一指定时刻。　　　　　　　　　　　　　　　　　　　　　　　(　　)

2. 事务日志备份只能与简单恢复模式和大容量日志恢复模式一起使用。　(　　)

3. 综合使用 SQL Server 2008 的 4 种备份类型,可以大大提高数据库的安全性。

(　　)

4. 不需要对系统数据库 tempdb 进行备份和恢复,因为 SQL Server 每次启动时都会重新创建该数据库。　　　　　　　　　　　　　　　　　　　　　　　(　　)

四、简答题

1. SQL Server 2008 提供了哪几种恢复模式? 各有什么特点?

2. 如何根据不同的恢复模式选择相应的备份方案?

3. 某企业的数据库每周五晚 12 点进行一次全库备份,每天晚 12 点进行一次差异备份,每小时进行一次日志备份,如果数据库在 2014/5/31(星期六)5:30 崩溃,应如何将其恢复使得损失最小?

4. 何种情况下需要备份尾日志? 如何备份?

五、项目实训题

1. 在 SQL Server Management Studio 中创建一个逻辑名为 MyBackup_People 的备

份设备,放在 C:\Program Files\Microsoft SQL Server\MSSQL\BACKUP\目录下,并查看该备份设备。

2. 对 People 数据库进行完整备份,为该备份取名为"人事管理完整备份",备份设备为 MyBackup_People。

3. 从上题的备份设备 MyBackup_People 中还原 People 数据库。

4. 删除 MyBackup_People 备份设备。

项目 5 　SQL Server 代理与
数据导入/导出

　　知识目标：①了解 SQL Server 的代理服务机制，掌握作业、操作员和警报的概念与作用；②了解 SQL Server 维护计划的作用；③掌握数据导入/导出的基本概念及使用场合。

　　技能目标：①会进行 SQL Server 代理服务属性的配置；②能创建 SQL Server 作业、操作员和警报；③会进行 SQL Server 维护计划的创建；④会利用 SQL Server 数据导入/导出向导及 SSIS 实现其他数据源与 SQL Server 之间的数据转换。

　　自动化管理就是按照计划对可预测的管理职责和服务器事件做出响应。在 SQL Serve 2008 中，其代理服务（SQL Serve 代理）为实现这种自动化管理功能提供了保证，通过使用自动化管理，可以对 SQL Server 服务器和数据库大量重复性的日常管理工作进行自动定时调度完成，同时还可以节省时间以执行无法预见或无法编程响应的管理任务，如当服务器发生异常事件时自动发出通知，以便让操作人员及时做出处理。另外，实际应用中常常会需要从其他数据库系统或实用软件中获取已经存在的数据，或者将 SQL Server 数据表中的数据应用到其他数据库系统或实用软件中，由于不同用户提供的数据可能来自不同的途径，其数据内容、数据格式和数据质量千差万别，为此，SQL Server 2008 提供了功能强大的数据导入/导出向导及集成服务，以用于数据的整合。按照 SQL Server 代理与数据导入/导出的管理内容，本项目主要分解成以下几个任务。

　　任务 5-1　配置 SQL Server 的代理服务属性

　　任务 5-2　创建操作员

　　任务 5-3　创建作业

　　任务 5-4　创建警报

　　任务 5-5　为学生成绩数据库创建维护计划

　　任务 5-6　利用向导进行数据的导入

　　任务 5-7　利用向导进行数据的导出

　　任务 5-8　利用 SSIS 设计器进行数据的导入/导出

5.1　SQL Server 代理服务

5.1.1　SQL Server 代理服务机制

1. SQL Server 代理服务的结构

SQL Server 代理服务的代理程序组件主要有作业、操作员和警报 3 个部分。代理服务可以根据操作员(如 DBA)预设的条件(计划)自动运行作业(管理任务),当作业的运行导致系统状态达到预先设置的报警(警戒值)时,还能自动按照网络中设定的报警系统(如电子邮件服务器、Windows 2008 的信息服务等)通过网络将警报信息通知操作员。例如,在项目 4 中实现数据库在每个工作日结束后备份的方案就是通过这种代理服务来实现自动化管理功能的。即通过创建一项作业来执行该任务,并调度该作业在所需的时间运行,当作业遇到问题时,SQL Server 代理程序能够记录该事件并发出寻呼。

(1) 作业。

作业由一个或多个要执行的步骤组成,这些步骤表现为可执行的一系列 Transact-SQL 语句。作业可以调度,如调度作业在特定时间或按特定重复间隔执行并能监视执行结果是成功还是失败。

(2) 警报。

警报是当作业执行过程中发生特定的事件(如特定的错误或某种严重级别的错误、数据库达到定义的可用空间限制等)时所采取的措施。可以定义警报采取一定的措施,如发送电子邮件、寻呼操作员或运行一个作业来处理问题。

(3) 操作员。

操作员是由网络账户或电子邮件地址标识的人员。通常就是 DBA 或从事与 SQL Server 2008 服务器相关管理和维护工作的人员,他们可以是通过电子邮件、寻呼机或 net send 网络命令发出警报的目标。

由此可见,作业、警报和操作员是互相关联的。作业运行过程中产生警报,在 SQL Server 2008 代理服务的统一调度下将警报发送给操作员。所以,要实现管理自动化,DBA 必须完成以下工作。

① 确定哪些管理职责或服务器事件定期执行,并可以通过编程方式进行管理。

② 使用 SQL Server Management Studio、Transact-SQL 脚本或 SQL Server 管理对象(SMO)来定义一组作业、警报和操作员。

③ 合理配置并运行 SQL Server 代理服务。

另外,SQL Server 将定义的作业、警报和操作员存储在 msdb 系统数据库中,当 SQL Server 代理服务启动时,它将查询 msdb 数据库中的系统表以确定启用哪些作业和警报。

2. SQL Server 代理服务的运行环境

构建一个完整的 SQL Server 代理服务,需要有 3 部分：SQL Server 服务器、SQL Server 客户机及电子邮件服务器。这里的电子邮件服务器是逻辑上的服务器,既可以和 SQL Server 2008 服务器在同一台计算机上,也可以不在同一台计算机上,只需要安装电子邮件服务器软件即可。需要说明的是,在 SQL Server 2008 中,还可通过使用数据库邮件实现 SQL Server 服务器与邮件系统的集成,即通过 SQL Server 数据库引擎就可发送电子邮件,而不需要拥有一台 Exchange 服务器。

另外,要实现 SQL Server 2008 数据库自动化管理,除了上述 3 部分基础环境外,还要在 SQL Server 服务器上运行 SQL Server 代理服务配置 SQL Server 代理服务属性,并设置 SQL Server 代理服务账户。

任务 5-1　配置 SQL Server 的代理服务属性

【任务描述】　利用 SQL Server Management Studio 对 SQL Server 代理服务进行相关属性的配置。

【任务分析】　要实现 SQL Server 2008 数据库自动化管理,首先需要启动并正确地配置 SQL Server 代理,如配置 SQL Server 服务和 SQL Server 代理服务意外停止时能够自动重新启动、打开 SQL Server 代理邮件并设置其邮件系统,以及 SQL Server 代理服务使用的身份验证方式等。

【任务实现】

(1) 在 SQL Server Management Studio 的【对象资源管理器】中,展开相应的服务器节点。

(2) 右击【SQL Server 代理】项,选择快捷菜单中的【属性】命令,打开图 5-1 所示的【SQL Server 代理属性-AA6Y3BERTOTIJYB】对话框的【常规】选项页。

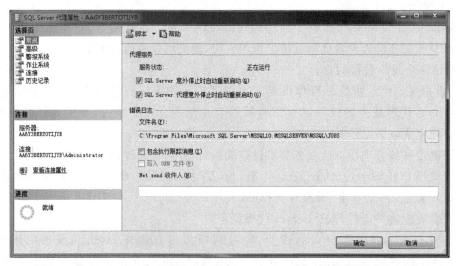

图 5-1　【SQL Server 代理属性-AA6Y3BERTOTIJYB】对话框的【常规】选项页

（3）在【常规】选项页的【代理服务】设置区域设置 SQL Server 代理服务意外停止后的处理方法，这里选中【SQL Server 意外停止时自动重新启动】和【SQL Server 代理意外停止时自动重新启动】复选框。在【错误日志】设置区域设置 SQL Server 代理服务发生错误时记录的日志文件信息，这里使用默认设置。

（4）切换到图 5-2 所示的【高级】选项页，在【SQL Server 事件转发】设置区域设置代理服务的事件能否转发到其他服务器上，该项功能用于复杂的 SQL Server 2008 复制网络中。在【空闲 CPU 条件】设置区域设置什么条件下认为 CPU 是空闲的。如果在作业步骤调度中选择"每当 CPU 空闲时启动"选项来调度作业，就将利用这个空闲条件设置来判断 CPU 是否空闲。

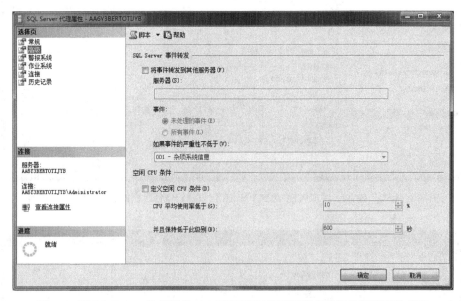

图 5-2　【SQL Server 代理属性-AA6Y3BERTOTIJYB】对话框的【高级】选项页

（5）切换到图 5-3 所示的【警报系统】选项页，在【邮件会话】设置区域设置邮件配置文件，它是 SQL Server 代理服务和电子邮件服务器建立关联的文件。如果要使用该功能，建议选择"数据库邮件"，这样可通过 SQL Server 数据库引擎发送电子邮件。默认情况下，数据库邮件是关闭的，若要启用它，可使用数据库邮件配置向导进行配置。在【寻呼电子邮件的地址格式】设置区域设置 SQL Server 代理服务使用的寻呼电子邮件地址。在【防故障操作员】设置区域选中【启用防故障操作员】复选框，并指定能够处理故障的操作员和通知方式。

（6）切换到图 5-4 所示的【作业系统】选项页，在【关闭超时间隔】处指定 SQL Server 代理关闭之前等待作业完成执行的最大秒数。在【作业步骤代理账户】设置区域设置是否使用非管理员代理账户来执行作业步骤。这里均使用默认设置。

（7）切换到图 5-5 所示的【连接】选项页，在【本地主机服务器别名】文本框中为本地主机服务器设置别名。在【SQL Server 连接】设置区域设置代理服务的身份验证模式。需要注意的是，在 SQL Server 2008 中，SQL Server 代理服务不支持 SQL Server 身份验

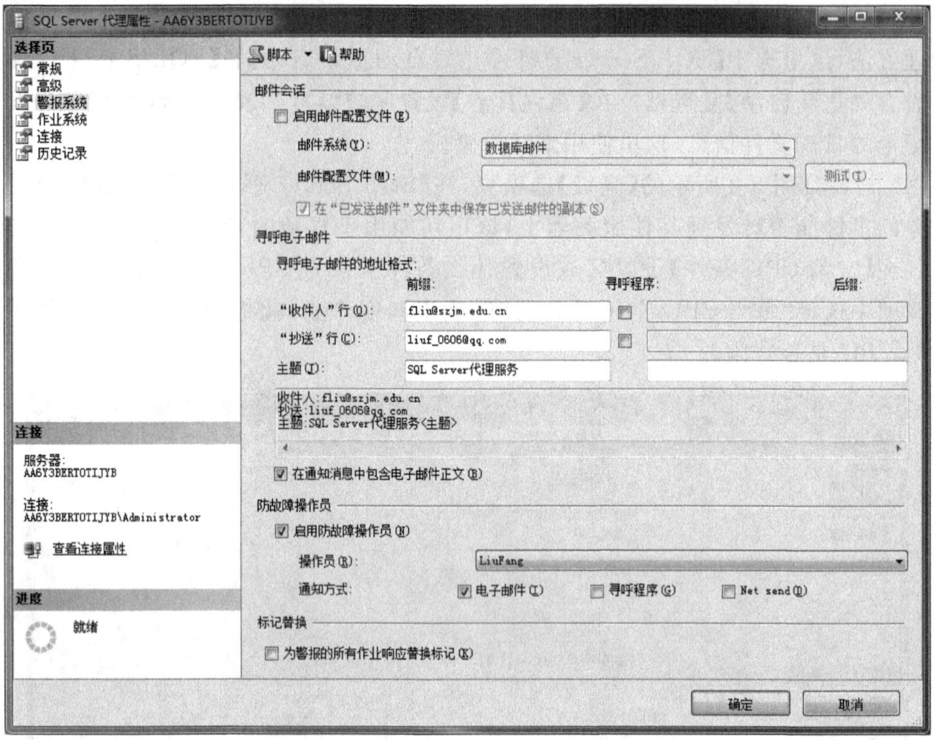

图 5-3 【SQL Server 代理属性-AA6Y3BERTOTIJYB】对话框的【警报系统】选项页

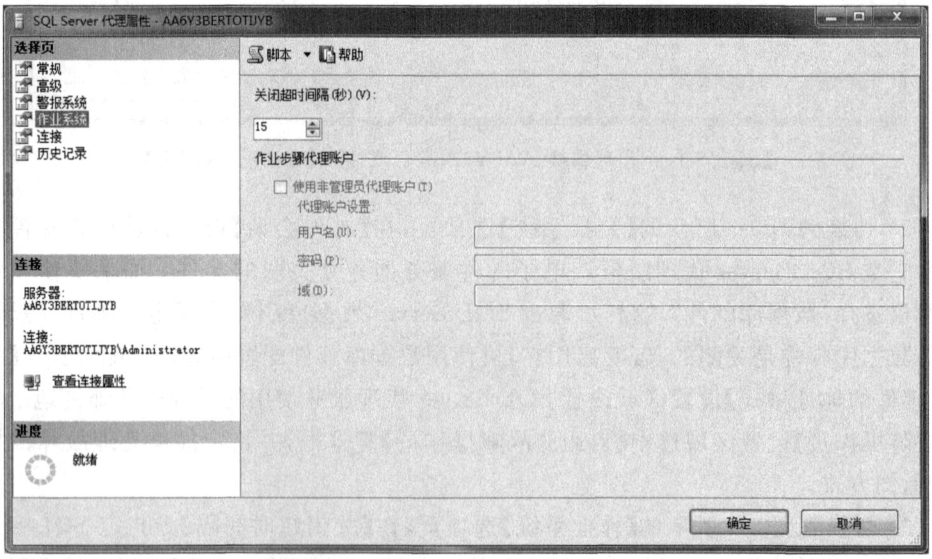

图 5-4 【SQL Server 代理属性-AA6Y3BERTOTIJYB】对话框的【作业系统】选项页

证,只能用 Windows 身份验证,且其账户必须为 sysadmin 固定服务器角色的成员。

（8）切换到图 5-6 所示的【历史记录】选项页,在【当前作业历史记录日志的大小】设置区域设置是否对历史记录日志的大小进行限制,以避免 msdb 数据库被填满。

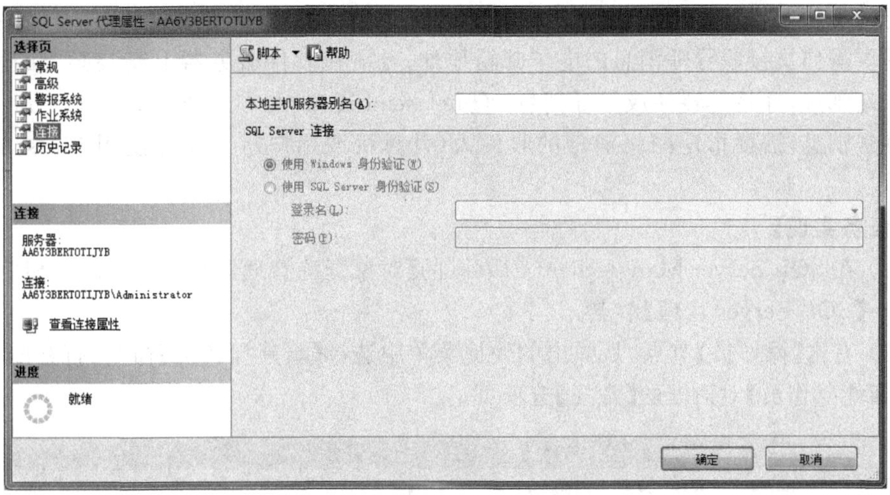

图 5-5　【SQL Server 代理属性-AA6Y3BERTOTIJYB】对话框的【连接】选项页

图 5-6　【SQL Server 代理属性-AA6Y3BERTOTIJYB】对话框的【历史记录】选项页

【任务总结】　在实际应用中,需要根据业务系统运行环境和管理要求,合理配置 SQL Server 代理服务属性,以获得更好的自动化管理效果,减轻管理的工作量。

任务 5-2　创建操作员

【任务描述】　利用 SQL Server Management Studio 创建一个操作员,名称为 LiuFang。

【任务分析】　操作员是指在完成作业或出现警报时可以接收电子通知的人或级的别名,SQL Server 代理服务使用操作员来通知管理员作业的执行情况。在 SQL Server 2008 中,每个操作员都必须有一个唯一的名称,并且长度不能超过 128 个字符。而通知操作员的方式可以有以下 3 种:①电子邮件通知,此需要提供操作员的电子邮箱地址,并具有访问支持 SMTP 的电子邮件服务器的权限;②寻呼通知,也是通知电子邮件实现,需要提供操作员接收寻呼消息的电子邮箱地址,且需在邮件服务器上安装必要的软件以处理入站邮件,并将其转换成寻呼消息;③net send 通知,此方式通过 net send 命令向操作员发送消息,需要指定网络消息的收件人(计算机或用户),并允许使用 Messenger 的消息。

【任务实现】

(1) 在 SQL Server Management Studio 的【对象资源管理器】中,依次展开相应的【服务器】→【SQL Server 代理】节点。

(2) 右击【操作员】节点,从弹出的快捷菜单中选择【新建操作员】命令,打开图 5-7 所示的【新建操作员】对话框的【常规】选项页。

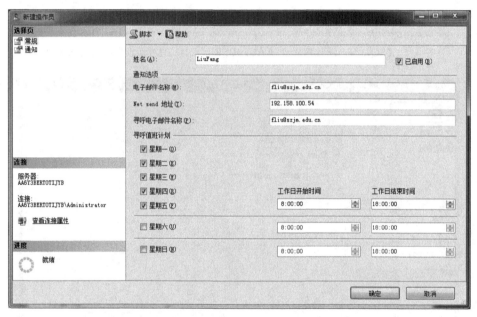

图 5-7 【新建操作员】对话框的【常规】选项页

(3) 在【常规】选项页的【姓名】文本框中输入操作员的名称,如 LiuFang。在【通知选项】设置区域设置通知操作员的方法,如果要通过电子邮件通知操作员,则在【电子邮件名称】文本框中输入操作员的电子邮件地址,这里输入 fliu@szjm. edu. cn;如果要通过网络发送通知操作员,则在【Net send 地址】文本框中设置操作员所在计算机的名称或 IP 地址,这里设为 192.158.100.54;如果操作员携带了能够接收电子邮件的传呼机,则在【寻呼电子邮件名称】文本框中输入传呼机的电子邮件地址,这里输入与上面相同的邮件地址。

(4) 在【寻呼值班计划】设置区域中,可以设定详尽的呼叫日期和时间。如果选中了某一天,操作员将在那一天的某个时间段(【工作日开始时间】和【工作日结束时间】数值框中指定的时间内)接到通知。这里同时选中星期一至星期五。

(5) 单击【确定】按钮,完成 LiuFang 操作员的创建。

5.1.2　SQL Server 的作业

1. 作业的基本概念

作业是由 SQL Server 代理程序按顺序执行的一系列指定操作。一个作业可以执行各种类型的活动,包括运行 Transact-SQL 脚本、命令行应用程序、ActiveX 脚本、Integration Services 包、Analysis Services 命令和复制等。可以通过创建作业来执行经常重复和可调度的任务,并且作业可产生警报,以通知用户作业的状态,从而极大地简化了 SQL Server 管理。

2. 指定作业响应

可以指定在作业完成之后产生作业响应。典型的作业响应包括以下内容。

(1) 使用电子邮件、电子寻呼或 Net send 消息通知操作员。若操作员必须执行重复的操作,应使用这些作业响应中的一种。例如,当一个备份作业成功完成之后,必须通知操作员取出备份磁带并将其存放在安全处。

(2) 将事件消息写入 Windows 应用程序日志。可以只对失败的作业发出这种响应。

(3) 自动删除作业。若确信不需要再次运行该作业,可以使用这种响应。

任务 5-3　创建作业

【任务描述】　利用 SQL Server Management Studio 创建一个作业,名称为"每周周五备份 StudentScore 数据库",在每周的周五 20:00 自动执行,实现对学生成绩数据库的备份。该作业中有两个步骤:①备份 StudentScore 数据库;②备份成功后,将备份集复制到网络驱动器。

【任务分析】　作业是一系列的指定操作,并被自动化成在需要的任何时间内执行,而通过控制各个步骤的流程,还可以将纠错机制内建到作业中。因此,为了更好地创建作业,有必要在创建作业之前先规划作业,并在创建作业时指定作业的以下属性:名称、类别、拥有者、描述、作业步骤及其执行顺序、调度时间表。

【任务实现】

(1) 在 SQL Server Management Studio 的【对象资源管理器】中,依次展开相应的服务器及其下的 SQL Server 代理节点。

(2) 右击【作业】项,从弹出的快捷菜单中选择【新建作业】命令,打开图 5-8 所示的【新建作业】对话框的【常规】选项页。

(3) 在【常规】选项页的【名称】文本框中输入作业的名称,这里为"每周周五备份 StudentScore 数据库"。单击【所有者】文本框右边的按钮可以选择执行作业的用户,这里使用默认设置。在【类别】下拉列表框中选择作业的类别,默认为"未分类(本地)",这里选择"数据库维护"。在【说明】文本框中输入对作业功能的描述信息,如"StudentScore 数据库维护作业"。选中【已启用】复选框以使作业能够立即运行,如果不希望作业在创建后立

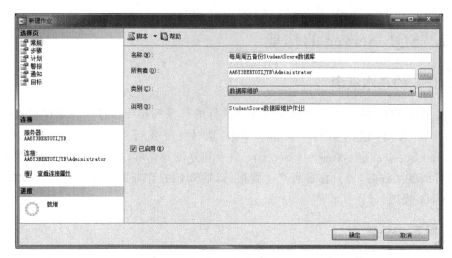

图 5-8 【新建作业】对话框的【常规】选项页

即运行,可清除【已启用】复选框。

(4) 切换到【步骤】选项页,单击【新建】按钮,打开图 5-9 所示的【新建作业步骤】对话框,以设置作业的具体执行步骤。

图 5-9 【新建作业步骤】对话框的【常规】选项页

(5) 在新建作业步骤的【常规】选项页的【步骤名称】文本框中输入步骤的名称,这里输入"StudentScore 数据库备份作业第 1 步"。在【类型】下拉列表框中选择作业步骤的类型,这里选择"Transact-SQL 脚本(T-SQL)"项。在【数据库】下拉列表框中选择此作业步骤要使用的数据库,这里为 StudentScore。在【命令】文本框中输入要执行的 Transact-SQL 命令,或单击【打开】按钮选择一个 Transact-SQL 文件作为命令。这里在【命令】文本框中输入以下代码：

```
Backup Database StudentScore To disk='C:\Backup\StudentScore.bak'
```

说明：在输入命令语句后，可通过单击【分析】按钮验证语句的正确性。

（6）切换到图 5-10 所示的【新建作业步骤】对话框的【高级】选项页，以设置作业步骤的执行方法，这里使用默认设置。单击【确定】按钮完成步骤 1-StudentScore 数据库备份的创建，并返回【新建作业】对话框的【步骤】选项页。

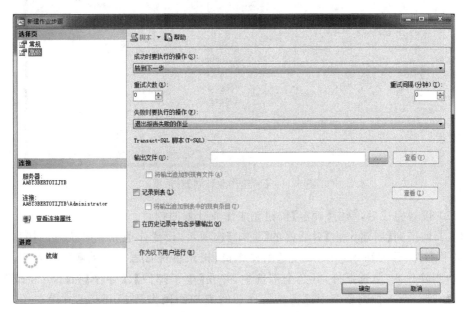

图 5-10 【新建作业步骤】对话框的【高级】选项页

（7）在【步骤】选项页，再次单击【新建】按钮，打开【新建作业步骤】对话框，以创建一个"复制备份集至网络驱动器"的步骤。

（8）在【常规】选项页的【步骤名称】文本框中输入"StudentScore 数据库备份作业第 2步"。在【类型】下拉列表框中选择"操作系统 CmdExec"项。在【命令】文本框中输入要执行的操作系统命令，这里输入以下命令：

```
Copy C:\Backup\StudentScore.bak \\192.168.10.1\数据库备份\StudentScore.bak
```

（9）此步骤的【高级】选项页使用默认设置，单击【确定】按钮完成步骤 2-复制备份集至网络驱动器的创建，并返回【新建作业】对话框。

（10）切换到新建作业的【计划】选项页，设置作业的执行调度。单击【新建】按钮，打开图 5-11 所示的【新建作业计划】对话框。

（11）在【名称】文本框中输入作业计划的名称，这里输入"每周周五 20:00 执行"。在【计划类型】下拉列表框中选择一种计划类型，可选项有"重复执行"、"执行一次"、"CPU 空闲时启动"和"SQL Server 代理启动时自动启动"，这里使用默认的"重复执行"项。然后在【频率】、【每天频率】和【持续时间】设置区域分别设置好计划执行的日期、时间和频率。

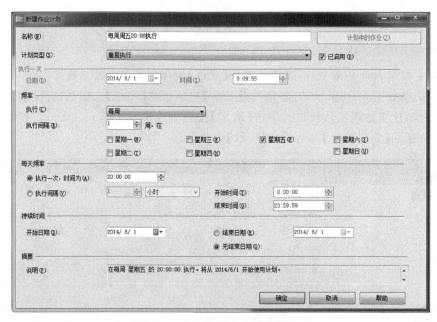

图 5-11 【新建作业计划】对话框

(12) 设置完成后,单击【确定】按钮完成作业计划的创建。

(13) 切换到【新建作业】对话框的【通知】选项页,设置作业完成时执行的操作,包括通过电子邮件、寻呼和 Net Send 发送给操作员、记录事件日志和自动删除作业等。这里除"自动删除作业"复选框外,其余全部选中,并在【电子邮件】、【寻呼】和【Net send】复选框右边的第一个下拉列表框中选择执行作业时通知的操作员 LiuFang,在第二个下拉列表框中选择通知操作员的时机"当作业失败时",而在【写入 Windows 应用程序事件日志】复选框右边的下拉列表框中选择"当作业完成时",如图 5-12 所示。

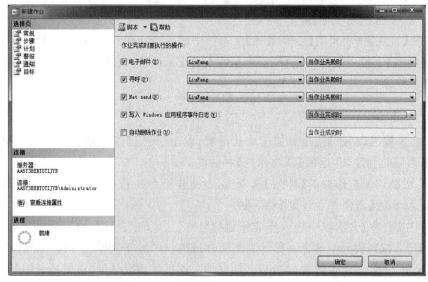

图 5-12 【新建作业】对话框的【通知】选项页

（14）完成设置后单击【确定】按钮,完成作业的创建。

【任务说明】　每个作业至少要有一个步骤,必须先为作业创建一个步骤后作业才可以保存。

5.1.3　SQL Server 的警报

SQL Server 2008 将发生的事件记录到 Windows 应用程序日志中,SQL Server 代理会自动监视并读取该应用程序日志,并将写入的事件与定义的警报比较,当发现有与之匹配的项时,它就会发出警报。

警报由名称、触发警报的事件或性能条件、SQL Server 代理响应事件或性能条件所执行的操作 3 部分组成。每个警报都对应一种特定的事件,响应事件的类型可以是 SQL Server 事件、SQL Server 性能条件或者 WMI（Windows Management Instrumentation,Windows 管理规范）事件。不同的事件类型使用的事件参数也不相同,其重要的参数主要有以下几个。

错误号:SQL Server 中可以出现的错误都有编号（约 3000 个）。即使已经定义了这么多种错误,仍然需要创建新的错误号,并对其产生一个警报。

错误严重级别:SQL Server 中的每个错误还有一个关联的严重级别（1～25）,用于指示错误的严重程度,而警报可以按严重级别产生。

默认情况下,如果严重级别为 19～25,就会向 Windows 应用程序日志发送 SQL Server 消息,并触发一个警报。对于严重级别小于 19 的事件,只有在使用 sp_altermessage、RAISERROR WITH LOG 或 xp_logevent 强制这些事件写入 Windows 应用程序日志时,才会触发警报。

性能计数器:警报也可以从性能计数器产生。这些计数器与“性能监视器”中的计数器完全相同,而且对纠正事务日志填满之类的性能问题非常有用。当然,也可以产生基于WMI 事件的警报。

由上述可见,警报依赖于 Windows 应用程序日志,所以应确保 Windows 应用程序日志的空间足够大以免丢失 SQL Server 事件信息。

任务 5-4　创建警报

【任务描述】　为 StudentScore 数据库创建一个 SQL Server 事件警报,名称为Studalert,当发生某些特定的事件时报警,并显示“StudentScore 数据库发生故障”消息,错误号定义为 14500。

【任务分析】　要创建基于事件的警报,必须将错误写到 Windows 应用程序日志中,这样一旦 SQL Server 代理读取了该事件日志并检测到了新错误,就会搜索整个数据库,查找匹配的警报。当代理发现匹配的警报时,该警报立即被激活,进而可以通知操作员、执行作业或者同时做这两件事。

【任务实现】

（1）在 SQL Server Management Studio 的【对象资源管理器】中,依次展开相应的服务器及其下的 SQL Server 代理节点。

（2）右击【警报】项，从弹出的快捷菜单中选择【新建警报】命令，打开图 5-13 所示的【新建警报】对话框。

图 5-13 【新建警报】对话框的【常规】选项页

（3）在【常规】选项页的【名称】文本框中输入警报的名称，如"Studalert-不能正常执行数据库备份作业"，并保持默认的【启用】复选框被选中状态以启用警报。在【类型】下拉列表框中选择警报的类型，包括以下两种警报类型。

① SQL Server 事件警报：当发生某些特定的事件时报警。

② SQL Server 性能条件警报：当 SQL Server 服务器的性能达到某些条件时报警。

可以根据实际需要进行选择，这里选择默认的"SQL Server 事件警报"。

在【事件警报定义】设置区域设置警报事件监控的数据库、警报定义的严重程度（可用错误号和严重性两种定义方式）、警报信息包含的文本信息等。这里在【数据库名称】下拉列表框中选择警报事件监控的数据库 StudentScore，并选中【错误号】单选按钮，然后为该警报输入有效的错误号，如 50001。

需要说明的是，这里输入的错误号必须在 sysmessages 表中能够找到；否则将会出现"指定的错误号不存在"的提示信息。另外，如果选择了【严重性】单选按钮，则可以从其下拉列表框中选择预定义的警报。此时，SQL Server 代理会根据错误的严重级别决定是否触发警报。

选中【当消息包含以下内容时触发警报】复选框，并在【消息正文】文本框中输入一个关键字或字符串，以便将警报限制于特定的字符序列，最大字符数为 100。这里输入"StudentScore 数据库备份发生故障"。

（4）切换到图 5-14 所示的【响应】选项页，如果选中【执行作业】复选框，则可以在已经建立的作业中选择警报发生时要执行的作业或通过单击【新建作业】按钮新建一个警报发生时要执行的作业。这里不进行作业设置，只选中【通知操作员】复选框，并在【操作员列表】中选择上面刚建立的 LiuFang 操作员，并设置通知操作员的方法为"电子邮件"。

（5）切换到图 5-15 所示的【选项】选项页，选中【警报错误文本发送方式】设置区域中

图 5-14　【新建警报】对话框的【响应】选项页

的【电子邮件】复选框。

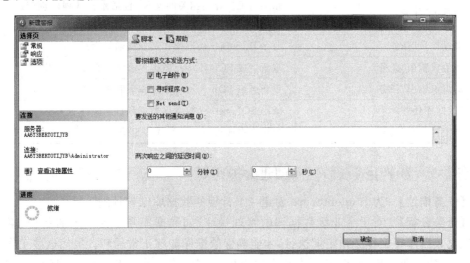

图 5-15　【新建警报】对话框的【选项】选项页

（6）完成设置后单击【确定】按钮，完成警报的创建。

　　【任务说明】　本任务创建的是 SQL Server 事件警报，同样，也可以创建 SQL Server
性能条件警报和 WMI 事件警报，只是针对不同类型的警报其设置参数有所不同。

5.2　SQL Server 维护计划

　　数据库一旦建成投入使用后，就需要对其进行维护，使其保持运行的最佳状态。而创
建数据库维护计划可以让 SQL Server 自动而有效地维护数据库，为数据库管理员节省大
量时间，也可以防止延误数据库的维护工作。需要注意的是，要执行创建好的数据库维护

计划,必须保证"SQL Server 代理"服务处于运行状态。

数据库维护计划可以用于帮助管理员设置 SQL Server 的核心维护任务,确保数据库状态保持良好,定期备份数据库以防止系统出现故障,对数据库实施不一致性检查。维护计划向导可创建一个或多个 SQL Server 代理作业,代理作业将按照计划的间隔自动执行这些维护任务。SQL Server 2008 内置多个维护计划任务,维护任务既可以单独使用,也可以组合使用。数据库维护自动化包括的任务如表 5-1 所示。

表 5-1 维护计划任务列表

任 务	说 明
"备份数据库"任务	执行不同类型的 SQL Server 数据库备份
"检查数据库完整性"任务	检查数据库对象和索引的分配和结构完整性
"执行 SQL Server 代理作业"任务	运行 SQL Server 代理作业
执行 Transact-SQL 语句任务	运行 Transact-SQL 语句
"清除历史记录"任务	删除 SQL Server msdb 数据库中历史记录表中的条目
"清除维护"任务	删除与维护计划相关的文件,包括维护计划所创建的报表和数据库备份文件
"通知操作员"任务	向 SQL Server 代理操作员发送通知消息
"重新生成索引"任务	重新生成 SQL Server 数据库表和视图中的索引
"重新组织索引"任务	重新组织 SQL Server 数据库表和视图中的索引
收缩数据库任务	减小 SQL Server 数据库数据和日志文件的大小
"更新统计信息"任务	为指定表或视图的一组或多组统计信息更新键值分布信息

任务 5-5 为学生成绩数据库创建维护计划

【任务描述】 为 StudentScore 创建一个常规的数据库维护计划。

【任务分析】 对于企业级数据库的管理操作,如数据库与事务日志的备份、索引重组、优化数据库等工作必须定期执行,才能确保数据库能够正常运转。虽然这些工作也可以通过创建作业来执行,但必须为每个数据库都创建许多作业是一件相当烦琐的事件。为此,SQL Server 2008 提供了称为"SQL Server 维护计划"的向导工具,来帮助 DBA 轻松完成这些工作。维护计划产生的结果可以作为报告写到文本文件、HTML 文件或 msdb 数据库的 sysdbmaintplan_history 表中。报告也可以通过电子邮件发送给操作员。

【任务实现】

(1) 在 SQL Server Management Studio 的【对象资源管理器】中,依次展开相应的服务器及其下的管理节点,右击【维护计划】项,从弹出的快捷菜单中选择【维护计划向导】命令,打开【维护计划向导】对话框,如图 5-16 所示。

(2) 单击【下一步】按钮,打开【选择计划属性】对话框,在【名称】文本框中输入维护计划的名称,这里输入"StudentScore 数据库维护计划",如图 5-17 所示。

【维护计划向导】默认创建的维护计划没有安排作业执行计划。

(3) 单击【更改】按钮,打开【作业计划属性】对话框。在其中,设置【计划类型】为"重

图 5-16　【维护计划向导】对话框

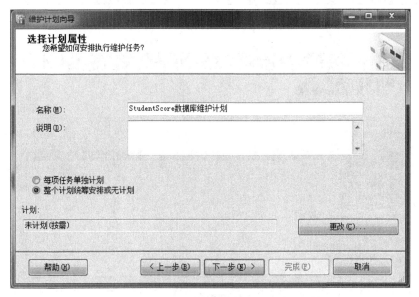

图 5-17　【选择计划属性】对话框

复执行";【执行】下拉列表框选择"每天";【每天频率】选项区域中选中【执行一次,时间为】单选按钮,并设置为 0:00:00;【持续时间】选项区域的【开始日期】属性设置为当前日期,并选中【无结束日期】单选按钮,如图 5-18 所示。

　　单击【确定】按钮,完成计划属性的设置,返回【选择计划属性】对话框。

　　(4) 单击【下一步】按钮,打开【选择维护任务】对话框,如图 5-19 所示。在【选择一项或多项维护任务】列表框中,选中除【执行 SQL Server 代理作业】之外的复选框。

163

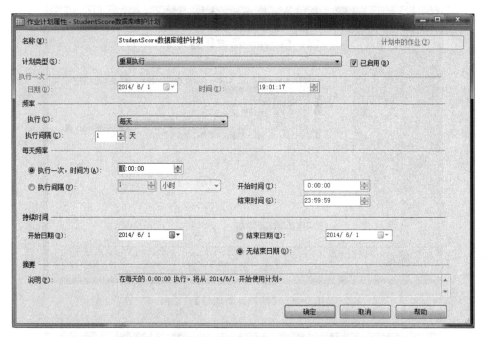

图 5-18 【作业计划属性-StudentScore 数据库维护计划】对话框

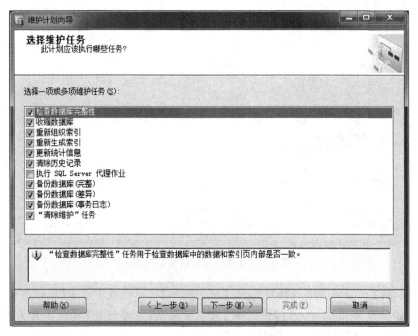

图 5-19 【选择维护任务】对话框

(5) 单击【下一步】按钮,出现【选择维护任务顺序】对话框,如果安排了多个维护任务,则在此对话框中可以通过单击【上移】和【下移】按钮来改变任务的执行顺序(维护任务按照自上而下的顺序执行),这里保持默认顺序,如图 5-20 所示。

图 5-20　【选择维护任务顺序】对话框

（6）单击【下一步】按钮，打开图 5-21 所示的【定义"数据库检查完整性"任务】对话框。单击【数据库】下拉列表框，从弹出的选项对话框的【以下数据库】列表中启用StudentScore 复选框，并单击【确定】按钮返回，如图 5-22 所示。

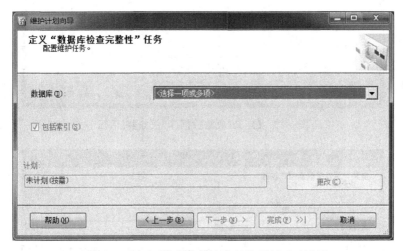

图 5-21　【定义"数据库检查完整性"任务】对话框

（7）单击【下一步】按钮，进入图 5-23 所示的【定义"收缩数据库"任务】对话框。同步骤（6）一样设置【数据库】项。该对话框用于指定在数据库变得太大时应该如何缩小数据库，以及何时开始缩小、缩小多少和收缩后的可用空间如何使用等。

（8）单击【下一步】按钮，进入图 5-24 所示的【定义"重新组织索引"任务】对话框。同步骤（6）一样设置【数据库】项，从【对象】下拉列表框中选择"表"项，从【选择】下拉列表框中选中【全部】。

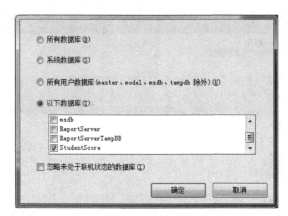

图 5-22　选择数据库对话框

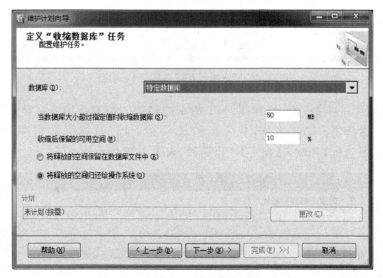

图 5-23　【定义"收缩数据库"任务】对话框

图 5-24　【定义"重新组织索引"任务】对话框

（9）单击【下一步】按钮，进入【定义"重新生成索引"任务】对话框。与步骤（8）所述方法一样对其中的选项进行设置，设置结果如图 5-25 所示。

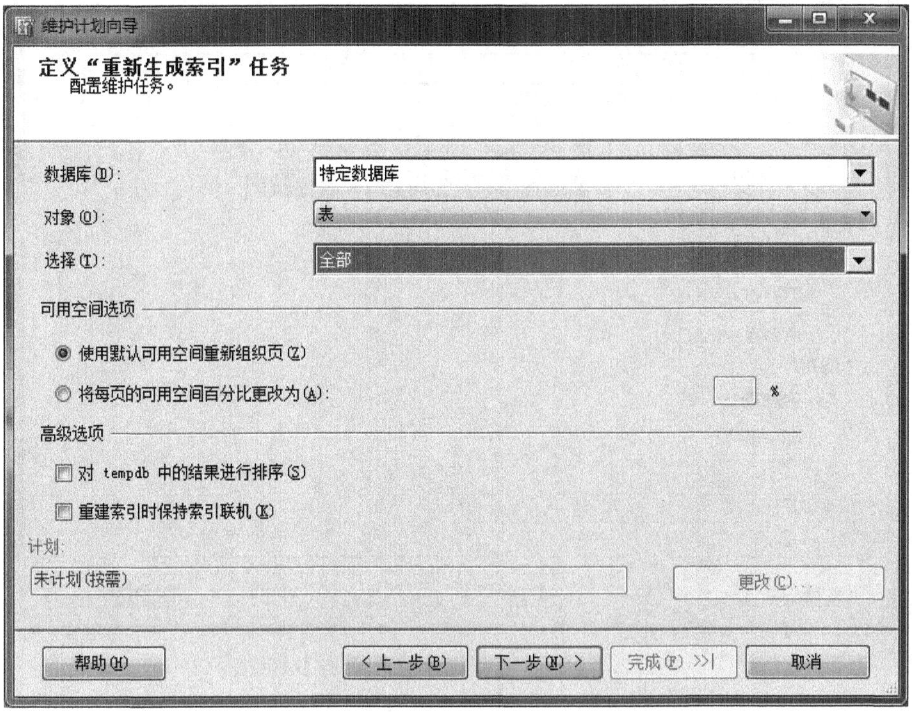

图 5-25 【定义"重新生成索引"任务】对话框

其中，【使用默认可用空间重新组织页】表示使用默认填充因子重新产生页面；【将每页的可用空间百分比更改为】表示创建一个新的填充因子，如将其设置为"20"，则页面将包含 20％的自由空间。

（10）单击【下一步】按钮，打开【定义"更新统计信息"任务】对话框。统计信息基于一个值在列中出现的次数，由于列中的值会变化，所以统计信息需要更新以反映其变化。与步骤（8）所述方法一样对其中的选项进行设置，设置结果如图 5-26 所示。

（11）单击【下一步】按钮，打开图 5-27 所示的【定义"清除历史记录"任务】对话框。该对话框用于设置何时以及如何清理数据库的历史记录，以使其保持正常运行。

（12）单击【下一步】按钮，进入【定义"备份数据库（完整）"任务】对话框。在其中可以设置哪些数据库将得到备份、备份类型、存储位置、是否验证备份完整性以及备份的调度等。设置结果如图 5-28 所示。

（13）单击【下一步】按钮，在接下来的两个对话框分别是【定义"备份数据库（差异）"任务】和【定义"备份数据库（事务日志）"任务】对话框。在这两个对话框中用与步骤（12）一样的方法进行设置。

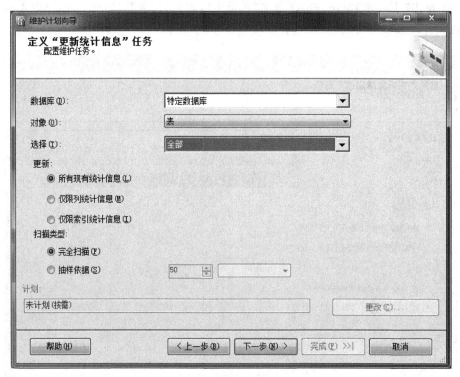

图 5-26　【定义"更新统计信息"任务】对话框

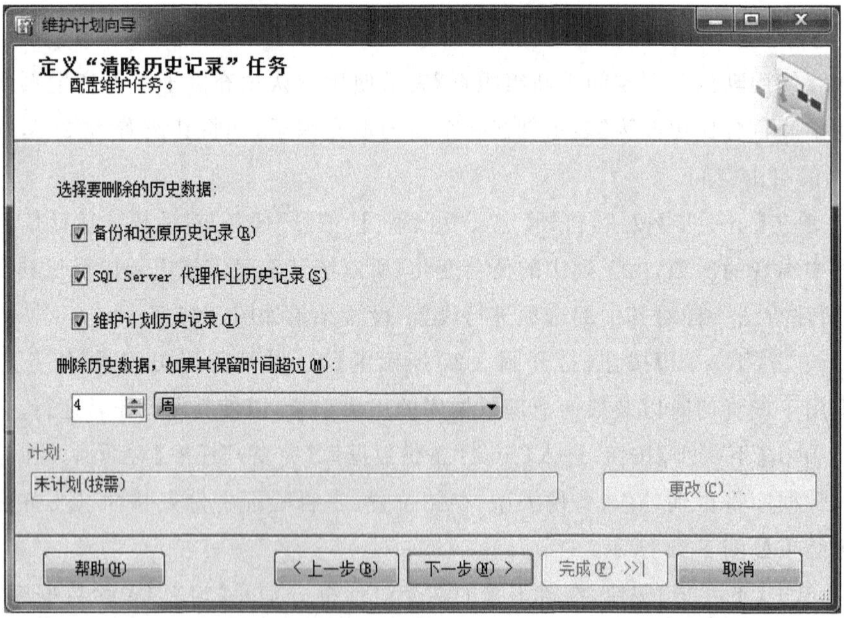

图 5-27　【定义"清除历史记录"任务】对话框

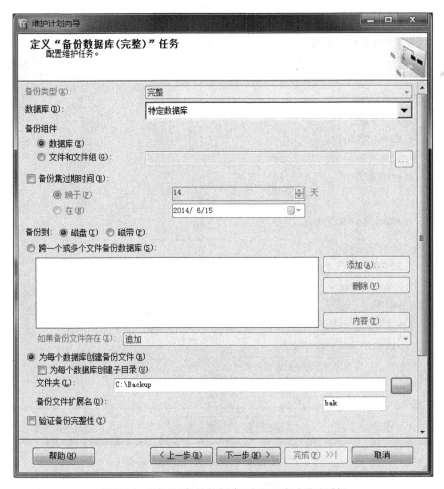

图 5-28 【定义"备份数据库(完整)"任务】对话框

（14）单击【下一步】按钮，进入【定义"清除维护"任务】对话框，设置结果如图 5-29 所示。

（15）单击【下一步】按钮，进入图 5-30 所示的【选择报告选项】对话框。用于设置维护向导执行时是否将报告写入文本文件、是否通过电子邮件发送给操作员等。设置结果如图 5-30 所示。

（16）单击【下一步】按钮，进入图 5-31 所示的【完成该向导】对话框，其中显示出该维护计划设置的相关信息。

（17）单击【完成】按钮，开始创建 StudentScore 数据库维护计划，如图 5-32 所示。

（18）当 SQL Server 2008 完成创建维护计划后，单击【关闭】按钮，完成维护计划的创建。

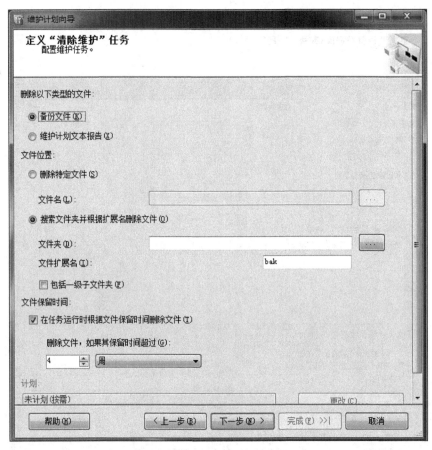

图 5-29 【定义"清除维护"任务】对话框

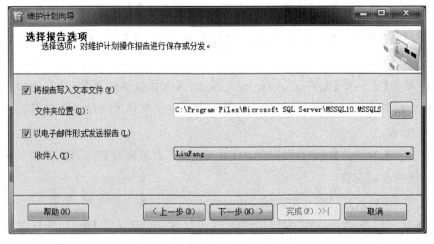

图 5-30 【选择报告选项】对话框

图 5-31　【完成该向导】对话框

图 5-32　【维护计划向导进度】对话框

5.3　数据的导入和导出

5.3.1　数据导入/导出的基本概念

　　为了支持企业决策,许多组织都需将数据集中起来进行分析。但是,数据通常是以不同的格式存储在不同的地方。有的可能是文本文件,有的虽然具有表结构,但不属于同一

171

种数据源,这些情况极大地妨碍数据的集中处理。为了满足用户的这种需求,SQL Server 提供了一个可视化的工具——SQL Server 导入和导出向导,利用该工具,用户可以方便地在不同的数据源间导入、导出或传递数据。下面列出它能实现的主要功能。

(1) 数据迁移。

SQL Server 的数据迁移包括两方面内容:一方面,是把其他数据源的数据导入 SQL Server 数据库中;另一方面,是将数据从 SQL Server 数据库中导出到其他数据源中。例如,可以从 FoxPro 数据库、Excel 表格、Access 数据库、Oracle 数据库,甚至文本文件中读出数据并导入 SQL Server 数据库中;同样,也可以把 SQL Server 数据表中的数据导出并输入这些系统中,从而实现不同系统和应用之间数据的移植和共享。

(2) 数据格式的转换。

SQL Server 允许在传输数据之前进行数据格式的转换,这可能是简单的数据类型间的映射转换,也可能是包含了数据逻辑的复杂操作。如根据源数据中的一列或多列数据进行重新统计计算,或将一列数据分割成多列存储在目的数据源的不同列上。通过数据格式的转换,用户可以方便地实施复杂的数据检验,进行数据的重新组织(如排序、分组等)。

(3) 传输数据库对象。

在不同的数据源之间,SQL Server 导入和导出向导只能移动表和表中的数据。但如果是在 SQL Server 数据库之间进行传输,则可以方便地实现索引、视图、账户、存储过程、触发器、规则、约束等数据库对象的传递。

另外,可以将 SQL Server 数据导入和导出的操作保存为 SSIS 包(SSIS 的概念请见5.3.2 小节),它是一个扩展名为 .dtsx 的特殊文件包,可以通过 Business Intelligence Development Studio(BIDS)打开查看,还可以进一步编辑。

任务 5-6　利用向导进行数据的导入

【任务描述】　在学生成绩管理系统刚刚上线使用时,StudentScore 数据库中需要录入一些基础数据。现要求将原先已经存在的 D:\StudentScore. xls 工作簿的 bCourse 工作表中的数据导入 SQL Server 的 StudentScore 数据库中,并创建 bCourse 表。

【任务分析】　使用"SQL Server 导入和导出向导"可以将任何 Windows 系统支持的 OLE DB 和 ODBC 数据源的数据导入 SQL Server 数据库中。针对不同源数据的数据源类型,在导入/导出工具向导中的操作会有部分不同的地方,主要是源数据的数据格式、数据的存储位置等方面的内容不同,其他大部分操作都是相同的。本任务以在本机上源数据的数据源类型 Excel 为例,介绍使用 SQL Server 导入和导出向导将 Excel 数据导入 SQL Server 的方法。

【任务实现】

(1) 在 SQL Server Management Studio 的【对象资源管理器】中,依次展开相应的服务器及其下的数据库节点,右击要导入数据的数据库 StudentScore,选择快捷菜单中的【任务】→【导入数据】命令(或在【开始】菜单中依次选择【程序】→Microsoft SQL Server 2008→【导入和导出数据(32 位)】),打开【SQL Server 导入和导出向导】欢迎界面。

（2）单击【下一步】按钮，进入【选择数据源】对话框。该对话框中默认的【数据源】选项为"SQL Server Native Client 10.0"，由于本例是从 Excel 导入数据，所以在【数据源】下拉列表框中选择 Microsoft Excel。在【Excel 连接设置】区域的【Excel 文件路径】文本框中输入 Excel 文件的完整路径 D:\StudentScore.xls，或单击右边的【浏览】按钮，找到需要导入 SQL Server 数据库中的 Excel 文件，并选择正确的 Excel 版本，如图 5-33 所示。

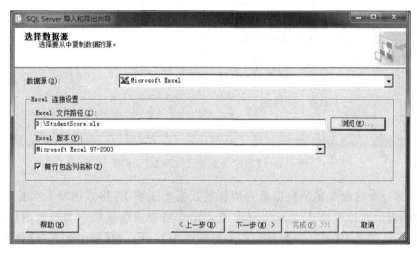

图 5-33　【选择数据源】对话框 1

（3）单击【下一步】按钮，打开【选择目标】对话框。使用默认的【目标】选项"SQL Server Native Client 10.0"。在【服务器名称】下拉列表框中选择服务器的名称，并选中【使用 Windows 身份验证】单选按钮；在【数据库】下拉列表框中选择 StudentScore，如图 5-34 所示。

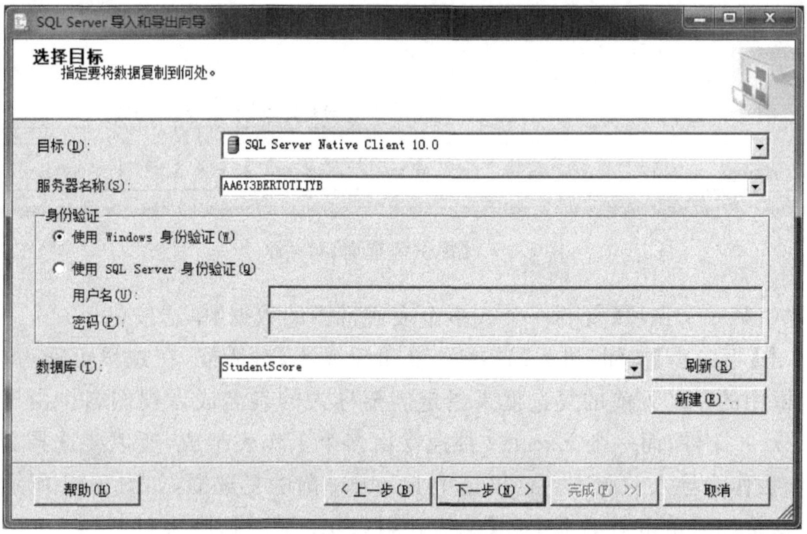

图 5-34　【选择目标】对话框 1

173

注意：要连接成功，事先应确保 SQL Server Integration Services 服务已经启动。

（4）单击【下一步】按钮，打开图 5-35 所示的【指定表复制或查询】对话框。

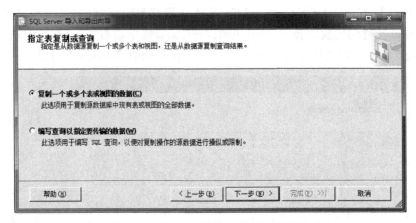

图 5-35 【指定表复制或查询】对话框 1

其中，第一个选项表示从数据源直接复制数据表或视图，将数据导入目标数据库中；第二个选项表示通过编写 Transact-SQL 查询语句将查询结果集作为导入的数据。果选中第二个选项，则单击【下一步】按钮后，会出现图 5-36 所示的【提供源查询】对话框。

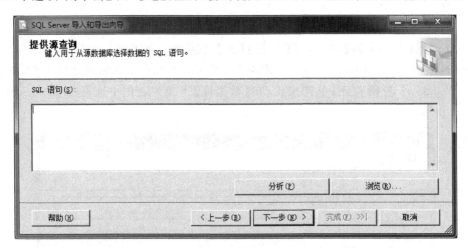

图 5-36 【提供源查询】对话框 1

这里选中第一个选项【复制一个或多个表或视图的数据】单选按钮。

（5）单击【下一步】按钮，进入【选择源表和源视图】对话框，在这里可通过启用【表和视图】列表框中的"源"列前的复选框来指定需要导入的表名或者视图名。由于本任务的源数据是 Excel 文件，而一个 Excel 文件通常由多个工作表组成，所以要选择其中的一个或多个工作表作为导入的源表。这里选中 bCourse 前的复选框，如图 5-37 所示。

另外，这里如果单击对话框中的【编辑映射(E)...】按钮，则可打开图 5-38 所示的【列映射】对话框。在该对话框中可以进行数据格式的转换、字段名的转换、数据长度精度的变化和表的重命名等操作，其中各选项的含义如下。

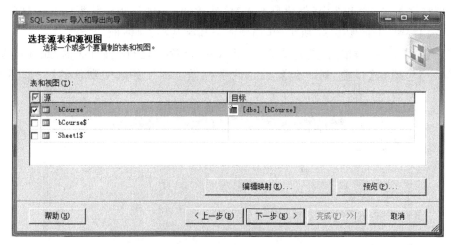

图 5-37 【选择源表和源视图】对话框 1

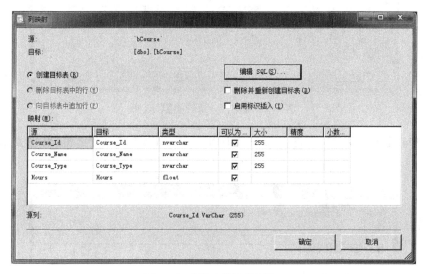

图 5-38 【列映射】对话框 1

- 创建目标表：在从源表复制数据前首先创建目标表，在默认情况下总是假设目标表不存在。如果存在则发生错误，除非选中了【删除并重新创建目标表】复选框。
- 删除目标表中的行：在从源表复制数据前将目标表的所有行删除，仍保留目标表上的约束和索引，当然使用该选项的前提是目标表必须存在。
- 向目标表中追加行：把所有源表数据添加到目标表中。目标表中的数据、索引和约束仍保留，但是数据不一定追加到目标表的表尾，如果目标表上有聚簇索引，则可以决定将数据插入何处。
- 删除并重新创建目标表：如果目标表存在，则在从源表传递数据前将目标表中的所有数据、索引删除后重新创建新目标表。
- 启用标识插入：向表的标识列中插入新值。

根据任务需求,这里选中【创建目标表】单选按钮,并进行相应数据格式的转换,然后单击【确定】按钮,返回图 5-37 所示的【选择源表和源视图】对话框。

(6) 单击【下一步】按钮,进入图 5-39 所示的【保存并运行包】对话框,此处可设置是【立即运行】包还是【保存 SSIS 包】,或是两者都做。本任务选中默认的【立即运行】复选框。

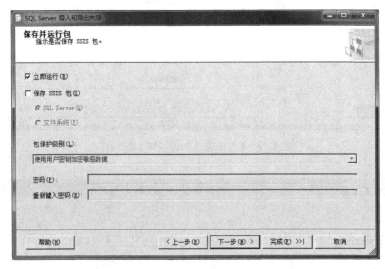

图 5-39　【保存并运行包】对话框

(7) 单击【下一步】按钮,进入图 5-40 所示的【完成该向导】对话框,其中显示出要执行的操作列表。

图 5-40　【完成该向导】对话框 1

(8) 在【完成该向导】对话框中检查是否有需要修改的步骤,如果有则单击【上一步】按钮进行修改;否则单击【完成】按钮,系统开始执行导入数据的操作。屏幕显示图 5-41

所示的【执行成功】对话框。

图 5-41　【执行成功】对话框 1

（9）全部执行成功后单击【关闭】按钮，完成数据的导入操作。

如果导入数据操作成功，可从 SQL Server Management Studio 中的数据库里看到转移过来的表以及其中的数据。

说明：如果在向导中指定的目标表不存在，则导入数据后将创建此表。如果不特别指定，向导会将每个列的数据类型都设置成 varchar，列名则从 Col001 开始按顺序递增。

任务 5-7　利用向导进行数据的导出

【任务描述】　从 SQL Server 中将 StudentScore 数据库的 bMajor 表导出到 D:\StudentScore.xls 工作簿的 bMajor 工作表中。

【任务分析】　导出数据是指从 SQL Server 数据库中把数据导出到其他数据源（如 Access、Excel 等）中，与导入数据类似，针对不同的目的数据源类型，在导入/导出工具向导中的操作会有部分不同的地方，主要是目的数据源的存储方式、用户验证方式等方面的内容不同，其他大部分操作都是相同的。本任务是将数据从 SQL Server 导出到 Excel 目的源中。

【任务实现】

（1）在 SQL Server Management Studio 的【对象资源管理器】中，右击要导出数据的数据库 StudentScore，选择快捷菜单中的【任务】→【导出数据】命令（或在【开始】菜单中依次选择【程序】→【Microsoft SQL Server 2008】→【导入和导出数据（32 位）】），打开【SQL Server 导入和导出向导】对话框。

（2）单击【下一步】按钮，打开图 5-42 所示的【选择数据源】对话框。其中默认的数据源为"SQL Server Native Client 10.0"。由于本例是从 SQL Server 2008 中导出数据，所以不改变默认的设置。在【服务器名称】下拉列表框中选择服务器的名称，并选中【使用Windows 身份验证】单选按钮；在【数据库】下拉列表框中选择 StudentScore。

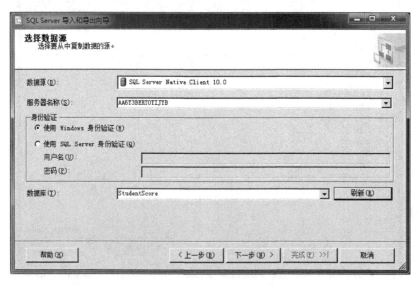

图 5-42 【选择数据源】对话框 2

（3）单击【下一步】按钮，打开【选择目标】对话框，由于本例是向 Excel 导出数据，所以从【目的】下拉列表框中选择 Micrsoft Excel，并在【Excel 文件路径】文本框中输入Excel 文件的完整路径 D:\StudentScore.xls，或单击右边的【浏览】按钮选择导出目标Excel 工作簿文件所在目录路径及其文件名，如图 5-43 所示。

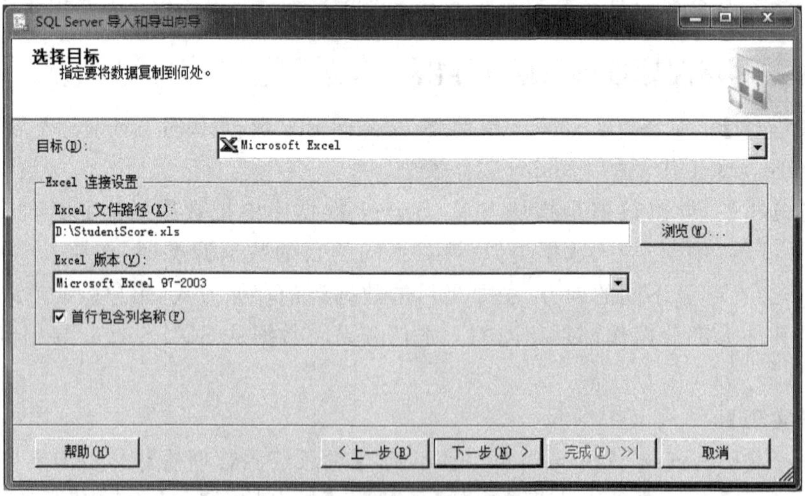

图 5-43 【选择目标】对话框 2

（4）单击【下一步】按钮，打开【指定表复制或查询】对话框。其中两个选项的含义与导入数据时类似，这里选中【复制一个或多个表或视图的数据】单选按钮，如图 5-44 所示。

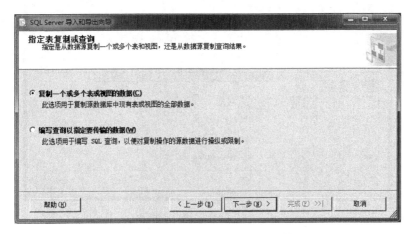

图 5-44 【指定表复制或查询】对话框 2

（5）单击【下一步】按钮，打开图 5-45 所示的【选择源表和源视图】对话框。在【表和视图】列表框的"源"中选中[dbo].[bMajor]前的复选框。

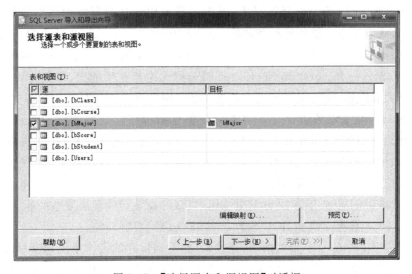

图 5-45 【选择源表和源视图】对话框

在图 5-45 中，如果单击【编辑映射(E)...】按钮，则会弹出【列映射】对话框，其设置结果如图 5-46 所示，单击【确定】按钮返回图 5-45。

（6）单击【下一步】按钮，打开【保存并运行包】对话框，选中【立即运行】复选框。

（7）单击【下一步】按钮，打开【完成该向导】对话框，在其中列出了当前导出数据的基本情况。

（8）单击【完成】按钮，向导将立即运行导出操作，并打开【执行成功】对话框，显示运行进程和结果，单击【关闭】按钮，完成数据的导出工作。

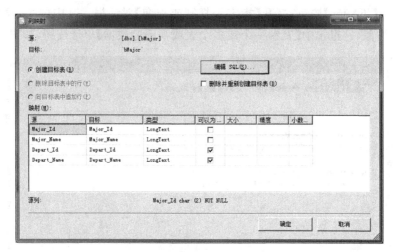

图 5-46 【列映射】对话框 2

5.3.2 SQL Server 集成服务简介

由前述可知,SQL Server 数据导入/导出向导可用于从数据源中提取数据并将其加载到目标中,从而实现数据的传输和转换,但其在传输过程中只能执行很少的数据转换。而在 SQL Server 2008 中提供的用于数据集成和商业智能的另一利器——SQL Server 集成服务(SQL Server Integration Services,SSIS)则无论是在功能上、性能上,还是可操作方面都有很大的改进,使得组织能更容易地集成和分析来自多个异类信息源的数据。

SQL Server 集成服务包含一系列支持业务应用程序开发的数据抽取、转换和加载(Extraction、Transformation and Loading,ETL)的数据适配器,用于合并来自异类数据源的数据(如用户可以方便地在不同的数据源间导入、导出或传递数据)、填充数据仓库和数据集市、清除数据和将数据标准化。其与 Visual Studio 的紧密集成,让用户不用编写一行代码,就可以创建 SSIS 解决方案来使用 ETL 和商业智能解决复杂的业务问题,管理 SQL Server 2008 数据库及在 SQL Server 2008 实例间复制对象。

包是集成服务中的一个重要概念,是检索、执行和保存的工作单元,其中可包括连接、控制流元素(用来控制各个任务的先后执行顺序)、数据流元素(用来控制从数据源地址到数据目标地址的数据流动和转换)、事件处理程序、变量和配置等,可以使用集成服务提供的图形工具或者以编程方法将这些对象组合到包中,然后再将完成的包保存到 SQL Server 2008、集成服务包存储区或者文件系统中。

SQL Server 2008 为 Integration Services 包的开发提供了 Business Intelligence Development Studio(BIDS)和 SQL Server Management Studio 两种环境。

Business Intelligence Development Studio 支持 Integration Services 包的开发,还可以创建、提供包使用的数据源对象和数据源视图对象。SSIS 设计器和 SSIS 向导都包含在 BIDS 中,它们是在图形界面环境下快速开发 DTS、ETL 应用的工具组件。

SQL Server Management Studio 使用 Integration Services 服务以在测试和生产环境中支持对 Integration Services 包的管理。

这两种环境均使用解决方案中项目的概念来组织和管理生成商业智能解决方案时使用的项。通常一个 Integration Services 工程可以包含多个包,包的扩展名为 dtsx。

SSIS 服务是一种 Windows 服务,提供了存储和管理 SSIS 包的功能。默认情况下,SSIS 服务为关闭并被设置为禁用,只有当程序包第一次执行时才打开。

任务 5-8　利用 SSIS 设计器进行数据的导入/导出

【任务描述】　使用 SSIS 设计器从本地服务器的 StudentScore 数据库中查询出 bStudent 表中所有"10111241"班学生的基本信息,将这些信息导出到本地服务器的 Students 数据库中,其表名仍为 bStudent。

【任务分析】　利用 SSIS 设计器实现本任务包含两个步骤,一是创建 SSIS 包;二是运行包。前者需要在 SQL Server Business Intelligence Development Studio 的 SSIS 设计器中完成;后者既可以在 SSIS 设计器中,也可以在 SQL Server Management Studio 中,还可以通过 SQL Server 代理完成。在 SSIS 设计器中运行包只需单击其工具栏上的【执行】按钮即可,本任务主要介绍在 SQL Server Management Studio 中运行包的方法。需要说明的是,无论用何种方法,都需要启动 Integration Services 服务。

【任务实现】

(1) 创建包。

① 单击【开始】菜单中的【所有程序】→Microsoft SQL Server 2008→SQL Server Business Intelligence Development Studio 命令,打开 Microsoft Visual Studio 2008 开发环境,如图 5-47 所示。

图 5-47　Microsoft Visual Studio 2008 开发环境

② 在主菜单中单击【文件】→【新建】→【项目...】命令,打开【新建项目】对话框,在【项目类型】列表框中选择"商业智能项目"项,在【模板】列表中选择"Integration Services 项目"项,在【名称】文本框中输入项目名,如 StudSSIS,选择要保存项目的位置,再启用【创建解决方案的目录】复选框,其他保持默认值,如图 5-48 所示。

图 5-48　【新建项目】对话框

③ 单击【确定】按钮后会打开 StudSSIS 项目的包设计窗口,在项目的【解决方案资源管理器】窗格中包含了 4 个虚拟文件夹:数据源、数据源视图、SSIS 包和杂项,其中 SSIS 包文件夹中还创建了名为 Package.dtsx 的包,如图 5-49 所示。

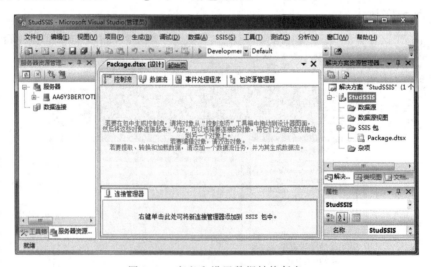

图 5-49　定义和设置数据转换任务

需要说明的是,新建项目时还会创建带.dtproj、.dtproj.user 和.database 扩展名的项目文件。其中,.dtproj 文件包含关于项目配置、数据源和包的信息;.dtproj.user 文件包含用户用来处理项目的首选参数;.database 文件包含打开当前项目时需要的信息。

④ 在【解决方案资源管理器】中右击【SSIS 包】文件夹,从弹出的快捷菜单中选择【SSIS 导入和导出向导】命令,打开【导入和导出向导】对话框。

⑤ 单击【下一步】按钮,进入【选择数据源】对话框,在【数据源】下拉列表框中选择数据的来源,这里保持默认的"SQL Server Native Client 10.0"。在【服务器名称】下拉列表框中选择服务器的名称或 local,并选中【使用 Windows 身份验证】单选按钮;在【数据库】下拉列表框中选择 StudentScore,如图 5-50 所示。

图 5-50　【选择数据源】对话框 3

⑥ 单击【下一步】按钮,进入【选择目标】对话框,在【目标】和【服务器名称】下拉列表框中仍保持默认的 SQL Server Native Client 10.0 和 local 不变,选中【使用 Windows 身份验证】单选按钮;在【数据库】下拉列表框中选择 Students,如图 5-51 所示。

图 5-51　【选择目标】对话框 3

⑦ 单击【下一步】按钮,打开【指定表复制或查询】对话框。选中【编写查询以指定要传输的数据】单选按钮,如图 5-52 所示。

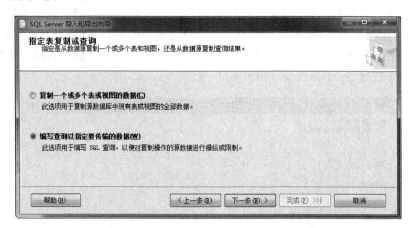

图 5-52 【指定表复制或查询】对话框 3

⑧ 单击【下一步】按钮,进入图 5-53 所示的【提供源查询】对话框,在其中输入下列查询语句:

```
Select * From bStudent Where Class_Id='10111241'
```

这里若要从 SQL 文件中提取 SQL 语句,则可单击【浏览】按钮,打开所需 SQL 文件。

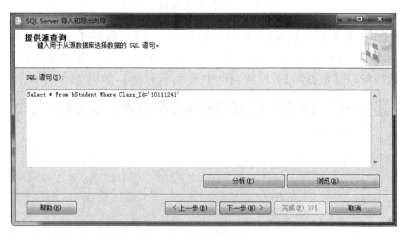

图 5-53 【提供源查询】对话框 2

⑨ 输入完毕后可以单击【分析】按钮,检查是否有语法错误,如果没有问题就单击【下一步】按钮,进入【选择源表和源视图】对话框,由于 Students 数据库中没有与 StudentScore 数据库中对应的 bStudent 数据表,向导会自动创建一个名为"查询"的数据表来存储导入的数据,这里将其修改为 bStudent,如图 5-54 所示。

⑩ 单击【编辑映射】按钮,弹出【列映射】对话框,显示了目标数据表与查询数据表中字段的一一对应关系,并列出了查询数据表中各字段的类型和长度,如图 5-55 所示。

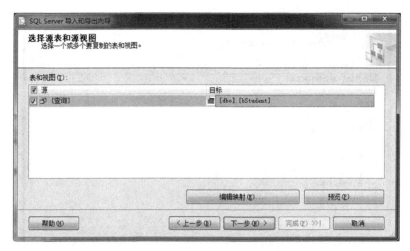

图 5-54　【选择源表和源视图】对话框 2

图 5-55　【列映射】对话框

⑪ 单击【确定】按钮,返回【选择源表和源视图】对话框。单击【下一步】按钮,进入【完成该向导】对话框,在此可查看该数据包的所有定义和内容,如图 5-56 所示。

⑫ 如果没有需要修改的项,则单击【完成】按钮,开始创建包,如图 5-57 所示。

⑬ 全部执行成功后单击【关闭】按钮,完成包的创建。此时在 SSIS 设计器的【解决方案资源管理器】窗格的【SSIS 包】文件夹中会出现名为 Package1.dtsx 的包,同时在左侧的设计窗口中出现了该包各个任务的图形描述,包括连接管理器以及控制流、数据流、事件处理程序和包资源管理器 4 个选项卡,默认显示【控制流】选项页,如图 5-58 所示。

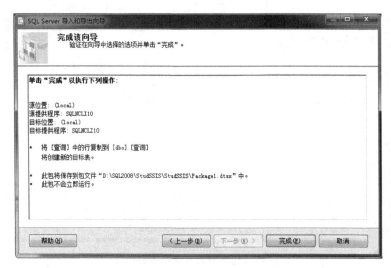

图 5-56 【完成该向导】对话框 2

图 5-57 【执行成功】对话框 2

(2) 运行包。

① 打开 SQL Server Management Studio 的【连接到服务器】对话框,在【服务器类型】下拉列表框中选择 Integration Services,然后选择服务器名称,再单击【连接】按钮。

② 在【对象资源管理器】中展开服务器的 Integration Services 实例下的【已存储的包】节点,右击 MSDB 节点,从弹出的快捷菜单中选择【导入包】命令,打开【导入包】对话框。从【包位置】下拉列表框中选择"文件系统"项,然后单击【包路径】右边的 ▣ 按钮,在弹出的对话框中定位至前面创建的包 Package1.dtsx,单击【确定】按钮,返回【导入包】对话框,如图 5-59 所示。

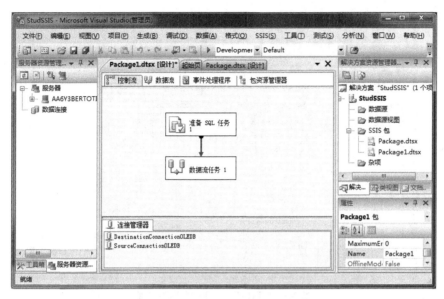

图 5-58　包控制流

图 5-59　【导入包】对话框

③ 在【导入包】对话框中单击【确定】按钮,将包导入。右击该包,从弹出的快捷菜单中选择【运行包】命令,打开【执行包实用工具】对话框。

④ 从【常规】选项页中的【包源】下拉列表框中选择"SSIS 包存储区"选项,设置服务器与导入包的服务器相同,在【包】文本框中输入包的路径,该路径以导入包的服务器为根目录,且要带包的名称,如图 5-60 所示。

⑤ 另外,在该对话框中还可以设置包的配置、命令文件、执行选项和日志记录等。设置完成后,单击【执行】按钮,运行包,在弹出的【包执行进度】对话框中显示了运行进度及细节情况,如图 5-61 所示。

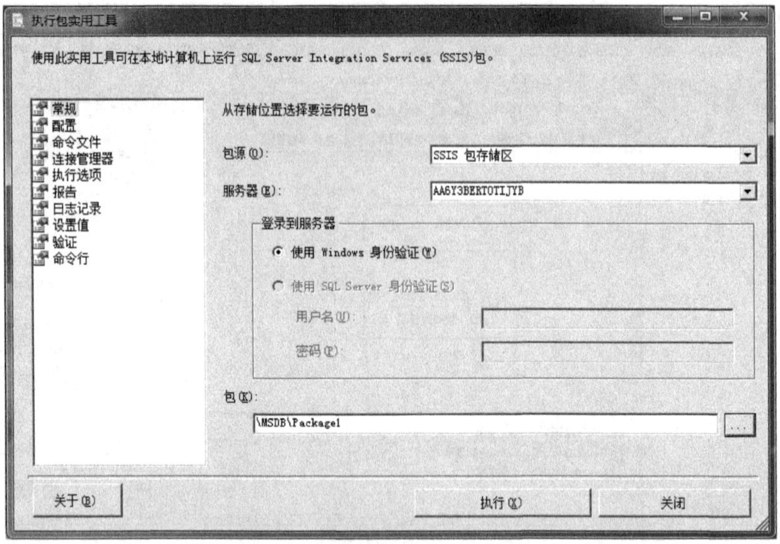

图 5-60 【执行包实用工具】对话框

图 5-61 【包执行进度】对话框

⑥ 全部执行成功后单击【关闭】按钮,完成包的运行。此时在 SQL Server Management Studio 的【对象资源管理器】中,展开 Students 数据库下的【表】节点,会看到新建的 bStudent 表。打开该表,其中包含了通过查询导入的数据。

【任务总结】 SSIS 设计器和 SQL Server 导入和导出向导一样,都是在同构或者异构数据源之间进行数据导入、导出和转换的工具。但是,SSIS 设计器会使创建和编辑

SSIS 包的工作变得更加简单和轻松,而且它提供了比 SQL Server 导入和导出向导更为强大的功能。

5.4　疑 难 解 答

(1) 在 SQL Server 2008 中哪些管理工作可以通过 SQL Server 代理服务自动完成?

答:数据库的定时备份、数据的导入和导出以及对数据的相关操作(如统计汇总等)均可定义为作业,以便通过 SQL Server 代理服务自动完成。而 SQL Server 数据库维护向导则是一种常见的智能管理工具。

(2) SSIS 包调度执行失败有何原因? 如何解决?

答:SSIS 包直接执行与调度执行机制是不一样的,直接运行时,如果用户在服务器上操作,就在服务器上运行;如果用户是通过客户机的 SQL Server Management Studio 操作,则 SSIS 包就在客户机上运行。当 SSIS 包调度执行时,SSIS 包始终在服务器上执行。所以,调度执行 SSIS 包失败的可能原因为:①服务器上的代理服务没有正常启动;②作业的所有者没有足够的执行权限;③作业运行时的环境设置有问题。解决的方法是检查服务器的代理服务、作业所有者的执行权限和运行环境参数设置情况。

小结:本项目紧紧围绕数据库的高级管理这个主题,以学生成绩数据库的日常维护任务为主线,介绍了 SQL Server 提供的代理服务涉及的作业、操作员和报警的创建方法,介绍了能够实现异构数据源间数据转换工作的导入与导出操作,以及 SQL Server 维护计划向导的使用方法,同时介绍了 SQL Server 代理及 SSIS 包的相关知识。

习　题　五

一、选择题

1. 可以将下列(　　)类型的数据文件导入 SQL Server 数据库文件中。
   A. 电子表格文件　　　　　　　　　　B. 文本文件
   C. MySQL 数据文件　　　　　　　　D. 以上均可

2. 不能将 SQL Server 数据库中的数据导出到(　　)格式或类型的文件中。
   A. Excel 文件　　　　　　　　　　　B. Word 文件
   C. Access 文件　　　　　　　　　　D. Oracle 数据库文件

3. SSIS 提供了许多任务,其中不包括(　　)。
   A. 数据复制　　　B. 数据转换　　　C. 通知状况　　　D. 数据清洗

二、填空题

1. SSIS 设计器与 SQL Server 导入和导出向导一样,都是在同构或者异构数据源之间进行数据_____、_____ 和_____ 的工具。

2. 利用 SQL Server 导入和导出向导从别的数据源中将数据导入 SQL Server 中时,可以进行的转换有_____ 、_____、_____和_____等。

三、判断题

1. 利用 SQL Server 提供的数据集成服务(SSIS),可以将数据从 SQL Server 数据库中导出到 Microsoft Access 2007 数据库中。　　　　　　　　　　　　　　( )

2. 利用 SQL Server 导入和导出向导可以在 SQL Server 数据源间进行数据的转换(导入、导出)。　　　　　　　　　　　　　　　　　　　　　　( )

3. 利用 SQL Server 导入和导出向导不能把 Oracle、Access、Sybase 和 Informix 中的数据转换到 SQL Server 中。　　　　　　　　　　　　　　　　( )

四、简答题

1. SQL Server 2008 实现自动化管理功能的代理程序组件有哪些? 各有什么特点?

2. 试述利用 SSIS 设计器创建 SSIS 包的过程。

五、项目实训题

1. 将 People 数据库中的 bEmployee 表导出到 Access 表中,字段名和数据类型保持一致。

2. 在 SQL Server Management Studio 中为 People 数据库创建一个维护计划,用以实现周六 0:00:00 定期地完整备份该数据库。

项目6 数据库安全设置

知识目标：①了解数据库安全性的基本概念、采用的主要技术以及 SQL Server 2008 安全体系结构；②掌握 SQL Server 安全认证模式及其特点；③掌握登录账号、数据库用户、架构、角色和权限的概念。

技能目标：①会根据系统的需求进行数据库安全策略的选择；②能进行 SQL Server 安全认证模式的设置；③会创建和管理登录账户、数据库用户和角色，能进行权限的设置；④能利用系统提供的监控工具进行用户活动的审核。

数据库的一大特点就是数据可以共享。但是，数据共享会带来多方面的干扰和破坏问题，如因系统故障或人为破坏而造成的数据丢失问题，因多用户并发使用和访问数据库引起的数据不一致问题，以及输入数据本身就是错误的等问题。所以，DBMS 必须能够针对上述不同的情况，在技术上采取不同的解决措施，使得数据库中的数据安全可靠、正确有效，以保证整个数据库系统的正常运转，这就是数据库的保护。对数据库的保护可通过 4 个方面的技术来实现，即安全性控制、完整性控制、并发控制和数据库的恢复。由于完整性控制、数据库的恢复已在前面的项目中详细介绍过，而并发控制一般是通过事务实现，这将在项目 9 中介绍，因此本项目主要介绍安全性控制方面的技术。按照 SQL Server 安全设置的管理内容，将项目分解成以下几个任务。

任务 6-1 学生成绩数据库安全策略的选择

任务 6-2 系统安全认证模式的设置

任务 6-3 创建 Windows 登录账户

任务 6-4 创建 SQL Server 登录账户

任务 6-5 修改和删除登录账户

任务 6-6 创建数据库用户

任务 6-7 查看、修改和删除数据库用户

任务 6-8 服务器角色的设置

任务 6-9 创建数据库角色

任务 6-10 查看、修改和删除数据库角色

任务 6-11 语句权限的设置与管理

任务 6-12 对象权限的设置与管理

任务 6-13 审核用户活动

任务 6-14 创建架构

任务 6-15 修改与删除架构

任务 6-16 移动对象到新的架构

6.1 数据库安全性的认识

数据库的安全性是指保护数据库以防止因用户非法使用数据库造成数据泄露、篡改或破坏。例如,用户编写一段合法的程序绕过 DBMS 及其授权机制,通过操作系统直接存取、修改或备份数据库中的数据;又如,用户编写应用程序执行非授权操作,通过多次合法查询数据库,从中推导出一些保密数据。在数据库系统中,如何应对这些非法使用数据库的现象呢? 通常情况下,数据库的安全控制措施是逐级设置的,应用的主要技术有以下几种。

(1) 用户标识与口令鉴别。

用户在使用数据库前,必须由数据库管理员为其在系统目录中注册一个用户。当用户登录到数据库系统时,数据库系统首先要进行用户标识鉴别和口令核对,即让用户输入用户名及回答口令来验证其身份,只有通过了身份验证的用户才能进入数据库系统。

(2) 存取控制(访问控制)。

用户被获准进入数据库系统后,当用户提出操作请求时,DBMS 还要根据预定义的用户权限进行存取控制,以达到保护数据、防止非法操作的目的。数据库系统对用户权限的控制包括规定用户使用哪些数据库系统资源,对这些资源可以进行何种级别的操作等。为此,数据库管理员必须根据用户的角色和应用需求,为用户分配适当的权限,并将其登记到数据字典中。

(3) 审计功能。

审计功能就是把用户对数据库的所有操作自动记录下来放入审计日志文件中,一旦发生数据被非法存取,数据库管理员可以利用审计跟踪的信息,重现导致数据库现有状况的一系列事件,从中找出非法存取数据的人、时间和内容等。

(4) 数据加密。

为了更好地保证数据库的安全性,可用密码存储口令和数据、用密码传输、防止远程信息中途被非法截获等方法。数据加密是根据一定的算法将原始数据(明文)变换为不可直接识别的格式(密文),使得不知道解密算法的人无法获得数据的内容。目前,对一般数据库而言,涉及的加密对象常常是用户的登录口令,常用的加密技术是 MD5。

(5) 视图机制。

SQL 中的视图机制使系统具有 3 个优点:数据安全性、数据独立性和操作简便性。视图机制把要保密的数据对无权存取这些数据的用户隐藏起来,以保证数据库的安全性。需要注意的是,视图机制更主要的功能在于提供数据独立性,其安全保护功能不太精细,往往远不能达到应用系统的要求。

任务 6-1 学生成绩数据库安全策略的选择

【任务描述】 根据学生成绩管理系统使用单位的要求,本系统将分为三级用户使用。一级用户为教务处熟悉教务工作及本系统的管理人员;二级用户为授予权限的院系级用户,如熟悉院系教学工作及本系统的教学秘书和教师;三级用户是在校学生,在得到初始密码后可以查询自己的信息。试为该系统选择合适的数据库安全策略。

【任务分析】　为了简化授权管理,可将各级用户按组进行角色分配,对应的角色分为学生角色(Student_role)、教师角色(Teacher)、院系教学秘书角色(Officer)、教务管理人员角色(Manager),每个角色赋予不同的访问权限。用户通过前台登录页面把自己的用户名和密码提交给系统,通过 Windows 认证后,进行 SQL Server 2008 访问授权。

【任务实现】

(1) 学生登录。

由于对学生角色 Student_role 限制较多,即它的权限较少,只允许有查看个人信息、成绩及修改个人密码的权利。所以,对学生可以单独开放一个 IP 地址,采用匿名访问 Web 服务器的方式。当访问 SQL Server 时,学生提供用户名和密码,然后通过应用程序验证数据库表中是否存在该用户。若存在,则允许其访问;否则返回非法用户信息。

(2) 院系教学秘书登录。

院系教学秘书的权限较大,宜采用 Web 服务器与 SQL Server 2008 共同验证的方式。首先,登录 Web 服务器时由 Windows 操作系统验证;然后,院系教学秘书提供用户名和密码,由应用程序验证数据库表中是否存在该用户。若存在,则允许其访问;否则,返回非法用户信息。

(3) 教务处管理人员登录。

考虑到其工作的频繁性和地点的集中性,可为管理人员另开一个 IP 地址,不向外公开。又考虑到安全性,仍要求其提供用户名和密码,并通过应用程序验证数据库表中是否存在该用户。若存在,则允许其访问;否则,返回非法用户信息。

6.2　SQL Server 数据安全的实现

从 6.1 节介绍的实现数据库安全涉及的主要技术中能够看出,数据库系统的安全性管理可归纳为两方面的内容,一是用户能否登录系统和如何登录的管理;二是用户能否使用数据库中的对象和执行相应操作的管理。与之相应地,SQL Server 2008 的数据安全机制也包括两个部分,即身份验证机制和权限许可机制。前者决定了用户能否连接到 SQL Server 2008 服务器,主要包括选择认证模式和认证过程、登录账号管理;后者决定了经过身份验证后的用户连接到 SQL Server 2008 服务器可以执行的具体操作,如服务器上的操作和具体数据库上的操作,主要包括数据库用户管理、角色管理、权限管理等内容。

6.2.1　SQL Server 安全体系结构

1. SQL Server 安全等级

迄今为止,SQL Server 2008 和大多数据库管理系统一样,都还是运行在某一特定操作系统平台下的应用程序,其安全性机制尚未脱离操作系统平台。这样,SQL Server 2008 的安全性机制分为 4 个等级:客户机操作系统的安全性、SQL Server 的安全性、数据库的安全性和数据库对象的安全性。

由此,对访问数据库的用户可进行以下 4 次安全性检验。

（1）在使用客户机通过网络实现 SQL Server 服务器的访问时，首先要获得客户机操作系统的使用权。这是用户接受的第一次安全性检验。

需要说明的是，在能够实现网络互联的前提下，用户一般是通过客户机上安装的 SQL Server 客户端对服务器进行访问，并不直接登录运行 SQL Server 服务器的主机，除非 SQL Server 服务器就运行在本地计算机上。定义操作系统安全性，是操作系统管理员或网络管理员的任务。另外，SQL Server 可以直接访问网络端口，所以可以实现对 Windows 安全体系以外的服务器及其数据库的访问。

（2）SQL Server 服务器的安全性建立在控制服务器登录账号和密码的基础上，采用了标准 SQL Server 登录和集成 Windows 登录两种方式。无论采用哪种方式，用户在登录时提供的登录账号和密码决定了用户能否获得 SQL Server 的访问权，以及获得访问权后用户在访问 SQL Server 进程时可以拥有的权限。这是用户接受的第二次安全性检验。

管理和设计合理的登录方式是数据库管理员（DBA）的重要任务，也是 SQL Server 安全体系中 DBA 可以发挥主动性的第一道防线。

（3）当用户通过 SQL Server 服务器的安全性检验后，将直接面对不同的数据库入口。这是用户接受的第三次安全性检验。

在建立用户的登录账号信息时，SQL Server 会提示用户选择默认的数据库。默认数据库是指一个账号登录到 SQL Server 后首先连接的数据库，一旦设置，以后用户每次连接上服务器后，都会自动转到默认的数据库上。对任何用户来说，master 数据库的大门总是打开的，如果在设置登录账号时没有指定默认的数据库，则用户的权限将局限在 master 数据库内。

（4）数据库对象的安全性是核查用户权限的最后一个安全等级。在创建数据库对象时，SQL Server 自动把该数据库对象的拥有权赋予该对象的创建者。默认情况下，只有数据库的拥有者可以在该数据库下进行操作。当一个非数据库拥有者想访问数据库里的对象时，必须事先由数据库拥有者赋予用户对指定对象执行特定操作的权限。

上述每个安全等级都可视为一个关卡，若没有设置关卡（即没有实施安全保护），或者用户拥有通过关卡的方法（即有相应的访问权限），则用户可以通过此关卡进入下一个安全等级。倘若通过了所有的关卡，用户就可访问数据库中的相关对象及其所有的数据了。

2. SQL Server 安全认证模式

客户机要能够连接到 SQL Server 2008 数据库，必须以账户和密码登录，此称为身份验证。SQL Server 2008 和 Windows 操作系统集成，支持两种身份验证模式，即 Windows 身份验证模式和混合身份验证模式。

（1）Windows 身份验证模式。

该模式通过使用网络用户的安全特性控制登录访问，以实现与 Windows 的登录集成，而用户的网络安全特性在网络登录时建立，并通过 Windows 域控制器进行验证。即用户只要能够通过 Windows 的用户账号验证，就可以连接到 SQL Server。当数据库仅在内部访问时使用 Windows 身份验证模式可以获得最佳工作效率。因为它可以使用 Windows 域中有效的用户和组账户，而不需要额外的 SQL Server 用户账户和密码来访问数据库,并可以充分利用 Windows 系统的安全管理特性,如 Kerberos 安全协议、密码长度和复杂性验证、加密、审核以及在多次登录失败后锁定账号等,对于账号及账号组的管理和修改也更为方便。它是 SQL Server 默认的身份验证模式,比混合模式要安全得多。但这种验证模式只适用于能够提供有效身份验证的 Windows 操作系统,而无法用于其他操作系统;并且还要注意以下两点。

① 必须事先将 Windows 用户账号或组加入 SQL Server 中,才能采用 Windows 用户账号登录 SQL Server。

② 如果使用 Windows 用户账号登录到另一个网络的 SQL Server,必须在 Windows 网络中设置彼此的托管权限。

(2) 混合身份验证模式(SQL Server 和 Windows 身份验证)。

该模式既可以让使用 Windows 账户连接的用户进行信任连接,也可以允许某些非可信的 Windows 操作系统账户连接到 SQL Server,如 Internet 客户等,它相当于在 Windows 身份验证机制之后加入了 SQL Server 身份验证机制。连接时,SQL Server 首先确定用户的连接是否使用了有效的 SQL Server 登录账户和密码,即通过在系统表 sysxlogins 中查询是否有与正在登录的 SQL Server 账户和密码相同的用户,若有则接受连接;当用户没有有效的登录时,SQL Server 2008 才检查 Windows 账户的信息,如果其有连接到服务器的权限,则连接被接受;否则,连接被拒绝。由此可见,使用混合模式中的 SQL Server 身份验证连接到 SQL Server 时,用户必须提供 SQL Server 登录账号和口令。并且,一个应用程序可以使用单个的 SQL Server 登录账号和口令。

需要说明的是,SQL Server 混合验证模式是为了向后兼容以及非 Windows 客户的需求,早期 Windows 95/98 以及 Windows 2000 Professional 的客户端必须使用 SQL Server 混合身份验证模式,非 Windows 客户端也必须使用 SQL Server 混合身份验证模式。但在实际应用中,对于安全性要求较高的应用系统,建议优先考虑使用 Windows 身份验证模式。

任务 6-2　系统安全认证模式的设置

【任务描述】　将学生成绩数据库所在的 SQL Server 服务器的安全认证模式设置为 SQL Server 和 Windows 混合身份验证模式。

【任务分析】　SQL Server 服务器的安全认证模式既可以在 SQL Server 的安装过程中设置,也可以在安装后通过 SQL Server Management Studio 进行更改,此操作可以在 SQL Server Management Studio 中利用 SQL Server 服务器属性对话框实现。

【任务实现】

(1) 在 SQL Server Management Studio 的【对象资源管理器】中,右击要设置安全认证模式的服务器,在弹出的快捷菜单中选择【属性】命令,打开【服务器属性】对话框。

(2) 从左侧的【选择页】列表中单击【安全性】选项页,打开【安全性】对话框,在该对话框中可以查看和更改身份验证模式,如图 6-1 所示。

(3) 在"服务器身份验证"设置区域中设置系统安全认证模式,这里选中【SQL Server 和 Windows 身份验证模式】单选按钮。

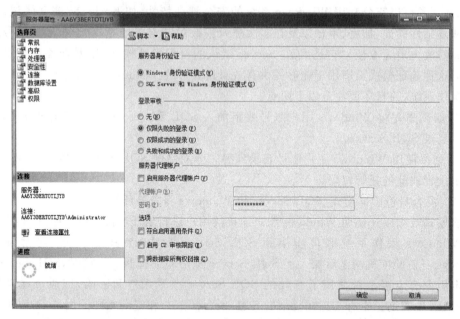

图 6-1 【服务器属性-AA6Y3BERTOTIJYB】对话框的【安全性】选项页 1

(4) 不管使用哪种模式,都可以在"登录审核"区域中通过设置审核来跟踪访问 SQL Server 2008 的用户。其中,【无】表示不执行审核;【仅限失败的登录】表示只审核失败的登录,此为默认设置;【仅限成功的登录】表示只审核成功的登录;【失败和成功的登录】表示审核成功的和失败的登录。这里选中【无】单选按钮。

(5) 在"服务器代理账户"设置区域,可设置是否启用服务器代理账户。如启用,则可指定相应的代理账户。这里采用默认设置。

(6) 单击【确定】按钮,完成 SQL Server 安全认证模式的配置。

(7) 在【对象资源管理器】中,右击服务器名,从弹出的快捷菜单中选择【重启】命令,以停止并重新启动 SQL Server 服务,使设置的认证模式生效。

【任务总结】 此操作也可在【已注册的服务器】窗口中通过右击要设置安全认证模式的服务器,在弹出的快捷菜单中选择【属性】命令,打开【编辑服务器注册属性】对话框实现。另外,当启用审核后,用户的登录将被记录于 Windows 应用程序日志、SQL Server 错误日志或两者之中,这取决于如何配置 SQL Server 的日志。

6.2.2 SQL Server 的登录账户

1. 登录账户的概念

登录账户是基于服务器使用的用户名,是系统级信息,存储在 master 数据库的 syslogins 系统表中。正如有两种身份验证模式一样,登录账户也有两种形式:在 Windows 身份验证模式下,可以创建基于 Windows 组或用户的登录账户;在混合身份验证模式下,除了可以创建上述登录账户外,还可以创建 SQL Server 自己的登录账户。创建登录账户只能由系统管理员完成。

2．SQL Server 内置的登录账户

在安装 SQL Server 后，系统会自动创建一些内置的登录账户，包括 Windows 系统本地管理员组账户、本地管理员账户、Network Service、SYSTEM 和 sa 账户。在 SQL Server Management Studio 的【对象资源管理器】中，依次展开服务器的【安全性】→【登录名】节点，就可以看到当前服务器中的登录账号信息，如图 6-2 所示。

在默认情况下，SQL Server 2008 使用本地账户来配置，其在 SQL Server Management Studio 窗口中显示为 BUILTIN\Administrator 或"计算机名 \ Administrator"。sa 是 SQL Server 系统管理员的账户，可以执行服务器范围内的任何操作。在 SQL Server 2008 中由于采用了新的集成和扩展的安全模式，所以 sa 不再是必需的，提供此账户主要为了针对早期 SQL Server 版本的向后兼容性。与其他系统登录一样，sa 默认授予 sysadmin 固定服务器角色，但没有为其指定密码，所以如要启用 sa 登录账户应先为其指定密码。下面简要介绍查看和设置 sa 登录账户密码的方法。

图 6-2   系统内置账号

在【对象资源管理器】中，依次展开服务器的【安全性】→【登录名】节点，右击【sa】，选择快捷菜单中的【属性】命令，打开【登录属性-sa】对话框，如图 6-3 所示。

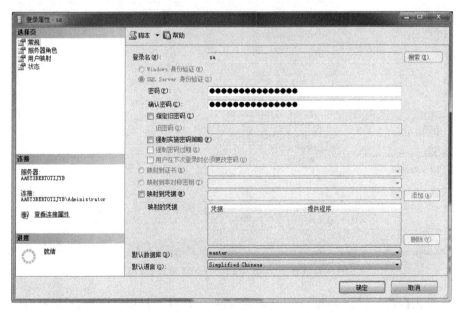

图 6-3   【登录属性-sa】设置对话框

在【常规】选项页中可以看到,sa 是一个基于 SQL Server 身份验证的登录账户,应用中最好为其设置强密码。如要为 sa 设置密码,则可以在【密码】文本框中输入相应的密码,并在【确认密码】文本框中再次输入密码,这里注意密码区分大小写。为 sa 设置密码后,就可以在【状态】选项页中启用它了。

需要说明的是,虽然 SQL Server 已有一些内置的管理员登录账户,但是在平时的开发过程中,不应直接使用它们。相反的,DBA 应该建立自己的系统管理员账户,使其成为 sysadmin 固定服务器角色的成员,并用其来登录。只有当没有办法登录到 SQL Server 2008 服务器(如忘记了密码)时,才使用内置的管理员登录。

任务 6-3 创建 Windows 登录账户

【任务描述】 把 Windows 用户 Lee 与 SQL Server 服务器相关联,使其可以登录到服务器上,并可默认访问 StudentScore 数据库。

【任务分析】 要为 Windows 用户或组在 SQL Server 中建立登录账号,需注意以下两点:一是需确保该账户是已存在的 Windows 用户账户或组账户,这可以使用 Windows 的【计算机管理】或【域用户管理器】预先添加需要的用户账户和组账户;二是只有系统管理员(sysadmin)和安全管理员(securityadmin)才可以执行这一操作。

【任务实现】

(1) 在 SQL Server Management Studio 的【对象资源管理器】中,展开要创建登录账号的服务器下的【安全性】节点,右击【登录名】,选择快捷菜单中的【新建登录名】命令,打开图 6-4 所示的【登录名-新建】对话框的【常规】选项页。

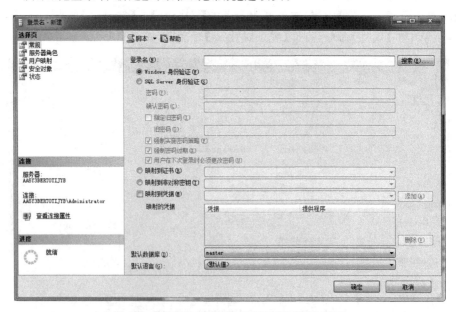

图 6-4 【登录名-新建】对话框的【常规】选项页

(2) 单击【登录名】文本框右侧的【搜索】按钮,打开【选择用户或组】对话框,依次单击【高级】和【立即查找】按钮,从【搜索结果】列表框中找到并选中 Lee,如图 6-5 所示。

图 6-5　添加登录用户

注意：这个名为 Lee 的用户是属于 Windows 域中的一个用户，其账号名采用"域名（或计算机名）\用户（或组）名"的形式，它之前没有对于 SQL Server 的访问权。

（3）选中这个用户后，单击【确定】按钮返回，再单击【确定】按钮返回【登录名-新建】对话框，即可看到新的登录名 AA6Y3BERTOTIJYB\Lee。

（4）在【登录名-新建】对话框的【常规】选项页中，选中【Windows 身份验证】单选按钮，并在【默认数据库】下拉列表框中选择 StudentScore 数据库。

（5）单击【确定】按钮，完成 Windows 登录账户的创建。此时在【对象资源管理器】的【登录名】节点下，即可看到新建的登录名 AA6Y3BERTOTIJYB\Lee。

【任务说明】　本任务中创建的登录名 Lee 还不能访问 StudentScore 数据库，如要让新创建的账户能访问 StudentScore 数据库，可在【登录名-新建】或【登录属性-AA6Y3BERTOTIJYB\Lee】对话框的【选择页】列表中单击【用户映射】选项，打开【用户映射】对话框，在【映射到此登录名的用户】列表框中选中 StudentScore 前的复选框，如图 6-6 所示。此时 SQL Server 将在选中的数据库中为该账号建立对应的数据库用户。

任务 6-4　创建 SQL Server 登录账户

【任务描述】　创建一个基于 SQL Server 身份验证的登录账户，名称为 Admin，登录密码为"123456"，默认登录数据库为 StudentScore。

【任务分析】　本任务同样可以在【登录名-新建】对话框中进行，所不同的是必须在【登录名】文本框中输入新建的登录账号名，并给定一个合适的密码，同时可以设置密码管理策略、强制实施密码策略、强制密码过期和用户在下次登录时必须更改密码。

图 6-6　指定新建登录用户可以访问的数据库

【任务实现】

(1) 展开要创建登录账号的服务器下的【安全性】节点，右击【登录名】，选择快捷菜单中的【新建登录名】命令，打开图 6-4 所示的【登录名-新建】对话框。

(2) 在【登录名】文本框中输入登录账号名 Admin，选中下方的【SQL Server 身份验证】单选按钮，并在【密码】和【确认密码】文本框中输入密码"123456"，最后在【默认数据库】下拉列表框中选择 StudentScore，如图 6-7 所示。

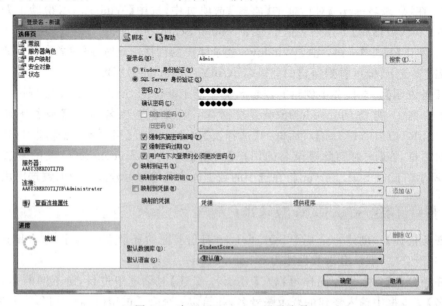

图 6-7　建立 SQL Server 登录账号

（3）单击【确定】按钮,完成 SQL Server 身份验证的登录账户的建立。

【任务说明】 与创建 Windows 登录账户一样,如未在【用户映射】选项页中将登录账号映射到数据库账户,则该账户仅能登录服务器,以及 master、tempdb 数据库,而不能访问用户数据库。除非登录账户是 sysadmin 角色的成员,或用户数据库中存在 guest 账户。另外,如果用户想通过"SQL Server 身份验证"登录 SQL Server 2008,还必须先将 SQL Server 服务器的身份验证模式设置为"SQL Server 和 Windows 身份验证模式"。

任务 6-5 修改和删除登录账户

【任务描述】 ①将任务 6-4 中创建的 Admin 登录账户的默认数据库修改为 People;②将任务 6-3 中建立的登录账户 Lee 从登录账户列表中删除。

【任务分析】 登录账户建立后可以修改其属性,如默认的数据库、语言、账号的状态等,但不能修改身份验证模式。并且,对于 Windows 登录账户只能通过 Windows 中的【计算机管理器】或【域用户管理器】修改账户密码。另外,如果某个登录账户不再有用,则可以将其从服务器中删除。

【任务实现】

（1）修改登录账户。

在【对象资源管理器】中,依次展开服务器的【安全性】→【登录名】节点,右击需要修改属性的登录账户,选择快捷菜单中的【属性】命令,打开【登录属性】对话框,在【默认数据库】下拉列表框中选择 People,然后单击【确定】按钮。

（2）删除登录账户。

在【对象资源管理器】中,依次展开服务器的【安全性】→【登录名】节点,右击需要删除的账号 AA6Y3BERTOTIJYB\Lee,从弹出的快捷菜单中选择【删除】命令,打开【删除对象】对话框,单击【确定】按钮,出现图 6-8 所示消息框,提示删除登录名并不会删除与该登录名相关的数据库用户(这有可能会产生孤立用户)。单击【确定】按钮完成登录账户的删除。

图 6-8 信息提示框

【任务说明】 修改登录账户时,除可在【常规】选项页中更改默认的数据库、语言等属性外,还可以在【服务器角色】选项页中修改用户在服务器中的角色;在【用户映射】选项页中,修改登录账号映射到数据库账户;在【安全对象】选项页中,通过单击【搜索】按钮,将 SQL Server 登录账号添加到【安全对象】列表框中,对账号进行授权;在【状态】选项页中设置登录账号是否允许连接到 SQL Server 数据库引擎,以及启用或禁用状态。另外,删除登录账户时,不能删除正在使用的登录名,也不能删除拥有任何安全对象、服务器级别对象或 SQL 代理作业的登录名。

6.2.3　SQL Server 的数据库用户

在实现安全登录后,如果在数据库中并没有与该登录对应的数据库用户,则该登录仍然不能访问相应的数据库,如前面任务 6-4 创建的 Admin 登录。在一个数据库中,用户对数据的访问权限以及对数据库对象的所有关系都是通过基于数据库的用户账号来控制的,所以对于每个要求访问数据库的登录,必须在数据库中设置相应的用户,并授予其活动许可权限。数据库的许可权限是通过映射数据库用户与登录账户之间的关系来实现的。在 SQL Server 中,一个登录账户在不同的数据库中可以映射成不同的用户(如登录账号 sa 自动与每一个数据库用户 dbo 相关联),并可具有不同的权限。数据库用户是登录名在数据库中的映射,用来指定哪些用户可以访问哪些数据库它是数据库级的安全实体,就像登录账户是服务器级的安全实体一样。另外,在 SQL Server 2008 中,数据库用户不能直接拥有表、视图等数据库对象,而是通过架构(架构的概念请见 6.3 节)拥有这些对象。

SQL Server 数据库级别上有 3 个默认的数据库用户,即 dbo、guest 和 sys。dbo 是数据库拥有者,对应于创建该数据库的登录账户。dbo 被隐式授予对数据库的所有权限,可以在数据库范围执行一切操作,并能将这些权限授予其他用户。guest 用户主要是让那些没有属于自己的用户账户的 SQL Server 登录者作为默认的用户,使其能够访问具有 guest 用户的数据库。建议尽量少用 guest 用户,因为如果使用不当,就有可能成为安全隐患。sys 和 INFORMATION_SCHEMA 是创建在每个数据库中的两个特殊的架构,它们都作为用户出现在目录视图中,相关的 INFORMATION_SCHEMA 和 sys 架构的视图提供存储在数据库里所有数据对象元数据的内部系统视图,sys 和 INFORMATION_SCHEMA 用户用于引用这些视图。

需要说明的是,在安装 SQL Server 时,这 3 个数据库用户被设置在 model 系统数据库中,它们在每个数据库中都存在,且不能删除。但 guest 用户可以通过在 master 和 tempdb 以外的任何数据库中执行 REVOKE CONNECT FROM GUEST 语言来撤销该用户的 CONNECT 权限,从而禁用该用户。

任务 6-6　创建数据库用户

【任务描述】　利用 SQL Server Management Studio 在 StudentScore 数据库中创建一个数据库用户 Admin_dbu,对应 Admin 登录账户。

【任务分析】　数据库用户可以在创建登录时同时创建,如前面任务 6-3,也可以在创建登录后单独创建。由于在创建 Admin 登录账户时没有指定数据库用户,所以本任务使用后一种方法。

【任务实现】

(1) 在 SQL Server Management Studio 的【对象资源管理器】中,展开要创建数据库用户的数据库节点,如 StudentScore,再展开其下的【安全性】节点。

(2) 右击【用户】图标,从弹出的快捷菜单中选择【新建用户】命令,打开图 6-9 所示的【数据库用户-新建】对话框。

图 6-9 【数据库用户-新建】对话框

（3）在【用户名】文本框内输入在数据库中识别登录所用的用户账户名称，它可以与登录账户名称相同，也可以设置为另外的名称，这里输入 Admin_dbu。

（4）单击【登录名】文本框右边的 ... 按钮，打开图 6-10 所示的【选择登录名】对话框，单击【浏览】按钮，打开图 6-11 所示的【查找对象】对话框，在【匹配的对象】列表框中选中【Admin】前的复选框，单击【确定】按钮，返回【选择登录名】对话框，再次单击【确定】按钮，返回【数据库用户-新建】对话框。

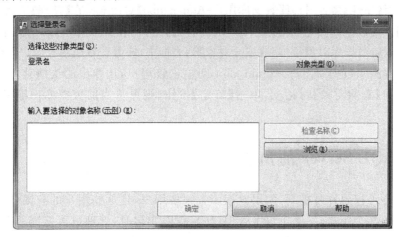

图 6-10 【选择登录名】对话框

（5）用同（4）一样的方法，选择【默认架构】为 dbo。

（6）单击【确定】按钮，即可将已创建的 Admin 登录账户映射成 StudentScore 用户，其用户名为 Admin_dbu。

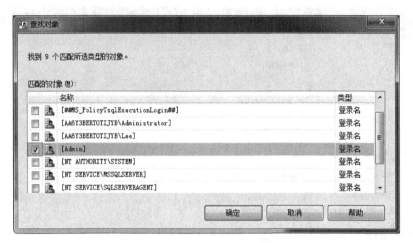

图 6-11 【查找对象】对话框

任务 6-7 查看、修改和删除数据库用户

【任务描述】 利用 SQL Server Management Studio 的查看、修改和删除数据库用户 Admin_dbu。

【任务实现】

(1) 在 SQL Server Management Studio 的【对象资源管理器】中,依次展开相应服务器下的【数据库】→StudentScore→【安全性】节点,选中【用户】图标,则可在右边的【对象资源管理器详细信息】窗格中看到当前数据库的所有用户、架构和创建日期等信息。

(2) 若要查看或修改数据库用户 Admin_dbu 的详细信息,可右击该用户,从弹出的快捷菜单中选择【属性】命令,打开【数据库用户-Admin_dbu】对话框。在【常规】选项页中,可查看或修改用户的数据库角色,以及此用户所拥有的架构;在【安全对象】选项页中,单击【搜索】按钮,可以将数据库对象添加到【安全对象】列表框中,并可查看或修改用户的权限。

(3) 若要删除数据库用户 Admin_dbu,可右击该用户,从弹出的快捷菜单中选择【删除】命令,打开【删除对象】对话框,单击【确定】按钮,则可从当前数据库中删除该数据库用户。

6.2.4 SQL Server 的角色

角色是一种权限许可机制,如果数据库有很多用户,且这些用户的权限各不相同,那么单独授权给某个用户,不便于集中管理,如当权限变化时,管理员可能需要逐个修改用户的权限,非常麻烦。为此,从 SQL Server 7.0 开始就引进了"角色"这种用来集中管理用户权限的概念,以代替以前版本中"组"的概念。SQL Server 管理者将操作数据库的权限赋予角色,然后再将数据库用户或登录账户设置为某一角色,使数据库用户或登录账户拥有了相应的权限。当若干个用户都被赋予同一个角色时,它们就都继承了该角色拥有的权限,若角色的权限变化了,这些相关的用户权限也都会发生相应的变化。因此,通过角色可将用户分为不同的类,相同类用户(相同角色的成员)进行统一管理,赋予相同的操作权限,从而方便管理员集中管理用户的权限。在 SQL Server 中有两种角色,即服务器角色和数据库角色。

1. 服务器角色

服务器角色又称为"固定服务器角色",是执行服务器级管理操作的用户权限的集合,主要用于在用户登录时授予的在服务器范围内的安全特权。这些角色是系统内置的,DBA 不能创建、修改和删除,只能将其他用户或者登录账户设置为某个或多个固定服务器角色的成员。在 SQL Server Management Studio 的【对象资源管理器】中,依次展开【安全性】→【服务器角色】节点,就可以看到 SQL Server 中内置的 8 种固定服务器角色,其名称及其权限如下。

① Sysadmin:系统管理员,拥有 SQL Server 所有的权限许可。

② Serveradmin:服务器管理员,管理 SQL Server 服务器端的设置和关闭服务器。

③ Diskadmin:磁盘管理员,管理磁盘文件。

④ Processadmin:进程管理员,管理 SQL Server 系统进程。

⑤ Securityadmin:安全管理员,管理和审核 SQL Server 系统登录。

⑥ Setupadmin:安装管理员,增加、删除连接服务器,管理扩展存储过程。

⑦ Dbcreator:数据库创建者,创建、更改和删除数据库。

⑧ Bulkadmin:大容量插入操作管理者,可执行大容量插入操作,但对要插入数据的表必须有 INSERT 权限。

需要说明的是,在 SQL Server 2008 中,sysadmin 服务器角色的成员都被自动映射到每个数据库内的 dbo 用户上,由 sysadmin 服务器角色成员创建的对象都自动属于 dbo 用户的默认架构。而由非 sysadmin 服务器角色成员创建的对象则属于创建该对象用户拥有的架构,当其他用户引用它们时必须以其架构名来限定。默认情况下,sa 和 Windows BUILTIN\Administrators 组(本地管理员组)的所有成员都是 sysadmin 固定服务器角色的成员。

2. 数据库角色

数据库角色是为某一用户或某一组用户授予不同级别的管理或访问数据库以及数据库对象的权限,这些权限是数据库专有的,并且可以使一个用户具有属于同一数据库的多个角色。SQL Server 提供了两种类型的数据库角色,即固定数据库角色和用户定义的数据库角色。

(1)固定数据库角色是在每个数据库中都存在的预定义组,SQL Server 已经预定义了这些角色所具有的管理、访问数据库的权限,SQL Server 管理者不能对其所具有的权限进行任何修改。在 SQL Server Management Studio 的【对象资源管理器】中,双击某一数据库,依次展开【安全性】→【角色】→【数据库角色】节点,就可以看到当前数据库所拥有 10 种固定数据库角色,其名称及其权限如下。

① db_owner:数据库所有者,对所拥有的数据库执行任何操作。

② db_accessadmin:数据库访问权限管理者,通过增加或删除用户、角色来指定谁可

以访问数据库。

③ db_securityadmin：数据库安全管理员，修改角色成员身份和管理权限。

④ db_ddladmin：数据库 DDL 管理员，创建、修改或删除数据库中的任何对象。

⑤ db_backupoperator：数据库备份操作员，备份和恢复数据库。

⑥ db_datareader：数据库数据读取者，能且仅能读取所有用户表中的任何数据。

⑦ db_datawriter：数据库数据写入者，能在所有用户表中增加、修改或删除数据，但不能进行 select 操作。

⑧ db_denydatareader：数据库拒绝数据读取者，不能读取数据库中任何表中的数据，但可以执行架构修改（如在表中添加列）。

⑨ db_denydatawriter：数据库拒绝数据写入者，不能增加、修改或删除数据库内用户表中的任何数据。

⑩ public：一个特殊的数据库角色，通常将一些公共的权限赋予 public 角色。

需要说明的是，数据库中的每个用户都属于 public 数据库角色。如果没有给用户专门授予对某个对象的权限，他们就使用指派给 public 角色的权限。

（2）用户定义的数据库角色。如果一组用户在 SQL Server 中需要执行相同的一组操作，并且不存在对应的 Windows 组，或者没有管理 Windows 用户账号的权限，则可以考虑在数据库中创建一个用户定义的数据库角色。用户定义的数据库角色又有两种类型，即标准角色和应用程序角色。

标准角色通过对用户权限等级的认定而将用户划分为不同的用户组，使用户总是相对于一个或多个角色，从而实现管理的安全性。所有的固定数据库角色都属于标准角色。

应用程序角色是一种比较特殊的角色。当打算让某些用户只能通过特定的应用程序间接地存取数据库中的数据而不是直接地存取数据库数据时，就应该考虑使用应用程序角色。当某一用户使用了应用程序角色时，他便放弃了已被赋予的所有数据库专有权限，他所拥有的只是应用程序角色被设置的权限。

任务 6-8　服务器角色的设置

【任务描述】　利用 SQL Server Management Studio 将 Admin 登录设置为 sysadmin 服务器角色的成员。

【任务分析】　通过对 SQL Server 服务器角色的设置，既可以通过登录属性的设置将一个登录指派到某个或多个服务器角色，也可以通过为服务器角色添加成员将多个登录名同时指定到一个角色，从而使它们同时具有相同的 SQL Server 操作权限。

【任务实现】

（1）将登录指派到角色。

① 在【对象资源管理器】中，依次展开相应服务器下的【安全性】→【登录名】节点。

② 右击要指派到角色的登录名 Admin，从弹出的快捷菜单中选择【属性】命令，打开【登录属性-Admin】对话框。

③ 在该对话框的【选择页】列表中单击【服务器角色】选项，打开【服务器角色】选项页，在【服务器角色】列表框中，通过选中相应服务器角色前的复选框来授予 Admin 不同

的服务器角色。这里选中【sysadmin】前的复选框,如图 6-12 所示。

图 6-12　【登录属性-Admin】对话框的【服务器角色】选项页

④ 单击【确定】按钮,完成将 Admin 登录设置为 sysadmin 服务器角色的过程。

（2）为角色添加成员。

① 在【对象资源管理器】中,依次展开相应服务器下的【安全性】→【服务器角色】节点。

② 单击【服务器角色】图标,在【对象资源管理器详细信息】窗格中列出了系统默认的 8 种固定服务器角色,右击需要添加成员的服务器角色 sysadmin,从弹出的快捷菜单中选择【属性】命令,打开图 6-13 所示的【服务器角色属性-sysadmin】对话框。在【服务器角色成员身份】列表框中列出了属于该服务器角色的登录账户。

图 6-13　【服务器角色属性-sysadmin】对话框

③ 单击【添加】按钮,弹出图 6-10 所示的【选择登录名】对话框,单击【浏览】按钮,弹出图 6-11 所示【查找对象】对话框,在【匹配的对象】列表框中选中 Admin 前的复选框,单

击【确定】按钮,返回【选择登录名】对话框。这里也可以通过输入登录名的一部分,再单击【检查名称】按钮来自动补齐登录名。

④ 单击【确定】按钮,完成 sysadmin 服务器角色成员的添加。

任务 6-9　创建数据库角色

【任务描述】　利用 SQL Server Management Studio 在 StudentScore 数据库中创建一个用户定义的数据库角色,名为 student_role,类型为标准角色。

【任务分析】　创建用户定义的数据库角色就是创建一组用户,这些用户具有相同的一组权限。本任务介绍利用 SQL Server Management Studio 创建新角色的方法。

【任务实现】

(1) 在 SQL Server Management Studio 的【对象资源管理器】中,依次展开 StudentScore 数据库下的【安全性】→【角色】节点。

(2) 右击【数据库角色】图标,从弹出的快捷菜单中选择【新建数据库角色】命令,打开图 6-14 所示的【数据库角色-新建】对话框。

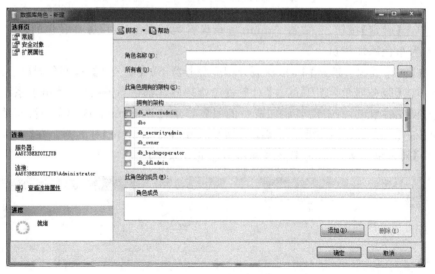

图 6-14　【数据库角色-新建】对话框

(3) 在【角色名称】文本框中输入数据库角色名 student_role,单击【确定】按钮,完成 student_role 数据库角色的创建。

【任务说明】　上面所创建的 student_role 角色由创建该角色的用户拥有,并且新创建的数据库角色还不具有任何权限,只有给其赋予了一定的权限它才能发挥作用(将在任务 6-12 中详细介绍)。另外,在图 6-14 所示的对话框中,还可以通过单击【添加】按钮将已建立的数据库用户或数据库角色添加到【此角色的成员】列表框中,这样,此角色的成员将继承给该角色指派的任何权限。操作方法:单击【添加】按钮,在打开的【选择数据库用户或角色】对话框中单击【浏览】按钮,弹出图 6-15 所示的【查找对象】对话框,在【匹配的对象】列表框中选中 Admin_dbu、public 前的复选框,单击【确定】按钮返回【选择数据库用户或角色】对话框,再次单击【确定】按钮,这样该角色中就包含了 Admin_dbu、public 两个角色成员了。

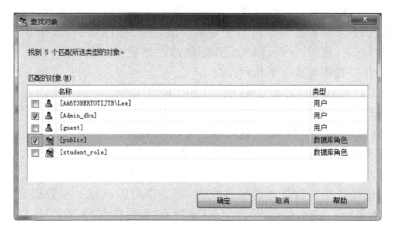

图 6-15　【查找对象】对话框

任务 6-10　查看、修改和删除数据库角色

【任务描述】　利用 SQL Server Management Studio 查看、修改和删除数据库角色 student_role。

【任务实现】

(1) 在 SQL Server Management Studio 的【对象资源管理器】中,依次展开 StudentScore 数据库下的【安全性】→【角色】节点,选中【数据库角色】图标,则可在右边的窗格中看到当前数据库的所有数据库角色的名称等信息。

(2) 若要查看或修改数据库角色 student_role 的详细信息,可右击该角色,从弹出的快捷菜单中选择【属性】命令,在打开的【数据库角色属性-student_role】对话框中对角色的成员或权限进行修改。

(3) 若要删除用户定义的数据库角色 student_role,可在右边窗格中右击该角色,从弹出的快捷菜单中选择【删除】命令,在打开的【删除对象】对话框中单击【确定】按钮,则可从当前数据库中删除该数据库角色。

需要说明的是,在删除用户定义的数据库角色之前,必须先删除其包含的角色成员,只有角色中的成员全部删除之后才可以删除角色。

6.2.5　SQL Server 的权限

权限是用来指定授权用户可以使用的数据库对象和这些授权用户可以对这些数据库对象执行的操作。用户在登录到 SQL Server 之后,其用户账号所归属的 NT 组或角色所被赋予的权限(许可)决定了该用户能够对哪些数据库对象执行哪种操作,以及能够访问、修改哪些数据。在每个数据库中,用户的权限独立于用户账号和用户在数据库中的角色,每个数据库都有自己独立的权限系统,这样可以细粒度地控制用户的权限。在 SQL

Server 2008 中包括 3 种类型的权限,即对象权限、语句权限和预定义权限。

(1) 对象权限是指对特定的数据库对象、特定类型的所有对象以及所有属于特定架构的对象的操作权限。用户可以管理权限的对象依赖于作用范围,在服务器级别上,可以为服务器、站点、登录和服务器角色授予对象权限;在数据库级别上,可以为应用程序角色、数据库、架构、表、视图、字段、同义词和存储过程等授予对象权限,以决定能对这些对象执行哪些操作。具体包括以下几种。

① SELECT,允许用户对表或视图发出 SELECT 语句。

② INSERT,允许用户对表或视图发出 INSERT 语句。

③ UPDATE,允许用户对表或视图发出 UPDATE 语句。

④ DELETE,允许用户对表或视图发出 DELETE 语句。

⑤ EXECUTE,允许用户对存储过程发出 EXECUTE 语句。

(2) 语句权限是指对数据库的操作权限,如是否可以执行一些数据定义语句,包括 BACKUP DATABASE(备份数据库)、BACKUP LOG(备份日志)、CREATE DATABASE(创建数据库)、CREATE TABLE(创建表)、CREATE DEFAULT(创建默认)、CREATE RULE(创建规则)、CREATE VIEW(创建视图)、CREATE FUNCTION(创建函数)等。

(3) 预定义权限又称隐含权限,是指系统预定义的固定服务器角色或固定数据库角色、数据库拥有者、数据库对象拥有者所拥有的权限。这些权限不能明确地被赋予或撤销。

任务 6-11　语句权限的设置与管理

【任务描述】　给 StudentScore 数据库的用户 Admin_dbu 授予对 StudentScore 数据库具有 CREATE TABLE、CREATE VIEW 语句权限,并且不允许其把该权限授予其他用户。

【任务分析】　在 SQL Server 中,语句权限和对象权限可以由 sysadmin 服务器角色、数据库拥有者或者特定数据库角色中的成员进行授予、拒绝和取消。SQL Server 可通过两种途径,即面向单一用户和面向数据库角色的权限设置,来实现对语句权限的设定和管理。

【任务实现】

(1) 在 SQL Server Management Studio 的【对象资源管理器】中展开【数据库】节点。

(2) 右击 StudentScore 数据库,从弹出的快捷菜单中选择【属性】命令,打开【数据库属性】对话框,在左侧的【选择页】中单击【权限】选项,打开【权限】选项页,如图 6-16 所示。

(3) 在【用户或角色】列表框中选择 Admin_dbu 用户(如果没有 Admin_dbu 用户,则单击【搜索】按钮添加该用户),此时在下面【Admin_dbu 的权限】网格中列出了所有可设置的语句权限,选中"创建表"和"创建视图"对应的【授予】复选框。

(4) 单击【确定】按钮,完成语句权限的设置。

任务 6-12　对象权限的设置与管理

【任务描述】　给 StudentScore 数据库的角色 student_role 授予查询 bStudent 表的权限。

【任务分析】　对象权限的设置同样可以使用 SQL Server Management Studio 进行,但其设置方法与语句权限有所不同。语句权限通过【数据库属性】对话框设置,对象权限则通过【数据库用户属性】或【数据库角色属性】对话框来设置。

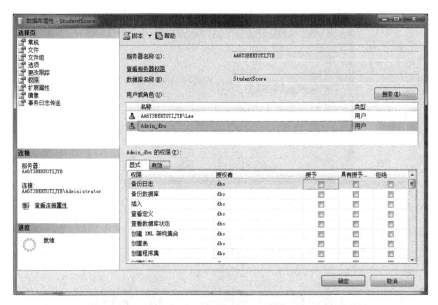

图 6-16　【数据库属性-StudentScore】对话框的【权限】选项页

【任务实现】

（1）在 SQL Server Management Studio 的【对象资源管理器】中，依次展开 StudentScore 数据库下的【安全性】→【角色】节点。

（2）单击【数据库角色】图标，在右边的窗格中列出的角色中双击 student_role，打开【数据库角色属性-student_role】对话框。

（3）在该对话框的【选择项】中单击【安全对象】选项，打开图 6-17 所示【安全对象】选项页。

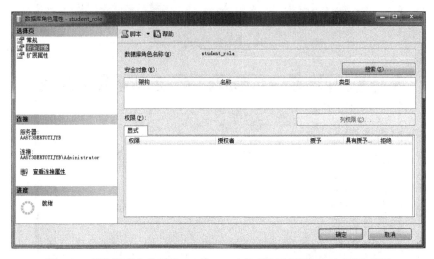

图 6-17　【数据库角色属性-student_role】对话框的【安全对象】选项页

（4）单击【搜索】按钮，打开图 6-18 所示的【添加对象】对话框，选中【特定对象】单选按钮。

211

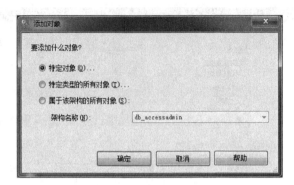

图 6-18 【添加对象】对话框

（5）单击【确定】按钮,弹出图 6-19 所示的【选择对象】对话框,单击【对象类型】按钮,弹出图 6-20 所示的【选择对象类型】对话框,选中"表"复选框,单击【确定】按钮返回【选择对象】对话框。

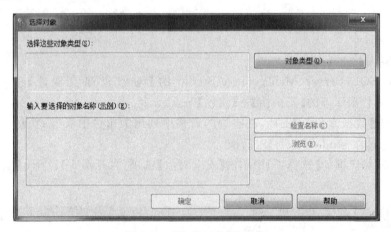

图 6-19 【选择对象】对话框

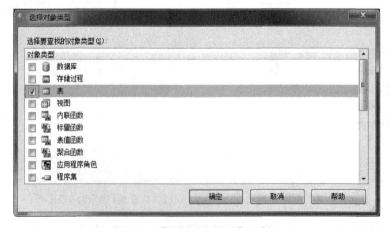

图 6-20 【选择对象类型】对话框

（6）单击【浏览】按钮，打开图 6-21 所示的【查找对象】对话框，选中"bStudent"表前面的复选框，添加 bStudent 表为"安全对象"，单击【确定】按钮返回【选择对象】对话框，再次单击【确定】按钮，返回【安全对象】选项页。

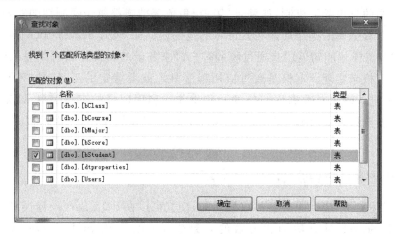

图 6-21 【查找对象】对话框

（7）在【安全对象】列表框中选择 bStudent，并在下面的【bStudent 的权限】网格中选中"选择"权限后面【授予】列的复选框，如图 6-22 所示。

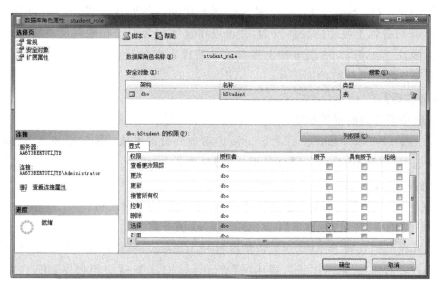

图 6-22 给 student_role 角色赋予对 bStudent 表执行查询的权限

另外，如要进一步对表中的列设置访问权限，可以单击【列权限】按钮，在打开的【列权限】对话框中给数据库角色授予列的 SELECT 或 UPDATE 访问权限。

（8）设置完成后单击【确定】按钮，使权限设置生效。

需要注意的是，给角色赋予权限后，角色所属于的用户将自动继承权限。当列权限、用户权限、角色权限发生冲突时，列权限将优于用户权限，用户权限将优于角色权限。

6.2.6 SQL Server 的审核功能

前面介绍的身份验证机制,如登录、用户、角色等措施都属于强制性的安全性机制,目的是将用户对数据库的操作局限在其许可的范围内。而 SQL Server 2008 服务器在运行过程中,DBA 怎样才能知道用户通过哪些客户机来登录的以及什么时刻登录的呢? 这些都可以通过审核来实现。审核是通过应用程序日志或者特定的工具,如"SQL Server 事件探查器"来记录用户对数据库实施的某些操作。利用记录的审核信息,DBA 可以分析出数据库的安全性以及有哪些非法用户执行了对数据库的操作,从而可以采取积极的应对措施。

任务 6-13 审核用户活动

【任务描述】 ①启动服务器的审核功能,使其可以在 SQL Server 错误日志中记录用户访问 SQL Server 时成功的和失败的登录尝试; ②利用 SQL Server 2008 的 SQL Server Profiler 进行跟踪审核。

【任务分析】 用户登录 SQL Server 成功或失败的信息可以通过 Windows 操作系统的【事件查看器】来查看,但在此之前必须先启动 SQL Server 服务器的审核功能;而 SQL Server 2008 的 SQL Server Profiler 是一个图形化的性能监控工具,它可以跟踪记录在 SQL Server 服务器上发生的任何行为,并可以将这些行为记录在跟踪文件中,DBA 可以在另一台 SQL Server 2008 服务器上重现这些跟踪下来的行为,判断可能导致性能下降的因素或造成数据库故障的原因。

【任务实现】

(1) 启动服务器的审核功能。

① 在 SQL Server Management Studio 中右击要设置审核功能的服务器,从弹出的快捷菜单中选择【属性】命令,打开【服务器属性】对话框。

② 选择进入【安全性】选项页,如图 6-23 所示。

③ 在"登录审核"设置区域选中【失败和成功的登录】单选按钮。

④ 单击【确定】按钮,并重新启动 SQL Server 服务器。

这样在以后的管理工作中,就可以依次打开 Windows 操作系统的控制面板→管理工具→事件查看器窗口,单击树状目录中的【Windows 日志】→【应用程序】项,在右侧窗格中查看审核信息。

(2) 利用 SQL Server Profiler 进行审核。

① 在 SQL Server Management Studio 中单击菜单栏中的【工具】→ SQL Server Profiler 命令,打开 SQL Server 2008 的 SQL Server Profiler 窗口。

② 单击【文件】→【新建跟踪】菜单命令,通过进行身份验证连接到 SQL Server 实例后,打开图 6-24 所示的【跟踪属性】对话框,在【常规】选项卡中设置跟踪的保存形式和名称,以建立新的跟踪。

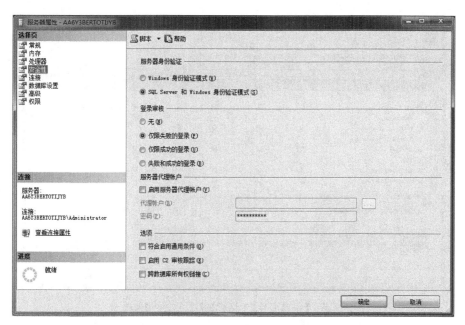

图 6-23 【服务器属性-AA6Y3BERTOTIJYB】对话框的【安全性】选项页 2

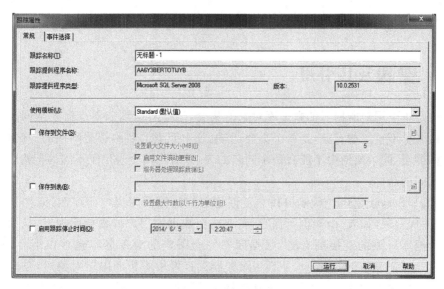

图 6-24 【跟踪属性】对话框的【常规】选项卡

③ 切换到【事件选择】选项卡,在【事件选择】列表框中列出了事件探查器能够进行跟踪的事件并对其进行分类,如图 6-25 所示。在此可以选中【显示所有事件】复选框,自定义跟踪的事件类。

④ 在【事件选择】列表框中选择【安全审核】,在【常规】选项卡中单击【运行】按钮以运行对该事件的跟踪。

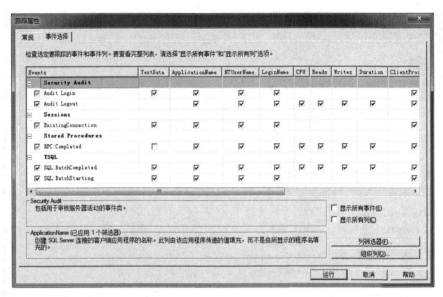

图 6-25　【跟踪属性】对话框的【事件选择】选项卡

6.3　架　　构

6.3.1　架构及其引用

　　架构是单个用户所拥有的数据库对象的集合,这些对象形成单个命名空间。命名空间是一组名称不重复的对象,是一个集合,其中每个元素的名称都是唯一的。例如,为了避免名称冲突,同一架构中不能有两个同名的表,只有当两个表位于不同的架构中时才可以具有相同的名称。

　　在 SQL Server 2008 中,架构独立于创建它们的数据库用户而存在(架构与用户分离)。数据库对象(如表)由架构所拥有,而架构由数据库用户或角色所拥有,从而使用户不再是数据库对象的直接拥有者,数据库中完全限定的对象名称包含以下 4 部分,即server. database. schema. object,并且当服务器在查询中解析非限定对象时,总是有一个默认的架构供服务器使用。即访问默认架构中的数据库对象时,不需要指定架构名称,而访问其他架构中的数据库对象时,则需要两部分或三部分的标识符。两部分的标识符格式为 schema. object;三部分的标识符格式为 database. schema. object。

　　SQL Server 2008 使用"默认架构"来解析未使用其完全限定名称引用的对象名称。每个数据库中的用户都有默认架构,用于指定服务器在解析对象的名称时将要搜索的第一个架构。当用户在数据库中创建对象时,数据库对象存储在用户的默认架构中,可以使用 CREATE USER 和 ALTER USER 的 DEFAULT_SCHEMA 选项设置和更改默认架构。如果未定义 DEFAULT_SCHEMA,则数据库用户将把 dbo 作为其默认架构。

例如,在 StudentScore 数据库中有一个用户叫 Lee,他的默认架构是 dbo。当此用户执行以下 SQL 语句,即创建名为 Students 的表时,Students 表默认存储在 dbo 架构中。注意用户必须是数据库 db_ddladmin 角色的成员或拥有创建对象的权限。

```
USE StudentScore
CREATE TABLE Students (Stud_Id char(10), Stud_Nname varchar(20))
```

而如果 Lee 要在 Admins 架构中创建 Students 表,则需要在 CREATE TABLE 语句中增加架构的限定:

```
CREATE TABLE Admins.Students (Stud_Id char(10), Stud_Nname varchar(20))
```

6.3.2　用户架构分离的好处

将架构与数据库用户分离对管理员和开发人员而言具有下列好处。

(1) 多个用户可以通过角色成员身份或 Windows 组成员身份拥有一个架构,这使得管理表、视图和其他数据库定义的对象变得简单得多。

(2) 删除数据库用户不需要重命名该用户架构所包含的对象。因而,在删除创建架构所含对象的用户后,不再需要修改和测试显式引用这些对象的应用程序,极大地简化了删除数据库用户的操作。

(3) 多个用户通过共享默认架构以进行统一名称解析,不但使得授权访问共享对象变得更加容易,而且开发人员可以将共享对象存储在为特定应用程序专门创建的架构中,而不是 dbo 架构中。

(4) 可以用比早期版本中的粒度更大的粒度管理架构和架构包含的对象的权限。

在 SQL Server 2008 中,可以在不更改架构名称的情况下转让架构的所有权,并且可以在架构中创建具有用户友好名称的对象,明确指示对象的功能。从而简化了数据库管理员和开发人员的工作。

任务 6-14　创建架构

【任务描述】　利用 SQL Server Management Studio 在 StudentScore 数据库中创建一个架构 Admins。

【任务分析】　在创建表之前,应该谨慎地考虑架构的名称。架构的名称以字母开头,在名称中可以包含下划线、@符号、♯号和数字,长度可达 128 个字符。架构名称在每个数据库中必须是唯一的,但在不同的数据库中可以包含相同名称的架构。创建架构的方法有两种,即使用 SQL Server Management Studio 创建和使用命令语句创建。

【任务实现】

(1) 在 SQL Server Management Studio 的【对象资源管理器】中,展开要创建架构的数据库节点,如 StudentScore,再展开其下的【安全性】节点。

(2) 右击【架构】节点,从弹出的快捷菜单中选择【新建架构】命令,打开【架构-新建】对话框,如图 6-26 所示。

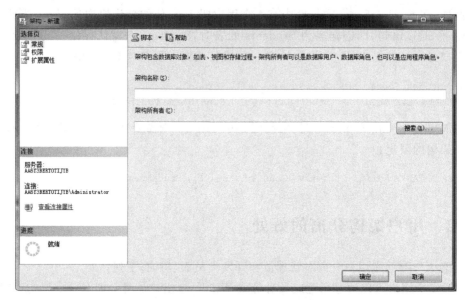

图 6-26 【架构-新建】对话框的【常规】选项页

（3）在【常规】选项页的【架构名称】文本框中输入架构的名称 Admins,在【架构所有者】文本框中输入所有者,或单击【搜索】按钮选择所有者。这里使用默认的 dbo 用户。

（4）单击【确定】按钮,完成架构创建。

任务 6-15 修改与删除架构

【任务描述】 利用 SQL Server Management Studio 在 StudentScore 数据库中完成以下任务：①修改架构 Admins 的所有者为 Admin_dbu 用户;②删除 Admins 架构。

【任务分析】 有时如果所有者不能使用架构作为默认的架构,或想允许/拒绝基于在每个用户或角色上指定的权限,则需要更改架构的所有者或修改其权限。需要注意的是,架构创建后就不能修改其名称。要删除一个架构,首先必须在架构上拥有 CONTROL 权限,并且在删除架构之前,移动或者删除该架构所包含的所有对象;否则删除操作将会失败。

【任务实现】

（1）修改架构的所有者。

① 在 SQL Server Management Studio 的【对象资源管理器】中,展开要修改架构的数据库节点,如 StudentScore,再展开其下的【安全性】→【架构】节点,可以查看当前数据库中拥有的架构信息。

② 右击要修改的架构,如 Admins,从弹出的快捷菜单中选择【属性】命令,打开图 6-27 所示的【架构属性】对话框。

③ 单击【常规】选项页的【搜索】按钮,打开图 6-28 所示的【搜索角色和用户】对话框,然后单击【浏览】按钮,在弹出的【查找对象】对话框中选择想要修改的用户或角色,这里选择 Admin_dbu 用户。

④ 单击【确定】按钮两次,完成对架构所有者的修改。

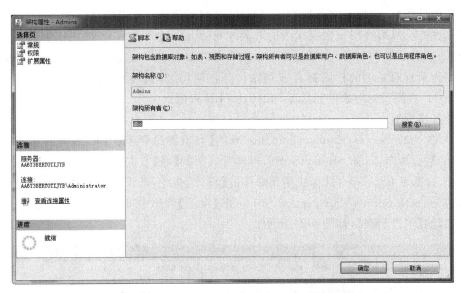

图 6-27　【架构属性-Admins】对话框的【常规】选项页

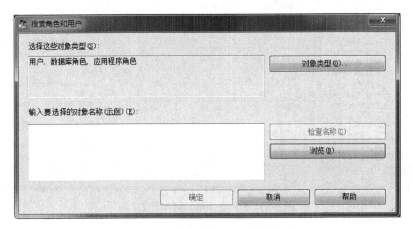

图 6-28　【搜索角色和用户】对话框

说明：如要修改用户或角色的权限，则可在【架构属性】对话框的【权限】选项页中，通过单击【搜索】按钮添加用户或角色，并在下面的权限列表中，选中相应的权限复选框。

（2）删除 Admins 架构。

① 在 SQL Server Management Studio 的【对象资源管理器】中，展开要删除架构的数据库节点，如 StudentScore，再展开其下的【安全性】→【架构】节点。

② 右击要删除的架构，如 Admins，从弹出的快捷菜单中选择【删除】命令，打开【删除对象】对话框，单击【确定】按钮完成删除操作。

任务 6-16　移动对象到新的架构

【任务描述】　利用 SQL Server Management Studio 在 StudentScore 数据库中将数据表 bStudent 从 dbo 架构移动到 Admins 架构中。

【任务分析】 架构是对象的容器,有时需要将对象从一个架构移动到另一个架构中,需要注意的是,只有在同一数据库内的对象才可以从一个架构移动到另一个架构中。当对象移动到新的架构中时,会更改与对象相关联的命名空间,也会更改对象查询和访问的方式,因为所有对象上的权限都会被删除。要在架构之间移动对象,必须拥有对对象的CONTROL 权限及对对象的目标架构的 ALTER 权限。

【任务实现】

(1) 在 SQL Server Management Studio 的【对象资源管理器】中,展开要移动对象到新架构的数据库节点,如 StudentScore,再展开其下的【表】节点。

(2) 右击表 bStudent,选择快捷菜单中的【设计】命令,打开表设计器。

(3) 在 SQL Server Management Studio 的【视图】菜单中,选择【属性窗口】命令,打开表设计器的【属性】窗格,如图 6-29 所示。

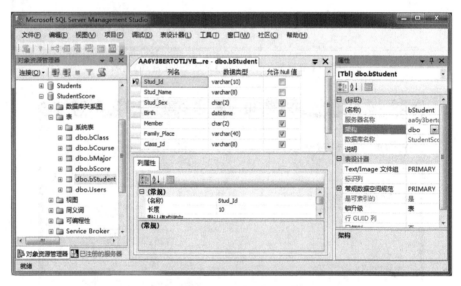

图 6-29 【表设计器】的【属性】窗格

(4) 在【属性】窗格的【架构】下拉列表中选择 Admins,在弹出的【更改此对象的架构将导致删除此对象的所有当前权限,是否确实要继续?】消息框中,单击【是】按钮,完成表架构的修改。

6.4 疑 难 解 答

(1) 账户和密码保存在哪里? 如何设置用户的默认数据库?

答:如果是 SQL Server 身份验证机制,账户和密码保存在 master 数据库的syslogins 系统表中。如果是 Windows 身份验证机制,账户和密码保存在 Windows 操作系统的账户数据库中,它是一个系统文件。

由于 master 数据库存储了重要的系统信息,对系统的安全和稳定起着至关重要的作用,所以在建立新的登录账号时最好不要将默认的数据库设置为 master 数据库,而是应根据用户将要进行的工作,将默认的数据库设置在具有实际操作意义的数据库上。

（2）如何选择身份验证机制?

答：在 Windows 身份验证机制中,SQL Server 2008 客户机只要能够访问 Windows 服务器,就可以访问 SQL Server 服务器,用户不必同时登录网络和 SQL Server 服务器,SQL Server 服务器把身份验证的工作交给 Windows 系统来完成,特点是"登录一次",所以这种验证方式也称为"受信连接"。而在 SQL Server 身份验证机制中,每个 SQL Server 服务器保存自己的登录账户和密码,这样客户机在访问每个 SQL Server 服务器时都需要不同的登录。由此可见,如果网络中有多个 SQL Server 2008 服务器,为了简化客户机的登录操作,可以通过 Windows 身份验证机制来完成。但需要注意的是,在 Internet 网络环境中无法采用 Windows 身份验证机制。

（3）如何设计 SQL Server 2008 服务器的安全体系?

答：一般说来,构建一个安全、稳定的 SQL Server 2008 服务器可以按照下列步骤进行。

① 选择身份验证机制。对于受信任的连接（如网络中授权的客户机）可以选择 Windows 身份验证机制;对于不受信任的连接可以选择 SQL Server 身份验证机制。

② 先对可能使用 SQL Server 数据库的用户进行归类分析,并将其分类,分类后在 SQL Server 上建立不同的角色。再将登录账户添加到角色中:如果是 Windows 身份验证机制,则在 Windows 系统中建立各种用户组,然后调用存储过程 SP_ADDSRVROLEMEMBER 和 SP_ADDROLEMEMBER 将用户组添加到角色中;如果是 SQL Server 身份验证机制,则在 SQL Server Management Studio 中直接将登录账户添加到角色中。

③ 给角色分配登录权限。

④ 为用户和角色分配许可权限。

小结：本项目紧紧围绕数据库安全这个命题,以学生成绩数据库的安全管理任务为主线,介绍了数据库安全策略的选择、SQL Server 安全认证模式的设置方法以及登录账号、数据库用户、角色、权限等的创建和管理操作。同时还介绍了维护数据库安全的主要技术、SQL Server 2008 的安全体系结构及其基本概念。

习　题　六

一、选择题

1. （　　）技术不属于数据库所采用的安全控制措施。
　A. 口令鉴别　　　　B. 数据约束　　　　C. 数据加密　　　　D. 视图机制
2. 在 SQL Server 的安全体系结构中,（　　）等级是用户接受的第三次安全性检验。
　A. 客户机操作系统的安全性　　　　　　B. 数据库的使用安全性
　C. SQL Server 的登录安全性　　　　　　D. 数据库对象的使用安全性

3.（　　　）角色的用户具有最大的权限,可以执行 SQL Server 2008 的任何操作。

  A. Securityadmin　　　　　　　　　　　　B. Serveradmin

  C. Setupadmin　　　　　　　　　　　　　　D. Sysadmin

4.（　　　）权限不是 SQL Server 中的权限。

  A. 用户权限　　　　B. 对象权限　　　　C. 语句权限　　　　D. 隐含权限

二、填空题

1. 数据库系统的安全性管理包括两方面的内容,一是＿＿＿＿＿＿的管理;二是＿＿＿＿＿＿的管理。

2. 数据库的访问权是通过映射＿＿＿＿＿＿和＿＿＿＿＿＿之间的关系来实现的。

3. SQL Server 2008 为用户提供了两种登录认证模式,即＿＿＿＿＿＿和＿＿＿＿＿＿。

4. 在 SQL Server 中有两种角色,即＿＿＿＿＿＿和＿＿＿＿＿＿。

三、判断题

1. 系统数据库中除 tempdb 数据库外,都拥有 guest 用户。　　　　　　　　　（　　　）

2. 在创建数据库对象时,如果未指明其所在架构,则 SQL Server 自动把该数据库对象存储在该对象创建者的默认架构中。　　　　　　　　　　　　　　　　　　（　　　）

3. 在完成 SQL Server 安装之后,SQL Server 就自动建立了一个特殊的用户 sa,它拥有最高的权限。　　　　　　　　　　　　　　　　　　　　　　　　　　　　（　　　）

4. 登录账号是系统信息,存储在 master 系统数据库中。　　　　　　　　　　（　　　）

5. Windows 身份验证模式能提供比 SQL Server 身份验证模式更多的安全认证功能。　　　　　　　　　　　　　　　　　　　　　　　　　　　　　　　　　（　　　）

四、简答题

1. 试述数据库用户访问数据库时需进行的 4 次安全性检验过程。

2. 简述数据库用户的作用及其与服务器登录账号的关系。

3. 为什么说角色可以方便管理员集中管理用户的权限?

4. 简述 SQL Server 2008 中的 3 种权限。

5. 简述架构与数据库用户分离的好处。

五、项目实训题

1. 使用 SQL Server Management Studio 创建 SQL Server 登录账户和数据库用户,名为 DbUser,使之能够访问 StudentScore 和 People 数据库,默认数据库为 People,密码自设。

2. 给 DbUser 设置具有 db_owner 角色的权限。

3. 使用 SQL Server Management Studio 在 People 数据库中创建一个架构 Manager,并使其为 DbUser 用户所拥有。

项目 7　学生成绩数据库的设计

知识目标：①了解数据库系统的基本概念和组成，掌握数据库管理系统的主要功能；②了解数据与数据联系的描述方法，理解概念数据模型和结构数据模型的概念，掌握关系数据模型的结构特点和约束机制；③掌握关系数据库设计的方法与步骤。

技能目标：①能根据数据库系统的应用背景进行系统的功能分析和数据分析；②会用规范设计法进行中、小型数据库系统的概念设计、逻辑设计和物理设计。

在前面的项目中，以 SQL Server 2008 为平台对数据库系统环境的建立及其数据管理的各个方面进行了详细的介绍，并从中了解到数据库管理系统能够提供强大的数据管理功能。但在实际应用中，它主要是由专业的数据库管理人员来维护、管理的，普通的计算机用户对后台的数据库不熟悉，不能并且也不应该直接使用数据库管理系统操作数据库，这就要使用其他的开发环境为应用系统设计处理逻辑和前台用户界面，以便普通数据库用户不必了解复杂的数据库概念和学习数据库管理系统的操作，就能通过数据库管理系统管理数据，完成相应的功能。为此，本项目将以学生成绩管理系统为研究对象，介绍数据库应用系统的设计内容和方法。按照数据库设计的步骤，将项目主要分解成以下几个任务。

任务 7-1　项目设计背景描述
任务 7-2　确定数据库设计的内容和方法
任务 7-3　确定系统的功能需求
任务 7-4　确定系统的数据需求
任务 7-5　确定系统的性能需求
任务 7-6　系统的概念设计
任务 7-7　系统的逻辑设计
任务 7-8　系统的物理设计

7.1　项目设计概述

7.1.1　数据库系统及其体系结构

1. 数据库系统

数据库系统(DataBase System，DBS)是指具有管理和控制数据库功能的计算机应用系统，它是一个实际可运行的、按照数据库方法存储、维护和向应用系统提供数据支持的系统,其主要包括计算机支持系统、数据库(DB)、数据库管理系统(DBMS)、建立在该数据库之上的应用程序集合及有关人员等组成部分。

① 计算机支持系统:主要有硬件支持环境和软件支持系统(如操作系统、开发工具)。

② 数据库:是按一定数据模型组织,长期存放在外存上可共享的、与一个企业组织各项应用有关的全部数据的集合。

③ 数据库管理系统:为一个管理数据库的软件,它是数据库系统的核心部件。

④ 数据库应用程序:指满足某类用户要求的操纵和访问数据库的程序。

⑤ 人员:数据库系统分析设计员、系统程序员、用户等。而数据库用户通常又可分为两类:一类是批处理用户,也称为应用程序用户,这类用户使用程序设计语言编写的应用程序,对数据进行检索、插入、修改和删除等操作,并产生数据输出;另一类是联机用户,或称为终端用户,他们使用终端命令或查询语言直接对数据库进行操作,这类用户通常是数据库管理员或系统维护人员。

2. 数据库系统的体系结构

数据库系统的体系结构是数据库系统的一个总的框架,虽然实际的数据库系统种类各异,但它们基本上都具有 3 级模式的结构特征,即外模式(External Schema)、概念模式(Conceptual Schema)和内模式(Internal Schema)。这个 3 级结构有时也称为"数据抽象的 3 个级别",在数据库系统中,不同的人员涉及不同的数据抽象级别,具有不同的数据视图(Data View),如图 7-1 所示。

① 外模式:又称用户模式,是用户用到的那部分数据的描述,即数据库用户看到的数据视图。它是用户与数据库系统的接口。

② 概念模式:又称逻辑模式,简称模式,是数据库中全部数据的整体逻辑结构的描述,是所有用户的公共数据视图。

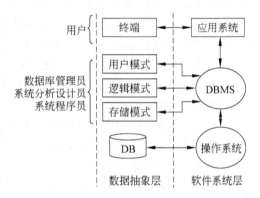

图 7-1　数据库人员涉及的数据抽象层次

③ 内模式:又称存储模式,是对数据库中数据的物理结构和存储方式的描述。

数据库系统的 3 级模式结构是对数据的 3 个抽象层次,它把数据的具体组织留给 DBMS 去管理,用户只要抽象地处理数据,而不必关心数据在计算机中的表示和存储,从而减轻了用户使用系统的负担。由于 3 层模式的数据结构可能不一致,所以为了实现这 3 个抽象层次的联系和转换,数据库系统在这 3 层模式中提供了两级映像。

① 概念模式/内模式映像。用于定义概念模式和内模式间的对应关系。当内模式(即数据库的存储设备和存储方式)改变时,概念模式/内模式映像也要作相应的改变,以保证概念模式保持不变,从而使数据库达到物理数据独立性。此映像一般是放在内模式中描述的。

② 外模式/概念模式映像。用于定义外模式和概念模式间的对应关系。当概念模式改变(如增加数据项)时,外模式/概念模式的映像也要作相应的改变,以保证外模式保持

不变,从而使数据库达到逻辑数据独立性。此映像一般是放在外模式中描述的。

正是由于数据库系统的 3 级结构间存在着两级映像功能,才使得数据库系统具有较高的数据独立性、逻辑数据独立性和物理数据独立性。

另外,需要说明的是,上述数据库系统的 3 级模式结构是从数据库管理系统的角度来考察的,这是数据库系统内部的体系结构;如果从数据库最终用户的角度看,数据库系统的结构则可分为集中式结构、分布式结构和客户/服务器结构,这是数据库系统外部的体系结构。

7.1.2 数据库设计的任务、内容和方法

数据库设计是信息系统开发和建设中的核心技术,它是指根据一个单位或部门的信息需求、功能需求及数据库支持环境(包括硬件、操作系统和 DBMS),建立一个结构合理、使用方便、运行效率较高的数据库及其应用系统的过程。数据库设计任务常常是在某个具体的应用背景下提出的建立数据库及其应用系统的要求。由数据库设计的概念和任务可知,数据库设计主要包括两方面的内容:一是数据库的结构设计,即设计数据库的结构模式(包括用户模式、逻辑模式和存储模式);二是数据库的行为设计,即设计相应的应用程序、事务处理等。

人们经过探索提出了各种数据库设计方法。如根据对信息需求和功能需求侧重点的不同,可将数据库设计分为两种不同的方法:面向过程的设计方法和面向数据的设计方法。前者以功能需求为主,后者以信息需求为主。根据设计思想和手段的不同,可将数据库设计分为 3 种不同的方法:规范设计法、计算机辅助设计法和自动化设计法。规范设计法是目前比较完整并具权威性的一种设计法,它运用软件工程的思想和方法,提出了各种设计准则和规程。而其中基于 E-R 模型的设计方法、基于 3NF(第三范式)的设计方法、基于抽象语法规范的设计方法等,则是在数据库设计的不同阶段上支持实现的具体技术和方法,是常用的规范设计法。

按规范设计方法,数据库设计包括需求分析、概念设计、逻辑设计、物理设计、数据库实施及运行维护 6 个阶段。其中,需求分析阶段又称为系统分析阶段,它是整个数据库设计过程的基础,要收集数据库所有用户的信息需求和处理要求,并加以分析和规格化,最后需要提交数据字典、数据流程图及系统功能划分等设计文档。概念设计、逻辑设计、物理设计又统称为系统设计阶段,它是数据库逻辑结构和物理结构的设计阶段。数据库实施阶段则是原始数据装入和应用程序设计的阶段,是系统开发的最后一个阶段。本项目主要介绍系统分析和系统设计阶段所使用的技术和方法,数据库实施阶段的应用程序设计将在项目 11 中介绍,数据库运行维护的技能在前面的项目中已作过介绍。

任务 7-1 项目设计背景描述

【任务描述】 试述学生成绩管理系统的设计背景,并说明其设计目标。

【任务分析】 本任务是设计一个数据库应用系统的前提,需说明项目的设计背景和设计目标。其内容主要包括:现有系统存在的问题,需要解决什么问题,提出该项目的目的,目前所具备的条件,以及待开发数据库的名称和使用此数据库的软件系统的名称。

【任务实现】 项目设计背景：某校教学管理组织主要有8个系部、32个专业，全日制在校学生8000余人，现还正在改革建设发展中。目前学校在管理模式上采用校、系两级管理，即学校教务处和各系教务科共同完成教学事务的管理。教务处是学校学籍管理的核心部门，下辖教材科、教学科、教学实践科、综合科及各系教务秘书，主要负责学生学籍、成绩信息、教学计划、教室信息、课程信息、排课等事务的综合管理，其中成绩管理涉及大量学生数据的输入、查询、统计、报表输出等工作。由于各高校管理规范程度不同，实际运行情况也有很大的差异，市面上目前很难找到一个比较通用的、能够适合各高校使用的学生成绩管理系统。为进一步利用计算机校园网络，实现学生成绩管理的计算机网络化、标准化、规范化，提高工作效率和质量，迫切需要开发一个方便管理和使用的网络版学生成绩管理系统。

项目设计目标：建立一个基于校园网络应用平台的、面向学校教务部门以及各系部教学管理科室等层次用户的学生成绩管理系统，以满足学校日常的学生成绩管理需要，实现学生成绩管理的计算机网络化、标准化，提高信息处理的准确性和高效性。该系统应能以成绩管理决策部门为中心，对所涉及数据进行集中的、统一的管理，包括与成绩信息相关的学生基本信息、专业信息、班级信息、课程信息等的录入、修改、删除、查询、统计、报表输出与分析几部分，其他部门在学校教务部门的授权下可以对成绩数据进行录入、修改、查询、统计、打印等操作。由此建立的学生成绩数据库应具有较高的数据独立性、安全性和完整性，并保证多个并发用户同时访问数据库时的响应速度。

任务 7-2 确定数据库设计的内容和方法

【任务描述】 根据学生成绩管理系统的设计背景和目标，确定其数据库设计的内容和方法。

【任务分析】 由于用数据库管理信息具有数据量大、保存时间长、数据关联复杂及用户要求多样化的特点，所以在了解了项目设计的背景和目标后，必须选择一种合适的数据库设计方法，使得开发设计人员能够方便地使用这个环境表达用户的要求，构造最优的数据结构，并据此建立数据库及其应用系统。从整个系统设计的角度来说，可以将其分为两个部分：一是进行数据库服务器端数据库结构的设计；二是进行数据处理的客户端应用程序的设计。有关客户端应用程序的设计将在项目11中完成，这里只讨论数据库结构的设计。

【任务实现】 由于规范设计法是目前比较完整和成熟的一种设计方法，其设计过程中贯穿的软件工程思想和方法有利于提高软件的质量和开发效率，E-R模型的设计方法又比较直观，适合于初学人员，所以在学生成绩数据库系统结构的设计中采用规范设计法中的 E-R 模型方法。

与之相应的工作内容及其步骤为：①进行系统的需求分析；②进行数据库的概念设计，即将用户的需求转换为概念模型；③进行数据库的逻辑设计，即将概念模型转换为相应的逻辑结构；④逻辑模型的物理实现，如选定 SQL Server 2008 作为本项目的数据库管理系统，则应在 SQL Server 2008 上创建数据库、表及其他数据库对象；设计和实现数据库的完整性、安全性。

7.2　系统需求分析

　　开发一个新应用系统,总是以收集、分析用户需求作为起点的。需求分析的任务是通过详细调查现实世界要处理的对象,如组织、部门、企业等,充分了解原系统工作状况,明确用户的各种需求,建立新系统的功能框架。收集、分析用户需求是科学,也是艺术,其中的每一步都可能出现问题。常用的方法有调查、交流,调查的重点是"数据"与"处理"。其注意事项是要有充分的沟通,注意在用户不同的意见中把握系统本质性的需求,以及关注系统开发过程中需求的改变。当所有的需求收集完成后,必须对需求进行整理和分析,并和所有的有关人员,如最终用户、项目主管及其他开发人员一起重新审查对需求的理解。

　　要使一个新的 SQL Server 应用系统的开发取得成功,取决于很多因素。其中,严格遵循数据库应用系统的开发步骤,准确了解与分析用户需求是保证系统开发成功的前提。需求分析是整个设计过程的基础,也是最困难、最耗时的一步,一方面,是因为用户缺少计算机方面的知识,开始时无法确定计算机究竟能为自己做什么,不能做什么,因此往往不能准确地表达需求,所提出的需求往往不断地变化;另一方面,设计人员缺少用户的专业知识,不易理解用户的真正需求。而需求分析的结果是否准确反映了用户的实际要求,将直接影响到后面各个阶段的设计,并影响到设计结果是否合理和实用。所以,设计人员必须不断深入地与用户交流,才能逐步确立用户的实际需求。在一个实际的应用系统中,用户需求主要有以下 3 种类型:功能需求(系统应满足的所有操作功能)、数据需求(指完成系统所有功能需求所需要的所有原始数据)和性能需求(系统必须满足的如运行速度、容错能力等要求)。

任务 7-3　确定系统的功能需求

　　【任务描述】　根据对现行系统进行详细调查的结果,确定系统的功能需求,以保证开发的新系统功能与用户的所有操作要求相吻合。

　　【任务分析】　在新生入学后,学校要为每个学生建立一份新的学生信息,内容包括学号、姓名、性别、出生日期、籍贯等。在学期末,教师要把学生的各门功课成绩登记入库。系统管理员或教师可以查询或统计某个或群体学生的相关信息,查询的关键词可以是学生姓名或课程名称等,可能由于初次的录入失误或事后学生信息的改变,系统管理员要对学生信息做出相应的调整。而学生只允许查询自己的成绩信息。由项目设计背景与目标可知,本系统是基于网络环境下的学生成绩管理系统,要求分 3 级用户使用,一级用户限于教务处熟悉教务工作及本系统的管理人员;二级用户为授予权限的熟悉院系教学工作及本系统操作的院系级教学秘书和教师;三级用户是学生主体,在得到初始密码后可以进行自己信息的查询。

　　【任务实现】　在需求分析阶段,系统设计人员根据调查以及和用户交流的结果,同时结合系统目标,对用户提出的各种功能需求进行了仔细的研究和分析,经与用户反复讨论后,提炼出本系统应能提供的以下 5 个方面的功能。

　　(1) 数据录入功能。完成系统相关数据的录入。包括院系专业信息的录入、班级信息的录入、课程信息的录入、学生基本情况数据的录入、学生成绩数据及补考成绩数据的录入。

　　(2) 数据查询功能。完成对各种需求数据的查询。包括学生基本情况的查询、课程信息的查询、学生成绩信息的查询及补考成绩的查询等。

（3）数据统计功能。完成对各种需求数据的统计。包括班级人数的统计、专业人数的统计、学生成绩及学分的统计等。

（4）系统信息的浏览与维护。完成系统相关数据的维护。包括院系专业信息的浏览与维护、班级信息的浏览与维护、课程信息的浏览与维护等。

（5）报表输出。完成所需报表的输出。包括基本情况表、学生成绩表、补考情况表等。

本系统具体的功能如图 7-2 所示。

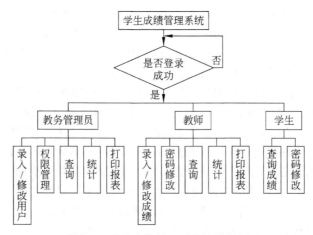

图 7-2　学生成绩管理系统功能框图

任务 7-4　确定系统的数据需求

【任务描述】　根据系统功能需求分析的结果,确定系统的数据需求,以保证数据库中能够完整地存储完成系统全部功能需求所需要的所有原始数据。

【任务分析】　由于学生成绩数据库系统的主要功能是进行学生成绩的管理,如进行成绩的查询、统计和打印等。具体为:①系统管理;②专业信息的插入、删除、修改和查询;③班级信息的插入、删除、修改和查询;④学生信息的插入、删除、修改和查询;⑤课程信息的插入、删除、修改和查询;⑥学生成绩的插入、删除、修改和查询;⑦打印成绩单。所以系统中涉及的主要数据对象有专业、班级、学生、课程和成绩。

【任务实现】　在系统分析阶段,系统设计人员根据系统功能需求分析的结果,并与系统使用人员经过多次交流后,对上述数据对象进行了认真的分析,进一步对各个数据对象提出了以下的数据需求。

（1）专业涉及的主要信息有专业代号、专业名称、学制、系部代号、系部名称。

（2）班级涉及的主要信息有班级代号、班级名称、所属专业、所在系部、班级人数。

（3）学生涉及的主要信息有学号、姓名,性别、出生日期、是否团员、籍贯。

（4）课程涉及的主要信息有课程代号、课程名称、课程类型、课时数。

（5）成绩涉及的主要信息有学号、课程代号、所在学期、考试成绩、补考成绩、学分。

另外,系统的用户包括管理员、教师和学生。由于各自身份的不同,需要设置不同的操作权限,如管理员可以更改学生信息,包括添加、更新或删除等,学生则不能。所以,需要设计用户信息表,主要包括用户账号、密码和用户级别等信息。

任务 7-5　确定系统的性能需求

【任务描述】　根据系统功能需求和数据需求分析的结果,确定系统的性能需求,以保证数据库中数据的安全性、完整性和正确性,以及系统必须满足的运行速度。

【任务分析】　本任务要求系统能适应学校网络的需求,能实现不同用户的权限控制,如果数据库被破坏,能及时恢复。主要包括以下几个方面。

(1) 数据精确度要求。本系统要求主要数据均来自基本表,通过导入操作,将数据输入错误减少到最低限度。对用户需手工输入的数据,设定数据完整性约束,进一步减少数据录入错误,提高数据的精确度。

(2) 响应时间要求。一是用户导入学生和成绩信息的响应时间应尽量快,在不超过 10 分钟的时间内完成导入;二是查询学生和成绩信息的响应结果应尽量快,在 2 分钟内出现结果。

(3) 安全性要求。能实现不同级别用户的权限控制,本系统中主要有教务系统管理员、教学秘书和教师、在校学生 3 级用户。

(4) 可靠性要求。软件在出现运行错误时,应有明确提示,并尽可能挽救用户已输入的数据,系统应具有定期的数据备份功能。

(5) 适应性要求。系统应具备良好的可移植性,对常用的操作系统、浏览器,可以几乎不加修改直接使用;需借助其他软件进行操作的部分,应提供稳定的多于一种的与其他软件的接口。

【任务实现】　在系统分析阶段,系统设计人员根据系统功能需求和数据需求分析的结果,与系统使用人员经过多次交流后,对系统进行了认真的分析,整理出以下的性能需求。

(1) 本系统内的所有信息输入项的数据约束或来源均依赖于本系统的数据字典。

(2) 软件在出现运行错误时,应有明确提示,给出出错类型。例如,用户输入信息类型不对,提示应输入的数据类型;输入数据不能为空时,提示不能为空等。

(3) 实施必要的数据库备份和恢复操作,对本系统用到的所有基本表提供维护性操作,用户可对因错误操作毁坏的重要数据进行恢复。

(4) 设置数据库安全控制机制。对使用本系统的 3 级用户设定不同权限,凭用户名及密码进入,教务处工作限定专职人员在教务处局域网内完成。

(5) 院系级由院系教学秘书在校园网内部操作,学生信息服务则可在 Internet 上进行,且必须满足各种操作响应时间的要求。

7.3　系统概念设计

7.3.1　概念设计中数据及数据联系的描述

由于从客观事物的特性到计算机中的数据表示,需要对现实生活中的事物进行认识、概念化并逐步抽象至能够存储到计算机中的数据,所以在数据处理中,数据描述将涉及不同的范畴,即需要经历 3 个领域:现实世界、信息世界和机器世界。这里主要介绍概念设计中涉及的如何实现从现实世界到信息世界的抽象。

现实世界是存在于人们头脑之外的客观世界,是数据库设计者接触到的最原始的数据。在现实世界中,一个实际存在可以相互识别的事物称为个体,如一个学生、一台计算机、一门课程等。每个个体都具有自己的具体特征值,如某一个学生叫张山,男,20 岁,计算机应用专业等。相同性质的同一类个体的集合叫总体,如所有的学生是一个总体。并且,每个个体总有一个或几个特征项的组合,根据它们的不同取值,可以将这类事物集合中的某一个具体事物区别开来,这样的特征项的组合叫做标识特征项,如学生的学号。

由此可见,现实世界中的事物之间既有"共性"又有"个性"。要求解现实问题,就要从中找出反映实际问题的对象,研究它们的性质及其内在联系,从而找到求解方法,这就要实现由现实世界到信息世界的抽象。

信息世界是现实世界在人们头脑中的反映,又称为"概念世界"。人们对现实世界中的客观事物及其联系进行综合分析,形成一套对应的概念,并用文字和符号将它们记载下来,从而实现对现实世界的第一次抽象。在信息世界中,经过抽象描述的现实世界中的个体叫做实体(Entity),总体称为实体集(Entity Set),个体的特征项称为属性(Attribute)。属性有属性名和属性值之分,如学生的学号、姓名、性别、出生日期等均为学生实体的属性名,而 3031123101、张山、男、1984 年 8 月 28 日则为相应的属性值。每个属性所取值的变化范围称为该属性的值域(Domain),其类型可以是整型、实型、字符串型等,如属性性别的值域为(男,女),其类型可为字符串型。而其中能唯一标识每个实体的一个属性或一组属性称为实体标识符(Identifier),如属性学号可以作为学生实体标识符。

另外,现实世界中的事物是相互联系的,这种联系反映到信息世界中成为实体间的联系(Relationship)。实体间的联系有两类:一类是实体集内部各属性之间的联系,如在"学生"实体集的属性组(学号、姓名、年龄等)中,一旦学号被确定,则该"学号"对应的学生"姓名"、"年龄"等属性也就被唯一确定了;另一类是实体集与实体集之间的联系,同一实体集实体之间的联系称为一元联系,两个不同实体集实体之间的联系称为二元联系,3 个不同实体集实体之间的联系称为三元联系,以此类推。下面重点讨论最常见的两个不同实体集实体之间的联系。

两个不同实体集实体之间的联系有以下 3 种情况。

(1)一对一联系。如果实体集 A 中每个实体至多和实体集 B 中一个实体有联系,反之亦然,则称实体集 A 和实体集 B 具有"一对一联系",记为 1∶1,如"学生"实体集与"教室座位"实体集间的联系。

(2)一对多联系。如果实体集 A 中每个实体与实体集 B 中 N($N \geqslant 0$)个实体有联系,而实体集 B 中每个实体至多和实体集 A 中一个实体有联系,则称实体集 A 和实体集 B 具有"一对多联系",记为 1∶N,如"班级"实体集与"学生"实体集间的联系。

(3)多对多联系。如果实体集 A 中每个实体与实体集 B 中 N($N \geqslant 0$)个实体有联系,而实体集 B 中每个实体也与实体集 A 中 M($M \geqslant 0$)个实体有联系,则称实体集 A 和实体集 B 具有"多对多联系",记为 M∶N,如"学生"实体集与"课程"实体集间的联系。

7.3.2　数据模型的概念

数据模型是对现实世界的抽象,是一种表示客观事物及其联系的模型。在将现实世界中的事物及其联系逐步抽象为数据世界中具有一定结构便于计算机处理的数据形式时,需要用到以下两类不同层次的数据模型:一是概念数据模型(Conceptual Data Model);二是结构数据模型(Structural Data Model)。前者是按用户的观点对数据建模,后者是按计算机系统的观点对数据建模。

概念数据模型用于信息世界的建模,它是现实世界的第一层抽象,其数据结构不依赖于具体的计算机系统,只是用来描述某个特定组织所关心的信息结构,是用户和数据库设计人员之间进行交流的工具,如“实体—联系(Entity-Relationship)”方法(简称为 E-R 方法)即为建立此类模型比较简单的一种方法。

结构数据模型用于机器世界的建模,它是现实世界的第二层抽象,由于其涉及具体的计算机系统和数据库管理系统,所以这类模型要用严格的形式化定义来描述数据的组织结构、操作方法和约束条件,以便于在计算机系统中实现。按数据组织结构及其之间的联系方式的不同,常把结构数据模型分为层次模型(Hierarchical Model)、网状模型(Network Model)、关系模型(Relational Model)和面向对象模型(Object-Oriented Model)4 种。其中关系模型的存储结构与人们平常使用的二维表格相同,容易为人们理解,是传统数据库系统中最重要、最常用的一种数据模型。以关系模型存储的数据是高度结构化的,它不仅反映数据本身,而且反映数据之间的联系。本项目系统的逻辑设计就是建立在此数据模型的基础上的。

7.3.3　概念设计的方法

概念设计是将用户的信息需求进行综合和抽象,产生一个反映客观现实的不依赖于具体计算机系统的概念数据模型,即概念模式。概念设计阶段描述数据库概念模型的一种比较传统的方法是 E-R 模型。

E-R 模型是直接从现实世界中抽象出实体类型及实体间联系类型(在概念模型中所提到的实体类型或实体即为实体集),然后用 E-R 图来表示的一种方法。在 E-R 图中有 4 个基本成分。

(1)矩形框。表示实体类型,即现实世界的人或物,通常是某类数据的集合,其范围可大可小,如学生、课程、班级等。

(2)菱形框。表示联系类型,即实体间的联系,如学生“属于”班级、学生“选修”课程等句子中的“属于”和“选修”都代表实体之间的联系。

(3)椭圆形框。表示实体类型和联系类型的属性。如学生有学号、姓名、性别、出生日期等属性,班级有班级名称、专业代号、学生人数等属性。除了实体具有属性外,联系也可以有属性,如学生选修课程的成绩是联系“选修”的属性。

(4)直线。联系类型与其涉及的实体类型之间以直线连接,并在直线端部标上联系的种类($1:1$、$1:N$、$M:N$)。如班级与学生之间为 $1:N$ 联系,学生与课程之间为 $M:N$ 联系。

利用 E-R 模型进行数据库的概念设计,可以分成 3 步进行:首先确定应用系统中所包含的实体类型和联系类型,并把实体类型和联系类型组合成局部 E-R 图;然后将各局部 E-R 图综合为系统的全局 E-R 图;最后对全局 E-R 图进行优化改进,消除数据冗余,得到最终的 E-R 模型,即概念模式。

任务 7-6　系统的概念设计

【任务描述】　根据学生成绩管理系统需求分析的结果,得到以下的数据描述:系统中涉及的主要数据对象有专业、班级、学生、课程和成绩。其中,每个专业有若干班级,一个班级只能属于一个专业;每个班级有多名学生,每个学生只能属于一个班级;在教学活动中,每个学生可以选修多门课程,每门课程也可以被多个学生选修。专业属性主要有专业代号、专业名称、系部代号、系部名称;班级属性主要有班级号、班级名、学制、班级人数;学生属性主要有学号、姓名、性别、出生日期、是否团员、籍贯;课程属性主要有课程号、课程名、课时数、课程类型。在联系中应反映出学生选修课程的所在学期、成绩和获得的相应学分等信息。试为该成绩管理系统设计一个 E-R 模型。

【任务分析】　在系统涉及的主要数据对象中,由于成绩是在学生选课后才能获得的属性,所以系统涉及的实体集主要有 4 个:专业、班级、学生和课程。因为专业与班级之间有"拥有"关系,且一个专业可以有若干班级,一个班级只能属于一个专业,所以专业与班级之间的"拥有"关系为一对多联系;同样,学生与班级之间有"所属"关系,且一个班级可以有多个学生,一个学生只能属于一个班级,所以学生与班级之间的"所属"关系也为一对多联系;而学生与课程之间有"选修"关系,又由于一个学生可以选多门课程,一门课程可被多个学生选,所以学生和课程之间的"选修"关系为多对多的联系。至于各个实体集的属性,在任务描述中已有详细说明,只需在 E-R 图中用椭圆形框表示出即可。需要注意的是,联系也会有属性,如在该任务中,学生选课后才会产生的属性:所在学期、成绩或补考成绩、获得的相应学分等均为"选修"联系的属性。

【任务实现】　由任务分析可得到以下结果。

(1)系统的实体类型有专业、班级、学生和课程。

(2)实体间的联系类型有专业与班级之间是 $1:N$ 联系,取名为"拥有";班级与学生之间也是 $1:N$ 联系,取名为"属于";学生与课程之间是 $M:N$ 联系,取名为"选修"。

(3)将实体类型和联系类型组合成 E-R 图,并确定实体类型和联系类型的属性及其主键,如图 7-3 所示。

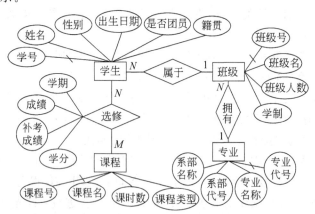

图 7-3　学生成绩管理系统的 E-R 图

说明:有时为了清晰起见,在 E-R 图中通常可以省略属性。

7.4 系统逻辑设计

7.4.1 逻辑设计中的数据描述

数据库的逻辑设计是根据概念设计的结果设计数据库的逻辑结构,即在机器世界中的表达方式和实现方法,它是对现实世界的第二次抽象。在逻辑设计中,标记概念世界中实体属性的命名单位称为字段或数据项(Field),数据项的取值范围称为域(Domain),若干相关联的数据项的有序集合称为记录(Record),它能完整地描述一个实体的字段集,同一类记录的集合称为文件(File),它能描述一个实体集的所有记录。例如,实体"学生"的一组数据(3031123101,张山,男,计算机应用)就是一条记录,其属性包括学号、姓名、性别及专业,而所有的学生记录构成一个学生文件。其中,能够唯一标识文件中每个记录的字段或字段集称为关键码(Key),它对应于实体标识符,如学生的学号可以作为学生记录的关键码。

7.4.2 关系模型的基本概念

关系模型是以集合论中的关系(Relation)概念为基础发展起来的数据模型。它把记录集合定义为一张二维表,即关系。表的每一行是一条记录,表示一个实体;每一列是记录中的一个字段,表示实体的一个属性。关系模型既能反映实体集之间的一对一联系,也能反映实体集之间的一对多和多对多联系。并且,关系模型的存取路径对用户透明,从而具有更高的数据独立性、更好的安全保密性,也简化了数据库建立和程序员的开发工作。

关系模型由关系数据结构、关系操作集合和关系模型的完整性规则 3 部分组成。

1. 关系数据结构

在关系模型中,无论是实体集还是实体集实体之间的联系,均由单一的结构类型"关系"来表示。在用户看来,其数据的逻辑结构就是一张二维表,表的每一行称为一个元组(Tuple),每一列称为一个属性,元组的集合称为关系或实例(Instance)。在支持关系模型的数据库物理组织中,二维表以文件的形式存储,所以其属性又称为列或字段,元组又称为行或记录。由此可见,关系数据结构简单、清晰、易懂、易用。

尽管关系与二维表格、传统的数据文件有类似之处,但它们又有区别。严格地说,关系是一种规范化了的二维表格中行的集合。在关系模型中,对关系作了以下规范性限制。

① 关系中每一个属性值都应是不可再分解的数据。

② 每一个属性对应一个值域,不同的属性必须有不同的名称,但可以有相同的值域。

③ 关系中任意两个元组(即两行)不能完全相同。

④ 由于关系是元组的集合,因此关系中元组的次序可以任意交换。

⑤ 理论上,属性(列)的次序也可以任意交换,但在使用时应考虑在定义关系时属性的顺序。

表 7-1～表 7-3 就是在学生成绩管理系统中用到的 3 个关系:学生关系、课程关系和选课关系,分别表示关于学生、课程及学生成绩的相关信息,它们构成了一个典型的关系模型实例。

表 7-1 学生基本情况表

学 号	姓 名	性 别	出生日期	是否团员	籍 贯	所在班级
3031123101	张 山	男	94/08/28	是	江苏	30311231
3031123102	武云峰	男	93/05/02	是	山东	30311231
3031123103	孙玉凤	女	94/12/10	否	江苏	30311231
1011124101	王加玲	女	94/10/08	是	天津	10111241
1011124102	周云天	男	94/01/02	是	山西	10111241
1011124103	东方明亮	女	93/05/01	否	天津	10111241
1011124104	张洁艳	女	92/06/30	是	山西	10111241

表 7-2 课程信息表

课程号	课程名	课程类型	课时数
10001	电子技术	考试	80
10002	机械制图	考查	60
10003	数控机床	考试	70
20001	商务基础	选修	60
20002	会计电算化	考试	68
30001	计算机应用	考查	90
30002	数据库原理	考试	76

表 7-3 学生选课成绩表

学号	课程号	学期	成绩	学分
3031123101	30001	1	69.5	3
3031123101	30002	2	78.0	5
3031123103	30001	1	90.5	3
3031123103	30002	2	81.0	5
3031123104	30002	2	92.0	5
1011124101	10001	3	74.5	5
1011124101	10002	3	80.0	5

在关系数据结构中有两个重要的概念:键与关系模式。

(1) 键(Key)。

键由一个或几个属性组成,在实际应用中,有下列几种键。

① 候选键(Candidate Key)。如果一个属性或属性组的值能够唯一地标识关系中的不同元组而又不含有多余的属性,则称该属性或属性组为该关系的候选键。

② 主键(Primary Key)。用户选作元组标识的一个候选键。

例如,在学生关系中,假定学号与姓名是一一对应的,即没有两个学生的姓名相同,则"学号"和"姓名"两个属性都是候选键。在实际应用中,如果选择"学号"作为插入、删除或查找的操作变量,则称"学号"是主键。

③ 外键(Foreign Key)。如果关系 R_2 的一个或一组属性不是 R_2 的主键,而是另一关系 R_1 的主键,则称该属性或属性组为关系 R_2 的外键。并称关系 R_2 为参照关系(Referencing Relation),关系 R_1 为被参照关系(Referenced Relation)。

例如,选课关系中的"学号"不是该关系的主键,但却是学生关系的主键,因而,"学号"为选课关系的外键,并且选课关系为参照关系,学生关系为被参照关系。

由外键的定义可知,参照关系的外键和被参照关系的主键必须定义在同一个域上,从而通过主键与外键提供一个表示关系间联系的手段,这是关系模型的主要特征之一。

（2）关系模式。

对关系的描述称为关系模式,它包括关系名、组成该关系的各属性名、值域名(常用属性的类型、长度来说明)、属性间的数据依赖关系及关系的主键等。关系模式的一般描述形式为:

$$R(A_1, A_2, \cdots, A_n)$$

式中,R 为关系模式名,即二维表名;$A_1, A_2, \cdots, A_n$ 为属性名。

关系模式中的主键即为所定义关系的某个属性组,它能唯一确定二维表中的一个元组,常在对应属性名下面用下划线标出。例如,可分别将表 7-1～表 7-3 表示成关系模式如下:

学生(学号,姓名,性别,出生日期,是否团员,籍贯,班级号)

课程(课程号,课程名,课程类型,课时数)

成绩(学号,课程号,学期,成绩,学分)

由此可见,关系模式是用关系模型对具体实例相关数据结构的描述,是稳定的、静态的;而关系是某一时刻的值,是随时间不断变化的,是动态的。

通过关系模式可以进一步给出关系数据库的概念:关系数据库(RDBS)是以关系模型为基础的数据库,它利用关系来描述现实世界。一个关系既可以用来描述一个实体集及其属性,也可以用来描述实体集实体之间的联系。一个关系数据库包含一组关系,定义这些关系的关系模式全体就构成了该数据库的模式。

另外,关系模型基本上遵循数据库的 3 级模式结构。在关系模型中,概念模式是关系模式的集合,外模式是关系子模式的集合,内模式是存储模式的集合。

2. 关系操作集合

关系模型提供了一系列操作的定义,这些操作称为关系操作。关系操作采用集合操作方式,即操作的对象和结果都是集合。常用的关系操作有两类:一类是查询操作,包括选择、投影、连接、除、并、交、差等;另一类是增、删、改操作。表达(或描述)关系操作的关系数据语言可以分为以下三类。

（1）关系代数语言。

关系代数语言是用对关系的集合运算来表达查询要求的方式,是基于关系代数的操作语言。基本的关系操作有选择、投影和连接 3 种运算。选择指的是从二维关系表的全部记录中,把那些符合指定条件的记录挑选出来,它是一种横向操作。选择运算可以改变关系表中记录的多少,但不影响关系的结构。投影运算是从所有字段中选取一部分字段及其值进行操作,它是一种纵向操作。投影操作可以改变关系的结构。连接运算则通常是对两个关系进行投影操作来连接生成一个新关系。当然,这个新关系可以反映出原来两个关系之间的联系。

（2）关系演算语言。

关系演算语言是用谓词来表达查询要求的方式,是基于数理逻辑中的谓词演算的操作语言。

（3）介于关系代数和关系演算之间的结构化查询语言 SQL。

3. 关系模型的三类完整性规则

为了维护数据库中数据的正确性和一致性,实现对关系的某种约束,关系模型提供了丰富的完整性控制机制。下面介绍关系模型的三类完整性规则。

（1）实体完整性规则(Entity Integrity Rule)。

规则 1 关系中的元组在组成主键的属性上不能有空值或重值。

如果出现空值或重值,则主键值就不能唯一标识关系中的元组了。例如,在学生基本情况表中,其主键为"学号",此时就不能将一个无学号的学生记录插入到这个关系中。

（2）参照完整性规则(Referential Integrity Rule)。

现实世界中的实体集之间往往存在某种联系。在关系模型中,实体集与实体集间的联系都是用关系来描述的,这样就自然存在着关系间的引用。参照完整性规则就是通过定义外键与主键之间的引用规则,以维护两个或两个以上关系的一致性。

规则 2 关系中元组的外键值只允许有两种可能值:空值;被参照关系中某个元组的主键值。

这条规则实际是要求在关系中"不引用不存在的实体"。例如,在选课关系中,"学号"是一个外键,它对应学生关系的主键"学号"。根据参照完整性规则,选课关系中的"学号"取值要么为学生关系中"学号"已有的值,要么为空值。但由于"学号"是选课关系主键中的属性,根据实体完整性规则,不能为空值。所以,选课关系中的外键"学号"只能取学生关系中"学号"已有的值。

（3）用户定义的完整性规则(User-defined Integrity Rule)。

实体完整性和参照完整性适用于任何关系数据库系统。此外,不同的关系数据库系统根据其应用环境的不同,还需要一些特殊的约束条件。用户定义的完整性规则就是针对某一具体应用所涉及的数据必须满足的语义要求而提出的,如将选课关系中"成绩"的取值范围限制为 0～100。

7.4.3　逻辑设计的方法

概念设计的结果是得到一个独立于任何一种数据模型(如层次、网状或关系)、与 DBMS 无关的概念模式,而逻辑设计的任务是把概念设计阶段设计好的概念结构转换为与具体机器上的 DBMS 所支持的数据模型相符合的逻辑结构的过程,即进行数据库的模式设计。对于关系型数据库管理系统,是要将概念设计的 E-R 模型转换为一组关系模式,也就是将 E-R 图中的所有实体类型和联系类型都用关系来表示。

通常,逻辑结构设计包括初步设计和优化设计两个步骤。初步设计就是按照 E-R 图向数据模型转换的规则,将已经建立的概念结构转换为 DBMS 所支持的数据模型。例如,如果选用的 DBMS 是关系型数据库管理系统,则应将概念设计得到的 E-R 模型转换为一组关系模式。优化设计就是从提高系统效率出发,如尽可能减小系统单位时间内所访问的逻辑记录个数、单位时间内传输的数据量字节数以及存储空间的占用量,对结构进行修改、调整和改良。一种最常用、最重要的优化方法，就是对记录进行垂直分割（即关系模式中的关系分解），规范化理论和关系分解方法为进行垂直分割提供了指导原则。

初步逻辑设计完成后，应对所得到的逻辑结构进行优化。即应用规范化理论对由E-R模型产生的关系模式进行初步优化，以减少乃至消除模式中存在的各种异常，改善完整性、一致性和存储效率。规范化过程一般分为两步：确定规范级别和实施规范化处理。前者主要按照数据依赖的种类和实际应用的需要来确定，由于 3NF 可以消除非主属性对键的部分函数依赖和传递函数依赖，在一般情况下，达到 3NF 的关系已能够清除很大一部分数据冗余和各种异常，具有较好的性能，所以现在大多以满足 3NF 作为标准。后者则可利用模式分解算法将不符合规范级别的关系模式规范化，使关系数据库中的每个关系都能满足所确定的规范级别，从而形成合适的数据库模式。

任务 7-7 系统的逻辑设计

【任务描述】 将概念设计阶段得到的图 7-3 所示的 E-R 模型转换为一组关系模式，完成学生成绩管理系统的逻辑设计。

【任务分析】 要完成学生成绩管理系统的逻辑设计，主要有两个步骤：一是 E-R 图向关系模式的转换；二是关系模式的优化。前者又包括两部分，即实体类型向关系模式的转换和联系类型向关系模式的转换。

【任务实现】

1）步骤 1：E-R 图向关系模式的转换

这一步要解决的问题是如何将实体类型和实体之间的联系类型转换为关系模式，以及如何确定这些关系模式的属性和主键。

（1）实体类型向关系模式的转换。

转换方法：将每个实体类型转换成一个与之同名的关系模式，实体的属性即为关系模式的属性，实体标识符即为关系模式的键。

由于图 7-3 所示的 E-R 模型中有 4 个实体，所以可分别转换成以下 4 个关系模式：

专业（<u>专业代号</u>，专业名称，学制，系部代号，系部名称）

班级（<u>班级号</u>，班级名，班级人数，学制）

学生（<u>学号</u>，姓名，性别，出生日期，是否团员，籍贯）

课程（<u>课程号</u>，课程名，课程类型，课时数）

其中，有下划线者表示是关系模式的主键。

（2）联系类型向关系模式的转换。

对于联系类型，则要视 1∶1、1∶N、M∶N 3 种不同的情况做不同的处理。

① 若实体间的联系是 1∶1 的，可以在两个实体类型转换成的两个关系模式中任意一个关系模式的属性中加入另一个关系模式的键和联系类型的属性。

例如，如果每个班级有一个班主任（其实体标识符为班主任姓名），而每个班主任只能属于一个班级，则班主任和班级之间存在 1∶1 联系，此时可修改"班级"关系模式为：

班级（<u>班级号</u>，班级名，学制，学生人数，班主任姓名，任职日期）

其中"任职日期"为联系的属性。当然，也可以通过将"班级号"和"任职日期"加入班主任模式中实现 1：1 联系向关系模式的转换。

由于本任务中无 1：1 联系的情况，所以不必对此进行转换。

② 若实体间的联系是 1：N 的，则在 N 端实体类型转换成的关系模式中加入 1 端实体类型转换成的关系模式的键和联系类型的属性。

例如，从系统的 E-R 模型中可以看出，专业和班级之间、班级和学生之间均存在 1：N 联系，则可通过将"专业代号"加入班级模式、将"班级号"加入学生模式中实现 1：N 联系向关系模式的转换。即修改"班级"关系模式和"学生"关系模式为：

班级(班级号,班级名,学制,学生人数,专业代号)

学生(学号,姓名,性别,出生日期,是否团员,籍贯,班级号)

③ 若实体间的联系是 M：N 的，则将联系类型也转换成关系模式，其属性为两端实体类型的键加上联系类型的属性，而键为两端实体键的组合。

例如，从系统的 E-R 模型中可以看出，学生与课程之间存在 M：N 联系，则其联系类型的关系模式为：

选修(学号,课程号,学期,成绩,学分,补考成绩)

2) 步骤 2：关系模式的优化

由于本系统在概念设计阶段已经把关系规范化的某些思想用作构造实体类型和联系类型的标准，由 E-R 模型得到的关系模式已能满足 3NF 的要求。因此，综合上面得到的实体类型和联系类型的关系模式可得到学生成绩管理系统所具有的关系模式（即数据表），如表 7-4 所示。

表 7-4　学生成绩管理系统涉及的数据表

表　　名	含　　义	属性定义（主键用下划线标出）
bMajor	专业信息表	专业代号、专业名称、学制、系部代号、系部名称
bClass	班级信息表	班级代号、班级名称、班级人数、专业代号、所属系部
bStudent	学生信息表	学号、姓名、性别、出生日期、是否团员、籍贯、所在班级
bCourse	课程信息表	课程代号、课程名称、课程类型、课时数
bScore	学生成绩表	学号、课程代号、学期、成绩、学分、补考成绩

7.5　系统物理设计

7.5.1　数据库管理系统的功能与组成

在项目 1 中曾提及，数据库是由很多数据文件及相关的辅助文件所组成，这些文件由一个称为数据库管理系统(DataBase Management System，DBMS)的软件进行统一管理和维护。数据库中，除了存储用户直接使用的数据外，还存储另一类"元数据"，它们是有关数据库的定义信息，如数据类型、模式结构、使用权限等。这些数据的集合称为数据字典(Data Dictionary，DD)，它是数据库管理系统工作的依据。数据库管理系统通过 DD 对数据库中的数据进行管理和维护。DBMS 不但能够将用户程序的数据操作语句转换成对系统存储文件的操作，而且像一个向导，可以把用户对数据库的一次访问，从用户级带到概念级，再导向物理级。它是用户或应用程序与数据库间的接口，用户和应用程序不必关心数据在数据库中的物理位置，只需告诉 DBMS 要"干什么"，而无须说明"怎么干"。

1. DBMS 的主要功能

（1）数据定义功能。

DBMS 提供了数据定义语言（DDL），数据库设计人员通过它可以方便地对数据库中的相关内容进行定义，如对数据库、表、索引及数据完整性进行定义。

（2）数据操纵功能。

DBMS 提供了数据操纵语言（DML），用户通过它可以实现对数据库的基本操作，如对表中数据的查询、插入、删除和修改。

（3）数据库运行控制功能。

这是 DBMS 的核心部分，它包括并发控制（即处理多个用户同时使用某些数据时可能产生的问题）、安全性检查、完整性约束条件的检查和执行、数据库的内部维护（如索引的自动维护）等。所有数据库的操作都要在这些控制程序的统一管理下进行，以保证数据的安全性、完整性以及多个用户对数据库的并发使用。

（4）数据库的建立和维护功能。

数据库的建立和维护功能包括数据库初始数据的输入、转换功能，数据库的转储、恢复功能，数据库的重新组织功能和性能监视、分析功能等。这些功能通常是由一些实用程序完成的。它是数据库管理系统的一个重要组成部分。

2. DBMS 的组成

数据库管理系统主要由数据库描述语言及其编译程序、数据库操作语言及其翻译程序、数据库管理和控制例行程序三部分组成。数据库描述语言及其编译程序主要完成数据库数据的物理结构和逻辑结构的定义，数据库操作语言及其翻译程序完成数据库数据的检索和存储，而管理和控制例行程序则完成数据的安全性控制、完整性控制、并发性控制、通信控制、数据存取、数据修改以及工作日志、数据库转储、数据库初始装入、数据库恢复、数据库重新组织等公用管理。

3. DBMS 与数据模型的关系

前已述及，数据库中的数据是根据特定的数据模型来组织和管理的，与之对应地，数据库管理系统总是基于某种数据模型，可以把 DBMS 看成是某种数据模型在计算机系统上的具体实现。根据数据模型的不同，DBMS 可以分为层次型、网状型、关系型和面向对象型等，如利用关系模型建立的数据库管理系统就是关系型数据库管理系统。商品化的数据库管理系统主要为关系型的，如大型系统中使用的 Oracle、DB2、Sybase 及微机上使用的 Access、Visual FoxPro 及 SQL Server 系列产品。需要说明的是，在不同的计算机系统中，由于缺乏统一的标准，即使同一种数据模型的 DBMS，它们在用户接口、系统功能等方面也常常是不相同的。

7.5.2 物理设计的方法

逻辑设计的结果实际就是确定了数据库所包含的表、字段及其之间的联系。而数据库的物理设计是对一个给定的逻辑数据模型选取一个最适合应用环境的物理结构的过程。数据库的物理结构,主要指数据库在物理设备上的存储结构和存取方法,它完全依赖于给定的计算机系统。

物理设计也分为两步:第一步确定数据库的物理结构;第二步对物理结构进行评价。

数据库物理结构的确定是在数据库管理系统的基础上实现的。即确定了数据库的各关系模式,并确定了所使用的数据库管理系统后,接下来才能进行数据存储、访问方式的设计,进行完整性和安全性的设计,并最终在数据库管理系统上创建数据库。具体地说,数据库物理结构设计的主要内容包括以下几个方面。

(1) 系统配置的设计。确定数据库的大小、数据的存放位置及存取路径的选择和调整。

(2) 表设计。确定数据的存储记录结构,如记录的组成、各数据字段的名称、类型和长度。此外,还要确定索引、约束,为建立表的关联准备条件。

(3) 视图设计。为不同的用户设计视图以保证其访问到他应该访问到的数据。

(4) 安全性设计。为数据库系统进行安全性设置,以确保数据的安全。

(5) 业务规则的实现。通过存储过程和触发器实现特定的业务规则。

为此,设计人员必须了解以下几方面的问题。

(1) 全面了解给定的 DBMS 的功能。

(2) 了解应用环境。

(3) 了解外存设备的特性。

确定了数据库的物理结构后,还要对物理结构进行评价,评价的重点是时间和空间效率。如果评价结果满足原设计要求,则转向系统实施阶段;否则,就重新设计或修改物理结构,有时甚至要返回逻辑设计阶段修改数据模型。

任务 7-8　系统的物理设计

【任务描述】　根据系统逻辑设计的结果,为学生成绩数据库选取一个最适合应用环境的物理结构,完成学生成绩管理系统的物理设计。

【任务分析】　完成数据库逻辑设计后就要着手进行数据库的物理设计,首先要根据数据库的逻辑结构、系统大小、系统需要完成的功能及对系统的性能要求,决定选用哪个数据库管理系统;然后应根据所选数据库管理系统的特点、实现方法完成数据库的物理设计。

【任务实现】　目前用来帮助用户创建和管理数据库的 DBMS 有许多,由于 SQL Server 是一个功能强大的关系型数据库管理系统,它采用客户机/服务器的计算模型为用户提供了极强的后台数据处理能力,很多应用程序开发工具都提供了与 SQL Server 的接口,所以本项目选择关系型数据库管理系统 SQL Server 2008 作为后台环境。

在选择了 SQL Server 2008 作为数据库管理系统之后,接下来就应根据 SQL Server 2008 的数据库实现方法完成数据库的物理实现。由于本项目物理设计中涉及的数据字段的类型、长度、表的索引、约束等内容已在前面的项目中介绍过,而视图及业务规则的实现将在后面的项目中介绍,所以在此不作说明。

对数据库的物理设计初步评价完成后,就可以创建数据库了。设计人员运用 DBMS 提供的数据定义语言将逻辑设计和物理设计的结果严格地描述出来,成为 DBMS 可接受的源代码。经过调试产生目标模式,然后组织数据入库。这在项目 3 中已有所涉及,并将在项目 8 中进一步加以介绍。

7.6　疑 难 解 答

(1) 设计一个数据库应用系统主要应关注哪几个方面的内容?

答: 设计一个数据库应用系统主要应关注以下几个方面的内容: ①该应用系统应提供哪些功能? ②该应用系统中涉及哪些数据对象,各对象之间以及对象内部的关系如何? ③如何保存多个数据对象的相关数据,以便该应用系统进行数据处理?

(2) 在进行数据库物理设计时如何选择数据的存取方法?

答: 存取方法是快速存取数据库中数据的技术。数据库系统是多用户共享的系统,对同一个关系要建立多条存取路径才能满足多用户的多种应用要求。数据库管理系统一般提供多种存取方法,通常有 3 种: 索引方法、聚簇方法和 Hash 方法。其中索引方法是数据库中经典的存取方法。选择索引存取方法实际上就是根据应用要求确定对关系的哪些属性列建立索引,哪些属性列建立组合索引,哪些索引要设计成唯一性索引等,这些技能已在项目 3 中详细介绍过。

小结: 本项目紧紧围绕数据库设计的内容与方法这个主题,以学生成绩数据库的设计步骤为主线,介绍了系统需求分析的任务,数据库概念设计、逻辑设计与物理设计的内容、方法与步骤。同时介绍了数据库及数据库系统的基本概念,数据与数据联系的描述方法,数据模型的概念,关系模型的相关知识,以及数据库管理系统的基本概念和基本功能。

习　题　七

一、选择题

1. 在信息世界中,将现实世界中客观存在并可相互识别的事物称为(　　)。
   A. 属性　　　　　　B. 实体　　　　　　C. 数据　　　　　　D. 标识符
2. 每个属性所取值的变化范围称为该属性的(　　)。
   A. 标识符　　　　　B. 值域　　　　　　C. 实体　　　　　　D. 字段
3. 能唯一标识实体集中各实体的一个属性或一组属性称为该实体的(　　)。

A. 实体 B. 字段 C. 标识符 D. 数据

4. 关系代数语言是用对( )的集合运算来表达查询要求的方式。

A. 实体 B. 域 C. 属性 D. 关系

5. 关系演算语言是用( )来表达查询要求的方式。

A. 关系 B. 谓词 C. 代数 D. 属性

6. 基本关系中,任意两个元组值( )。

A. 可以相同 B. 必须完全相同 C. 必须全不同 D. 不能完全相同

7. 实体完整性规则为:若属性 A 是基本关系 R 主键中的属性,则属性 A( )。

A. 可取空值 B. 不能取空值 C. 可取某定值 D. 都不对

8. 对于某一指定的关系可能存在多个候选键,但只能选其中的一个为( )。

A. 替代键 B. 候选键 C. 主键 D. 关系

二、填空题

1. 按规范化设计方法将数据库设计分为_____、_____、_____、_____、_____和_____等 6 个阶段。

2. 两个实体集之间的联系一般可分为 3 类,它们分别是_____、_____、_____。

3. 根据模型应用的不同目的,可将数据模型分为两类:一是_____数据模型;二是_____数据模型。

4. 结构数据模型通常分为_____、_____、_____和_____ 4 种。其中_____模型是目前数据库系统中常用的数据模型。

5. _____是把概念结构转化为可选用的 DBMS 所支持的数据模型相符合的过程。

6. 在关系模型中,字段称为_____;记录称为_____;记录的集合称为_____。

7. 关系模型允许定义_____、_____和_____三类完整性。

8. 数据库管理系统是指一个管理_____的软件,简称_____,它总是基于某种数据模型。

9. 对于一个给定的逻辑数据模型选取一个最适合应用环境的物理结构的过程,称为数据库的_____。

三、判断题

1. 虽然实际的数据库系统种类各异,但它们基本上都具有外模式、概念模式和内模式的 3 级模式结构特征。 ( )

2. 联机用户使用程序设计语言编写的应用程序对数据库进行操作,这类用户通常是数据库管理员或系统维护人员。 ( )

3. 关系模型的特点是把实体和联系都表示为关系。 ( )

4. 一个关系中可能有多个候选键,但只能选其中的一个为主键。 ( )

5. 关系模式是用关系模型对具体实例相关数据结构的描述,是动态的。 ( )

6. 数据库中的数据是根据特定的数据模型来组织和管理的,与之对应地,数据库管理系统总是基于某种数据模型。　　　　　　　　　　　　　　　　　　　　　　　（　　）

四、简答题

1. 试用表格说明现实世界、信息世界及机器世界中对信息与数据描述使用的术语之间的对应关系。

2. 试述概念数据模型和结构数据模型的区别与联系。

3. 数据库系统(DBS)由哪几部分组成? 数据库管理系统主要功能包括哪几个方面?

五、项目实训题

由某企业人事管理系统的需求分析可知,该企业有若干部门,每一个部门有一名负责人和多名职工,每个职工只能属于一个部门。在合同期内,一个职工可以有多次请假机会,但每次请假机会只能属于一个职工;职工的工资按月计算,每个职工每月有一份工资,每份工资也只能属于一个职工。而部门属性主要有部门代号、部门名称、部门经理;职工属性主要有职工号、姓名、性别、出生日期、身份证号、籍贯;工资属性主要有工资编号、职工号、基本工资、岗位工资、各种补助、各种扣除;请假属性主要有假条编号、职工号、起始日期、终止日期、请假原因。

（1）用 E-R 图画出此企业人事管理系统的概念模型。

（2）将 E-R 图转换为关系模式,并指出每一个关系的主键。

项目 8　Transact-SQL 语言在学生成绩管理系统中的使用

知识目标：①了解什么是 SQL 语言，理解其功能与特点；②掌握 Transact-SQL 语言的构成及常用的函数、表达式；③掌握 Transact-SQL 的数据定义语句及其用法；④掌握 SELECT 语句的完整语法结构；⑤掌握视图的概念，了解视图与查询及基本表的区别。

技能目标：①能用 Transact-SQL 定义数据库和表，创建约束和索引；②会针对实际应用进行各种基本的数据查询，会对查询结果进行排序、计算及分组；③能进行各种复杂的数据查询，如连接查询和嵌套查询；④会进行数据的添加、修改和删除；⑤能创建、管理和使用视图。

SQL(Structured Query Language，结构化查询语言)是 1974 年提出的一种介于关系代数和关系演算之间的语言，1987 年被确定为关系型数据库管理系统国际标准语言，即 SQL 86。随着其标准化的不断进行，相继出现了 SQL 89、SQL 2、SQL 3 和 SQL 4。目前，绝大多数流行的关系型数据库管理系统，如 Oracle、Sybase、SQL Server 及 Access 等都采用了 SQL 语言标准。在 SQL Server 中，微软对结构化查询语言(SQL)进行了具体实现和扩展，成为 Transact-SQL(简称 T-SQL)。根据 Transact-SQL 在数据库管理中的应用内容，本项目主要分解成以下几个任务：

任务 8-1　使用 Transact-SQL 创建、修改和删除学生成绩数据库

任务 8-2　使用 Transact-SQL 创建、修改和删除学生信息表

任务 8-3　使用 Transact-SQL 实现数据完整性控制

任务 8-4　使用 Transact-SQL 建立和删除索引

任务 8-5　使用 Transact-SQL 建立和删除同义词

任务 8-6　在学生成绩数据库中实现基本查询

任务 8-7　对查询结果的排序、汇总和分组

任务 8-8～任务 8-10　在学生成绩数据库中实现连接查询

任务 8-11～任务 8-16　在学生成绩数据库中实现嵌套查询

任务 8-17　在学生成绩数据库中实现合并查询

任务 8-18～任务 8-19　在学生成绩数据库表中插入数据

任务 8-20　在学生成绩数据库表中修改数据

任务 8-21　在学生成绩数据库表中删除数据

任务 8-22　为学生成绩数据库系统创建视图

任务 8-23　管理学生成绩数据库系统中的视图

任务 8-24　在学生成绩数据库系统中使用视图

8.1　Transact-SQL 语言基础

8.1.1　SQL 的功能与特点

SQL 语言之所以能够为用户和业界所接受并成为国际标准,是因为它是一个综合的、通用的、功能极强,同时又简洁易学的语言。其功能包括数据查询(Data Query)、数据操纵(Data Manipulation)、数据定义(Data Definition)和数据控制(Data Control)4 个方面,可实现同各种数据库建立联系,执行各种各样的操作,如更新数据库中的数据、从数据库中提取数据等。其主要特点如下。

(1) 高度综合统一。SQL 集数据定义语言(DDL)、数据操纵语言(DML)和数据控制语言(DCL)于一体,语言风格统一,可以独立完成数据库生命周期中的全部活动。

(2) 高度非过程化。用 SQL 语言进行数据操作,用户只需提出"做什么",而不必指明"怎么做",这不但大大减轻了用户负担,而且有利于提高数据的独立性。

(3) 面向集合的操作方式。SQL 语言采用集合操作方式,不仅查找结果可以是元组的集合,而且一次插入、删除、更新操作的对象也可以是元组的集合。

(4) 以同一种语法结构提供两种使用方式。SQL 语言既是自含式语言,又是嵌入式语言。在两种不同的使用方式下,SQL 语法结构基本上是一致的。

(5) 语言简洁,易学易用。SQL 语言功能极强,但由于设计巧妙,语言十分简洁,并且其语法简单,容易学习和使用。

虽然 SQL 是关系型数据库系统的标准语言,不仅具有上述功能与特点,而且几乎可以在所有的关系型数据库上不加修改地使用,但其不支持流程控制的缺陷使人们在使用时往往感觉不是很方便。为此,大型的关系型数据库系统都在标准的 SQL 基础上,结合自身的特点推出了可以编程的、结构化的 SQL 编程语言,如 SQL Server 2008 的 Transact-SQL。

8.1.2　Transact-SQL 中的函数和表达式

Transact-SQL 是 SQL Server 的结构化编程语言,具有上述 SQL 的几乎所有特点,它既可以在 SQL Server 中直接执行,也可以嵌入到其他高级程序设计语言中使用。在 SQL Server 中,利用 Transact-SQL 语言可以创建数据库、表、约束和索引等,还可以编写触发器、存储过程、游标等数据库语言程序,进行数据库应用开发。Transact-SQL 程序的主要语法要素有变量和常量、运算符、函数和表达式、流程控制语句、批处理及注释等。因本项目主要内容(数据定义语句、数据查询语句、数据操纵语句等)只涉及其中的运算符、函数和表达式,所以这里首先介绍它们,其他语法元素将在项目 9 中介绍。

1. Transact-SQL 中的函数

为了使用户对数据库进行查询或修改时更加方便、快捷,SQL Server 在 Transact-SQL 中提供了许多内置函数供用户使用,以获得系统的有关信息,实现数学计算或统计功能,执行数据类型转换等操作。由于它们是通过一些参数能返回一个标量值或表格形式值集合的一类量,所以用户使用时只需要在 Transact-SQL 语句中引用这些函数,并提供调用函数所需要的参数即可。服务器根据参数执行内置函数,并返回执行结果。Transact-SQL 提供的内置函数可以分为 6 类:系统函数、聚集函数、日期和时间函数、算术函数、字符串函数及其他函数。下面介绍常用的一些函数。

(1)系统函数。

用于返回有关 SQL Server 系统、用户、数据库和数据库对象的信息,这些数据在管理和维护数据库系统等方面十分有用。用户可以在 SELECT 语句的 SELECT 和 WHERE 子句,以及表达式中使用系统函数。下面仅介绍几个常用的数据库和数据库对象的系统函数。

① DB_ID([数据库名]):返回指定数据库的标识 ID。

② DB_NAME([数据库 Id]):根据数据库的 ID 返回相应数据库的名字。

③ DATABASEPROPERTY(数据库名,属性名):返回指定数据库在指定属性上的取值。

④ OBJECT_ID(对象名):返回指定数据库对象的标识 ID。

⑤ OBJECT_NAME(对象 Id):根据数据库对象的 ID 返回相应数据库对象名。

⑥ OBJECT PROPERTY(对象 Id,属性名):返回指定数据库对象在指定属性上的取值。

⑦ COL_LENGTH(数据表名,列名):返回指定表的指定列的长度。

⑧ COL_NAME(数据表 Id,列序号):返回指定表的指定列的名字。

(2)聚集函数。

聚集函数也称为统计函数,主要用于对一组数据进行计算并返回一个单值。

① COUNT(列表达式):计数函数,返回查询的记录数。

② SUM(列表达式):求和函数,返回查询中一列的所有数值之和。

③ AVG(列表达式):求平均值函数,返回查询中一列的所有数值的平均值。

④ MAX(列表达式):最大值函数,返回查询中一列的最大值。

⑤ MIN(列表达式):最小值函数,返回查询中一列的最小值。

(3)日期和时间函数。

日期和时间函数用于对日期时间类型的参数进行运算、处理,并返回一个字符串、数字或日期和时间类型的值。

① GETDATE():返回当前系统日期和时间。

② DAY(日期表达式):返回代表指定日期的天的整数。

③ MONTH(日期表达式):返回代表指定日期的月份的整数。

④ YEAR(日期表达式):返回代表指定日期的年份的整数。

⑤ DATEADD(新日期参数,天数,指定日期):在指定日期上加上一段日期,并以新日期参数指定的方式返回一个新的日期值。

⑥ DATEDIFF(新日期参数,指定日期 1,指定日期 2):以指定的方式,返回指定日期 2 与指定日期 1 之差。

（4）算术函数。

算术函数主要用来对数值型数据进行数学运算并返回运算结果。

① ABS(算术表达式):返回算术表达式的绝对值。

② CEILING(算术表达式):返回大于等于算术表达式的最小整数。

③ FLOOR(算术表达式):返回小于等于算术表达式的最大整数。

④ EXP(算术表达式):返回算术表达式的指数值。

⑤ PI():返回 π 的常数值。

⑥ RAND([整数表达式]):返回 0～1 之间的一个随机值。

⑦ ROUND(算术表达式,指定长度):返回算术表达式并四舍五入为指定长度或精度。

（5）字符串函数。

字符串函数主要用来处理字符型数据或实现数值型数据到字符型数据的转换,并返回处理结果。

① ASCII(字符串表达式):返回字符串表达式中最左端字符的 ASCII 代码值。

② CHAR(整数表达式):将整型 ASCII 代码转换成对应的字符。

③ STR(实数表达式[,指定长度[,指定精度]]):将数字数据转换为字符数据。

④ LEN(字符串表达式):返回字符串表达式中的字符个数。

⑤ LTRIM(字符串表达式):删除字符串表达式中的前导空格。

⑥ RTRIM(字符串表达式):删除字符串表达式中的末尾空格。

⑦ UPPER/LOWER(字符串表达式):将小写/大写字符串转换为大写/小写字符串。

⑧ SUBSTRING(字符串表达式,指定位置,指定个数):返回字符串表达式中指定位置、指定个数的字符串。

（6）其他函数。

SQL Server 还提供了一些其他函数,用于实现如判断指定日期是否为合法日期（ISDATE 函数）、表达式是否为数值型数据类型（ISNUMERIC 函数）,或将表达式从一种数据类型变换为另一种数据类型等功能。下面只介绍数据类型转换函数。

一般情况下,SQL Server 会自动处理某些数据类型的转换。例如,如果比较 Char 和 Datetime 表达式、Smallint 和 Int 表达式、或不同长度的 Char 表达式,SQL Server 可以将它们自动转换,这种转换被称为隐式转换。但是,在无法由 SQL Server 自动转换,或 SQL Server 自动转换的结果不符合预期结果的情况下,就需要使用转换函数做显式转换。转换函数有两个:CAST 函数和 CONVERT 函数。

① CAST(表达式 AS 数据类型)。用来将表达式的值从一种数据类型转换成另一种数据类型。

② CONVERT(数据类型[(长度)],表达式)。不但允许用户将表达式的值从一种数据类型转换成另一种数据类型,还可以进一步规定目标数据类型的长度或精度。

2. Transact-SQL 中的运算符

运算符是用于在一个或多个量之间进行操作或运算的符号。SQL 中常用的运算符有算术运算符、赋值运算符、比较运算符、逻辑运算符和字符串运算符。

(1) 算术运算符:加(+)、减(−)、乘(∗)、除(/)和取余(%)等。

(2) 赋值运算符:Transact-SQL 中使用"="作为赋值运算符,它常与 Set 语句一起使用。

(3) 比较运算符:等于(=)、大于(>)、小于(<)、大于等于(>=)、小于等于(<=)、不等于(<>或!=)、不小于(!<)和不大于(!>)等。

(4) 逻辑运算符:包括以下 9 个。

① NOT 运算符:对操作数进行取反运算。

② AND 运算符:与运算,当连接的两个表达式值均为真时,其结果为真。

③ OR 运算符:与运算,当连接的两个表达式值均为假时,其结果为假。

④ ALL 运算符:全运算,当一系列运算均为真时,其结果为真。

⑤ ANY 运算符:当一系列运算中任何一个为真时,其结果为真。

⑥ IN 运算符:若操作数存在于表达式的列表中,则为真;否则为假。

⑦ LIKE 运算符:若操作数与一种模式相匹配,则为真;否则为假。

⑧ BETWWEEN...AND 运算符:若操作数位于某个范围内,则为真;否则为假。

⑨ EXISTS 运算符:若子查询包含一些记录,则为真;否则为假。

(5) 字符串运算符:Transact-SQL 中使用"+"作为字符串连接运算符,用以串联字符串。

8.1.3 Transact-SQL 语句在 SQL Server 中的执行方式

SQL Server 提供了一个多窗口形式的"查询编辑器",用以交互地编辑、调试和执行 Transact-SQL 语句、批处理及脚本,它将语句发送到服务器并显示返回的结果。由于不同窗口在执行 Transact-SQL 语句时会使用不同的连接,所以可以实现多用户对数据库的访问。

要打开"查询编辑器"窗口,可依次执行 SQL Server Management Studio 中的【文件】→【新建】→【数据库引擎查询】菜单命令,如想在当前连接的基础上增加一个"查询编辑器"窗口,可在【新建】菜单列表中选择【使用当前连接查询】命令,或单击工具栏上的【新建查询】按钮。

在查询窗口中执行 Transact-SQL 语句可分为 3 个阶段:解析、编译和执行。在 SQL Server 2008 中,用户在"查询编辑器"窗口中输入 Transact-SQL 语句时即进入解析阶段,此时数据库引擎对语句中的每个字符进行扫描和分析,判断其是否符合语法约定,并可以根据情况协助用户完成 Transact-SQL 语句的输入工作。

例如,在【查询编辑器】窗口中输入 USE 命令,按下空格键时,在空格后面会出现一个红色的波浪线,表示该语句未完成;而在空格处输入要使用的数据库的第 1 个字母后,将会弹出一个列表,用户可以从中选择要使用的数据库,如图 8-1 所示。

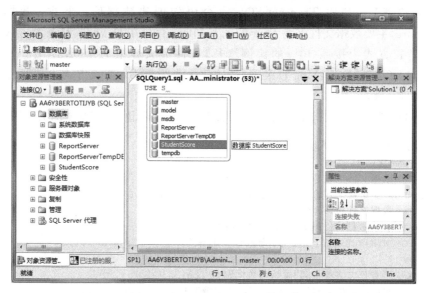

图 8-1　SQL Server Management Studio 的查询窗口

将所有要执行的 Transact-SQL 语句输入完成后,按 F5 键或单击工具栏上的【执行】按钮,即可将 SQL 语句送到服务器执行。数据库引擎首先对要执行的 Transact-SQL 语句进行编译,检查代码中语法和对象名是否符合规定,如符合,则将 Transact-SQL 语句翻译成数据库引擎能理解的中间语言,通过编译后,数据库引擎将执行 Transact-SQL 语句,执行的结果将显示在【输出】窗口【结果】区中。单击工具栏中的【保存】按钮,可以将编辑窗口中的 SQL 命令保存为脚本,脚本文件名为 * . sql 格式。单击工具栏中的【打开】按钮,可以把已保存的脚本文件中的 SQL 命令装载到查询窗口中。需要注意的是,由于【查询编辑器】窗口中的所有 SQL 命令都是基于当前数据库的,所以在执行 SQL 命令时,首先需要指定所使用的数据库。若要在查询窗口中指定所使用的数据库,请执行以下操作之一。

① 在工具栏上,从数据库组合框的下拉式列表中选择要使用的数据库。

② 在编辑器窗口中输入一个 USE 语句,其语法格式如下:

USE <数据库名>

8.2　数据定义语句在学生成绩系统中的使用

在数据库应用系统的开发和维护中,常需要使用 SQL 语句对数据对象进行管理,包括创建数据库、删除数据库、创建表、删除表等。本节将介绍这些数据库对象操作语句的使用。

任务 8-1　使用 Transact-SQL 创建、修改和删除学生成绩数据库

1）创建数据库

【任务描述】　利用 Transact-SQL 命令语句创建数据库。要求：数据库名为 StudentScore,主要数据文件名为 ScoreData1. MDF,存放在 D:\data 目录下,初始值大小为 3MB,增长方式为按照 10% 的比例增长,文件最大容量为 100MB；日志文件名为 ScoreLog. LDF,存放在 D:\log 目录下,初始值大小为 1MB,增长方式为按照 1MB 的增量增长,文件最大容量为 20MB。

【任务分析】　创建数据库使用 CREATE DATABASE 语句,其基本的语法格式如下:

```
CREATE DATABASE <数据库名>
[ON[PRIMARY]]
([[NAME=<数据文件主名(默认为数据库名_Data)>,]
FILENAME='操作系统下的数据文件路径、主名及其扩展名.MDF'
[,SIZE=<数据文件初始容量>]
[,MAXSIZE={<数据文件最大容量>|UNLIMITED}]
[,FILEGROWTH=<递增值(可按兆字节或百分比增长)>])]
[LOG ON
([[NAME=<事务日志文件主名(默认为数据库名_Log)>,]
FILENAME='操作系统下的日志文件路径、主名及其扩展名.LDF'
[,SIZE=<日志文件初始容量>]
[,MAXSIZE={<日志文件最大容量>|UNLIMITED}]
[,FILEGROWTH=<递增值(可按兆字节增长或按百分比增长)>])]
```

其中,[ ]表示可选项；{ }表示必选项；[,…n]表示前面的项可重复 n 次；ON 子句用于指定数据库数据文件的属性,其中 PRIMARY 短语用来指定主要数据文件；NAME 用于指定数据文件主名,即在创建数据库后执行的 Transact-SQL 语句中引用的文件名称；FILENAME 用于指定操作系统在创建数据库物理文件时使用的路径和文件名；SIZE 指定文件的初始大小；MAXSIZE 指定文件的最大大小；UNLIMITED 指定文件大小不限；FILEGROWTH 指定文件大小的增量；LOG ON 子句用于指定数据库日志文件的属性,其定义格式与数据文件的格式相同。

【任务实现】

（1）在【查询编辑器】窗口中输入以下命令代码:

```
CREATE DATABASE StudentScore
ON
PRIMARY ( NAME=ScoreData1,
FILENAME='D:\data\ScoreData1.mdf',
SIZE=3MB,
MAXSIZE=100,
FILEGROWTH=10%)
LOG ON
(NAME=ScoreLog,
FILENAME='D:\log\ScoreLog.ldf',
SIZE=1MB,
```

```
MAXSIZE=20,
FILEGROWTH=1)
```

(2) 单击工具栏上的【执行】命令按钮,运行命令代码,创建 StudentScore 数据库。

【任务说明】 在本任务中,在执行上述语句之前,数据和日志文件所在的文件夹必须已经存在;否则将产生错误。另外,创建时如要使用数据和日志文件的默认属性值,则可省略各个文件的属性设置,直接执行 CREATE DATABASE StudentScore 语句即可,此时数据库文件存放在 SQL Server 的默认数据文件夹下,即 C:\Program Files\Microsoft SQL Server\MSSQL10.MSSQLSERVER\MSSQL\DATA 文件夹。

2) 修改数据库

【任务描述】 ①利用 Transact-SQL 命令语句将 D:\data 目录下的 StudentScore 数据库的 ScoreData1 文件的大小改为 10MB;②利用 Transact-SQL 命令语句为 D:\data 目录下的 StudentScore 数据库增加一个逻辑名称为 ScoreData2,物理名称为 ScoreData2.NDF 的次要数据文件,文件初始大小为 5MB,增长方式为按照 2MB 的增量自动增长。

【任务分析】 修改数据库使用 ALTER DATABASE 语句,它可以用于在数据库中添加、删除文件或文件组,也可用于更改文件或文件组的属性,其基本的语法格式如下:

```
ALTER DATABASE<数据库名>
{ADD FILE<filespec>[,...n]
|ADD LOG FILE<filespec>[,...n]
|REMOVE FILE<数据文件主名>
|REMOVE FILE<事务日志文件主名>
|MODIFY FILE<filespec>
|MODIFY NAME=new_dbname}
<filespec>::=
[(NAME=<数据文件主名(默认为数据库名_Data)>
[,NAME=<新的数据文件主名>]
[,FILENAME='数据库文件存放的路径、主名及其扩展名.MDF']
[,SIZE=<数据文件初始容量>]
[,MAXSIZE={<数据文件最大容量>|UNLIMITED}]
[,FILEGROWTH=<递增值(可按兆字节或百分比增长)>])
[LOG ON
([NAME=<事务日志文件主名(默认为数据库名_Log)>
[,FILENAME='日志文件存放的路径、主名及其扩展名.LDF']
[,SIZE=<日志文件初始容量>]
[,MAXSIZE={<日志文件最大容量>|UNLIMITED}]
[,FILEGROWTH=<递增值(可按兆字节增长或按百分比增长)>])])
[TO FILEGROUP<filegroup_name>]
```

其中,<filespec>表示该项定义的内容太多需要额外的说明,其真正的语法在双冒号加等号"::="后面加以定义。

【任务实现】

(1) 在【查询编辑器】窗口中输入并执行以下命令代码:

```
ALTER DATABASE StudentScore
MODIFY FILE
```

251

```
(NAME=ScoreData1,
  SIZE=10MB)
```

(2) 在【查询编辑器】窗口中输入并执行以下命令代码：

```
ALTER DATABASE StudentScore
ADD FILE
(NAME=ScoreData2,
  FILENAME='d:\data\ScoreData2.ndf',
  SIZE=5MB,
  FILEGROWTH=2)
```

3) 删除数据库

【任务描述】 利用 Transact-SQL 命令语句删除 D:\data 目录下的 StudentScore 数据库。

【任务分析】 删除数据库使用 DROP DATABASE 语句,其基本的语法格式如下：

```
DROP DATABASE<数据库名>[,…n]
```

【任务实现】 在【查询编辑器】窗口中输入并执行以下命令代码：

```
DROP DATABASE StudentScore
```

任务 8-2 使用 Transact-SQL 创建、修改和删除学生信息表

1) 创建基本表

【任务描述】 利用 Transact-SQL 命令语句在 StudentScore 数据库中创建学生基本信息表 bStudent,数据表的各字段属性详见项目 3 中的表 3-3。

【任务分析】 创建基本表用 CREATE TABLE 语句,其基本的语法格式如下：

```
CREATE TABLE[<所属数据库名>.[<所属架构名>.]]<表名>
({<列名><数据类型>[<列约束>]} [,…n][,<表约束>])
```

其中,[,…n]表示创建的基本表可以由一个或多个属性(列)组成。<列约束>和<表约束>表示建表的同时还可以定义与该表有关的完整性约束条件,这些完整性约束条件被存入系统的数据字典,当用户操作表中数据时,由 DBMS 自动检查该操作是否违背这些完整性约束条件。

【任务实现】 在【查询编辑器】窗口中输入并执行以下命令代码：

```
USE StudentScore
CREATE TABLE bStudent
    (Stud_Id Char(10) Primary Key,
        Stud_Name Varchar(40) NOT NULL,
        Stud_Sex  Char(2) Check(Stud_Sex in('男','女')),
        Birth Datetime,
        Member Char(2) Check(Member in('是','否')),
        Family_Place Varchar(50),
        Class_Id Char(8))
```

【任务说明】　上述命令中的第一条语句 USE StudentScore 指明在哪个数据库中创建表,最好不要省略。另外,在有些列的定义中包含了列约束的定义,如 Stud_Id 列的主键约束,Stud_Sex 和 Member 列的检查约束,这是定义约束较为简单的一种方法。

2）修改基本表

【任务描述】　①利用 Transact-SQL 命令语句将学生信息表 bStudent 中的 Stud_Name 列修改成最大长度为 50 的 Varchar 型数据,且不能为空;②利用 Transact-SQL 命令语句向学生信息表 bStudent 中添加入学日期(Enroll_Date)列;③利用 Transact-SQL 命令语句将②中添加的入学日期(Enroll_Date)列删除。

【任务分析】　修改表结构用 ALTER TABLE 语句,其基本的语法格式分为 3 种情况。

（1）使用 ALTER COLUMN 子句修改列定义：

```
ALTER TABLE<表名>
ALTER COLUMN<列名><新数据类型>[(<精度>[,<小数位数>])]
```

（2）使用 ADD 子句添加列：

```
ALTER TABLE<表名>
ADD {<列名><数据类型>} [,...n]
```

（3）使用 DROP COLUMN 子句删除列：

```
ALTER TABLE<表名>
DROP COLUMN<列名>[,...n]
```

【任务实现】

（1）在【查询编辑器】窗口中输入并执行以下命令代码：

```
USE StudentScore
ALTER TABLE bStudent
ALTER COLUMN Stud_Name Varchar(50) NOT NULL
```

（2）在【查询编辑器】窗口中输入并执行以下命令代码：

```
USE StudentScore
ALTER TABLE bStudent
ADD Enroll_Date Datetime
```

（3）在【查询编辑器】窗口中输入并执行以下命令代码：

```
USE StudentScore
ALTER TABLE bStudent
DROP COLUMN Enroll_Date
```

3）删除基本表

【任务描述】　删除 StudentScore 数据库中的数据表 bStudent。

【任务分析】　删除基本表用 DROP TABLE 语句,其基本的语法格式如下：

```
DROP TABLE<表名>[,...n]
```

【任务实现】 在【查询编辑器】窗口中输入并执行以下命令代码:

```
DROP TABLE bStudent
```

任务 8-3   使用 Transact-SQL 实现数据完整性控制

任务 8-2 创建学生基本信息表时,在定义学号列时同时设置了主键约束,定义性别和是否团员列时同时设置了检查约束,这是定义约束的一种简洁方法。另外,还可以用下面介绍的语法格式来实现定义约束的同时为约束设置名称。

1) 主键(PRIMARY KEY)约束

【任务描述】 ①创建课程信息表 bCourse,并设置课程号为主键;②修改课程信息表 bCourse,设置课程号为主键。

【任务分析】 建立主键约束的语法格式如下:

```
CONSTRAINT<约束名>
PRIMARY KEY [CLUSTERED|NONCLUSTERED](<列名>[,...16])
```

【任务实现】

(1) 在【查询编辑器】窗口中输入并执行以下命令代码:

```
USE StudentScore
CREATE TABLE bCourse
(Course_Id Char(8) NOT NULL,
    Course_Name Varchar(30) NOT NULL,
    Course_Type Char(1),
    Hours Int,
    CONSTRAINT Pk_bCourse PRIMARY KEY (Course_Id))
```

(2) 在【查询编辑器】窗口中输入并执行以下命令代码:

```
USE StudentScore
ALTER TABLE bCourse
ADD CONSTRAINT Pk_bCourse PRIMARY KEY (Course_Id)
```

【任务说明】 任务①定义的主键约束名为 Pk_bCourse,这是约束名的常规命名方法;任务②常常用于对已有表添加约束的场合。

2) 外键(FOREIGN KEY)约束

【任务描述】 ①利用 Transact-SQL 命令语句创建成绩表 bScore,并在其课程号列上创建外键约束与课程表中的课程号相关联;②修改成绩表 bScore,在其学号列上设置与学生信息表中学号的外键约束。

【任务分析】 建立外键约束的语法格式如下:

```
CONSTRAINT<约束名>
FOREIGN KEY (<列名>[,...16])
REFERENCES<引用表名>(<引用列名>[,...16])
```

【任务实现】

(1) 在【查询编辑器】窗口中输入并执行以下命令代码:

```
USE StudentScore
CREATE TABLE bScore
(Stud_Cod Int IDENTITY(1,1) NOT NULL,
    Stud_Id Varchar(10) NOT NULL,
    Course_Id Varchar(8) NOT NULL,
    Term Tinyint,
    Score Numeric(5,1),
    Credit Numeric(5,1),
    Makeup Numeric,
    CONSTRAINT Fk_CourseId
    FOREIGN KEY (Course_Id) REFERENCES bCourse (Course_Id))
```

（2）在【查询编辑器】窗口中输入并执行以下命令代码：

```
USE StudentScore
ALTER TABLE bScore
ADD CONSTRAINT Fk_bStudentId
FOREIGN KEY (Stud_Id) REFERENCES bStudent (Stud_Id)
```

3）唯一性（UNIQUE）约束

【任务描述】　①创建专业信息表 bMajor，并在专业名称列上创建唯一性约束；②修改专业信息表 bMajor，在专业名称列上设置唯一性约束。

【任务分析】　建立唯一性约束的语法格式如下：

```
CONSTRAINT<约束名>
UNIQUE [CLUSTERED|NONCLUSTERED](<列名>) [,...16])
```

【任务实现】

（1）在【查询编辑器】窗口中输入并执行以下命令代码：

```
USE StudentScore
CREATE TABLE bMajor
(Major_Id char(2) NOT NULL,
    Major_Name Varchar(40) NOT NULL,
    CONSTRAINT Uk_bMajor UNIQUE (Major_Name),
    Depart_Id char(2),
    Depart_Name VarChar(40))
```

（2）在【查询编辑器】窗口中输入并执行以下命令代码：

```
USE StudentScore
ALTER TABLE bMajor
ADD CONSTRAINT Uk_bMajor UNIQUE (Major_Name)
```

4）检查（CHECK）约束

【任务描述】　修改成绩表 bScore，在成绩列上创建检查约束，要求 Score 的取值范围为 0～100。

【任务分析】　建立检查约束的语法格式如下：

```
CONSTRAINT<约束名>CHECK (<条件表达式>)
```

【任务实现】 在【查询编辑器】窗口中输入并执行如下命令代码：

```
USE StudentScore
ALTER TABLE bScore
ADD CONSTRAINT Ck_bScore CHECK (Score BETWEEN 0 AND 100)
```

5) 默认(DEFAULT)约束

【任务描述】 修改成绩表 bScore,在学分列上创建默认约束,默认值为 0。

【任务分析】 建立默认约束的语法格式如下：

```
CONSTRAINT<约束名>DEFAULT<默认值>[FOR<列名>]
```

【任务实现】 在【查询编辑器】窗口中输入并执行以下命令代码：

```
USE StudentScore
ALTER TABLE bScore
ADD CONSTRAINT Dk_bScore DEFAULT(0) FOR Credit
```

6) 删除约束

【任务描述】 修改成绩表 bScore,删除在学分列上创建的默认约束。

【任务分析】 删除约束的语法格式如下：

```
DROP CONSTRAINT<约束名>
```

【任务实现】 在【查询编辑器】窗口中输入并执行以下命令代码：

```
USE StudentScore
ALTER TABLE bScore
DROP CONSTRAINT Dk_bScore
```

7) 创建、绑定、解除与删除规则

(1) 创建规则和绑定规则。

【任务描述】 ①创建学生出生日期规则 Birth_rule,用于限制日期的取值范围在 1980 年 1 月 1 日至 2000 年 12 月 31 日之间,并将其绑定到学生表的出生日期"Birth"字段上;②创建规则 birthday_rule,用于将日期的取值范围限制到 1994 年 9 月 1 日以后,并将其绑定到项目 3 创建的用户定义数据类型 birthday 上。

【任务分析】 规则虽然不是 SQL Server 数据库中必须使用的对象,但使用规则可以保证表中的数据满足设计者的要求,并能增加编程的灵活性。在 SQL Server 中,使用规则分为创建规则和将规则绑定到数据库表的列或用户定义数据类型上两步。

① 创建规则用 CREATE RULE 语句,其基本的语法格式如下：

```
CREATE RULE<规则名>AS<条件表达式>
```

其中,"条件表达式"用来定义规则的确切含义,它可以包含算术运算符、关系运算符以及 IN、LIKE、BETWEEN 等关键词。但需要注意的是,在规则中不能引用表中的数据列以及其他数据库对象,必须在条件表达式中包含一个以字符@开头的局部变量。

② 绑定规则可以使用系统提供的存储过程 sp_bindrule,其语法格式如下：

```
sp_bindrule<规则名>,<规则绑定的对象名>[,' futureonly']
```

其中，"规则绑定的对象名"用来指定规则绑定的对象，可为表的列或用户定义数据类型。而 futureonly 选项仅在绑定规则到用户定义数据类型上时才可以使用。当指定此选项时，仅以后使用此用户定义数据类型的列会应用新规则，而当前已经使用此数据类型的列则不受影响。

【任务实现】

① 在【查询编辑器】窗口中输入并执行以下命令代码：

```
USE StudentScore
GO
CREATE RULE Birth_rule
AS @Birth>='1980-01-01' and @Birth<='2000-12-31'
GO
sp_bindrule Birth_rule,'bStudent.Birth'
```

② 在【查询编辑器】窗口中输入并执行以下命令代码：

```
CREATE RULE birthday_rule AS @birthday>'1994-9-1'
GO
sp_bindrule birthday_rule,'birthday'
```

【任务说明】　创建和绑定了规则后，可以通过 SQL Server Management Studio 查看当前数据库中所创建的规则，方法为：在【对象资源管理器】中，依次展开要查看规则的数据库 StudentScore 及其下的【可编程性】节点，单击【规则】节点，在【对象资源管理器详细信息】窗格的列表中列出了该数据库中所创建的规则。

（2）解除规则和删除规则。

【任务描述】　删除规则 Birth_rule。

【任务分析】　如果某个规则不再有用，必须先解除该规则的绑定，然后才能删除该规则。解除规则与列或用户定义数据类型的绑定可用系统存储过程 sp_unbindrule，而删除规则可用 DROP RULE 命令，其语法格式如下：

```
sp_unbindrule '<规则绑定的对象名>'
DROP RULE<规则名>
```

【任务实现】　在【查询编辑器】窗口中输入并执行以下命令代码：

```
sp_unbindrule 'bStudent.Birth'
GO
DROP RULE Birth_rule
```

【任务总结】　规则就是创建一套准则，并将其结合到表的列或用户定义数据类型上，添加完之后它会检查添加的数据或者对表所作的修改是否满足所设值的条件。其作用类似于检查约束，两者在使用上的区别有以下几点。

① 检查约束可以对一列或多列定义多个约束；而列或用户定义数据类型只能绑定一个规则。列可以同时绑定一个规则和多个约束。

② 检查约束不能直接作用于用户定义数据类型。

③ 规则与其作用的表或用户定义数据类型是相互独立的，即表或用户定义对象的删

除修改不会对与之相连的规则产生影响;而检查约束是与作用的对象相关联的。

8）创建、绑定、解除与删除默认值

（1）创建和绑定默认值。

【任务描述】 在 StudentScore 数据库中创建一个默认值对象 DFO_Birth,并将其绑定到学生表的出生日期 Birth 字段上,以实现在输入操作中没有提供输入值时,系统自动将该列的值设为 1900 年 1 月 1 日。

【任务分析】 与规则类似,默认值对象创建之后,需要将其绑定到列上或用户定义数据类型上,默认值才能起作用。当绑定到列或用户定义数据类型时,如果插入时没有显式提供值,则默认值将指定一个值,以便将其插入该对象所绑定的列中;如果将默认值绑定到自定义数据类型,则将值插入所有使用该自定义类型的列中。

① 创建默认值对象用 CREATE DEFAULT 语句,其语法格式如下:

```
CREATE DEFAULT [<架构名>.]<默认值对象名>AS<常量表达式>
```

其中,"常量表达式"可以包括任何常量、内置函数或数学表达式,但不能包括任何列或其他数据库对象的名称。字符和日期常量前后要加上英文单引号;货币数据必须以美元符号($)开头。

② 绑定默认值对象使用系统存储过程 sp_bindefault,其语法格式如下:

```
sp_bindefault<默认值对象名>,<默认值绑定的对象名>[,' futureonly']
```

其中,"默认值绑定的对象名"用来指定默认值绑定的对象,可为表的列或用户定义数据类型,但不能为 varchar(max)、nvarchar(max)、varbinary(max)、xml 或 CLR 用户定义类型列。而 futureonly 选项仅在绑定默认值到用户定义数据类型上时才使用。当指定此选项时,仅以后使用此用户定义数据类型的列会应用新默认值,而当前已经使用此数据类型的列则不受影响。

【任务实现】 在【查询编辑器】窗口中输入并执行以下命令代码:

```
USE StudentScore
GO
CREATE DEFAULT DFO_Birth AS '1900-1-1'
GO
sp_bindefault DFO_Birth,'bStudent.Birth'
```

说明:创建和绑定了默认值后,可以通过 SQL Server Management Studio 查看当前数据库中所创建的默认值,方法为:在【对象资源管理器】中,依次展开要查看规则的数据库 StudentScore 及其下的【可编程性】节点,单击【默认值】节点,在右边的【对象资源管理器详细信息】窗格的列表中列出了该数据库中所创建的默认值。

（2）解除和删除默认值。

【任务描述】 删除默认值 DFO_Birth。

【任务分析】 如果要删除某个默认值对象,与删除规则类似,必须先解除该默认值的绑定,然后才能删除该默认值。解除默认值与列或用户定义数据类型的绑定可用系统存储过程 sp_unbindefault,而删除规则可用 DROP DEFAULT 命令,其语法格式如下:

```
sp_unbindefault '<默认值绑定的对象名>'
DROP DEFAULT<默认值对象名>
```

【任务实现】 在【查询编辑器】窗口中输入并执行以下命令代码：

```
sp_unbindefault 'bStudent.Birth'
GO
DROP DEFAULT Birth_rule
```

任务 8-4 使用 Transact-SQL 建立和删除索引

1）建立索引

【任务描述】 ①为专业信息表 bMajor 中的专业代号列创建一个唯一性的聚集索引；②为课程信息表 bCourse 中的课程名称列创建一个非唯一性的非聚集索引。

【任务分析】 建立索引的语法格式如下：

```
CREATE [UNIQUE] [CLUSTERED|NONCLUSTERED] INDEX<索引名>
ON<表名>(<列名>[<ASC|DESC>] [,...n])
```

其中，UNIQUE 表示创建唯一性索引；CLUSTERED 表示创建聚集索引；NONCLUSTERED 表示创建非聚集索引；ASC 表示索引排序方式为升序；DESC 表示索引排序方式为降序，默认值为 ASC；[,...n]表示索引可以建在该表的一列或多列上，各列名之间用逗号分隔。

【任务实现】

（1）在【查询编辑器】窗口中输入并执行以下命令代码：

```
USE StudentScore
CREATE UNIQUE CLUSTERED INDEX Ix_MajorId ON bMajor(Major_Id)
```

（2）在【查询编辑器】窗口中输入并执行以下命令代码：

```
USE StudentScore
CREATE NONCLUSTERED INDEX Ix_Coursename ON bCourse (Course_Name)
```

2）删除索引

【任务描述】 删除 bCourse 表的 Ix_Coursename 索引。

【任务分析】 删除索引的语法格式如下：

```
DROP INDEX<表名>.<索引名>[,...n]
```

【任务实现】 在【查询编辑器】窗口中输入并执行以下命令代码：

```
DROP INDEX bCourse.Ix_Coursename
```

任务 8-5 使用 Transact-SQL 建立和删除同义词

1）建立同义词

【任务描述】 ①为本地服务器上的学生成绩数据库 StudentScore 中 dbo 架构下的专业

信息表 bMajor 创建同义词 SbMajor;②使用 SbMajor 同义词进行以下操作:一是查询专业信息表 bMajor 中的专业名;二是向 bMajor 表中插入一条记录('33','物联网应用技术')。

【任务分析】 同义词可以为存在于本地或远程服务器上的其他数据库对象(称为基对象,如表、索引、视图等)提供别名。这样,一方面,可为数据库对象提供一定的安全性保证,如可以隐藏对象的实际名称和所有者信息,或隐藏分布式数据库中远程对象的位置信息;另一方面,可简化对象的访问,如当数据库对象的名称或位置改变时,只需要修改同义词而不需要修改应用程序。建立同义词的语法格式如下:

```
CREATE SYNONYM [<架构名>.]<同义词名>FOR<数据库对象名>
```

其中,"架构名"指定创建同义词所使用的架构,如果未指定架构名,SQL Server 将使用当前用户的默认架构;"数据库对象名"常由基对象所在的服务器名称、数据库名称、架构名称和基对象本身的名称组成,遵循数据库中完全限定的对象名称格式的表示规则。

【任务实现】

(1) 在【查询编辑器】窗口中输入并执行以下命令代码:

```
USE StudentScore
CREATE SYNONYM SbMajor FOR StudentScore.dbo.bMajor
```

(2) 在【查询编辑器】窗口中输入并执行以下命令代码:

```
USE StudentScore
SELECT Major_Name FROM SbMajor
INSERT INTO SbMajor(Major_Id,Major_Name) VALUES('33','物联网应用技术')
```

2) 删除同义词

【任务描述】 删除专业信息表的 SbMajor 同义词。

【任务分析】 删除同义词的语法格式如下:

```
DROP SYNONYM [<架构名>.]<同义词名>[,...n]
```

【任务实现】 在【查询编辑器】窗口中输入并执行以下命令代码:

```
DROP SYNONYM dbo.SbMajor
```

8.3 数据查询语句在学生成绩系统中的使用

8.3.1 SELECT 语句的完整语法结构

查询就是对已经存在于数据库中的数据按特定的组合、条件或次序进行检索。查询设计是数据库应用程序开发的重要组成部分,因为在设计数据库并用数据进行填充后,需要通过查询来使用数据,其他许多功能也离不开查询语句,如创建视图、插入数据。所以,查询功能是 SQL 中最重要、最核心的部分,其实现的基本方式是使用 SELECT 语句,得到的结果集也是表的形式。以下是 SELECT 语句的完整语法结构。

```
SELECT [ALL|DISTINCT|TOP n]<目标列表达式>[,...n]
[INTO<新表名>]
FROM<表或视图名>[,...m]
[WHERE<条件表达式>]
[GROUP BY<列名 1>[HAVING<条件表达式>]
[ORDER BY<列名 2>[ASC|DESC]]
```

SELECT 语句的含义是:根据 WHERE 子句的条件表达式,从 FROM 子句指定的基本表或视图中找出满足条件的记录,再按 SELECT 子句中的目标列表达式,选出记录中的属性值形成结果表。如果有 INTO 子句,则将此结果表插入另一个表中;如果有 GROUP 子句,则将结果按<列名 1>的值进行分组,该属性值相等的记录为一个组,每个组产生结果表中的一条记录;如果 GROUP 子句带 HAVING 短语,则只有满足指定条件的组才予以输出。如果有 ORDER 子句,则结果表还要按<列名 2>的值进行升序或降序排列。下面通过不同的查询任务来说明 SELECT 语句的具体用法。

任务 8-6　在学生成绩数据库中实现基本查询

1) 无条件查询

(1) 查询部分列。

【任务描述】　①查询 bClass 表中所有班级的班级号、班级名、人数及学制;②查询所有选修了课程的学生学号。

【任务分析】　基于 SELECT 语句的完整语法结构,查询部分列的语法格式可简化为:

```
SELECT<列名>[,...n]  FROM<表名>
```

注意:①输入“,”时,要用英文输入法输入,否则会出现错误信息;②SELECT 后的列名顺序可以与表中的顺序不一致,即用户在查询时可以根据需要改变列的显示顺序。

【任务实现】

① 在【查询编辑器】窗口中输入并执行以下命令代码:

```
USE StudentScore
SELECT Class_Id,Class_Name,Class_Num,Length FROM bClass
```

② 在【查询编辑器】窗口中输入并执行以下命令代码:

```
USE StudentScore
SELECT Stud_Id FROM bScore
```

执行上面的 SELECT 语句后,查询结果如图 8-2 所示。

该查询结果里包含了许多重复的行,实际上,对于一个选修了课程的学生,其学号在查询结果中只需出现一次,此时应该去掉结果表中的重复行,这可通过在目标列前面加上 DISTINCT 关键字实现。

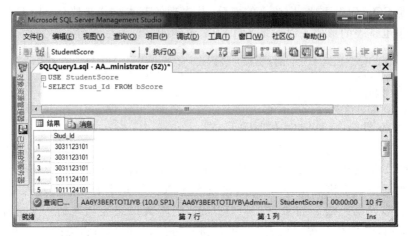

图 8-2 查询所有选修了课程的学生学号信息

在【查询编辑器】窗口中重新输入并执行以下命令代码：

SELECT DISTINCT Stud_Id FROM bScore

执行结果如图 8-3 所示。

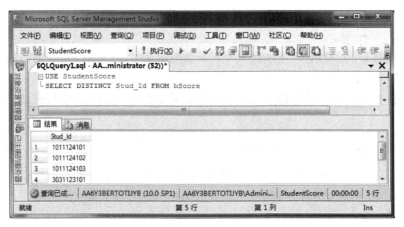

图 8-3 使用 DISTINCT 关键字后的查询结果

（2）查询全部列。

【任务描述】 查询全体学生的详细记录。

【任务分析】 查询全部列的语法格式可简化为：

SELECT * FROM<表名>

【任务实现】 在【查询编辑器】窗口中输入并执行以下命令代码：

USE StudentScore
SELECT * FROM bStudent

说明：该 SELECT 语句实际上是无条件地把 bStudent 表的全部信息都查询出来，所以也称为全表查询,这是最简单的一种查询。

(3) 查询经过计算的值。

【任务描述】 查询全体学生的姓名及其年龄。

【任务分析】 SELECT 子句的"<目标列表达式>"不仅可以是表中的属性列,也可以是由运算符连接的列名、常量和函数组成的表达式,即可以将查询出来的属性列经过一定的计算后列出结果。

【任务实现】 在【查询编辑器】窗口中输入并执行以下命令代码:

```
USE StudentScore
SELECT Stud_Name,Year(getdate())-Year(Birth) FROM bStudent
```

【任务说明】 上述查询结果的第二列是一个计算表达式(用当前日期年份减去学生的出生日期年份),且无列名,如图 8-4 所示。

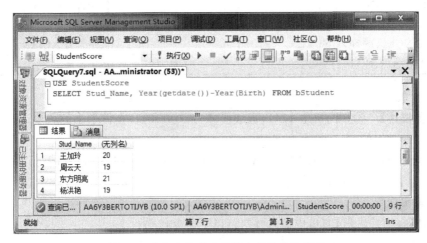

图 8-4 查询全体学生的姓名及其年龄信息

此时用户可以通过指定列的别名来改变查询结果的列标题。修改列标题的方法有两种,一种是采用"<原列名>[AS]<列别名>"的格式;另一种是采用"<列别名>=<原列名>"的格式。这样,上述任务查询结果的第二列通过第一种方法可将列标题修改为"年龄":

```
SELECT Stud_Name,Year(getdate())-Year(Birth) As '年龄' FROM bStudent
```

(4) 显示结果集中的前 n 行。

【任务描述】 查询 bStudent 表中的前 10 个学生的学号及姓名。

【任务分析】 在查询数据库时,如果只需要显示结果集中的前 n 行,则可以在 SELECT 语句中使用 TOP n 关键字。

【任务实现】 在【查询编辑器】窗口中输入并执行以下命令代码:

```
USE StudentScore
SELECT TOP 10 Stud_Id,Stud_Name FROM bStudent
```

2）按条件查询

数据库中往往存储着大量的数据,而在实际应用中并不总是要使用表中的全部数据,更多的是要从表中筛选出满足指定条件的数据,这时可以通过 WHERE 子句实现,格式如下:

SELECT<选择列表>FROM<表名>WHERE<查询条件>

其中,<查询条件>部分常用的运算符如表 8-1 所示。

表 8-1　查询条件中常用的运算符

运　算　符	作　　用
＝、＞、＜、＞＝、＜＝、＜＞、！＝、！＜、！＞	比较运算符
BETWEEN、NOT BETWEEN	值是否在范围之内
IN、NOT IN	值是否在列表中
LIKE、NOT LIKE	字符串匹配运算符
IS NULL、IS NOT NULL	值是否为 NULL
AND、OR、NOT	逻辑运算符

（1）比较。

【任务描述】　①查询机电 1241(班级代号为 10111241)全体学生的名单;②检索年龄大于 20 岁的学生的学号、姓名和年龄。

【任务分析】　本任务中的查询条件一个为班级代号等于"10111241";另一个为年龄大于"20"。它们均可通过在查询条件中应用比较运算符实现。

【任务实现】

① 在【查询编辑器】窗口中输入并执行以下命令代码:

```
USE StudentScore
SELECT Stud_Name FROM bStudent
WHERE Class_Id='10111241';
```

② 在【查询编辑器】窗口中输入并执行以下命令代码:

```
USE StudentScore
SELECT Stud_Id,Stud_Name,Year(getdate())-Year(Birth) FROM bStudent
WHERE Year(getdate())-Year(Birth)>20
```

【任务说明】　①对 Char、Varchar、Text、Datetime 和 Smalldatetime 类型要用单引号括起来;②查询条件表达式中可以包含常量、列名和函数。

（2）确定范围。

【任务描述】　①从 bScore 表中检索出成绩在 80～90 分之间的学生的学号、课程号和成绩;②从 bScore 表中检索出成绩不在 80～90 分之间的学生的学号、课程号和成绩。

【任务分析】　若要查找属性值在指定范围内的记录,可在查询条件中用 BETWEEN…AND 提供一个查找的范围;要查找属性值不在指定范围内的记录,需在 BETWEEN 前面加上 NOT。

【任务实现】

① 在【查询编辑器】窗口中输入并执行以下命令代码：

```
USE StudentScore
SELECT Stud_Id,Course_Id,Score FROM bScore
WHERE Score BETWEEN 80 AND 90
```

查询结果如图 8-5 所示。

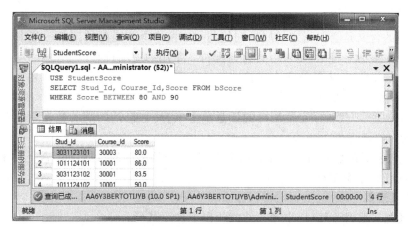

图 8-5 查询成绩在 80～90 分之间的学生的学号和课程号

② 在【查询编辑器】窗口中输入并执行以下命令代码：

```
USE StudentScore
SELECT Stud_Id,Course_Id,Score FROM bScore
WHERE Score NOT BETWEEN 80 AND 90
```

（3）确定集合。

【任务描述】 ①从 bStudent 表中检索出籍贯为"北京"、"天津"或"上海"的学生学号、姓名和性别；②从 bStudent 表中检索出籍贯不是"北京"、"天津"或"上海"的学生学号、姓名和性别。

【任务分析】 若要查找属性值在指定集合内的记录，可在查询条件中使用 IN 指定集合范围；同样，若要查找属性值不属于指定集合的记录，要用谓词 NOT IN。

【任务实现】

① 在【查询编辑器】窗口中输入并执行以下命令代码：

```
USE StudentScore
SELECT Stud_Id,Stud_Name,Stud_Sex FROM bStudent
WHERE Family_Place IN('北京','天津','上海')
```

② 在【查询编辑器】窗口中输入并执行以下命令代码：

```
USE StudentScore
SELECT Stud_Id,Stud_Name,Stud_Sex FROM bStudent
WHERE Family_Place NOT IN('北京','天津','上海')
```

(4) 字符匹配。

【任务描述】 ①从 bStudent 表中查出所有姓"王"的学生的学号、姓名和性别;②从 bScore 表中查出班级代号为"10111241"班级学生的成绩信息;③从 bCourse 表中查询课程号第一位不是"1"的课程的课程名和相应的课时数。

【任务分析】 本任务属于字符匹配的查询,常采用"模糊查询法",此可通过使用 LIKE 运算符及相应的通配符实现,其一般语法格式如下:

```
[NOT] LIKE '<匹配串>'
```

该语句的含义是查找指定的属性列值与<匹配串>相匹配的记录。其中<匹配串>可以是一个完整的字符串,也可以含有通配符。常用的通配符有以下几个:

① %(百分号)代表任意多个字符。

② _(下横线)代表单个字符。

③ [](中括号)代表一定范围内的任意单个字符,它包括两端的数据,如[A-F],表示 A～F 范围内的任意单个字符。

④ [^]代表不在某范围内的任意单个字符,它包括两端的数据,如[^A-F],表示 A～F 范围以外的任意单个字符。

【任务实现】

① 在【查询编辑器】窗口中输入并执行以下命令代码:

```
USE StudentScore
SELECT Stud_Id,Stud_Name,Stud_Sex FROM bStudent
WHERE Stud_Name LIKE '王%'
```

② 在【查询编辑器】窗口中输入并执行以下命令代码:

```
USE StudentScore
SELECT Stud_Id,Course_Id,Term,Score FROM bScore
WHERE Stud_Id LIKE '10111241%'
```

查询结果如图 8-6 所示。

③ 在【查询编辑器】窗口中输入并执行以下命令代码:

```
SELECT Course_Name,Hours FROM bCourse
WHERE Course_Id NOT LIKE '1%'
```

或

```
SELECT Course_Name,Hours FROM bCourse
WHERE Course_Id LIKE '[^1]%'
```

查询结果如图 8-7 所示。

(5) 涉及空值的查询。

【任务描述】 ①查询缺少成绩的学生的学号和相应的课程号;②查询所有有成绩记录的学生学号和课程号。

【任务分析】 若要查找缺少属性值的记录,可在查询条件中使用 NULL 表示空值;同样,若要查找存在属性值的记录,则要用 NOT NULL。

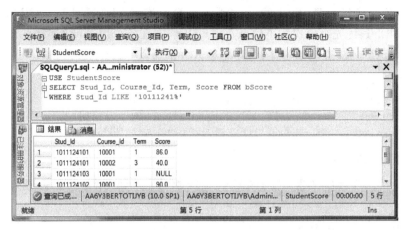

图 8-6　查询班级代号为"10111241"班级学生的成绩信息

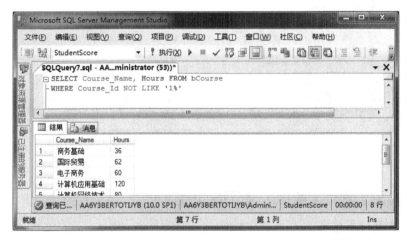

图 8-7　查询课程号第一位不是"1"的课程的课程名和相应的课时数

【任务实现】

① 在【查询编辑器】窗口中输入并执行以下命令代码：

```
USE StudentScore
SELECT Stud_Id,Course_Id FROM bScore
WHERE Score IS NULL
```

② 在【查询编辑器】窗口中输入并执行以下命令代码：

```
USE StudentScore
SELECT Stud_Id,Course_Id FROM bScore
WHERE Score IS NOT NULL
```

（6）复合条件查询。

【任务描述】　查询年龄大于 20 岁的男学生的学号、姓名和年龄。

【任务分析】　对于必须满足多个查询条件的查询，可通过逻辑运算符将 WHERE 子

267

句中的多个条件连接起来,常用的 3 种逻辑运算符有 AND(逻辑与)、OR(逻辑或)和 NOT(逻辑非),其优先级依次为 NOT、AND、OR。本任务可用 AND 连接两个条件。

【任务实现】 在【查询编辑器】窗口中输入并执行以下命令代码:

```
USE StudentScore
SELECT Stud_Id,Stud_Name,Year(getdate())-Year(birth) As Age
FROM bStudent
WHERE Year(getdate())-Year(birth)>20 And (Stud_Sex='男')
```

查询结果如图 8-8 所示。

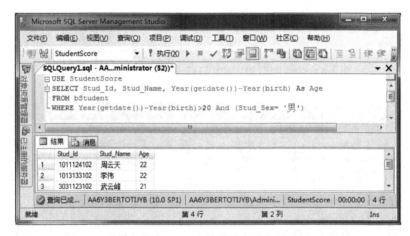

图 8-8　查询年龄大于 20 岁的男学生的学号、姓名和年龄

任务 8-7　对查询结果的排序、汇总和分组

(1) 对查询结果排序

【任务描述】 查询"30311231"班选修了课程的学生学号、课程号及其成绩,查询结果按学号的升序和分数的降序排列。

【任务分析】 如果没有指定查询结果的显示顺序,DBMS 将按其最方便的顺序(通常是记录在表中的先后顺序)输出查询结果。但用户也可以用 ORDER BY 子句指定按照一个或多个属性列的升序或降序重新排列查询结果。其语法格式如下:

```
SELECT<选择列表>
FROM<表名>
ORDER BY<列名或列号>[ASC|DESC] [,...n]
```

注意:①ORDER BY 子句中可以使用列名或列号;②如果没有指定 ASC(升序)或 DESC(降序),则默认为 ASC;③可以对多达 16 个列执行排序。

【任务实现】 在【查询编辑器】窗口中输入并执行以下命令代码:

```
USE StudentScore
SELECT Stud_Id,Course_Id,Score FROM bScore
WHERE Stud_Id LIKE '303112312%' ORDER BY Stud_Id,Score DESC
```

或

```
SELECT Stud_Id,Course_Id,Score FROM bScore
WHERE Stud_Id LIKE '30311231%'ORDER BY 1,3 DESC
```

查询结果如图 8-9 所示。

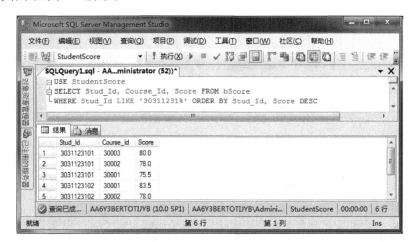

图 8-9　查询结果按学号的升序和分数的降序排列

（2）生成汇总数据

【任务描述】　①查询学生总人数；②统计有学生选修的课程门数；③计算课程号为"10002"的最高分、最低分和平均分，分别使用别名"最高分"、"最低分"和"平均分"标识。

【任务分析】　在实际应用中，常常要对数据库中的数据进行统计，制作各种报表，此时可用聚集函数生成汇总数据。常用的聚集函数主要有 COUNT()、SUM()、Avg()、Max()等。

【任务实现】

① 在【查询编辑器】窗口中输入并执行以下命令代码：

```
SELECT COUNT(* ) FROM bStudent
```

或

```
SELECT COUNT(Stud_Id) FROM bStudent
```

说明：COUNT(＊)返回表中行的总数而不消除重复行，COUNT(Stud_Id)也不消除重复行但并不将该列为 NULL 值的行计算在内，这里由于 Stud_Id 是 bStudent 表的主键，而 bStudent 表中也没有重复行，所以用 COUNT(＊)和用 COUNT(Stud_Id)的查询结果是一样的。

② 在【查询编辑器】窗口中输入并执行以下命令代码：

```
SELECT COUNT(DISTINCT Course_Id) FROM bScore
```

说明：由于学生每选修一门课程，在 bScore 表中就会有一条相应的记录，而一门课程往往有多个学生选修，所以为避免重复计算课程数，该查询需在 COUNT 函数中用

269

DISTINCT 短语,以便在计算时取消指定列中的重复值。

③ 在【查询编辑器】窗口中输入并执行以下命令代码:

```
SELECT Max(Score) As 最高分,Min(Score) As 最低分,Avg(Score) As 平均分
FROM bScore
WHERE Course_Id='10002'
```

查询结果如图 8-10 所示。

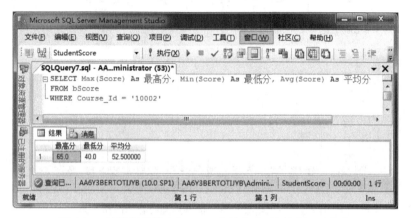

图 8-10　计算课程号为"10002"的最高分、最低分和平均分

（3）对查询结果分组

对查询结果分组就是将查询结果表的各行按一列或多列取值相等的原则进行分组,其目的是细化聚集函数的作用对象。如果未对查询结果分组,聚集函数将作用于整个查询结果,即整个查询结果只有一个函数值;否则,聚集函数将作用于每一个组,即每一组都有一个函数值,此可用 GROUP BY 子句实现。

【任务描述】 ①从 bScore 表中返回每一个学生的学号和成绩总分;②从 bScore 表中返回第 3 学期成绩总分超过 200 分的学生学号和成绩总分。

【任务分析】 本任务需要在 bScore 表中按学号分组,以统计每个学生的成绩总分。而如果分组后还要求按一定的条件对这些组进行筛选,最终只输出满足指定条件的组,还需使用 HAVING 短语指定筛选条件。

【任务实现】

① 在【查询编辑器】窗口中输入并执行以下命令代码:

```
USE StudentScore
SELECT Stud_Id,SUM(Score) As 总分 FROM bScore
GROUP BY Stud_Id
```

说明：该查询先对 bScore 表按 Stud_Id 的取值进行分组,所有具有相同 Stud_Id 值的元组为一组;然后对每一组作用聚集函数 SUM 以求得该学生的成绩总分。查询结果如图 8-11 所示。

② 在【查询编辑器】窗口中输入并执行以下命令代码:

```
USE StudentScore
```

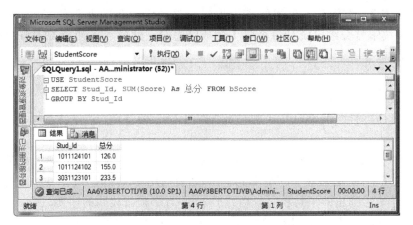

图 8-11　查询每一个学生的学号和成绩总分

```
SELECT Stud_Id As 学号,SUM(Score) As 总分 FROM bScore
WHERE Term=3
GROUP BY Stud_Id HAVING SUM(Score)>200
```

说明：该查询首先通过 WHERE 子句从 bScore 表中找出学期为 3 的选课学生；然后再通过 GROUP BY 子句按 Stud_Id 分组，并应用 SUM 函数求出第 3 学期每个学生的总分；最后通过 HAVING 子句选出总分大于 200 分的学生。查询结果如图 8-12 所示。

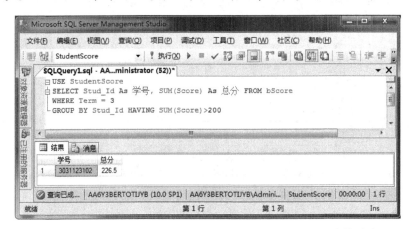

图 8-12　查询第 3 学期成绩总分超过 200 分的学生学号和成绩总分

需要注意的是，HAVING 子句的作用虽然与 WHERE 子句相似，都是用来筛选数据，但是 HAVING 子句只能针对 GROUP BY 子句，即作用于每个组，从中选出满足条件的组；而 WHERE 子句作用于整个表，从中选择满足条件的记录。

（4）生成汇总行

使用 COMPUTE 子句可以生成合计作为附加的汇总列，出现在结果集的最后。当与 BY 一起使用时，COMPUTE 子句在结果集内生成控制中断和分类汇总。

【任务描述】　从 bScore 表中返回每个学生的各门课程的成绩，并求出每个学生的总分。

【任务分析】 本任务不仅需要查询出每个选课学生各门课程的成绩,而且需要在 bScore 表中按学号分组以统计每个学生的成绩总分。此时可以使用 COMPUTE 子句,其语法格式如下:

```
SELECT<选择列表>
FROM<表名>
[COMPUTE [AVG|COUNT|MAX|MIN|STDEV|STDEVP|SUM]<表达式>[,...n] [BY<表达式>[,...
n]]]
```

其中,BY <表达式>是在结果集内生成控制中断和分类汇总。如果使用带 BY 的 COMPUTE 子句,则必须在 COMPUTE BY 之前使用 ORDER BY 子句,且表达式必须与 ORDER BY 后列出的子句相同或是其子集,并且必须按相同的序列。

【任务实现】 在【查询编辑器】窗口中输入并执行以下命令代码:

```
SELECT Stud_Id,Score FROM bScore
ORDER BY Stud_Id
COMPUTE SUM(Score) BY Stud_Id
```

查询结果如图 8-13 所示。

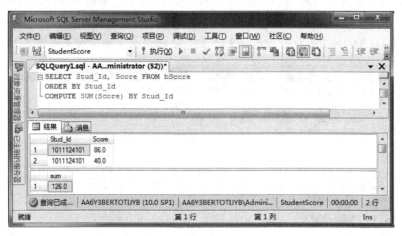

图 8-13 计算每个学生的各门课程的成绩及其成绩总分

8.3.2 连接查询的概念及其种类

前面的查询都是针对一个表进行的。一个关系数据库中的多个表之间一般都存在着某种内在的联系,它们共同提供有用的信息,所以在实际的查询中,用户往往需要从多个表中查询相关数据。若一个查询同时涉及两个以上的表并通过连接条件实现,则称为连接查询。连接的意义为在水平方向上合并两个数据集合,其运算过程是:在表1中找到第一条记录,逐行扫描表2的所有记录。若有满足连接条件的,就组合表1和表2的字段为一个新记录,以此类推,在表1中扫描完所有的记录后,就组合成连接查询的结果集。

连接查询主要包括内连接查询、外连接查询、自连接查询和交叉连接查询(非限制连接)4 种类型。由于在实际应用中,使用交叉连接查询产生的结果集一般没有任何意义,所以本书不作介绍。

1. 内连接查询

内连接查询是最常用的组合两表的方法。内连接将两个表的相关列进行比较,并将两个表中满足连接条件的行组合成新的行。内连接可以通过在 FROM 子句中使用[INNER] JOIN 运算符来实现,语法格式有以下两种。

格式 1:

```
SELECT<选择列表>
FROM<表 1> [INNER] JOIN<表 2>
ON<条件表达式>
```

格式 2:

```
SELECT<选择列表>
FROM<表 1>,<表 2>
WHERE<条件表达式>
```

其中,<表 1>和<表 2>为要从其中组合行的表名,INNER 为可选项;<条件表达式>用于指定两个表的连接条件,由两个表中的列名和关系运算符组成,关系运算符可以是=、<、>、<=、>= 、<>等。使用"="关系运算符的称为等值连接,使用其他关系运算符的称为非等值连接。等值连接中消除了重复列的又称为自然连接,这是应用最多的一种连接方式。需要注意的是,在 JOIN 运算中,可以连接任何两个相同类型的数值列,而列名称不必相同;但如果两个表中包含名称相同的列,用 SELECT 子句选取这些列时需冠以表名;否则会出现"列名不明确"的错误提示信息。同样,连接条件中的列名也需冠以表名,格式为:"表名. 列名"。

任务 8-8　在学生成绩数据库中实现连接查询——内连接查询

【任务描述】　①查询所有学生的信息,包括学生的学号、姓名、班级号和班级名;②查询所有学生的信息,包括学生的学号、姓名、班级名和专业名;③查询考试成绩有不及格的学生信息,包括学生的学号、姓名、课程号和成绩。

【任务分析】　①由于学生的基本信息存放在 bStudent 表中,但该表中没有班级名字段,需与 bClass 表进行连接后才能查到要求的所有信息,而这两个表可以通过班级代号Class_Id 进行连接。又由于 Class_Id 列在两个表中都存在,所以在选择列表及条件表达式中的 Class_Id 前都必须加上表名作为前缀;②由于专业名在 bStudent、bClass 表中均没有,需与 bMajor 表进行连接后才能查到,所以这是一个三表进行连接的例子。先将bStudent 表与 bClass 表通过班级代号 Class_Id 连接,再与 bMajor 表通过专业代号Major_Id 进行连接;③由于学生的成绩信息存放在 bScore 表中,但该表中没有学生姓名字段,需与 bStudent 表通过学生代号 Stud_Id 进行连接后才能查到要求的所有列信息。另外,在此任务中要查询的不是 bScore 表中所有学生的成绩信息,而是要从中提取出成绩有不及格的学生的成绩信息,这就要在连接条件之外再加上另一条件:Score<60。

【任务实现】

（1）在【查询编辑器】窗口中输入并执行以下命令代码：

```
USE StudentScore
SELECT Stud_Id,Stud_Name,bStudent.Class_Id,Class_Name
FROM bStudent JOIN bClass
ON bStudent.Class_Id=bClass.Class_Id
```

查询结果如图 8-14 所示。

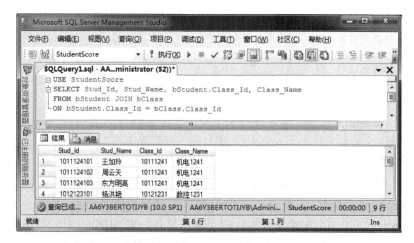

图 8-14　查询所有学生的学号、姓名、班级号和班级名

（2）在【查询编辑器】窗口中输入并执行以下命令代码：

```
SELECT Stud_Id,Stud_Name,Class_Name,Major_Name
FROM bStudent JOIN bClass
ON bStudent.Class_Id=bClass.Class_Id
JOIN bMajor
ON bClass.Major_Id=bMajor.Major_Id
```

或

```
SELECT Stud_Id,Stud_Name,Class_Name,Major_Name
FROM bStudent,bClass,bMajor
WHERE bStudent.Class_Id=bClass.Class_Id AND bClass.Major_Id=bMajor.Major_Id
```

（3）在【查询编辑器】窗口中输入并执行以下命令代码：

```
SELECT bStudent.Stud_Id,Stud_Name,Course_Id,Score
FROM bStudent JOIN bScore
ON bStudent.Stud_Id=bScore.Stud_Id AND Score<60
```

【任务总结】　从本任务的实现方法可以看出，表的连接条件常使用"主键＝外键"的形式，如（1）中的 Class_Id 是 bClass 表的主键、bStudent 表的外键，而（2）中的 Major_Id 又是 bMajor 表的主键和 bClass 表的外键。

2. 外连接查询

在内连接中,只有在两个表中同时匹配的行才能在结果中选出;而在外连接查询中,参与连接的表有主、从之分,以主表的每行数据去匹配从表的数据行。如果主表的行在从表中没有与连接条件相匹配的行,则主表的行不会被丢弃,而是也返回到查询结果中,并在从表的相应列中填上 NULL 值。

外连接又可分为左外连接(LEFT OUTER JOIN)、右外连接(RIGHT OUTER JOIN)和全外连接(FULL OUTER JOIN)3 种。左外连接将连接条件中左边的表作为主表,其返回的行不加限制;右外连接将连接条件中右边的表作为主表,其返回的行不加限制;全外连接是对两个表都不加限制,所有两个表中的行都出现在结果集中。

(1) 左外连接查询的语法格式如下:

```
SELECT<选择列表>
FROM<表 1>LEFT [OUTER] JOIN<表 2>ON<条件表达式>
```

(2) 右外连接查询的语法格式如下:

```
SELECT<选择列表>
FROM<表 1>RIGHT [OUTER] JOIN<表 2>ON<条件表达式>
```

(3) 全外连接查询的语法格式如下:

```
SELECT<选择列表>
FROM<表 1>FULL [OUTER] JOIN<表 2>ON<条件表达式>
```

任务 8-9 在学生成绩数据库中实现连接查询——外连接查询

【任务描述】 ①查询每个学生的选课情况(包含学生学号、姓名、课程号及相应的成绩)。如果学生没有选课,则其课程号和成绩列用空值填充;②查询出班级号为"30311231"的每个学生的选课情况(包含学生学号、姓名、课程号及相应的成绩),如果学生没有选课,则课程号和成绩列用空值填充。

【任务分析】 任务①中,若学生没有选课,则在 bScore 表中将没有该学生的成绩记录,所以不能直接在 bScore 表中查找,实现时,必须以 bStudent 为主表,用它的每行数据通过连接条件(Stud_Id 相等)去匹配 bScore 表的数据行,如在 bScore 表中没有与连接条件相匹配的行,则在 bScore 表的相应列中填上 NULL 值。在②中所不同的是,要查询的不是 bStudent 表中所有学生的选课情况,而是要从中提取出"30311231"班级学生的选课情况,这就要在连接条件之外再加上另一条件:Class_Id='30311231'。

【任务实现】

(1) 在【查询编辑器】窗口中输入并执行以下命令代码:

```
USE StudentScore
SELECT bStudent.Stud_Id,Stud_Name,Course_Id,Score
FROM bStudent Left JOIN bScore
ON bStudent.Stud_Id=bScore.Stud_Id
```

查询结果如图 8-15 所示。

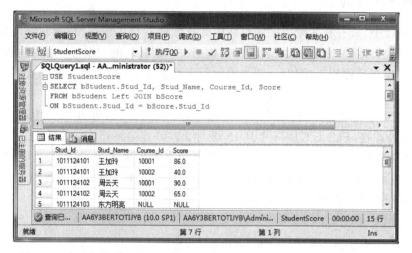

图 8-15　查询每个学生的选课情况(包括学号、姓名、课程号及相应的成绩)

（2）在【查询编辑器】窗口中输入并执行以下命令代码：

```
USE StudentScore
SELECT bStudent.Stud_Id,Stud_Name,Course_Id,Score
FROM bStudent Left JOIN bScore
ON bStudent.Stud_Id=bScore.Stud_Id
WHERE Class_Id='30311231'
```

【任务总结】　需要说明的是，本任务也可用右外连接实现，只是此时应将连接条件中右边的表作为主表，即 bStudent 应放在 RIGHT JOIN 的右边。

3.　自身连接查询

连接操作不仅可以在不同的两个表之间进行，也可以是一个表与其自己进行连接。这种连接称为表的自身连接。在自连接查询中，必须为表指定两个别名，使之在逻辑上成为两张表。

任务 8-10　在学生成绩数据库中实现连接查询——自身接查询

【任务描述】　查询班级表中学制相同的班级编号。

【任务分析】　要实现该任务，可以将班级表 bClass 与其自己进行连接，连接条件为学制 Length 相等，这就要为表指定两个别名 C1 和 C2，使之在逻辑上成为两张表。同时，为了避免交叉连接而出现无意义的行，还必须加上另一条件：C1. Class_Id < C2. Class_Id。

【任务实现】　在【查询编辑器】窗口中输入并执行以下命令代码：

```
USE StudentScore
SELECT C1.Class_Id,C2.Class_Id,C1.Length
FROM bClass C1 JOIN bClass C2 ON C1.Length=C2.Length
WHERE C1.Class_Id<C2.Class_Id
```

查询结果如图 8-16 所示。

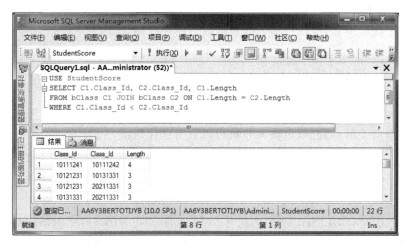

图 8-16　查询班级表中学制相同的班级编号

8.3.3　嵌套查询的概念及其种类

前面介绍的查询都是单层查询,即查询中只有一个 SELECT-FROM-WHERE 查询块。而在实际应用中经常用到多层查询,即将一个查询块嵌套在另一个查询块的 WHERE 子句或 HAVING 短语的条件中的查询,这种查询称为嵌套查询或子查询。外层的 SELECT 语句被称为外部查询,内层的 SELECT 语句被称为内部查询或子查询。子查询又分为嵌套子查询和相关子查询。

1. 嵌套子查询

嵌套子查询求解方法为:由里向外,即每个子查询在其上一级查询处理之前求解,且子查询的结果不显示出来,而是作为其外部查询的条件。

(1) 使用比较运算符的子查询。

通过比较运算符将父查询与子查询进行连接,当子查询返回的是单值时,可使用＝、＜、＞、＜＝、＞＝、！＝或＜＞等比较运算符。

任务 8-11　在学生成绩数据库中实现嵌套查询——使用比较运算符的子查询

【任务描述】　①查询与班级名为"计应 1231"的班级在同一个系的班级信息(包括班级号和班级名);②查询课时数高于所有课程平均课时数的课程信息(包括课程号、课程名和课时数)。

【任务分析】　任务①应先确定"计应 1231"所在系的系部代号,这可在 bClass 表中查到,然后再将其作为父查询的条件查出该系所有班级信息;任务②应先从 bCourse 中查询出所有课程的平均课时数,再将其作为父查询的条件查出大于该平均课时数的课程信息。无论是系部代号还是平均课时数,其子查询的结果集均为单行单列,所以可以用比较运算符将父查询与子查询进行连接。

【任务实现】

① 在【查询编辑器】窗口中输入并执行以下命令代码:

```
USE StudentScore
SELECT Class_Id,Class_Name FROM bClass
WHERE Depart_Id= (SELECT Depart_Id FROM bClass
                   WHERE Class_Name='计应 1231')
```

② 在【查询编辑器】窗口中输入并执行以下命令代码:

```
USE StudentScore
SELECT Course_Id,Course_Name,Hours FROM bCourse
WHERE Hours> (SELECT Avg(Hours) FROM bCourse)
```

说明:在②中,SQL Server 首先获得"SELECT Avg(Hours) FROM bCourse"子查询的结果集,该结果集为单行单列,然后将其作为父查询的条件执行父查询,从而得到最终的结果。查询结果如图 8-17 所示。

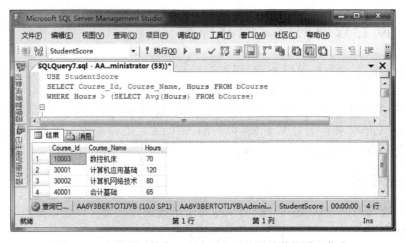

图 8-17　查询课时数高于所有课程平均课时数的课程信息

(2) 使用 SOME、ANY 和 ALL 谓词的子查询。

对于上面使用比较运算符的子查询,其子查询只能返回单值。如果子查询返回多个值,则可以带 SOME、ANY 和 ALL 谓词的子查询,它们都是将父查询中 WHERE 条件指定的列值与子查询的结果进行比较,并返回满足条件的行。其中,SOME 和 ANY 是存在量词,只注重子查询是否有返回的值满足搜索条件,且两者含义相同,可以替换使用;而 ALL 要求子查询的所有查询结果列都要满足搜索条件。

任务 8-12　在学生成绩数据库中实现嵌套查询——使用 SOME、ANY 和 ALL 谓词的子查询

【任务描述】　①查询比"计算机应用"专业(代号为 31)某个班级学生人数多的班级信息;②查询比"计算机应用"专业(代号为 31)所有班级学生人数多的班级信息。

【任务分析】　任务①应先确定"计算机应用"各班级的学生人数,这可在 bClass 表中查到,再将其作为父查询的条件查出学生人数大于其中某个数的班级信息;任务②是在父查询中应查出学生人数大于其中每个数的班级信息。

【任务实现】

① 在【查询编辑器】窗口中输入并执行以下命令代码:

```
USE StudentScore
SELECT Class_Id,Class_Name,Class_Num FROM bClass
WHERE Class_Num>SOME (SELECT Class_Num FROM bClass
                      WHERE Major_Id='31')
```

说明:该查询也可用 ANY 实现,语句格式同上,只需将 SOME 用 ANY 替换即可。

② 在【查询编辑器】窗口中输入并执行以下命令代码:

```
USE StudentScore
SELECT Class_Id,Class_Name,Class_Num FROM bClass
WHERE Class_Num>ALL (SELECT Class_Num FROM bClass
                     WHERE Major_Id='31')
```

需要注意的是,上述带 SOME、ANY 和 ALL 谓词的子查询不能在 SOME、ANY 和 ALL 谓词前加 NOT 关键字,但可以用"<>"号表示否定。

(3) 使用 IN 谓词的子查询。

通过 IN 或 NOT IN 运算符将父查询与子查询进行连接,以判断某个属性列的值是否在子查询返回的结果中。此时,子查询的结果往往是一个集合。

任务 8-13　在学生成绩数据库中实现嵌套查询——使用 IN 谓词的子查询

【任务描述】　①查询考试成绩有不及格的学生的学号、姓名和班级号;②查询与"张山"在同一个班级学习的学生学号与姓名。

【任务分析】　任务①应先在 bScore 表中查出有考试成绩不及格的学生学号作为子查询的结果,再在 bStudent 表中查找学号在此子查询结果集中的学生信息,由于考试成绩不及格的学生可能有多名,所以要用带 IN 谓词的子查询来实现;任务②中,由于"张山"这个名字在学生表中可能会有重名的现象,也就是说,子查询"张山"所在班级的结果有可能不唯一,所以该查询也要用带 IN 谓词的子查询来实现。

【任务实现】

① 在【查询编辑器】窗口中输入并执行以下命令代码:

```
USE StudentScore
SELECT Stud_Id,Stud_Name,Class_Id FROM bStudent
WHERE Stud_Id IN (SELECT DISTINCT Stud_Id FROM bScore
                  WHERE Score<60)
```

说明:该查询也可用前面学过的内连接查询来求解:

```
SELECT bStudent.Stud_Id,Stud_Name,Class_Id
FROM bStudent JOIN bScore
```

ON bStudent.Stud_Id=bScore.Stud_Id AND Score< 60

可见,实现同一个查询可有多种方法。但不同的方法其执行效率有所不同,如嵌套查询的执行效率就比连接查询的笛卡儿积效率高。

② 在【查询编辑器】窗口中输入并执行以下命令代码:

```
USE StudentScore
SELECT Stud_Id,Stud_Name  FROM  bStudent
WHERE Class_Id IN (SELECT Class_Id  FROM  bStudent
                  WHERE Stud_Name='张山')
```

(4)使用 EXISTS 谓词的子查询。

通过逻辑运算符 EXISTS 或 NOT EXISTS,检查子查询所返回的结果集是否有行存在。使用 EXISTS 时,如果在子查询的结果集内包含有一行或多行,则返回 TRUE;如果该结果集内不包含任何行,则返回 FALSE。当在 EXISTS 前面加上 NOT 时,将对存在性测试结果取反。由于子查询不返回任何实际数据,只产生 TRUE 或 FALSE,所以其列名常用"＊"。

任务 8-14   在学生成绩数据库中实现嵌套查询——使用 EXISTS 谓词的子查询

【任务描述】 查询所有选修了"30001"号课程的学生学号与姓名。

【任务分析】 本任务要求在 bScore 表中查询所有选修了"30001"号课程的学生学号,只要存在满足条件的记录,就以此为依据在 bStudent 查询相应学号的学生信息。

【任务实现】 在【查询编辑器】窗口中输入并执行以下命令代码:

```
USE StudentScore
SELECT Stud_Id,Stud_Name FROM bStudent
WHERE EXISTS (SELECT *  FROM bScore
              WHERE Stud_Id=bStudent.Stud_Id AND Course_Id='30001')
```

说明:本任务也可用 IN 谓词实现:

```
SELECT Stud_Id,Stud_Name FROM bStudent
WHERE Stud_Id IN (SELECT Stud_Id FROM bScore
                  WHERE Course_Id='30001')
```

或用连接查询实现:

```
SELECT bStudent.Stud_Id,Stud_Name
FROM bStudent JOIN bScore
ON bStudent.Stud_Id=bScore.Stud_Id AND Course_Id='30001'
```

(5)多层嵌套子查询。

上面均为二层嵌套的子查询,下面再举一个 3 层嵌套的例子。

任务 8-15   在学生成绩数据库中实现嵌套查询——多层嵌套子查询

【任务描述】 统计"计算机应用"专业的学生人数。

【任务分析】

① 确定"计算机应用"专业的专业号：

```
SELECT Major_Id FROM bMajor
WHERE Major_Name='计算机应用'
```

结果为：

```
Major_Id
31
```

② 查找专业号为"31"的班级号：

```
SELECT Class_Id FROM bClass
WHERE Major_Id='31'
```

结果为：

```
Class_Id
30311131
30311231
...
```

③ 统计上述班级的学生人数：

```
SELECT Count(Stud_Id) AS 人数 FROM bStudent
WHERE Class_Id IN ...
```

将上面的 3 步合并，得到以下 3 层嵌套查询的代码。

【任务实现】　在【查询编辑器】窗口中输入并执行以下命令代码：

```
SELECT Count(Stud_Id) AS 人数
FROM bStudent
WHERE Class_Id IN (SELECT Class_Id FROM bClass
                   WHERE Major_Id= (SELECT Major_Id FROM bMajor
                                    WHERE Major_Name='计算机应用'))
```

说明：本任务也可用连接查询实现：

```
SELECT Count(Stud_Id) AS 人数
FROM bStudent,bClass,bMajor
WHERE bStudent.Class_Id=bClass.Class_Id
    AND bClass.Major_Id=bMajor.Major_Id
    AND Major_Name='计算机应用'
```

2. 相关子查询

相关子查询与嵌套子查询有一个明显的区别，即相关子查询的查询条件依赖于外部父查询的某个属性值，所以求解相关子查询不能像求解嵌套子查询那样，一次将子查询的解求出来再求解外部父查询，而必须反复求值。

281

任务 8-16　在学生成绩数据库中实现嵌套查询——相关子查询

【任务描述】　在 bScore 表中查询每个学生考试成绩大于该学生平均成绩的记录。

【任务分析】　要实现该任务,必须在外部父查询和子查询中多次使用 bScore 表,并为外部父查询和子查询中的 bScore 表分别指定别名 C1 和 C2,使之在逻辑上成为两张表。在查询时,应先取外部父查询中的第一个记录,根据它的学号值在子查询中计算出该学生的平均成绩。若子查询结果非空,则取此子查询结果作为外部父查询的条件执行外部父查询;再检查外部父查询的下一个记录,重复上述过程,直至外部表全部检查完毕为止。这里,子查询的查询条件即为:

```
C1.Stud_Id=C2.Stud_Id。
```

【任务实现】　在【查询编辑器】窗口中输入并执行以下命令代码:

```
USE StudentScore
SELECT Stud_Id,Course_Id,Score FROM bScore C1
WHERE Score> (SELECT Avg(Score) FROM bScore C2
              WHERE C1.Stud_Id=C2.Stud_Id)
```

说明:由于相关子查询需要反复求解子查询,所以当数据量大时,查询非常费时,最好不要常用。

8.3.4　合并查询的概念及其语法结构

合并查询(也称联合查询)是将两个或更多查询的结果集组合为单个结果集,该结果集包含合并查询中的所有查询的全部行。这与连接查询是不同的,其主要区别有以下两点:①在合并查询中,合并的是两个查询结果集,而在连接查询中,连接的是两个表;②在合并查询中,行的最大数量是两个查询结果集行的"和",而在连接查询中,行的最大数量是两个表行的"乘积"。

合并查询的命令格式如下:

```
SELECT 语句 1
UNION [ALL]
SELECT 语句 2
```

格式说明:①<SELECT 语句 1>和<SELECT 语句 2>为要合并的两个结果集的查询语句,其结果集中的列数和列的顺序必须相同,列的数据类型要么相同,要么存在可能的隐式数据转换或提供了显式转换;②UNION 的结果集列名与第一个 SELECT 语句中的结果集的列名相同,其他 SELECT 语句的结果集列名被忽略;③ALL 为可选项,如果使用它,那么结果集中将包含所有行,并且不删除重复行;否则 UNION 运算符将从结果集中删除重复行;④只可以在最后一条 SELECT 语句中使用 ORDER BY 子句,这样影响到最终合并结果的排序和计数汇总,而 GROUP BY 和 HAVING 子句可以在单独一个 SELECT 查询中使用,它们不影响最终结果;⑤如果要将合并后的结果集保存到一个新数据表中,那么 INTO 语句必须加入到第一条 SELECT 中。

任务 8-17 在学生成绩数据库中实现合并查询

1) 利用 UNION 合并两个查询结果集

【任务描述】 合并 bStudent 表中年龄大于 20 或性别为"男"的学生信息,包括学生的学号、姓名和性别。

【任务分析】 此任务中首先要得到两个结果集,一个是年龄大于 20 学生的学号、姓名和性别,另一个是性别为"男"学生的学号、姓名和性别;再将这两个结果集进行合并。

【任务实现】 在【查询编辑器】窗口中输入并执行以下命令代码:

```
USE StudentScore
SELECT Stud_Id,Stud_Name,Stud_sex FROM bStudent
WHERE Year(getdate())-Year(birth)>20
UNION
SELECT Stud_Id,Stud_Name,Stud_sex FROM bStudent
WHERE Stud_Sex='男'
```

说明:这里,年龄大于 20 并且性别为"男"的学生信息没有重复出现。如果要保留所有的重复记录,则可以使用 UNION ALL,但使用此运算符获得的最终结果集是无序的。如果要进行有序排列,则可在最后一条 SELECT 语句中使用 ORDER BY 子句,如下列代码所示:

```
SELECT Stud_Id,Stud_Name,Stud_sex FROM bStudent
WHERE Year(getdate())-Year(birth)>20
UNION ALL
SELECT Stud_Id,Stud_Name,Stud_sex FROM bStudent
WHERE Stud_Sex='男'
ORDER BY Stud_Id
```

2) 将 UNION 合并结果保存到一个新表中

【任务描述】 在 StudentScore 数据库中查询平均成绩大于 75 分或总分高于 200 分学生的学号和姓名,并将查询结果按学号的升序插入新表 TStudent 中。

【任务分析】 此任务中首先要得到两个结果集,一个是平均成绩大于 75 分学生的学号和姓名,另一个是总分高于 200 分学生的学号和姓名的结果集;然后将这两个结果集合并。但由于存放学生成绩信息的 bScore 表中没有学生的姓名字段,需用到 bStudent 表才能查到要求的所有信息,所以要得到每个结果集,还需用到涉及多个表的连接查询或嵌套查询。

【任务实现】 在【查询编辑器】窗口中输入并执行以下命令代码:

```
SELECT Stud_Id As 学号,Stud_Name As 姓名
INTO TStudent
FROM bStudent
WHERE Stud_Id IN (SELECT Stud_Id FROM bScore
                 GROUP BY Stud_Id HAVING Avg(Score)>75)
UNION
SELECT Stud_Id,Stud_Name
```

```
FROM bStudent
WHERE Stud_Id IN (SELECT Stud_Id FROM bScore
                  GROUP BY Stud_Id HAVING SUM(Score)>200)
```

需要说明的是,合并查询不仅可用于实现两个查询结果集的合并,还常常用于将两个结构相同的表进行合并。

8.4　数据更新语句在学生成绩系统中的使用

数据库中的数据常常需要修改,如向数据库中添加数据、修改数据库中的数据或删除数据库中的数据等,SQL Server 为此提供了相应的数据操纵语句。

8.4.1　插入数据

在 SQL 语句中,常用的插入数据的方法是使用 INSERT 命令。INSERT 命令向表中插入新数据的方式有两种:一种是使用 VALUES 关键字直接赋值插入记录,此时既可以一次插入单条记录,也可以一次插入多条记录;另一种是使用 SELECT 子句,从其他表或视图中提取数据插入数据表中。

1. 直接赋值插入

插入记录的 INSERT 命令格式如下:

```
INSERT [INTO]<表名>[(<列名>[,...n])]
VALUES(<常量>[,...n]) [,(<常量>[,...n]) [,...m]]
```

格式说明:①如果是在新行的所有列中添加数据,则可以省略 INSERT 语句中的列名列表,只要 VALUES 关键字后面输入项的顺序和数据类型与表中列的顺序和数据类型相对应即可;②如果是在新行的部分列中添加数据,则必须同时给出要使用的列名列表和赋给这些列的数据值列表。此时,列名列表中的列顺序可以不同于表中的列顺序,但值列表与列名列表中包含的项数、顺序都要保持一致。

任务 8-18　在学生成绩数据库表中插入数据——直接赋值插入

【任务描述】　①为 bMajor 表添加一条记录('31','计算机应用','30','信息系');②为 bClass 表添加两条记录('30311231','计应 1231','3')和('30311232','计应 1232','3')。

【任务分析】　任务①为在新行的所有列中添加数据;而任务②为在新行的部分列中添加数据。

【任务实现】
(1) 在【查询编辑器】窗口中输入并执行以下命令代码:

```
USE StudentScore
INSERT INTO bMajor
VALUES('31','计算机应用','30','信息系')
```

（2）在【查询编辑器】窗口中输入并执行以下命令代码：

```
USE StudentScore
INSERT INTO bClass(Class_Id,Class_Name,Length)
VALUES('30311231','计应 1231','3'),('30311232','计应 1232','3')
```

需要注意的是，以上述方法向表中插入数据时，不能把数据直接插入到一个标识列中，也不能违反数据完整性约束条件。

2. 插入子查询结果

子查询不仅可以嵌套在 SELECT 语句中，用以构造父查询的条件，也可以嵌套在 INSERT 语句中，用来将子查询的结果一次性全部插入指定表中。

任务 8-19　在学生成绩数据库表中插入数据——插入子查询结果

【任务描述】　创建一个新表 StudScore（Stud_Id，Course_Id，Score），然后基于 bStudent 表向该表中插入"30311231"班的学生学号。

【任务分析】　该任务要求将查询的结果插入指定表中。此时，该查询相当于一个子查询，且该表必须是已经存在的表，并且插入时不能违反数据完整性约束条件。

【任务实现】

（1）首先创建新表 StudScore：

```
USE StudentScore
CREATE TABLE StudScore
    (Stud_Id Varchar(10) Primary Key,
     Course_Id Varchar(8),
     Score numeric(5,1))
```

（2）然后插入数据：

```
USE StudentScore
INSERT StudScore (Stud_Id)
SELECT Stud_Id FROM bStudent WHERE Class_Id='30311231'
```

说明：使用这种 INSERT 语句时同样要注意 SELECT 子查询中的列列表须与 INSERT 子句中的列列表中的列数、顺序及数据类型相匹配，但插入的行可以来自多个表。

8.4.2　修改数据

当数据插入表中后，会经常需要修改。使用 SQL 语句的 UPDATE 命令可以对要修改表中的一行、多行或所有行的数据进行修改。其命令的语法格式如下：

```
UPDATE<表名>
SET<列名>=<表达式>[,...n]
  [WHERE<条件>]
```

其中,SET 子句指定要修改的列和用于取代列中原有值的数据;WHERE 子句指定修改表中满足条件的记录,如果省略 WHERE 子句,则表示修改表中的所有行。

与数据的插入操作相同,数据的修改也有两种方式:一种是直接赋值进行修改;另一种是使用 SELECT 子句将要取代列中原有值的数据先查询出来,再修改原有列,但要求修改前后的数据类型和数据个数相同。

任务 8-20　在学生成绩数据库表中修改数据

1) 直接赋值修改

【任务描述】　将 Class_Id 等于"30311231"的班级名称改为"网络 1231"。

【任务实现】　在【查询编辑器】窗口中输入并执行以下命令代码:

```
USE StudentScore
UPDATE bClass SET Class_Name='网络 1231'
WHERE Class_Id='30311231'
```

2) 带子查询的修改

【任务描述】　汇总每个班级的人数存入班级表的班级人数列(Class_Num)中。

【任务分析】　本任务应先在 bStudent 表中计算每个班级的学生人数,然后将其作为子查询的结果插入 bClass 表的 Class_Num 列中,以修改 Class_Num 列中的值。需要注意的是,这里 SELECT 子查询的结果集必须是单值,所以在汇总每个班级的人数时不能用 GROUP BY 子句,而必须用相关子查询的原理,即子查询的查询条件依赖于外层父表 bClass 的 Class_Id 属性值,这样,查询时就可以通过反复求值,以保证每次返回的是一个单值。

【任务实现】　在【查询编辑器】窗口中输入并执行以下命令代码:

```
USE StudentScore
UPDATE bClass
SET Class_Num= (SELECT Count(Stud_Id) FROM bStudent
                 WHERE bStudent.Class_Id=bClass.Class_Id)
```

8.4.3　删除数据

随着数据库的使用和修改,表中可能存在着一些无用的数据,如果不及时将它们删除,不仅会占用空间,还会影响修改和查询的速度。使用 SQL 语句中的 DELETE 命令可实现表中数据的删除,其基本的语法格式如下:

```
DELETE [FROM]<表名>
[WHERE<条件>]
```

该命令的功能是从指定表中删除满足条件的记录。如果省略 WHERE 子句,则删除表中全部记录,但表的定义仍在字典中。即 DELETE 语句删除的是表中的数据,而不是关于表的定义。

与数据的插入和修改相同,数据的删除也有两种方式:一种是直接删除;另一种是通过子查询删除基于其他表中的数据。

任务 8-21　在学生成绩数据库表中删除数据

1)直接删除

【任务描述】　将学生信息表中班级号为"10111241"的学生全部删除。

【任务实现】　在【查询编辑器】窗口中输入并执行以下命令代码:

```
USE StudentScore
DELETE FROM bStudent WHERE Class_Id='10111241'
```

2)带子查询的删除

【任务描述】　班级号为"30311231"的学生已毕业,要求将 bScore 中相应的成绩信息全部删除。

【任务分析】　由于 bScore 表中没有班级号,只有学号,所以需要先在 bStudent 表中查询出"30311231"班级的学生学号,然后再在 bScore 表中删除相应学生的成绩记录。

【任务实现】　在【查询编辑器】窗口中输入并执行以下命令代码:

```
USE StudentScore
DELETE FROM bScore
WHERE Stud_Id IN
    (SELECT Stud_Id FROM bStudent WHERE Class_Id='30311231')
```

8.5　在学生成绩系统中使用视图

8.5.1　视图的基本概念

视图是从一个或多个基表中导出的表,其结构和数据建立在对基表的查询基础上。和真实的表一样,视图也包括定义的行和列,但是这些行和列并不实际地以视图结构存储在数据库中,而是存储在视图所引用的表中。因此,视图不是真实存在的基表,而是一个虚拟表。对视图的一切操作最终都要转换为对基表的操作(视图中并不存放数据,只存放对基表的引用,所以一切对视图的查询都是对基表的查询)。但视图创建后,可以反过来出现在另一个查询或视图中,并作为这个查询或视图的数据源来使用。

使用视图有很多优点,主要有以下 4 个方面。

(1)简化数据的操作。用户可以将经常使用的需经连接、投影等查询操作的数据定义为视图。这样,在每一次执行相同的查询时,只要一条简单的查询视图语句就可以实现对这些数据的查询,而不必重新编写这些复杂的查询语句。

(2)定制数据。通过视图,用户能以多种角度看待数据库中的同一数据;也可以让不同的用户以不同的方式看待数据库中不同或者相同的数据集。

（3）分割数据。使用视图，可以在重构数据库时保持表的原有结构关系，从而使原有的应用程序仍然可以通过视图来重载数据，而不需要做任何修改。

（4）提高安全性。使用带 With Check Option 选项的 CREATE VIEW 语句可以确保用户只能查询和修改满足条件的数据，从而提高数据的安全性。

任务 8-22　为学生成绩数据库系统创建视图

1）用视图设计器创建视图

【任务描述】　以 StudentScore 数据库中的学生基本信息表 bStudent 和班级信息表 bClass 为基表用视图设计器创建一个视图 Computer_Student，其内容是系部代号为"30"的所有班级学生的详细信息，要求视图中字段名与表中字段名一致。

【任务分析】　在 SQL Server 中，视图设计器的界面与查询设计器基本相同，分为表区（关系图窗格）、列区（条件窗格）、SQL Script 区（SQL 窗格）和数据结果区（结果窗格）4 个区。只是在初始状态时，表区中没有表。用视图设计器创建视图的方法比较简单，其具体操作步骤如下。

【任务实现】

（1）展开要创建视图的数据库节点，右击【视图】节点，从弹出的快捷菜单中选择【新建视图】命令，打开视图设计器并弹出【添加表】对话框。

（2）在【添加表】对话框中，选择要创建视图的基表 bStudent 和 bClass，单击【添加】按钮，将其添加到表区。添加表操作完成后，关闭【添加表】对话框。

（3）在列区的下拉列表框中选择要使用的数据列，对每一列的【输出】列进行选中或取消选中复选框操作，以决定该列是否需要在视图中显示，并设置相应的筛选条件。此时，相应的 SQL Server 脚本便显示在 SQL 窗格中，如图 8-18 所示。

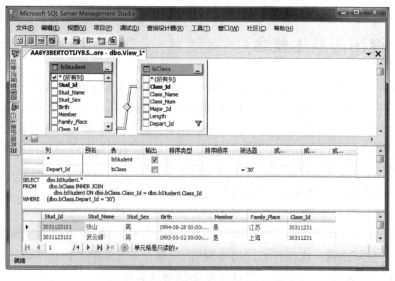

图 8-18　利用视图设计器创建视图

（4）单击工具栏中的【运行】按钮，将包含在视图中的数据行输出到数据结果区中。

(5) 单击工具栏中的【保存】按钮,将新建的视图保存为 Computer_Student。

2) 用 CREATE VIEW 命令创建视图

【任务描述】 在 StudentScore 数据库中用 CREATE VIEW 命令语句创建一个视图 Student_Score,其内容是每个学生的所有课程的考试成绩的平均值,并加密视图的定义。

【任务分析】 用 CREATE VIEW 命令创建视图的语法格式如下:

```
CREATE VIEW [架构名.]<视图名>[(<列名>[,...n])]
[With Encryption]
AS
SELECT 语句
[With Check Option]
```

格式说明:①如果没有指定<视图名>后的列名列表,则视图列将获得与 SELECT 语句中列相同的名称。但如果视图中的某一列是函数、算术表达式、常量,或来自多个表的列名相同,则必须为该列定义一个不同的名称;②With Encryption 对视图定义进行加密;③SELECT 语句可以是任意复杂的查询语句,但通常不允许含有 ORDER BY、COMPUTE 或 COMPUTE BY 子句和 DISTINCT 短语;④With Check Option 强制所有通过视图修改(UPDATE、INSERT 和 DELETE)的记录满足定义视图的 SELECT 语句中指定的条件。

另外,在数据库中创建一个视图后,如果要查看视图的定义语句,则可以在 SQL Server Management Studio 的【对象资源管理器】中右击要查看的视图,如上面已建立的视图 Computer_Student,选择【编写视图脚本为】→【CREATE 到】→【新查询编辑器窗口】命令,在新查询编辑器窗口中就能看到视图的定义语句。如果不想让用户查看视图定义的语句,则可以通过在 CREATE VIEW 命令中使用 With Encryption 子句实现对视图定义的加密。需要注意的是,如果视图中的某一列是函数、数学表达式、常量,或来自多个表的列名相同,则必须为此列定义一个不同的名称。本任务中可将成绩的平均值定义为 PScore。

【任务实现】 在【查询编辑器】窗口中输入并执行以下命令代码:

```
USE StudentScore
GO
CREATE VIEW Student_Score (Student_Id,PScore)
With Encryption
AS
SELECT Stud_Id,Avg(Score) From bScore Group By Stud_Id
```

由于使用了 With Encryption 语句,所以查看视图的定义语句时会出现图 8-19 所示的提示信息。

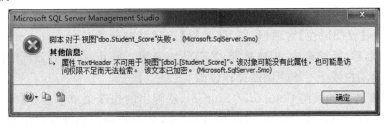

图 8-19 查看 Student_Score 定义语句时的提示信息

8.5.2　创建视图的注意事项

创建视图时,需注意以下几点:

(1) 要创建视图,用户必须被数据库所有者授权可以使用 CREATE VIEW 语句,并具有与定义的视图有关的表或视图的相应权限。

(2) 只能在当前数据库中创建视图。但是,视图所引用的表或视图可以是其他数据库中的,甚至可以是其他服务器上的。

(3) 一个视图最多可以引用 1024 个列,这些列可以来自一个表或视图,也可以来自多个表或视图。

(4) 在用 SELECT 语句定义的视图中,如果在视图的基表中加入新列,则新列不会在视图中出现,除非先删除视图再重建它。

(5) 如果一个视图所依赖的基表或视图被删除,则该视图不能再被使用,但这个视图的定义仍然保留在数据库中。

任务 8-23　管理学生成绩数据库系统中的视图

1) 查看视图

【任务描述】　查看 Computer_Student 视图所属架构、定义语句及其依赖关系等信息。

【任务分析】　如果在创建视图语句中没有 WITH ENCRYPTION 加密选项,则可以使用 SQL Server Management Studio 或命令语句两种方式来查看视图的信息。命令语句查看方式是通过系统存储过程实现的,即通过 sp_help 来显示视图的特征信息,如视图名、所属架构、创建日期等;通过 sp_helptext 来获取视图在系统表中的定义语句;通过 sp_depends 来查看视图所依赖的对象。它们的命令格式分别如下:

```
sp_help<视图名>
sp_helptext<视图名>
sp_depends<视图名>
```

【任务实现】

(1) 用 SQL Server Management Studio 查看视图信息。

① 展开要查看视图的数据库节点,如 StudentScore,选中【视图】图标,此时在右面的【对象资源管理器详细信息】窗格中显示出当前数据库所有视图的名称。

② 右击要查看的视图 Computer_Student,从弹出的快捷菜单中选择【属性】命令,打开图 8-20 所示【视图属性】对话框,在其【常规】选项页中查看 Computer_Student 视图的基本信息,如名称、所属架构、创建日期、是否已加密等。另外,在该对话框的【权限】选项页中还可以给用户授予对该视图的操作权限。

③ 右击要查看的视图 Computer_Student,从弹出的快捷菜单中选择【编写视图脚本为】→【CREATE 到】→【新查询编辑器窗口】命令,在新查询编辑器窗口中查看视图定义语句。

图 8-20　【视图属性】对话框的【常规】选项页

④ 右击要查看的视图 Computer_Student，从弹出的快捷菜单中选择【查看依赖关系】命令，打开【对象依赖关系】对话框，在其中查看依附于该视图的对象和该视图所依附的对象。

⑤ 右击要查看的视图 Computer_Student，从弹出的快捷菜单中选择【编辑前 200 行】命令，可在打开的【查询编辑器】窗口中查看该视图的输出数据，如图 8-21 所示。

图 8-21　Computer_Student 视图的输出数据

（2）用系统存储过程查看视图信息。

在【查询编辑器】窗口中输入并执行以下命令代码：

```
USE StudentScore
GO
sp_help Computer_Student
sp_helptext Computer_Student
sp_depends Computer_Student
```

说明：在 SQL Server 中，这 3 个系统存储过程可以应用于任何数据库对象。

2) 修改视图

【任务描述】 修改 Student_Score 视图的内容为每个学生的所有课程的考试成绩的总分。

【任务分析】 在 SQL Server 中,可通过 SQL Server Management Studio 或执行 ALTER VIEW 命令两种方法来修改视图。对于前者,可通过右击要修改的视图,从弹出的快捷菜单中选择【设计】命令,在打开的视图设计器窗口中进行。但如要修改加密视图,如本任务中的 Student_Score,则不能用此方法,只能用 ALTER VIEW 命令修改,其语法格式如下:

```
ALTER VIEW<视图名>[(<列名>[,...n])]
[With Encryption]
AS
SELECT 语句
[With Check Option]
```

【任务实现】 在【查询编辑器】窗口中输入并执行以下命令代码:

```
USE StudentScore
GO
ALTER VIEW Student_Score (Student_Id,SScore)
With Encryption
AS
SELECT Stud_Id,Sum(Score) From bScore Group By Stud_Id
```

3) 删除视图

【任务描述】 将视图 Student_Score 删除。

【任务分析】 如果要从当前数据库中删除一个或多个视图,可以通过 SQL Server Management Studio 或执行 DROP VIEW 命令实现。DROP VIEW 的语法格式如下:

```
DROP VIEW<视图名>[,...n]
```

【任务实现】

(1) 用 SQL Server Management Studio 删除视图。

在 SQL Server Management Studio 的【对象资源管理器】中,展开相应数据库及其下的视图节点,右击要删除的视图 Student_Score,选择快捷菜单中的【删除】命令,在弹出的【删除对象】对话框中单击【确定】按钮。

(2) 用 DROP VIEW 命令删除视图。

在【查询编辑器】窗口中输入并执行以下命令代码:

```
USE StudentScore
GO
DROP VIEW Student_Score
```

说明:一个视图被删除后,由此视图导出的其他视图也将失效,用户应该使用 DROP VIEW 命令将它们一一删除。

任务 8-24 在学生成绩数据库系统中使用视图

视图一旦定义后,用户就可以像操作基本表一样对视图进行操作,如通过视图检索、添加、修改和删除表中的数据。

1) 通过视图检索表数据

【任务描述】 ① 在 Computer_Student 视图中查询女学生的信息;② 在 Student_Score 视图中查询成绩总分大于等于 200 分的学生成绩信息。

【任务分析】 视图可以像基表一样用在 FROM 子句中作为数据来源。为了简化数据检索或提高数据库的安全性,通常的做法是将查询做成视图,然后将视图用在其他查询中。

【任务实现】

(1) 在【查询编辑器】窗口中输入并执行以下命令代码:

```
SELECT *  FROM Computer_Student
WHERE Stud_Sex='女'
```

(2) 在【查询编辑器】窗口中输入并执行以下命令代码:

```
SELECT *  FROM Student_Score
WHERE SScore>=200
```

说明:DBMS 执行对视图的查询时,首先进行有效性检查,检查查询涉及的表、视图等是否在数据库中存在。如果存在,则从数据字典中取出查询涉及的视图的定义,把定义中的子查询和用户对视图的查询结合起来,转换成对基本表的查询,然后再执行这个经过修正的查询。将对视图的查询转换为对基本表的查询的过程称为视图的消解(View Resolution)。

2) 通过视图更新表数据

【任务描述】 ①基于表 bStudent 创建一个视图中 V_Students,其内容包括所有学生的学号、姓名、性别及其班级代号;②通过该视图向表 bStudent 中添加一条新的数据记录('3032133102','李力','男', '30321331');③通过该视图修改学号为"1011124101"学生的姓名为"王玲"。

【任务分析】 更新视图与更新基表中数据的方式一样,也包括插入(INSERT)、删除(DELETE)和修改(UPDATE)三类操作。由于视图是不实际存储数据的虚表,因此对视图的更新最终要转换为对基表的更新,且不能同时修改两个或者多个基表。

【任务实现】

(1) 在【查询编辑器】窗口中输入并执行以下命令代码:

```
USE StudentScore
GO
CREATE VIEW V_Students (Stud_Id,Stud_Name,Stud_Sex,Class_Id)
AS
SELECT Stud_Id,Stud_Name,Stud_Sex,Class_Id
FROM bStudent
```

（2）在【查询编辑器】窗口中输入并执行以下命令代码：

```
USE StudentScore
INSERT INTO V_Students
VALUES('3032133102','李力','男','30321331')
```

（3）在【查询编辑器】窗口中输入并执行以下命令代码：

```
USE StudentScore
UPDATE V_Students
SET Stud_Name='王玲'
WHERE Stud_Id='1011124101'
```

需要说明的是，一般不推荐利用视图更改数据，因为视图最开始就是被设计成查询数据的。但有时为了方便，可能会通过视图更改数据，此时一定要注意数据更新语句是否违反了基表中的数据完整性约束。此外，为防止用户通过视图对数据进行增、删、改时无意或故意操作不属于视图范围内的基表数据，可在定义视图时加上 WITH CHECK OPTION 子句。这样，在视图上增、删、改数据时，DBMS 会进一步检查视图定义中的条件，若不满足条件，则拒绝执行该操作。

8.6 疑 难 解 答

（1）使用 GROUP BY 子句有何注意事项？

答：①在 SELECT 子句的字段列表中，除了聚集函数外，其他出现的字段一定要在 GROUP BY 子句中有定义；②在 SELECT 子句的字段列表中不一定要有聚集函数，但至少要用到 GROUP BY 子句列表中的一个字段；③不能使用 text、ntext 和 image 数据类型的字段作为 GROUP BY 子句的分组依据；④GROUP BY 子句不能使用字段别名。

（2）何时需为字段取一个别名？

答：①列名如果是英文的，则可在查询结果中为其取个中文别名；②如果查询结果列是一个经过计算的列，则可为其取个别名；③如果同时对多个表进行查询，结果表中出现相同的列名，则可为这些列取个别名。

（3）连接查询与嵌套查询均可实现多表查询，两者之间有何区别？

答：连接查询是通过连接条件将两个表连接起来进行查询，而嵌套查询是将内层查询结果作为外层查询的条件实现两个表的连接的；能用嵌套查询实现的查询一般也可用连接查询实现，但能用连接查询实现的查询不一定能用嵌套查询实现。

（4）常见的编写高质量的 SQL 语句的原则有哪些？

答：①不要在 SQL 语句中使用系统默认的保留关键字；②尽量用 EXISTS 和 NOT EXISTS 代替 IN 和 NOT IN；③在 SELECT 列表中尽量不用 *；④在 SQL 查询中尽量使用索引列来加快查询速度；⑤绝对避免在 ORDER BY 子句中使用表达式；⑥通配符在搜寻词首出现时，系统不使用索引，从而会降低查询速度，而当通配符出现在字符串其他位置时，优化器能利用索引；⑦任何对列的操作都将导致表扫描，它包括数据库函数、计算表达式等,查询时尽可能将操作移至等号右边。

小结:本项目紧紧围绕 Transact-SQL 语句的使用这个命题,以学生成绩数据库为操作对象,介绍了数据定义语句、数据查询语句和数据操纵语句的使用,以及视图的创建和使用方法。同时还介绍了 SQL 语言的产生和特点、Transact-SQL 语言中的函数和表达式,以及查询语句的分类和使用场合。

习　　题　　八

一、选择题

1. 打开要执行操作的数据库,应该用(　　)SQL 命令。
   A. USE　　　　　　B. GO　　　　　　C. EXEC　　　　　D. DB

2. (　　)函数用于返回当前系统日期和时间;(　　)函数用于返回指定日期年份的整数。
   A. DAY　　　　　B. DAGENAME　　　C. YEAR　　　　　D. GETDATE

3. (　　)语句可以创建数据表;(　　)语句可以删除数据表。
   A. DROP DATABASE　　　　　　　　B. CREATE TABLE
   C. ALTER TABLE　　　　　　　　　D. DROP TABLE

4. (　　)关键字在 SELECT 语句中表示所有列。
   A. *　　　　　　　B. ALL　　　　　　C. DESC　　　　　D. DISTINCT

5. 在 SELECT 语句中,如果要想让返回的结果集中不包含相同的行,应用关键字(　　)。
   A. TOP　　　　　　B. AS　　　　　　C. DISTINCT　　　D. JOIN

6. 在 SELECT 语句中,(　　)子句用于对分组统计进一步设置条件。
   A. HAVING　　　　　　　　　　　　B. GROUP BY
   C. ORDER BY　　　　　　　　　　　D. WHERE

二、填空题

1. SQL 语言的全称是_____,它是目前使用最为广泛的关系数据库查询语言,其功能包括_____、_____、_____和_____ 4 个方面。

2. 连接操作不仅可以在两个表之间进行,也可以是一个表与其自己进行连接,这种连接称为表的_____连接。

三、判断题

1. 视图是由一个或多个基表中导出的表,其结构和数据是由定义视图的查询决定的。　　　　　　　　　　　　　　　　　　　　　　　　　　　　　　(　　)

2. 即使删除了一个视图所依赖的表或视图,这个视图的定义仍然保留在数据库中。
　　　　　　　　　　　　　　　　　　　　　　　　　　　　　　　　　(　　)

四、简答题

1. 试述 SQL 语言的特点。

2. 请说明 Transact-SQL 语言与 SQL 语言的关系。

3. 使用 SELECT 语句时,在选择列表中更改列标题有哪 3 种格式?

4. 试述 SELECT 语句中 WHERE 与 HAVING 的相同点与不同点。

5. 简述视图的优点。

五、项目实训题

1. 使用 Transact-SQL 语句创建人事管理数据库 People,要求:主数据文件名为 People_data. MDF,存放在 C:\目录下,初始值大小为 3MB,增长方式为按照 10% 的比例增长;日志文件名为 People_log. LDF,存放在 C:\目录下,初始值大小为 2MB,增长方式为按照 1MB 的增量增长。

2. 创建职工信息数据表 bEmployee,数据表的各字段属性值与项目 3 习题相同。

3. 人事管理数据库 People 中有以下 4 个表:

(1) bDept(DeptId,DeptName,DeptNum,DeptTel,Deptmanager)

(2) bEmployee (EmployeeId, Name, Sex, Birthday, Birthplace, Identity, Political,Culture,Marital,Zhicheng,DeptId)

(3) bLeave(Leave_Id,EmployeeId,Start_date,End_date,Days,Reason,Signer)

(4) bSalary(Salary_Id,EmployeeId,B_Salary,P_Salary,Subsidy,Total_Salary, Deduct,Final_Salary)

试用 SQL 的查询语句表达下列查询:

(1) 查询指定列,编写一条 SELECT 语句,检索 bEmployee 表中全体职工的工号(EmployeeId)、姓名(Name)、性别(Sex)和职称(Zhicheng)列。

(2) 在 bEmployee 表中查询出所有的职称名称(使用 DISTINCT 关键字)。

(3) 查询生产部(部门代号为 0002)所有职工的详细信息。

(4) 查询年龄在 30～45 岁之间职工的姓名、性别和年龄(使用别名"年龄")。

(5) 从 bEmployee 表中检索出机关(代号为 2001)、生产部(代号为 2002)和销售部(代号为 2003)的所有职工的职工号、姓名和文化程度。

(6) 检索出所有姓"刘"的职工的工号、姓名和性别。

(7) 查询部门人数为空值的部门号和部门名。

(8) 从 bLeave 表中查询所有请假职工的工号和总请假天数(别名为 Days),并将查询结果按总请假天数的降序排列。

(9) 查询请过假的职工人数。

(10) 计算工号为"200201"的职工实发工资的平均值,使用别名"平均工资"标识。

(11) 从 bLeave 表中检索出请假总天数低于 3 天的职工的工号和请假总天数。

(12) 查询出所有请过假的职工的工号、姓名、起始日期、中止日期和请假天数。

(13) 查询应发工资低于 2000 元的职工的职工号、姓名、基本工资和岗位工资。

（14）查询出部门号为"2002"部门的每个职工的请假情况（包含职工号、姓名、假条编号及相应的请假天数），如果职工没有请假，则假条编号和请假天数列用空值填充。

（15）查询出请过两次或两次以上假的职工的工号、姓名和部门号。

（16）计算部门号为"2002"部门职工的平均年龄。

（17）查询与工号为"200201"的职工在同一个部门的职工工号与姓名。

4. 往 bDept 表中插入一条记录('3001', '机修部', 20, '67501052', '李一')。

5. 为 bLeave 表添加一条记录('100802', '300101', 02-06-12, 2, '生病')。

6. 在表 bEmployee、bSalary 中检索实发工资高于 2500 元的职工工号、姓名和性别，并把检索结果送到另一个已存在的表 Employee（Employee_Id, Employee_Name, Sex）中。

7. 从 bEmployee 表中删除部门号为"2001"的所有职工记录。

8. 将 DeptId 等于"2003"的部门名称改为"公用部"。

9. 汇总每个部门的人数存入部门表的部门人数列（DeptNum）中。

10. 在 People 数据库中，创建一个仅包含部门号为"2003"部门职工详细信息的视图 Employee_Info。

11. 从职工信息表视图 Employee_Info 中查询姓张的女职工的姓名、性别和政治面貌。

项目 9　Transact-SQL 程序设计在学生成绩系统中的使用

知识目标：①了解 Transact-SQL 程序的主要语法要素，掌握常量和变量的概念；②掌握批处理的概念及流程控制语句的语法和使用方法；③了解存储过程的概念及其优点，掌握存储过程创建和调用的命令格式；④理解触发器的基本概念及其执行过程；⑤了解事务的基本特性及 SQL Server 2008 的事务模式。

技能目标：①会创建批处理，能用流程控制语句进行简单的程序设计；②会用针对实际应用创建用户自定义函数，能在数据库中使用游标；③能进行存储过程的创建、调用和管理；④会进行表级触发器的创建和管理；⑤能进行简单的事务编程。

建立 SQL Server 2008 数据库的目的之一是开发各种应用系统，而要开发数据库应用系统，往往会用到函数、存储过程和触发器等这样的编程对象，所以需要了解 SQL Server 数据库编程的相关知识和技术。Transact-SQL 程序的主要语法要素有以下几种：变量和常量、运算符和表达式、函数、流程控制语句、批处理、游标、存储过程、事务等。由于运算符和表达式在项目 8 中已介绍，所以本项目中不再提及。现根据 Transact-SQL 程序设计的应用内容，将项目分解成以下几个任务。

任务 9-1　在学生成绩数据库中创建和使用局部变量
任务 9-2　在学生成绩数据库中创建和使用批处理
任务 9-3~任务 9-6　在学生成绩数据库中使用流程控制语句
任务 9-7　为学生成绩数据库创建用户自定义函数
任务 9-8　管理学生成绩数据库中的用户自定义函数
任务 9-9　在学生成绩数据库中使用游标
任务 9-10　为学生成绩数据库创建存储过程
任务 9-11　管理学生成绩数据库中的存储过程
任务 9-12　为学生成绩数据库创建 DML 触发器
任务 9-13　管理学生成绩数据库中的 DML 触发器
任务 9-14　为学生成绩数据库设计事务

9.1　Transact-SQL 语言编程基础知识

9.1.1　常量和变量

1. 常量

常量也称为字面值或标量值，是表示一个特定数据值的符号。常量的格式取决于它所表示的值的数据类型。下面对一些常用常量作简要介绍。

（1）字符串常量。

字符串常量是括在英文单引号内的字母（a～z、A～Z）、数字（0～9）、空格及特殊符号（如感叹号（!）、at 符号（@）等）的字符序列。默认情况下，系统将为字符串常量指派当前数据库的默认排序规则，除非使用 COLLATE 子句为其指定了排序规则。

如果单引号中的字符串包含一个嵌入的引号，可以使用两个单引号表示嵌入的单引号；而空字符串用中间没有任何字符的两个单引号表示，如'Cincinnati'、'O''Brien'、'Process X is 50% complete.'。

另外，还有一种 Unicode 字符串常量，其格式与普通字符串相似，但它前面有一个 N 标识符（N 代表 SQL-92 标准中的国际语言）。N 前缀必须是大写字母，例如，'Michél' 是字符串常量，而 N'Michél' 是 Unicode 常量。Unicode 常量中的每个字符都使用两个字节存储，普通字符常量中的每个字符则使用一个字节存储。系统同样为 Unicode 常量指派当前数据库的默认排序规则，除非使用 COLLATE 子句为其指定了排序规则。

（2）数字常量。

数字常量主要包括 integer 常量、decimal 常量、float 和 real 常量。integer 常量由一串不含小数点的数字表示，如 1894、2；decimal 常量由一串包含小数点的数字表示，如 1894.1204、2.0；float 和 real 常量使用科学记数法表示，如 101.5E5、0.5E-2。

另外，若要指明一个数是正数还是负数，应该对数字常量应用＋或－的一元运算符。这将创建一个代表有符号数字值的表达式。如果没有应用＋或－符号，数字常量默认为正数。

（3）日期时间常量。

日期时间常量是括在英文单引号内的特定格式的字符日期时间值，如'April 15, 1998'、'15 April, 1998'、'980415'、'98/04/15'、'04/15/1998'为一些日期常量；而'14:30:24'、'04:24 PM'为一些时间常量。

（4）money 常量。

money 常量表示为以可选小数点和可选货币符号作为前缀的一串数字，并且不使用引号，如 $12、$542023.14。

（5）二进制常量。

二进制常量具有前缀 0x 并且是十六进制数字字符串，但不使用引号，如 0xAE、0x12Ef。

（6）bit 常量。

bit 常量使用数字 0 或 1 表示，并且不使用引号。如果使用一个大于 1 的数字，它将被转换为 1。

（7）uniqueidentifier 常量。

uniqueidentifier 常量表示全局唯一标识符（GUID）值的字符串，可以使用字符或二进制字符串格式指定，如 '6F9619FF-8B86-D011-B42D-00C04FC964FF' 和 0xff19966f8-68b11d0b42d00c04fc964ff 指定相同的 GUID。

2. 变量

变量是一种语言中必不可少的组成部分，是 SQL Server 系统或用户定义并可对其赋值的实体，在运行过程中其值可以变化。Transact-SQL 语言中有两种形式的变量：一种是系统提供的全局变量；另一种是用户自己定义的局部变量。

（1）全局变量。

全局变量是一组由系统定义和维护的，可以在整个 SQL Server 系统内使用的变量，用来存储 SQL Server 服务器的一些配置设定值和统计数据。大多数全局变量的值用来报告本次 SQL Server 服务器启动后发生的系统活动。用户可以在程序中用全局变量来测试系统的设定值或者是 Transact-SQL 命令执行后的状态值；但用户不能建立全局变量，也不能对其赋值。通常将全局变量的值赋给局部变量，以便保存和处理，但局部变量的名称不能与全局变量的名称相同；否则会在应用程序中出现不可预测的结果。全局变量的名称以@@开头。

SQL Server 提供的全局变量分为以下两类：

① 与每次同 SQL Server 连接和处理相关的全局变量，如@@ROWCOUNT 表示返回受上一语句影响的行数。

② 与内部管理所要求的关于系统内部信息有关的全局变量，如@@VERSION 表示返回 SQL Server 当前安装的日期、版本和处理器类型。

SQL Server 2008 中常用的全局变量如表 9-1 所示。

表 9-1 SQL Server 2008 中常用的全局变量

名　称	含　义
@@SERVERNAME	返回运行 SQL Server 2008 本地服务器的名称
@@REMSERVER	返回登录记录中记载的远程 SQL Server 服务器的名称
@@VERSION	返回 SQL Server 当前安装的日期、版本和处理器类型
@@MAX_CONNECTIONS	返回允许连接到 SQL Server 的最大连接数目
@@PACK_RECEIVED	返回 SQL Server 通过网络读取的输入包的数目
@@PACK_SENT	返回 SQL Server 写给网络的输出包的数目
@@SERVICENAME	返回 SQL Server 正运行于哪种服务状态下，如 SQL Server、SQL Server Integration Services 和 SQL Server Agent
@@CONNECTIONS	返回自上次启动 SQL Server 以来连接或试图连接的次数，用其可让管理人员方便地了解今天所有试图连接服务器的次数
@@CURSOR_ROWS	返回最后连接上并打开的游标中当前存在的合格行的数量
@@FETCH_STATUS	返回上一次 FETCH 语句的状态值
@@ROWCOUNT	返回受上一语句影响的行数，任何不返回行的语句将这一变量设置为 0
@@PROCID	返回当前存储过程的 ID 值
@@ERROR	返回最后执行的 Transact-SQL 语句的错误代码
@@TOTAL_ERRORS	返回磁盘读写错误数目
@@TOTAL_READ	返回磁盘读操作的数目
@@TOTAL_WRITE	返回磁盘写操作的数目
@@TRANCOUNT	返回当前连接中处于激活状态的事务数目

例如，若要查询 SQL Server 2008 的安装日期、版本和处理器类型，则可以在【查询编辑器】窗口中运行下列命令语句：

```
USE master
SELECT @@VERSION AS 'SQL Server 的版本信息'
GO
```

若要显示运行 SQL Server 的本地服务器的名称,则可以在【查询编辑器】窗口中运行下列命令语句:

```
USE master
SELECT @@SERVERNAME AS '本地服务器的名称'
GO
```

（2）局部变量。

局部变量是一个能够拥有特定数据类型的对象,它的作用范围仅限制在程序内部。变量的作用域是指从声明变量的开始位置到含有该变量的批处理或存储过程的结束位置。局部变量一般用于批处理、函数、存储过程或触发器等中,以保存程序运行时的数据值或由程序返回的数据值。局部变量必须先用 DECLARE 语句声明后才可以使用,目的是为其分配存储空间。其声明的语法格式为:

```
DECLARE　@局部变量名　数据类型
```

说明:①局部变量名必须是以"@"符号开头的字母和数字序列,满足标识符的命名规则,不区分大小写;②数据类型可以是任何由系统提供的或用户定义的数据类型。如果需要,还可以指定数据长度,如字符型数据的字符长度、实型数据的小数精度等;③可以在一个 DECLARE 语句中声明多个变量,例如:

```
DECLARE @studname char(8),@maxscore float
```

局部变量被声明后,系统自动将它初始化为 NULL 值。如要为局部变量赋值,则有两种方式:一种是使用 SET 语句;另一种是使用 SELECT 语句。

① 使用 SET 语句赋值。其语法格式如下:

```
SET @局部变量名=表达式
```

② 使用 SELECT 语句赋值,其语法格式如下:

```
SELECT @局部变量=表达式
[FROM<表名>[,...n]
WHERE<条件表达式>]
```

说明:①表达式与局部变量的数据类型要相匹配;②SET 语句一次只能给一个局部变量赋值,而 SELECT 语句则可以同时给一个或多个变量赋值。

任务 9-1　在学生成绩数据库中创建和使用局部变量

【任务描述】　①声明局部变量 Studno、Studname,并用 SET 语句为其分别赋值"1011124101"和"王加玲";②从 bScore 表中查询学号为"1011124101"学生的成绩总分,并将其赋给变量 Sumscore。

【任务分析】　在声明局部变量时,要注意其数据类型和长度要与所赋值相匹配。

301

【任务实现】

① 在【查询编辑器】窗口中输入并执行以下命令代码：

```
DECLARE @Studno Char(10),@Studname Char(8)
SET @Studno='1011124101'
SET @Studname='王加玲'
SELECT @Studno,@Studname
```

② 在【查询编辑器】窗口中输入并执行以下命令代码：

```
USE StudentScore
DECLARE @Sumscore Float
SELECT @Sumscore=Sum(Score)
FROM bScore
WHERE Stud_Id='1011124101'
PRINT @Sumscore
```

说明：任务②中的 SELECT 语句通过聚集函数将查询结果赋给局部变量。另外，需要注意的是，利用 SELECT 语句进行赋值时，其查询返回的值只能有一个。如果在一个查询中返回了多个值，则只有最后一个查询结果被赋给变量。

9.1.2 批处理的概念及其限制

在项目 8 中应用的 SQL 语句几乎都是单语句执行，而 SQL Server 2008 对 Transact-SQL 程序的编译和执行是以"批"为单位进行的，称为批处理。批处理是从客户机传递到服务器上的一组完整的数据和 SQL 命令集合。在一个批处理中，既可以包含一条 SQL 指令，也可以包含多条 SQL 指令。批处理的所有语句被作为一个整体来进行分析、编译和执行，以节省系统开销；但如果一个批处理中存在一个语法错误，那么所有语句都无法通过编译。

一系列顺序提交的批处理称为脚本。一个脚本中可以包含一个或多个批处理。为了在脚本中给批定界，SQL Server 用关键字 GO 标志一个批处理的结束。GO 本身并不是 Transact-SQL 的语句组成部分，它只是一个用于表示批处理结束的前端指令。当编译器读到 GO 时，它就会把 GO 前面的语句当作一个批处理，打包成一个数据包发送给服务器。SQL Server 服务器将批处理语句编译成一个可执行单元，这种单元称为执行计划。

在 SQL Server 中，对批处理有以下限制：

（1）大多数 CREATE 语句不能在同一个批处理中混合使用。换句话说，在同一个批处理里，不可以既运行 CREATE TABLE 语句，又运行其他 CREATE 语句。

（2）不能在一个批处理中用一个 ALTER TABLE 命令修改表结构（如添加新列）后，接着在同一个批处理中引用刚修改的表结构（如增加到该表中的新列）。这是由于 SQL Server 提前编译批处理并在该表中查找那些列，因为那些列还未生成，所以导致编译失败。

（3）如果在同一个批处理中运行多个存储过程，则除第一个存储过程外，其余存储过程在调用时必须使用 EXECUTE 语句。

任务 9-2 在学生成绩数据库中创建和使用批处理

【任务描述】 在查询编辑器中利用批处理为学生成绩数据库创建一个视图 ST_StuScore,其内容是班级代号为"10111241"班级的所有学生的学号、姓名、性别和是否为团员。要求视图中字段名与表中字段名一致,并使用此视图查询学生信息。

【任务分析】 本任务包括 3 个操作,首先打开 StudentScore 数据库,然后在其中创建一个仅包含班级代号为"10111241"班的学生信息视图 ST_StuScore 视图,最后利用该视图进行数据查询。由于 CREATE 语句不能和其他语句共存在同一个批处理中,所以应将这些操作分别存放在 3 个不同的批处理中。

【任务实现】 在【查询编辑器】窗口中输入并执行以下命令代码:

```
USE StudentScore
GO
CREATE VIEW ST_StuScore
AS
SELECT Stud_Id,Stud_Name,Stud_Sex,Member FROM bStudent
WHERE Class_Id='10111241'
GO
SELECT * FROM ST_StuScore
GO
```

执行结果如图 9-1 所示。

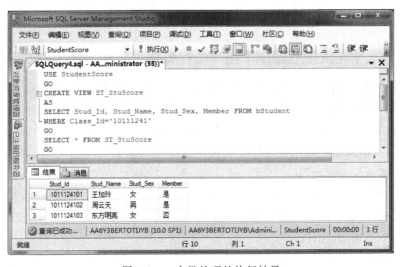

图 9-1 一个批处理的执行结果

9.1.3 使用流程控制语句

Transact-SQL 语言与其他高级语言一样,也提供了几个可以控制程序执行流程的语句。在 SQL Server 中,流程控制语句主要用来控制 SQL 语句、语句块或者存储过程的执行流程。使用这些流程控制语句,可以让程序员像使用 C、Java 和 C♯等高级语言一样,更好地组织和控制程序的流程。

1. BEGIN…END 语句

BEGIN…END 语句用于将多个 Transact-SQL 语句封装起来构成一个语句块,并将其视为一个单元处理。其语法格式如下:

```
BEGIN
    Transact-SQL 语句块
END
```

2. IF…ELSE 语句

IF…ELSE 语句是条件判断语句,其语法格式如下:

```
IF<条件表达式>
    Transact-SQL 语句块 1
[ELSE
    Transact-SQL 语句块 2]
```

其中,ELSE 子句是可选的。当 IF 后的条件成立时,执行其后的 Transact-SQL 语句。当条件不成立时,若有 ELSE 语句,就执行 ELSE 后的 Transact-SQL 语句;若无 ELSE 语句,则执行 IF 语句后的其他语句。SQL Server 允许嵌套使用 IF…ELSE 语句,而且对嵌套层数没有限制。

任务 9-3　在学生成绩数据库中使用流程控制语句——IF…ELSE 语句

【任务描述】 ①查询学生成绩表(bScore),如果其中存在学号为"3031123101"的学生,就输出该学生的全部成绩信息;否则显示"没有此学生的成绩!"。②查询学生成绩表(bScore),如果其中存在课程号为"10001"的课程并且具有不及格的成绩记录,那么就显示"此课程存在不及格的成绩记录",并查询出这些不及格的成绩信息;否则显示"此课程不存在不及格的成绩记录"。

【任务分析】 默认情况下,IF 和 ELSE 只能对后面的一条语句起作用,如任务①;但当 IF 或 ELSE 后面要执行的语句多于一条时,则需要使用 BEGIN…END 语句将它们括起来组成一个语句块,如任务②。

【任务实现】

① 在【查询编辑器】窗口中输入并执行以下命令代码:

```
USE StudentScore
GO
IF EXISTS (SELECT Stud_Id FROM bScore WHERE Stud_Id='3031123101')
    SELECT *  FROM bScore WHERE Stud_Id='3031123101'
ELSE
    PRINT '没有此学生的成绩!'
```

② 在【查询编辑器】窗口中输入并执行以下命令代码：

```
USE StudentScore
IF EXISTS(SELECT * FROM bScore WHERE Course_Id='10001' AND Score<60)
    BEGIN
        PRINT '此课程存在不及格的成绩记录'
        SELECT * FROM bScore WHERE Course_Id='10001' AND Score<60
    END
ELSE
    PRINT '此课程不存在不及格的成绩记录！'
```

3. CASE 语句

由于 CASE 语句可以计算多个条件式，并将其中一个符合条件的结果表达式返回，所以可用于执行多分支判断。CASE 语句按照使用形式的不同，可以分为简单 CASE 语句和选择 CASE 语句。

（1）简单 CASE 语句的语法格式如下：

```
CASE<条件表达式>
    WHEN<常量表达式>THEN Transact-SQL 语句块
    [...n]
    ELSE Transact-SQL 语句块
END
```

（2）选择 CASE 语句的语法格式如下：

```
CASE
    WHEN<条件表达式>THEN Transact-SQL 语句块
    [...n]
    ELSE Transact-SQL 语句块
END
```

格式说明：①条件表达式可以由常量、字段、函数和运算符等组成。②简单 CASE 语句执行的过程是：将 CASE 后面的条件表达式和 WHEN 后的常量表达式进行比较，若相等则执行相应的 Transact-SQL 语句块；若比较所有的 WHEN 后的常量表达式后没有匹配的值，则执行 ELSE 后的 Transact-SQL 语句块。③选择 CASE 语句直接按 WHEN 后的条件是否成立来决定是否执行相应的 Transact-SQL 语句块。

任务 9-4 在学生成绩数据库中使用流程控制语句——CASE 语句

【任务描述】　①利用简单 CASE 语句实现以下功能：判断学生信息表（bStudent）中 Member 列的值。如果为"是"，则返回"团员"；如果为"否"，则返回"非团员"；否则返回"未知的状态"。②利用选择 CASE 语句实现以下功能：根据成绩表（bScore）中的成绩，输出每个分数段对应的等级。

【任务分析】　任务①的条件表达式即为字段变量 Member，执行时将其值与 WHEN 后的常量"是"或"否"进行比较。若相等，则执行其后相应语句；否则执行 ELSE 后的语句。任务②中的条件表达式为字段 Score 在不同分数段的取值范围,执行时直接按各条件是否成立决定是否执行相应语句。

【任务实现】

① 在【查询编辑器】窗口中输入并执行以下命令代码:

```
USE StudentScore
GO
SELECT Stud_Id,Stud_Name,Member=
    CASE  Member
        WHEN '是' THEN '团员'
        WHEN '否' THEN '非团员'
        ELSE '未知的状态'
    END
FROM bStudent
```

运行结果如图 9-2 所示。

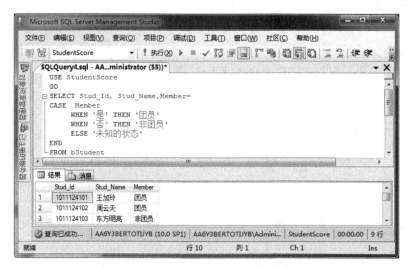

图 9-2 简单 CASE 函数应用示例的运行结果

② 在【查询编辑器】窗口中输入并执行以下命令代码:

```
USE StudentScore
GO
SELECT Stud_Id,Course_Id,ScoreGrade=
    CASE
        WHEN Score>=90 AND Score<=100 THEN  '优秀'
        WHEN Score>=80 AND Score< 90 THEN  '良好'
        WHEN Score>=70 AND Score< 80 THEN  '中等'
        WHEN Score>=60 AND Score< 70 THEN  '及格'
        ELSE  '不及格'
    END
FROM bScore
```

运行结果如图 9-3 所示。

图 9-3 选择 CASE 函数应用示例的运行结果

4. WHILE...CONTINUE...BREAK 语句

WHILE...CONTINUE...BREAK 语句是循环控制语句,其语法格式如下:

```
WHILE<条件表达式>
    Transact-SQL 语句块 1
    [BREAK]
    [Transact-SQL 语句块 2
    [CONTINUE]]
```

格式说明:①WHILE 用于设置重复执行 Transact-SQL 语句块的条件,只要指定的条件为真,就重复执行该语句块;②CONTINUE 语句可以使程序跳出本次循环,重新开始下一次的 WHILE 循环;而 BREAK 语句则使程序完全跳出循环,结束 WHILE 语句的执行;③与 IF...ELSE 语句一样,WHILE 语句只能执行一条 SQL 语句,如果希望包含多条语句,则要用 BEGIN...END 结构。

任务 9-5 在学生成绩数据库中使用流程控制语句——WHILE... CONTINUE...BREAK 语句

【任务描述】 计算 1～100 中奇数的和。

【任务分析】 要实现该任务的功能,主要做两件事:一是从 1 开始,依次判断 1～100 中哪些数是奇数;二是如果该数是奇数,则将其累加到和中。这里,奇数的判断和加法的计算都是重复执行的,所以用 WHILE 语句完成。

【任务实现】 在【查询编辑器】窗口中输入并执行以下命令代码:

```
DECLARE @ Num Int,@ Sum Int
SET@ Num= 0
SET@ Sum= 0
```

```
WHILE@ Num< 100
    BEGIN
        SET@ Num= @ Num+ 1
        IF@ Num% 2= 0
            CONTINUE
        ELSE
            SET@ Sum= @ Sum+ @ Num
    END
PRINT @ Sum
```

5. GOTO 语句

GOTO 语句为跳转语句,其语法格式如下:

```
GOTO<标号>
…
标号:
```

格式说明: GOTO 语句可以使程序直接跳到有标号的语句处继续执行,位于 GOTO 语句和标号之间的语句不会被执行。GOTO 语句和标号可以用在语句块、批处理和存储过程中,标号可以为数字与字符的组合,但必须以":"结尾。

任务 9-6　在学生成绩数据库中使用流程控制语句——GOTO 语句

【任务描述】　查询学生成绩表(bScore),如果其中存在学号为"3031123101"的学生,那么就输出该学生所有课程的成绩信息,否则跳过这些语句,显示"没有此学生的成绩!"。

【任务分析】　这是一个典型的两个分支结构流程,可以用 IF…ELSE 语句实现,也可以用 GOTO 语句配合 IF 语句实现。GOTO 语句经常用在 WHILE 语句和 IF 语句中以跳出循环或分支处理。

【任务实现】　在【查询编辑器】窗口中输入并执行以下命令代码:

```
USE StudentScore
GO
IF (SELECT COUNT(* ) FROM bScore WHERE Stud_Id= '3031123101')= 0
    GOTO NOACTION
    BEGIN
        SELECT Course_Id,Score FROM bScore
        WHERE Stud_Id= '3031123101'
    END
RETURN
NOACTION: PRINT '没有此学生的成绩!'
```

6. RETURN 语句

RETURN 语句用于无条件地从一个查询、存储过程或者批处理中退出,此时位于 RETURN 语句之后的其他语句不会被执行。RETURN 语句与 BREAK 语句相似,但有一点区别,即 RETURN 语句可以返回一个整数。

7. 注释语句

注释是程序代码中非执行的内容,不参与程序的编译。注释主要用来说明程序代码的含义,提高程序代码的可读性,使程序代码日后更容易维护。

SQL Server 支持两种形式的注释语句,如下所述。

(1)"--"(两个连字符),用于单行的注释,从双连字符开始到行尾均为注释。对于多行注释,必须在每个注释行的开头使用双连字符。

(2)/ * ... * /(正斜杠＋星号对),用于多行(块)的注释。/ * 表示注释的开始,* /表示注释的结束,它们必须成对出现。服务器不对位于/ * 和 * /注释字符之间的文本进行处理。对于多行注释,必须置于开始注释(/ *)和结束注释(* /)之中。

例如,以下的代码说明两种形式的注释语句的使用方法。

```
USE StudentScore                        --选择数据库
GO                                      --批处理结束
SELECT *  FROM bStudent
GO
/* 下面是两条 SELECT 语句
第一条为从专业信息表中查询所有专业的详细信息* /
SELECT *  FROM bMajor
GO
--第二条为从学生信息表中查询所有学生的学号与姓名
SELECT Stud_Id,Stud_Name  FROM bStudent
```

注意:多行/ * * /注释不能跨越批处理,整个注释必须包含在一个批处理中。

9.2 用户定义函数的使用

函数是由一条或多条 Transact-SQL 语句组成的代码段,用于实现一些常用的功能,编写好的函数可以重复使用。在 SQL Server 2008 中,除了可以使用系统提供的内置函数外,用户还可以根据需要定义函数。用户定义函数(User Defined Functions)可以像内置函数一样在查询或存储过程等程序段中使用,也可以像存储过程一样通过 EXECUTE 命令来执行,但不能用于执行一系列改变数据库状态的操作。

SQL Server 2008 的用户定义函数可以接受零个或多个输入参数,并将操作结果以值的形式返回,其返回值既可以是单个标量型的数据,也可以是 Table 类型的数据。根据函数返回值形式的不同,将用户定义函数分为下面 3 种类型。

① 标量函数(Scalar functions):返回一个确定类型的标量值。

② 内联表值函数(Inline table-valued functions):以表的形式返回一个返回值,其功能相当于一个参数化的视图。

③ 多语句表值函数(Multi-statement table-valued functions):为标量函数和内联表值函数的结合体。其返回值也是一个表。但它可以进行多次查询,对数据进行多次筛选与合并,弥补了内联表值函数的不足。

用户定义函数可以使用 CREATE FUNCTION 语句来创建,SQL Server 2008 为 3 种类型的用户定义函数提供了不同的命令创建格式。

任务 9-7 为学生成绩数据库创建用户自定义函数

1) 创建标量函数

【任务描述】 首先在 StudentScore 数据库中创建一个用户定义函数 Age,按出生日期计算年龄;然后通过该函数从 bStudent 表中检索出含有年龄的学生信息(包括学号、姓名、性别和年龄)。

【任务分析】 该任务要求创建的函数的返回值是一个整型数值,是一个确定类型的标量值,可以用标量函数的创建语句实现。

标量函数有一个由 BEGIN-END 语句括起来的函数体,其中包含一条或多条 Transact-SQL 语句。创建标量函数的语法格式如下:

```
CREATE FUNCTION [架构名.]函数名
([{@参数名 参数类型 [=默认值]} [,...n]])
RETURNS 函数返回值类型
[WITH Encryption]
[AS]
BEGIN
    函数体
    RETURN 标量表达式
END
```

格式说明:

(1)"参数名"为输入标量型参数的名称,前面要用"@"符号标明。可定义一个或多个参数的名称,每个参数的作用范围是整个函数。

(2)"参数类型"指定标量型参数的数据类型,可以是除 text、ntext、image、cursor、timestamp 和 table 外的其他数据类型。

(3)"函数返回值类型"指定标量型返回值的数据类型,可以是除 text、ntext、image、cursor、timestamp 和 table 外的其他数据类型。

(4)"Encryption"为加密选项。可以加密创建的函数,使函数定义的文本以不可读的形式存储在 Syscomments 表中。

(5)BEGIN...END 语句块指定一系列的 Transact-SQL 语句作为函数体,它们决定了函数的返回值。其中 RETURN 语句是必不可少的,用于返回函数值。

【任务实现】

(1)在【查询编辑器】窗口中输入下列命令语句,以创建用户定义函数 Age:

```
USE StudentScore
GO
CREATE FUNCTION dbo.Age
(@Birth Datetime,@Curdate Datetime)
RETURNS Int
AS
```

```
BEGIN
    RETURN Year(@Curdate)-Year(@Birth)
END
```

（2）在【查询编辑器】窗口中用下列 Transact-SQL 语句调用该函数：

```
SELECT Stud_Id,Stud_Name,Stud_Sex,dbo.Age(Birth,getdate()) AS Age
FROM bStudent
```

说明：在调用标量函数时，必须指出函数所属的架构名称，这里为系统的默认架构 dbo。其运行结果如图 9-4 所示。

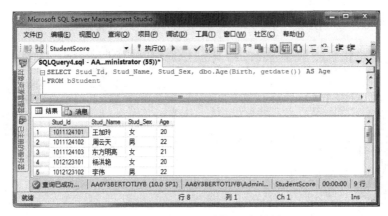

图 9-4　调用标量函数的运行结果

2）创建内联表值函数

【任务描述】　首先在 StudentScore 数据库中创建一个用户定义函数 Depart_Class，根据输入的系部代号查询出该系所有班级的基本信息（包括班级代号、班级名称、专业代号和班级人数）；然后调用该函数检索出系部代号为 30 的所有班级信息。

【任务分析】　该任务要求创建函数的返回值是一个二维表，可以用内联表值函数的创建语句实现。

创建内联表值函数的语法格式如下：

```
CREATE FUNCTION [架构名.]函数名
([{@参数名 参数类型 [=默认值]} [,...n]])
RETURNS Table
[WITH Encryption]
[AS]
    RETURN (SELECT 语句)
```

格式说明：RETURNS Table 子句表明该用户定义函数返回一个表；RETURN 子句中的单个 SELECT 语句指明了返回表中的数据。

【任务实现】

（1）在【查询编辑器】窗口中输入下列命令语句，以创建用户定义函数 Depart_Class：

```
USE StudentScore
GO
```

311

```
CREATE FUNCTION dbo.Depart_Class
(@ DepartId Char(2))
RETURNS Table
AS
RETURN (SELECT Class_Id,Class_Name,Major_Id,Class_Num
        FROM bClass WHERE Depart_Id=@ DepartId)
```

（2）在【查询编辑器】窗口中用下列 Transact-SQL 语句调用该函数，其中指定@ DepartId 为 30：

```
SELECT * FROM dbo.Depart_Class('30')
```

运行结果如图 9-5 所示。

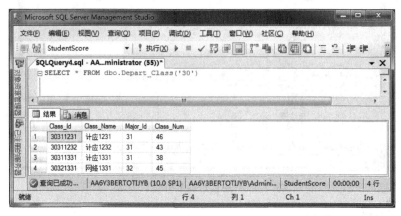

图 9-5　调用内联表值函数的运行结果

3）创建多语句表值函数

【任务描述】　首先在 StudentScore 数据库中创建一个用户定义函数 Class_Students，根据输入的班级代号查询出该班级所有学生的有关信息（包括学号、姓名、性别和班级名）；然后调用该函数检索出班级代号为"30311231"的所有学生的相关信息。

【任务分析】　该任务要求创建函数的返回值也是一个二维表，如果用多语句表值函数实现，则可以为其定义一个 TABLE 类型的变量，用于存储满足条件的查询结果集。

创建多语句表值函数的语法格式如下：

```
CREATE FUNCTION [架构名.] 函数名
([{@参数名 参数类型 [=默认值]} [,...n]])
RETURNS @局部变量 Table<表的定义>
[WITH Encryption]
[AS]
BEGIN
    函数体
    RETURN
END
```

格式说明："局部变量"为一个 TABLE 类型的变量，用于存储返回表中的数据行。其余参数与标量函数相同。

【任务实现】

(1) 在【查询编辑器】窗口中输入下列命令语句,以创建用户定义函数 Class_Students:

```
USE StudentScore
GO
CREATE FUNCTION dbo.Class_Students
(@ ClassId Varchar(8))
RETURNS @ Student_Info Table
(Stud_Id    Varchar(10),
 Stud_Name Varchar(8),
 Stud_Sex Char(2),
 Class_Name    Varchar(20))
AS
BEGIN
    INSERT @ Student_Info
    SELECT Stud_Id,Stud_Name,Stud_Sex,Class_Name
    FROM bStudent,bClass
    WHERE bStudent.Class_Id=bClass.Class_Id
    RETURN
END
```

(2) 在【查询编辑器】窗口中用下列 Transact-SQL 语句调用该函数,其中指定 @ClassId 为 30311231。

SELECT * FROM dbo. Class_Students('30311231')

运行结果如图 9-6 所示。

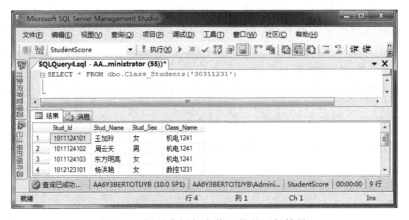

图 9-6　调用多语句表值函数的运行结果

任务 9-8　管理学生成绩数据库中的用户定义函数

【任务描述】　对学生成绩数据库中所创建的用户定义函数进行如查看、修改和删除的操作。

【任务分析】　可以使用 SQL Server Management Studio 或命令语句两种方式实现对用户定义函数的管理,主要包括查看、修改和删除用户定义函数。

313

【任务实现】

（1）使用 SQL Server Management Studio 管理用户定义函数。

① 展开要管理用户定义函数的数据库节点，如 StudentScore，再依次展开其下的【可编程性】→【函数】，如要管理标量函数，则选中【标量值函数】图标；如要管理表值函数，则选中【表值函数】图标。

② 在右面的【对象资源管理器详细信息】窗格中右击要查看、修改或删除的用户定义函数，从弹出的快捷菜单中选择所要进行的管理操作。

如要查看用户定义函数的类型、所属架构和创建日期等基本信息，则选择【属性】命令，在弹出的【函数属性】对话框中进行查看。另外，在该对话框的【权限】选项页中还可以给用户授予对该函数的操作权限。

如要查看依附于该用户定义函数的对象或该用户定义函数所依附的对象，则选择【查看依赖关系】命令，在弹出的【对象依赖关系】对话框中进行查看。

如要查看用户定义函数的语句代码，则选择【编写函数脚本为】→【CREATE 到】→【新查询编辑器窗口】命令，在新查询编辑器窗口中进行查看；如要修改用户定义函数的语句代码，则选择【修改】命令，在打开的【查询编辑器】窗口中进行修改。

如要删除用户定义函数，则选择【删除】命令，在弹出的【删除对象】对话框中，单击【确定】按钮，即可删除用户定义函数。

（2）使用命令行方式管理用户定义函数。

① 若要查看用户定义函数，则与视图等数据库对象一样，可以通过系统存储过程 sp_help 来显示所创建函数的特征信息；通过 sp_helptext 来获取所创建函数的源代码；通过 sp_depends 来查看用户定义函数所依赖的对象。

② 若要修改用户定义函数，则可以使用 ALTER FUNCTION 命令，此命令的语法结构与 CREATE FUNCTION 相同，因此使用 ALTER FUNCTION 命令其实相当于重建了一个同名的函数，用起来不太方便。

③ 若要删除用户定义函数，则可使用 DROP FUNCTION 命令，其语法格式如下：

```
DROP FUNCTION {[架构名.]函数名} [,...n]
```

例如，删除用户定义函数 Age 的命令语句为：

```
DROP FUNCTION Age
```

9.3　游标的使用

9.3.1　游标的基本概念

在数据库开发过程中，大多数 SQL 命令都是同时处理集合中的所有数据。但是，有时也会遇到这样的情况，即要求从某一结果集中逐一地读取记录，那么如何解决这种问题呢？游标(Cursor)提供了一种极为优秀的解决方案。由于游标是系统在服务器端为用户开设的一个数据缓冲区,用于存放 SQL 语句的执行结果,每个游标区都有一个名字,所以可以将游标理解为一个在结果集中可以逐行移动的指针,它指向结果集中的任意位置,用户可以用 SQL 语句逐一从游标中获取记录,从而有选择地按行进行操作。

在数据库中,游标是一个十分重要的概念。游标提供了一种对从表中检索出的数据进行操作的灵活手段。众所周知,关系数据库管理系统实质是面向集合的,在 SQL Server 中并没有一种描述表中单一记录的表达形式,除非使用 WHERE 子句来限制只有一条记录被选中,因此必须借助游标来进行面向单条记录的数据处理,由此可见,游标允许应用程序对查询语句 SELECT 返回的行结果集中的每一行进行相同或不同的操作,而不是一次对整个结果集进行同一种操作,从而增加了操作的灵活性。

9.3.2 游标的种类

SQL Server 支持 3 种类型的游标,即 Transact-SQL 游标、API 游标和客户游标。

1. Transact-SQL 游标

Transact-SQL 游标由 DECLARE CURSOR 语句定义,主要用在服务器上,由从客户端发送给服务器端的 Transact-SQL 语句或批处理、存储过程、触发器中的 Transact-SQL 进行管理。Transact-SQL 游标不支持提取数据块或多行数据。

2. API 游标

API 游标支持在 OLE DB、ODBC 及 DB_library 中使用游标函数,主要用在服务器上。客户端应用程序每一次调用 API 游标函数,SQL Server 的 OLE DB 提供者、ODBC 驱动器或 DB_library 的动态链接库 DLL 都会将这些客户请求传送给服务器,来对 API 游标进行处理。SQL Server 支持 4 种 API 游标类型,即静态游标、动态游标、只进游标和键集驱动游标。

(1) 静态游标。

静态游标的完整结果集在游标打开时建立在 tempdb 中,一旦打开后,就不再变化。数据库中所做的任何影响结果集成员的更改(包括增加、修改或删除操作),都不会反映到游标中,新的数据值不会显示在静态游标中。静态游标只能是只读的。由于静态游标的结果集存储在 tempdb 的工作表中,所以结果集中的行大小不能超过 SQL Server 表的最大行大小。有时也将这类游标识别为快照游标,它完全不受其他用户行为的影响。

(2) 动态游标。

动态游标能够反映对结果集中所做的更改。结果集中的行数据值、顺序和成员在每次提取时都会改变,所有用户做的全部 UPDATE、INSERT 和 DELETE 语句均通过游标反映出来。并且,如果使用 API 函数或 Transact-SQL 的 WHERE CURRENT OF 子句通过游标进行更新,则它们也立即在游标中反映出来;而在游标外部所做的更新直到提交时才可见。

(3) 只进游标。

只进游标只支持游标从头到尾顺序提取数据。对所有由当前用户发出或由其他用户

315

提交并影响结果集中的行的 INSERT、UPDATE 和 DELETE 语句对数据的修改,在从游标中提取时可立即反映出来。但因只进游标不能向后滚动,所以在行提取后,对行所做的更改对游标是不可见的。

（4）键集驱动游标。

键集驱动游标是由称为键的列或列的组合控制的。打开键集驱动游标时,其中的成员和行顺序是固定的。键集驱动游标中,数据行的键值在游标打开时建立在 tempdb 中。可以通过键集驱动游标修改基本表中的非关键字列的值,但不可插入数据。

3. 客户游标

客户游标主要是在客户机上缓存结果集时才使用,它仅支持静态游标。在客户游标中,有一个默认的结果集被用来在客户机上缓存整个结果集。客户游标常常只被用作服务器游标的辅助,因为在一般情况下,服务器游标能支持绝大多数的游标操作。

由于 API 游标和 Transact-SQL 游标在服务器端使用,所以常被称为服务器游标,也被称为后台游标,客户端游标被称为前台游标。这里主要讲述服务器(后台)游标。

9.3.3 游标的基本操作

由于游标有严格的生命周期,主要包括声明游标、打开游标、移动游标指针读取数据（或执行数据操作）、关闭游标和释放游标 5 个阶段,所以,在使用游标时必须遵循这 5 个基本的操作步骤。下面将介绍各个阶段操作的命令格式。

1. 声明游标

正如使用其他类型的变量一样,在使用一个游标之前,应该先声明它。声明一个游标主要是指明游标的名字、类型和该游标所用到的 SQL 语句。其语法格式如下:

```
DECLARE<游标名> [SCROLL]
[STATIC|KEYSET|DYNAMIC|FAST_FORWORD]CURSOR
FOR< SELECT 语句>
[FOR READ ONLY|Update[OF 列名[,...n]]]
```

格式说明:

（1）SCROLL 表明所定义的游标具有以下所有取数的功能: FIRST 取第一条记录; LAST 取最后一条记录;PRIOR 取前一条记录;NEXT 取后一条记录。默认时,所声明的游标只具有默认的 NEXT 功能。

（2）[STATIC|KEYSET|DYNAMIC|FAST_FORWORD]用于指定游标的类型。其中,STATIC 表示静态游标类型;KEYSET 表示键集驱动游标类型;DYNAMIC 表示动态游标类型;FAST_FORWORD 表示只进游标类型。

（3）SELECT 语句主要用来定义游标所要进行处理的结果集。在声明游标的 SELECT 语句中,不允许使用如 COMPUTE、COMPUTE BY 和 INTO 等关键字。

（4）READ ONLY 用来声明只读游标,这种游标不能进行数据的更新。

（5）UPDATE[OF 列名[,...n]]用来定义该游标可以更新的列;如果没有[OF 列名

[,…n]],则游标里的所有列都可以被更新。

2. 打开游标

声明了游标后,在使用它之前,必须先打开它。其语法格式如下:

`OPEN<游标名>`

格式说明:打开游标,实际上是执行相应的 SELECT 语句,把所有满足查询条件的记录从指定表取至缓冲区中。这时,游标处于活动状态,指针指向查询结果集中第一条记录之前。

3. 移动游标提取数据

当用 OPEN 语句打开游标并在数据库中执行了查询后,并不能立即使用结果集中的数据,必须用 FETCH 语句来提取某一行数据。使用游标提取某一行数据的语法格式如下:

```
FETCH [[FIRST|LAST|PRIOR|NEXT] FROM]<游标名>
[INTO@变量[,…n]]
```

格式说明:

(1)[FIRST|LAST|PRIOR|NEXT]用于指定推动游标指针的方式。其中,FIRST 为推向第一条记录;LAST 为推向最后一条记录;PRIOR 为向前回退一条记录;NEXT 为向后推进一条记录。默认值为 NEXT。

(2)使用 INTO 子句对变量赋值时,变量的数量、排列顺序和数据类型必须与 SELECT 语句中的目标列表达式一一对应。

(3)FETCH 语句通常用在一个循环结构中,通过循环执行 FETCH 语句逐条取出结果集中的行进行处理。当取到最后一行后,结束循环,其判断方法是检测全局变量 @@Fetch_Status 的值,当@@Fetch_Status 值为 0 时,表明提取正常,为−1 表示已经取到了结果集的末尾,其他值均表明操作出错。

4. 关闭游标

打开游标后,SQL Sever 服务器会专门为游标开辟一定的内存空间存放游标操作的数据结果集。同时,使用游标时会根据具体情况对某些数据进行封锁。所以,当不使用游标时,一定要关闭游标,以通知服务器释放游标所占的资源。关闭游标的语法格式如下:

`CLOSE<游标名>`

格式说明:游标被关闭后,就不再和原来的查询结果集相联系。但被关闭的游标可以再次被打开,与新的查询结果相联系。

5. 释放游标

游标结构本身也会占用一定的资源,所以在使用完游标后,应及时将游标释放,以回收被游标占用的资源。释放游标的语法格式如下:

```
DEALLOCATE<游标名>
```

格式说明：游标释放后，如果要再次使用游标，则必须重新声明游标。

任务 9-9 在学生成绩数据库中使用游标

1）利用游标读取数据

【任务描述】 先声明一个用于查询信息系所有班级情况（包括班级代号、班级名称、班级人数和专业名称）的只读游标 Class_Cursor，然后再一条条地取出其中的数据。

【任务分析】 该任务的实现主要包括声明一个只读游标、打开游标、移动游标指针读取数据、关闭游标和释放游标 5 个操作步骤。其中，移动游标指针读取数据是一个重复执行的操作，可以使用 WHILE 语句实现。

【任务实现】 在【查询编辑器】窗口中输入并执行以下命令代码：

```
--声明游标
DECLARE Class_Cursor CURSOR FOR
SELECT Class_Id,Class_Name,Class_Num,Major_Name FROM bClass,bMajor
WHERE bClass.Major_Id=bMajor.Major_Id AND bMajor.Depart_Id='30'
FOR READ ONLY
--打开游标
OPEN Class_Cursor
--取第一条记录
FETCH NEXT FROM Class_Cursor
/*用循环结构逐条取出结果集中的其余记录*/
WHILE (@@Fetch_Status=0)
BEGIN
    FETCH NEXT FROM Class_Cursor
END
--关闭游标
CLOSE Class_Cursor
--释放游标
DEALLOCATE Class_Cursor
```

说明：当游标移到最后一行数据时，继续执行取下一行数据的操作，将返回错误信息并结束循环。

2）利用游标更新和删除数据

若要利用游标修改或删除当前记录，则该游标必须被声明为可更新的游标，然后用 UPDATE 语句或 DELETE 语句修改或删除该记录。其语法格式分别如下：

```
<UPDATE 语句>WHERE CURRENT OF<游标名>
<DELETE 语句>WHERE CURRENT OF<游标名>
```

其中，WHERE CURRENT OF <游标名>子句表示修改或删除的是该游标中最近一次取出的记录。

【任务描述】 先声明一个用于查询学生成绩并可更新 Score 列的可更新游标 Score_Cursor；然后对其上的 Score 列进行百分制到十分制的转换操作。

【任务分析】　该任务要求声明一个可更新的游标,以实现对学生成绩的修改。同样,学生成绩的修改也是一个重复执行的操作,可以使用 WHILE 语句实现。

【任务实现】　在【查询编辑器】窗口中输入并执行以下命令代码:

```
--声明游标
DECLARE Score_Cursor CURSOR FOR
SELECT Stud_Id,Course_Id,Score
FROM bScore
FOR UPDATE OF Score
--打开游标
OPEN Score_Cursor
/*用循环结构逐条取出结果集中的记录并进行更新操作*/
FETCH NEXT FROM Score_Cursor
WHILE (@@Fetch_Status=0)
BEGIN
    UPDATE bScore SET Score=Score/10
    WHERE CURRENT OF Score_Cursor
    FETCH NEXT FROM Score_Cursor
END
--关闭游标
CLOSE Score_Cursor
--释放游标
DEALLOCATE Score_Cursor
```

9.4　存储过程的使用

9.4.1　存储过程的基本概念

在用 SQL Server 创建应用程序时,Transact-SQL 语言是用户应用程序和 SQL Server 数据库之间的主要编程接口。有两种方法可以实现应用程序与 SQL Server 数据库的交互:一种方法是在应用程序中使用操作记录的命令语句,然后将这些语句发送给 SQL Server 并对返回的结果进行处理;另一种方法是在 SQL Server 中定义存储过程,其中含有对数据库的一系列操作,这些操作是被分析和编译后的 Transact-SQL 程序,它驻留在数据库中,可以被应用程序调用,并允许数据以参数的形式在存储过程与应用程序之间进行传递。由于存储过程是已经编译好的代码,所以在调用、执行的时候不必再次进行编译,大大提高了程序的运行效率。

1. 存储过程的特点与优点

SQL Server 中的存储过程与其他编程语言中的过程类似,其特点主要有以下 4 点。

① 接收输入参数的值,并以输出参数的形式返回多个输出值。

② 包含执行数据库操作的编程语句,其中可以包括对其他过程的调用。

319

③ 为调用过程返回一个状态值,以表明存储过程的执行情况(成功或失败)。

④ 存储过程的返回值不能像函数那样直接用在表达式中。即在调用存储过程的时候,在存储过程名的前面一定要有 EXECUTE 关键字。

在 SQL Server 中尽量使用存储过程,而不使用存储在本地客户机中的 Transact-SQL 程序,是因为存储过程具有以下优点。

① 模块化编程,可移植性好。存储过程被创建后,可以在程序中多次调用。并且存储过程可以独立于应用程序源代码来修改,因为应用程序源代码中只包含存储过程的调用语句,从而极大地提高了程序的可移植性。

② 具有更快的执行速度。存储过程是预编译的,它在第一次执行时,查询优化器就对它进行了分析和优化,编译后的优化方案被存储在高速缓存中。在以后运行该过程时,可跳过优化及编译过程,节省了执行时间,特别适用于操作要求大量的 Transact-SQL 代码或者要重复执行时。

③ 减少网络通信量。由于存储过程中可以包含几百条 SQL 语句,并已被编译和存储在数据库中。执行时,在 SQL Server 上运行,只将最终的执行结果返回给客户应用程序,所以在网络上传输的只有少量的参数。

④ 增强安全机制。通过对用户执行某一存储过程的授权操作,能够实现对相应的数据访问权限的限制,并可防止非授权用户对数据的访问,保证了数据的安全性。

2. 系统存储过程与用户存储过程

项目 2 曾介绍过系统存储过程是 SQL Server 自身提供的程序命令集,主要存储在 master 数据库中并以 sp_为前缀,系统管理员通过它可以方便地查看数据库和数据库对象的相关信息,以帮助管理 SQL Server,如数据库重命名的 sp_renamedb 及绑定规则的 sp_bindrule 等。

用户存储过程是程序员自行编写的用来完成某些数据处理功能的程序命令集。为了与系统存储过程相区别,一般不使用 sp_作为名称的前缀。如果用户定义的存储过程与系统存储过程同名,则这个用户定义的存储过程永远不会被执行。

9.4.2 存储过程的创建与执行

1. 存储过程的创建

用户创建存储过程可以使用 CREATE PROCEDURE 语句。但在创建之前,需要考虑以下注意事项。

① 不能将 CREATE PROCEDURE 语句与其他 SQL 语句组合到单个批处理中。

② 存储过程是独立存在于表之外的数据库对象,其名称必须遵守标识符命名规则。

③ 创建存储过程的权限默认属于数据库拥有者,他可以将此权限授予其他用户。

下面是创建存储过程的语法格式:

```
CREATE PROC[EDURE] [架构名.]<存储过程名>
```

```
[{@存储过程的参数 数据类型}[=默认值][OUTPUT]][,...n]
[WITH {RECOMPILE|ENCRYPTION}]
[FOR REPLICATION]
AS<SQL语句>
```

格式说明：

① 如果没有给 CREATE PROCEDURE 语句中声明的参数定义默认值,则用户必须在执行过程时提供参数的值;否则,不必指定该参数的值就可执行过程,但其默认值必须是常量或 NULL,可以包含通配符。

② OUTPUT 表明参数将返回值,此值可以返回给调用过程。但 text、ntext 和 image 类型不能用做 OUTPUT 参数。

③ RECOMPILE 表示不在缓冲中保存存储过程的执行计划,但可以在使用临时值不希望覆盖缓存中的执行计划时使用。而 ENCRYPTION 表示对存储在表 syscomments 中的存储过程文本进行加密,以防止其他用户查看或修改。

另外,用 RETURN 语句结束存储过程是一种很好的程序设计习惯。

2. 存储过程的执行

存储过程一旦创建,就存在于对应的数据库中。如要执行此存储过程,可以通过存储过程名来显式调用,其调用语句的语法格式如下:

```
[EXEC[UTE]]<存储过程名>
[[@存储过程的参数=]参数值[@接受返回参数的变量 OUTPUT]][,...n]
```

格式说明：

① 如果对存储过程的调用不是批处理中的第一条语句,则须在存储过程名前使用 EXECUTE(可以简写为 EXEC)关键字。

② "@存储过程的参数"为在 CREATE PROCEDURE 语句中定义的过程参数。在调用时,如以"@存储过程参数名＝参数值"的形式给出参数值,则参数名和参数值的顺序不必与 CREATE PROCEDURE 语句中参数定义的顺序一致;但如果没有指定参数名,则参数值的顺序与创建过程中参数定义的顺序必须一致。前者常称为"按参数名传递";后者常称为"按位置传递"。

③ OUTPUT 指定存储过程必须返回一个参数,且接受该返回参数的变量也必须加上 OUTPUT。

任务 9-10　为学生成绩数据库创建存储过程

1) 创建不带参数的存储过程

【任务描述】　在 StudentScore 数据库中创建一个存储过程 Major_Class,要求从专业信息表和班级信息表的连接中返回所有专业的班级信息,其中包括班级代号、班级名称、专业名称和学制。

【任务分析】　由于该存储过程的功能为查询所有专业的所有班级信息,即只需通过 Major_Id 将 bMajor 和 bClass 表连接起来实现查询,而不必设置其他查询条件,所以在存储过程的创建中不需定义任何参数。

【任务实现】 在【查询编辑器】窗口中输入并执行以下命令代码：

```
USE StudentScore
GO
CREATE PROC Major_Class
AS
SELECT c.Class_Id,c.Class_Name,m.Major_Name,Length
FROM bMajor m JOIN bClass c
ON m.Major_Id=c.Major_Id
```

说明：由于 CREATE PROCEDURE 语句必须是批处理中的第一条语句，所以在 USE StudentScore 语句后一定要加上 GO，以将 CREATE PROCEDURE 语句单独作为一个批处理。如果要调用该存储过程，可执行下列调用语句：

```
EXEC Major_Class
```

执行结果如图 9-7 所示。

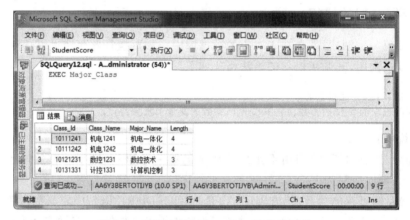

图 9-7 存储过程 Major_Class 的执行结果

2) 创建带输入参数的存储过程

【任务描述】 在 StudentScore 数据库中创建一个存储过程 Major_Class_Student，要求根据专业名称和系部名称，查询该系部该专业的所有学生信息，其中包括学号、姓名、性别及所在班级名。

【任务分析】 由于该存储过程的功能为根据专业名称和系部名称，查询该系部该专业的所有学生信息，所以在存储过程的创建中需要定义两个输入参数，以接受具体的专业名称和系部名称。

【任务实现】 在【查询编辑器】窗口中输入并执行以下命令代码：

```
USE StudentScore
GO
CREATE PROCEDURE Major_Class_Student
@MajorName Varchar(40),
@DepartName Varchar(40)
```

```
AS
SELECT Stud_Id,Stud_Name,Stud_Sex,Class_Name
FROM bStudent JOIN bClass ON bStudent.Class_Id=bClass.Class_Id
            JOIN bMajor on bMajor.Major_Id=bClass.Major_Id
WHERE Major_Name=@MajorName AND Depart_Name=@DepartName
```

说明：根据存储过程调用语句的语法格式，执行带输入参数的存储过程有两种传递参数的方法：按参数名传递和按位置传递。

如按参数名传递来执行 Major_Class_Student，可执行下列调用语句：

```
EXEC Major_Class_Student @MajorName='计算机应用',@DepartName='信息系'
```

如按位置传递来执行 Major_Class_Student，可执行下列调用语句：

```
EXEC Major_Class_Student '计算机应用','信息系'
```

执行结果如图 9-8 所示。

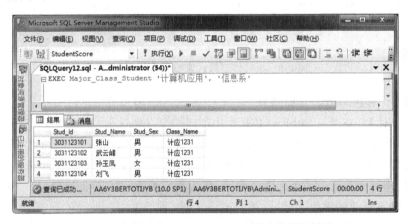

图 9-8　存储过程 Major_Class_Student 的执行结果

3）创建使用默认值参数的存储过程

【任务描述】　在创建带输入参数的存储过程的任务中，使用默认值参数来实现当不给出参数时能查询出所有系部中所有以"计"开头的专业的学生信息。

【任务分析】　由于该存储过程要求在不给出参数时能查询出所有系部中所有以"计"开头的专业的学生信息，所以在存储过程的创建中，不但需要定义两个输入参数，而且必须为其提供带通配符的默认值，专业名称的默认值为"计％"，系部名称的默认值为"％"。

【任务实现】　在【查询编辑器】窗口中输入并执行以下命令代码：

```
USE StudentScore
GO
CREATE PROCEDURE Major_Class_Student2
@MajorName Varchar(40)='计%',
@DepartName Varchar(40)='%'
AS
SELECT Stud_Id,Stud_Name,Stud_Sex,Class_Name
FROM bStudent JOIN bClass ON bStudent.Class_Id=bClass.Class_Id
```

323

JOIN bMajor ON bMajor.Major_Id=bClass.Major_Id
WHERE Major_Name LIKE @MajorName AND Depart_Name LIKE @DepartName

说明: 由于该存储过程的两个输入参数@MajorName 和@DepartName 使用了带通配符的默认值,所以在执行存储过程时可以实现模式匹配。即如果不提供输入参数,则使用默认值进行模式匹配,输出所有以"计"开头的专业的学生信息,其执行结果如图 9-9 所示。

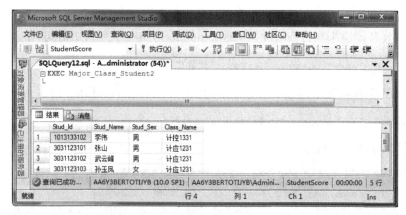

图 9-9　执行使用默认值参数的存储过程

4) 创建带输出参数的存储过程

【任务描述】 在 StudentScore 数据库中创建一个存储过程 Class_Num_Sum,要求根据专业代号输出该专业的学生人数。执行该存储过程,计算专业代号为"31"的专业的人数。

【任务分析】 由于该存储过程要求根据专业代号输出该专业的学生人数,所以该存储过程需使用两个参数:一个为输入参数,用于指定要查询的专业代号;另一个为输出参数,用来返回该专业的学生人数。

【任务实现】 在【查询编辑器】窗口中输入并执行以下命令代码:

```
USE StudentScore
GO
CREATE PROCEDURE Class_Num_Sum
@MajorId Char(2)='%',
@Sum Int OUTPUT
AS
SELECT @Sum=SUM(Class_Num)
FROM bClass
WHERE Major_Id=@MajorId
```

说明: 通过定义输出参数,可以从存储过程中返回一个或多个值。而调用带输出参数的存储过程时,为了接收其返回值,需要声明一个变量来存放参数的值。同时,在该存储过程的调用语句中,还必须为这个变量加上 OUTPUT。下面是调用 Class_Num_Sum 存储过程的代码:

```
DECLARE @n Int
EXEC Class_Num_Sum '31',@n OUTPUT
```

PRINT '该专业的学生人数为：'+convert(Char(4),@n)

执行结果如图 9-10 所示。

图 9-10 存储过程 Class_Num_Sum 执行结果

任务 9-11 管理学生成绩数据库中的存储过程

【任务描述】 对学生成绩数据库中所创建的存储过程进行如查看、修改、重命名和删除的操作。

【任务分析】 可以使用 SQL Server Management Studio 或命令语句两种方式实现对存储过程的管理，包括查看、修改、重命名和删除存储过程。

【任务实现】

（1）使用 SQL Server Management Studio 管理存储过程。

① 展开要管理存储过程的数据库节点，如 StudentScore，再依次展开其下的【可编程性】→【存储过程】节点。

② 右击要查看、修改、重命名或删除的存储过程，从弹出的快捷菜单中选择所要进行的管理操作。

如要查看存储过程所属架构、创建日期及是否加密等基本信息，则选择【属性】命令，在弹出的【存储过程属性】对话框中进行查看。如要给用户授予对该存储过程的操作权限，则可在该对话框的【权限】选项页中进行设置。

如要查看创建存储过程的语句代码，则选择【编写存储过程脚本为】→【CREATE 到】→【新查询编辑器窗口】命令，在新查询编辑器窗口中进行查看；如要修改创建存储的定义语句，则选择【修改】命令，在打开的【查询编辑器】窗口中进行修改。

如要重命名存储过程，则选择快捷菜单中的【重命名】命令，完成重命名操作。

如要删除存储过程，则选择快捷菜单中的【删除】命令，在打开的【删除对象】对话框中，单击【确定】按钮，即可删除该存储过程。

（2）使用命令行方式管理存储过程。

① 若要查看存储过程，则可通过系统存储过程 sp_help 来显示所创建存储过程的特征信息（名字、所属架构、对象类型、创建时间等）；通过 sp_helptext 来查看存储过程的定

义语句。需要说明的是,如果在创建存储过程时使用了 WITH ENCRYPTION 选项,那么无论是使用 SQL Server Management Studio,还是系统存储过程 sp_ helptext 都无法查看到存储过程的源代码。

② 若要修改存储过程,则可以使用 ALTER PROCEDURE 命令,此命令的语法结构与 CREATE PROCEDURE 相同,相当于重新建立一个拥有原来存储过程名称的新的存储过程。

③ 若要重命名存储过程,则可使用 sp_rename 系统存储过程,其命令格式如下:

```
sp_rename<旧存储过程名>,<新存储过程名>
```

例如,将 Major_Class_Student 存储过程重命名为 Major_Class_Student1 的命令语句如下:

```
sp_rename Major_Class_Student,Major_Class_Student1
```

④ 若要删除存储过程,则可使用 DROP PROCEDURE 命令,将一个或多个存储过程从当前数据库中删除。其语法格式如下:

```
DROP PROC[EDURE]<存储过程名>[,...n]
```

例如,删除 Major_Class 和 Class_Num_Sum 存储过程的命令语句如下:

```
DROP PROC Major_Class,Class_Num_Sum
```

9.5　触发器的使用

9.5.1　触发器的基本概念

触发器是一种特殊的存储过程,主要用于 SQL Server 约束、默认值和规则的完整性检查,以保证数据的完整性。它不能像前面介绍的存储过程那样通过名字被显式地调用,而是在发生如往表里插入记录(INSERT)、更新记录(UPDATE)或删除记录(DELETE)等事件时被自动激活,从而确保对数据的处理必须符合由触发器中 SQL 语句所定义的规则。所以,触发器是一个功能强大的工具,利用它可以使每个站点在有数据修改时自动强制执行其业务规则。在 SQL Server 2008 中,包括 3 种类型的触发器: DML 触发器、DDL 触发器和登录触发器。当数据库中发生数据操纵语言(DML)事件时将调用 DML 触发器;当服务器或数据库中发生数据定义语言(DDL)事件时将调用 DDL 触发器;当用户登录 SQL Server 实例建立会话时将调用登录触发器。下面主要介绍最常用的 DML 触发器。

1. DML 触发器的作用与优点

DML 触发器可以实现对数据库中的相关表的级联操作。例如,在 StudentScore 数据库中,如果希望在删除 bStudent 表中的学生记录时同时删除 bScore 表中与之对应的成绩记录,除了可通过设置外键具有级联修改、删除的功能实现外,也可用触发器来完成。具体方法为:在 bStudent 表中创建一个删除触发器,在该触发器中,用要删除记录的 Stud_Id 列的值来查找 bScore 表中 Stud_Id 的值与其相同的行,并将这些行删除。

DML 触发器可以用来定义比 CHECK 约束更复杂的限制。与 CHECK 约束不同,在触发器中可以查询其他表。例如,当向 bScore 表中插入某门课程的学生成绩记录时,可以查看对应课程在 bCourse 表中是否存在,如果不存在,则不能插入该课程的成绩记录。

DML 触发器可以用来定义错误信息。用户有时需要在数据完整性遭到破坏或其他情况下,发出预先定义好的错误信息或动态定义的错误信息。通过使用触发器,用户可以捕获破坏数据完整性的操作,并返回定义的错误信息。

DML 触发器可以用来比较数据库修改前、后表中数据的不同,并根据这些不同来进行相应的操作。

对于一个表上的不同操作(INSERT、UPDATE 或 DELETE),可以采用不同的 DML 触发器,即使是对同一语句,也可调用不同的 DML 触发器来完成不同的操作。

2. Inserted 表和 Deleted 表

在建立 DML 触发器时,SQL Server 会为每个触发器建立两个临时的表:Inserted 表和 Deleted 表。这两个表固定储存在与触发器一起的内存中而不是数据库中,每个触发器只能访问自己的临时表,临时表即为触发器所在表的一个副本。用户可以使用这两个表比较数据修改的前后状态,但不能对它们进行修改。这两个表的结构总是与该触发器作用的表的结构相同。触发器执行完成后,与该触发器相关的这两个表也会被删除。

Inserted 表存放由于执行 INSERT 或 UPDATE 语句而要向表中插入的所有行。在 INSERT 或 UPDATE 事务中,新的行同时添加到激活触发器的表和 Inserted 表中,Inserted 表的内容是激活触发器的表中的新行的复制。

Deleted 表存放由于执行 DELETE 或 UPDATE 语句而要从表中删除的所有行。在执行 DELETE 或 UPDATE 操作时,被删除的行从激活触发器的表中被移动到 Deleted 表中。

3. DML 触发器的种类

如果按激活 DML 触发器的操作语句的不同来分类,可以将 DML 触发器分为 3 种类型:INSERT 触发器、UPDATE 触发器和 DELETE 触发器。而如果按激活 DML 触发器的时机的不同来分类,则可以将 DML 触发器分为两种类型:INSTEAD OF 触发器和 AFTER 触发器。

(1) INSERT、UPDATE 和 DELETE 触发器。

INSERT 触发器通常被用来更新时间标记字段,或者验证被触发器监控的字段中的数据满足要求的标准,以确保数据完整性。

UPDATE 触发器和 INSERT 触发器的工作过程基本一致,因为修改一条记录等于插入了一条新的记录并且删除一条旧的记录。

DELETE 触发器通常用于两种情况:一种是防止那些需要删除但会引起数据不一致性问题记录的删除;另一种是实现级联删除操作。

(2) INSTEAD OF 和 AFTER 触发器。

INSTEAD OF 触发器主要用于替代引起触发器执行的 Transact-SQL 语句,即它并不执行激活触发器的 DML 操作,而仅执行触发器本身的代码。该触发器既可在表上定义,也可在视图上定义,但对同一操作只能定义一个 INSTEAD OF 触发器。

AFTER 触发器在一个 INSERT、UPDATE 或 DELETE 语句之后执行,进行约束检查等操作都将在 AFTER 触发器被激活之前发生。该触发器只能在表上定义,可以为针对表的同一操作定义多个触发器,也可定义哪个触发器先被触发,哪个后被触发,通常使用系统存储过程 sp_set triggerorder 来完成此任务。

9.5.2 DML 触发器的创建与执行

1. DML 触发器的创建

创建 DML 触发器可以使用 CREATE TRIGGER 语句。但在创建之前,需要考虑以下注意事项:

① CREATE TRIGGER 语句必须是批处理中的第一个语句。

② 触发器也是数据库对象,其名称同样必须遵循标识符的命名规则。

③ 创建触发器的权限默认分配给表的所有者,但他不能将该权限授予其他用户。

④ 只能在当前数据库中创建触发器,但触发器可以引用当前数据库以外的对象。

⑤ 触发器不能在临时表或系统表上创建,但它可以引用临时表,而不能引用系统表。

⑥ 一个表上可以有多个具有不同名称的各种类型的 DML 触发器,每个 DML 触发器都可以完成不同的功能。但每个 DML 触发器只能作用在一个表上。

与存储过程一样,触发器也是一个基于 SQL 代码的对象,创建 DML 触发器的语法格式如下:

```
CREATE TRIGGER [架构名.]<触发器名>
ON {<表名>|<视图名>}
[WITH Encryption]
FOR|AFTER|INSTEAD OF
[DELETE][,][INSERT][,][UPDATE]
AS
    <SQL 语句>
```

格式说明:

① <表名>|<视图名>指定执行 DML 触发器的表或视图。

② WITH Encryption 指明要对触发器定义文本进行加密。

③ FOR|AFTER|INSTEAD OF 指定触发器激活的时机。AFTER 表示当前所有操作(包括约束)执行完成后再激发触发器。INSTEAD OF 指定由触发器代替执行触发 SQL 语句。在表或视图上,每个 INSERT、UPDATE 或 DELETE 语句最多可以定义一个 INSTEAD OF 触发器。FOR 是为了和早期的 SQL Server 版本相兼容而设置的,功能与 AFTER 一样。

④ [DELETE][,][INSERT][,][UPDATE]指定在表或视图上激活触发器的语句,至少指定一个选项。如果指定多个选项,则需要用逗号分隔。

⑤ SQL 语句指定触发器要执行的 Transact-SQL 语句。

2. DML 触发器的执行

要编写出高效的触发器,必须了解触发器的执行过程。与存储过程不同,DML 触发器不能通过名字来执行,而是在发生插入记录、更新记录、删除记录等事件或相应的语句被执行时自动触发的。并且,一旦执行 CREATE TRIGGER 语句,新触发器就会响应其中的 FOR|AFTER|INSTEAD OF 子句中所指明的任何动作。

但是,如果一个 INSERT、UPDATE 或 DELETE 语句违反了约束,AFTER 触发器将不会执行,因为对约束的检查是在 AFTER 触发器被激活之前发生的。所以,AFTER 触发器不能超越约束。

另外,INSTEAD OF 触发器可以取代激活它们的操作来执行。它在 Inserted 表和 Deleted 表刚刚建立、其他任何操作还没有发生时被执行。正因为 INSTEAD OF 触发器在约束之前执行,所以它可以对约束进行一些预处理。

任务 9-12 为学生成绩数据库创建 DML 触发器

1) 创建一个删除触发器

【任务描述】 在 StudentScore 数据库中创建一个删除触发器 Student_Delete,实现当删除 bStudent 表中的某个学生记录的同时删除 bScore 表中与之对应的成绩记录。

【任务分析】 该触发器要实现的功能相当于外键约束中的级联删除。根据题意,应在 bStudent 表上创建该触发器,并建立 Deleted 临时表。

【任务实现】 在【查询编辑器】窗口中输入并执行以下命令代码:

```
USE StudentScore
GO
CREATE TRIGGER Student_Delete ON dbo.bStudent
AFTER DELETE
AS
DELETE FROM bScore
WHERE Stud_Id In (SELECT Stud_Id FROM Deleted)
RETURN
```

2) 创建一个插入触发器

【任务描述】 在 StudentScore 数据库中创建一个插入触发器 Score_Insert,实现当向 bScore 表中插入某门课程的成绩记录时,检查 bCourse 表中是否有该课程。如果没有,则不能向成绩表中插入该课程的成绩记录。

【任务分析】 根据题意,应在 bScore 表上创建该触发器,并建立 Inserted 临时表。

【任务实现】 在【查询编辑器】窗口中输入并执行以下命令代码:

```
USE StudentScore
GO
CREATE TRIGGER Score_Insert ON dbo.bScore
AFTER INSERT
```

```
AS
IF(SELECT Count(*) FROM bCourse,Inserted
    WHERE bCourse.Course_Id=Inserted.Course_Id)=0
    BEGIN
        RAISERROR('没有此课程!',16,1)
        ROLLBACK TRANSACTION
    END
RETURN
```

说明：为了检验该触发器的作用，可以向 bScore 表中加入以下代码：

```
INSERT INTO bScore(Stud_Id,Course_Id,Score)
VALUES('1011124101','11111',90)
```

执行结果如图 9-11 所示。

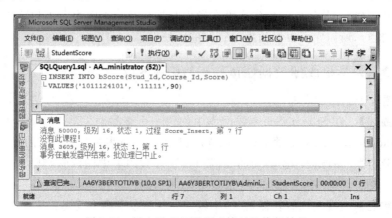

图 9-11　插入没有的课程成绩时的执行结果

（3）创建一个修改触发器

【任务描述】　在 StudentScore 数据库中创建一个修改触发器 Score_Credit，实现当插入或修改 bScore 表中某个学生某门课程的考试成绩时，自动计算出该学生此门课程的学分（课时数/16）。

【任务分析】　学分计算方法为：如果学生的考试成绩或补考成绩超过 60 分，则该学生此门课程的学分=此门课程的课时数/16；如果学生的考试成绩或补考成绩不及格，则该学生此门课程的学分为 0。

【任务实现】　在【查询编辑器】窗口中输入并执行以下命令代码：

```
USE StudentScore
GO
CREATE TRIGGER Score_Credit ON dbo.bScore
AFTER INSERT,UPDATE
AS
IF(SELECT Score FROM Inserted)>=60 OR (SELECT Makeup FROM Inserted)>=60
    UPDATE bScore SET Credit=
    (SELECT Hours FROM bCourse WHERE bCourse.Course_Id=bScore.Course_Id)/16
    WHERE Stud_Id=(SELECT Stud_Id FROM Inserted) AND
```

```
            Course_Id= (SELECT Course_Id FROM Inserted)
ELSE
    UPDATE bScore SET Credit= 0
    WHERE Stud_Id= (SELECT Stud_Id FROM Inserted) AND
            Course_Id= (SELECT Course_Id FROM Inserted)
RETURN
```

（4）创建一个 INSTEAD OF 触发器

【任务描述】　在 StudentScore 数据库中创建一个 INSTEAD OF 触发器 Not_ Delete,实现当在 bCourse 表中删除记录时,触发该触发器,显示不允许删除表中数据的提示信息:"你没有删除数据的权限! 不能执行删除操作!"。

【任务分析】　由于本任务只要求在执行删除操作时激活触发器以显示提示信息,并不真正进行删除操作。所以,可以创建一个 INSTEAD OF 触发器来实现该功能。INSTEAD OF 触发器只执行触发器本身的代码,而不执行激活触发器的 DML 操作。

【任务实现】　在【查询编辑器】窗口中输入并执行以下命令代码:

```
USE StudentScore
GO
CREATE TRIGGER Not_Delete ON dbo.bCourse
INSTEAD OF DELETE
AS
RAISERROR('你没有删除数据的权限!不能执行删除操作!',16,1)
RETURN
```

任务 9-13　管理学生成绩数据库中的 DML 触发器

【任务描述】　对学生成绩数据库中所创建的 DML 触发器进行如查看、修改和删除的操作。

【任务分析】　可以利用 SQL Server Management Studio 或命令语句两种方式对所创建的 DML 触发器进行管理,其管理内容主要包括查看、修改和删除触发器。其中,查看触发器又有查看触发器信息和查看触发器的相关性两类。

【任务实现】

（1）使用 SQL Server Management Studio 管理 DML 触发器。

① 依次展开 StudentScore 数据库及其下的表节点,双击要管理触发器的某个表,如 bScore,选中该表下的【触发器】项,在右面【对象资源管理器详细信息】窗格中可以查看到创建在该表上的触发器的名称和相应的创建日期。

② 右击要查看、修改或删除的触发器,从弹出的快捷菜单中选择所要进行的管理操作。

若要查看创建触发器的语句代码,则选择【编写触发器脚本为】→【CREATE 到】→【新查询编辑器窗口】命令,在新查询编辑器窗口中进行查看;如要修改触发器的定义语句,则选择【修改】命令,在打开的【查询编辑器】窗口中进行修改。

若要查看触发器的相关性,则选择【查看依赖关系】命令,打开【对象依赖关系】对话框,在其中可查看依附于该触发器的对象和该触发器所依附的对象。

若要删除触发器,则选择【删除】命令,在弹出的【删除对象】对话框中,单击【确定】按钮即可。需要说明的是,删除触发器后,该触发器所关联的表和数据不会受到任何影响;但当所依附的表被删除时,触发器也会被自动删除。

(2) 使用命令行方式管理 DML 触发器。

① 若要查看触发器,则可通过系统存储过程 sp_help 来了解触发器的一般信息(名字、所属架构、对象类型、创建时间等);通过 sp_helptext 来获得定义触发器的语句代码;通过 sp_depends 来查看触发器的相关性。另外,用户还可以使用系统存储过程 sp_helptrigger 来查看指定的表涉及的所有触发器,其命令的语法格式如下:

```
EXEC sp_helptrigger<表名>
```

例如,查看 bScore 表涉及的所有触发器的命令语句为:

```
EXEC sp_helptrigger bScore
```

② 若要修改触发器,则可使用 ALTER TRIGGER 命令,此命令的语法结构与 CREATE TRIGGER 相同,相当于重新建立一个拥有原来触发器名称的新的触发器。

③ 若要删除触发器,则可使用 DROP TRIGGER 命令,其语法格式如下:

```
DROP TRIGGER<触发器名>[,...n]
```

例如,删除 Student_Delete 触发器的命令语句为:

```
DROP TRIGGER Student_Delete
```

9.6 事务的使用

在多用户共享数据库系统或网络环境中,多个用户可能同时对同一数据进行操作,不可避免地会发生冲突。例如,对同一个数据,一个用户要查询,而另一个用户要修改,如果并发执行,则可能会带来数据的不一致性。为了解决此类问题,DBMS 通过提供事务和锁机制实现数据库的并发控制。此处主要介绍 SQL Server 的事务编程技术。

9.6.1 事务的基本概念

1. 事务的定义与特性

事务是指一个单元的工作,其中包括一系列的操作(可以是一组 SQL 语句、一条 SQL 语句或整个程序),这些操作要么全做,要么全不做。作为一个逻辑单元,事务具有 4 个特性:原子性、一致性、隔离性和持久性。原子性是指事务必须是一个不可分割的工作单元,一个事务中的所有修改要么全部执行,要么全部都不执行。一致性是指当事务完成时,必须使数据库中的所有数据都具有一致的状态,因此当数据库只包含成功事务提交的结果时,就说数据库处于一致性状态。隔离性是指一个事务的执行必须与其他事务的执行相互独立,即一个事务内部的操作及使用的数据对其他并发事务是隔离的,互不干扰。持久性是指当一个事务完成(提交)之后,它对数据库中数据的改变应是永久性的,接下来的其他操作或故障不应该对其执行结果有任何影响。

事务是并发控制的基本单位,如何保证事务的上述特性是 DBMS 并发控制机制的职责。事务的原子性由 DBMS 自身的事务管理子系统来实现;事务的一致性由编写事务程序的应用程序员完成,也可以由系统测试完整性约束自动完成;事务的隔离性由 DBMS 的并发控制子系统实现;事务的持久性由 DBMS 的恢复管理子系统实现。

2. 事务的类型与处理

根据系统的设置,可以把事务分成两种类型:一种是系统提供的事务;另一种是用户定义的事务。

(1)系统提供的事务。

在执行某些语句时,一条语句就是一个事务。此时要明确的是,一条语句的执行对象既可能是表中的一行数据,也可能是表中的多行数据,甚至是表中的全部数据。因此,只有一条语句构成的事务也可能包含了多行数据的处理。例如,下面的这条数据操纵语句本身就构成了一个事务:

```
UPDATE bClass SET Class_Name='机电 1241'
```

该语句由于没有使用条件限制,所以这个事务的对象,就是修改表中的全部数据。如果 bClass 表中有 1000 行数据,那么这 1000 行数据的修改要么全部成功,要么全部失败。

(2)用户定义的事务。

在实际应用中,大多数采用用户定义的事务来处理。用户可以定义本地事务或者分布式事务。当事务都是在一个服务器上的操作,其保证的数据完整性和一致性是指一个服务器上的完整性和一致性时,则可定义一个本地事务。而当一个事务分散在多个服务器上时,那么要保证在多服务器环境中事务的完整性和一致性,就必须定义一个分布式事务。在应用程序中,对一个分布式事务的处理与一个普通的本地事务的处理类似,但其提交方法有所不同。分布式事务使用一种称为"两阶段提交"的方法,如下所述:

① 准备阶段。提交的第一阶段,所有参与的服务器接收到一个提交请求,然后它们尝试提交事务。如果这种尝试是行得通的,则服务器返回成功;否则返回失败。

② 提交阶段。如果所有的服务器都返回成功,则最后的提交命令再次发往所有的服务器,参与的服务器才真正地提交事务。如果任意一个服务器不能完成第一个阶段,则给所有的服务器发出回滚命令。

9.6.2 SQL Server 2008 的事务机制

1. SQL Server 2008 事务模式

在 SQL Server 2008 中,有以下 3 类事务模式。

① 显式事务模式。它指由用户执行相关的 Transact-SQL 事务语句而定义的事务,又称为用户定义的事务。分布式事务是一种特殊的显式事务。在显式事务模式下,用户

必须用 BEGIN TRANSACTION 来开始一个事务。

② 隐式事务模式。它指无须描述事务的开始,只需提交或回滚的事务。即当连接以隐性事务模式进行操作时,用户用 COMMIT TRANSACTION(提交语句)或 ROLLBACK TRANSACTION(回滚语句)提交或回滚当前事务后,SQL Server 会自动启动下一个新的事务。隐式事务模式生成连续的事务链。在 SQL Server 2008 中,当某些特定的 Transact-SQL 语句执行时,尽管没有使用 BEGIN TRANSACTION 这样的事务起始语句标识,系统也会自动作为一个事务进行处理。例如,下列语句在默认情况下会作为隐式事务处理:所有的 CREATE 语句、ALTER TABLE、所有的 DROP 语句、TRUNCATE TABLE、INSERT、UPDATE、DELETE、SELECT 等。

如果要启用隐式事务功能,可利用 SET IMPLICIT_TRANSACTIONS ON 语句。

③ 自动事务模式。指自动执行并在发生故障时自动回滚的事务。自动事务模式是 SQL Server 2008 的默认事务管理模式。当与 SQL Server 建立连接后,SQL Server 2008 就将工作在自动事务模式下,直到用户使用 BEGIN TRANSACTION 语句开始一个显式事务,或者执行 SET IMPLICIT_TRANSACTIONS ON 语句进入隐式事务模式为止。但当显式事务被提交或回滚,或者执行 SET IMPLICIT_TRANSACTIONS OFF 后 SQL Server 2008 又将进入自动事务模式。

2. SQL Server 2008 事务管理

在 SQL Server 2008 中,对事务的管理包括以下 3 个方面的内容。

① 封锁机制保证事务的排他性。封锁一个正在被事务修改的数据,防止其他用户访问到"不一致"的数据。

② 日志机制使事务具有可恢复性。即使服务器硬件、操作系统或 SQL Server 本身崩溃,在重新启动后,SQL Server 仍可以利用事务日志做所有未完成的事务,使系统恢复到系统崩溃前的状态。

③ 事务日志管理特性保证事务的原子性和一致性。当一个事务开始后,必须成功地完成;否则,SQL Server 撤销自事务开始后所做的一切修改。

任务 9-14　为学生成绩数据库设计事务

1) 设置和关闭隐式事务模式

【任务描述】　试将 SQL Server 的事务模式设置为隐式事务模式。

【任务分析】　在安装了 SQL Server 2008 企业版的服务器上,有两种设置隐式事务模式的方法。当连接以隐式事务模式进行操作时,SQL Server 2008 将在提交或回滚当前事务后自动启动新的事务,用户无须使用 BEGIN TRANSACTION 等开始事务,只需提交或回滚每个事务,从而形成连续的事务链。

在 SQL Server 2008 中设置隐式事务模式,既可以在 SQL Server Management Studio 中进行,也可以使用 SET IMPLICIT_TRANSACTIONS ON 语句实现。

【任务实现】

(1) 在 SQL Server Management Studio 中设置。

在图 9-12 所示的【服务器属性】对话框的【连接】选项页中,在【默认连接选项】列表框中选择 implicit transactions 选项,将启动隐式事务模式。

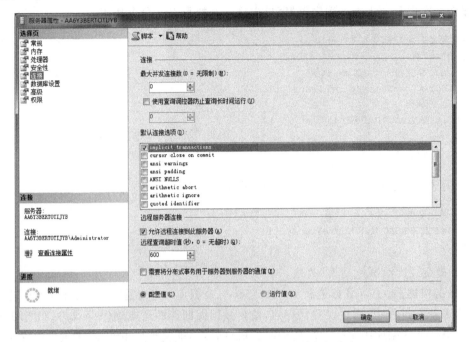

图 9-12　【服务器属性】对话框的【连接】选项页

(2) 使用 SET IMPLICIT_TRANSACTIONS ON 语句设置。

在【查询编辑器】窗口中执行下列 SQL 语句可以设置隐式事务模式。

```
SET IMPLICIT_TRANSACTIONS ON
```

说明:如果要关闭隐式事务模式,只需再次调用 SET 语句关闭 IMPLICIT_TRANSACTIONS 连接选项,即 SET IMPLICIT_TRANSACTIONS OFF。此时,如果仍要将 CREATE 语句作为一个事务处理,则需用 BEGIN TRANSACTION 来显式定义。

2) 定义本地事务

【任务描述】　利用事务名称变量来定义事务,该事务将完成对 StudentScore 数据库的 bScore 表中课程代号为"10001"的所有记录的成绩(Score)增加 10% 的操作。

【任务分析】　该事务实现对 bScore 表中课程代号为"10001"的所有记录的成绩增加 10% 的操作,这些记录的修改操作要么全做,要么全不做。

BEGIN TRANSACTION 用于定义一个显式的本地事务,该语句将记录当前连接活动事务数据量的全局变量 @@TRANCOUNT 加 1。需要注意的是,一个完整的事务定义还包括 COMMIT TRANSACTION(提交语句)和 ROLLBACK TRANSACTION(回滚语句)。定义一个显式本地事务的语法格式如下:

```
BEGIN TRAN[SACTION][事务名|事务名称变量[WITH MARK['描述说明']]]
```

说明:事务名必须遵循标识符规则。事务名称变量是用户定义的、含有有效事务名称的变量名,必须指明其数据类型。WITH MARK['描述说明']指定在日志中标记事务,

['描述说明']是描述该标记的字符串,如果使用了 WITH MARK,则必须指定事务名。

【任务实现】 在【查询编辑器】窗口中输入并执行以下命令代码:

```
--定义一个局部变量@TranName
DECLEAR @TranName VARCHAR(20)
--给局部变量@TranName 赋值
SELECT @TranName='ScoreTransaction'
--定义事务
BEGIN TRANSACTION @TranName
GO
USE StudentScore
GO
UPDATE bScore SET Score=Score * 1.10 WHERE Course_Id='10001'
GO
--提交事务
COMMIT TRANSACTION ScoreTransaction
GO
```

3)提交或回滚事务

【任务描述】 ①用事务进行 StudentScore 数据库中学生基本信息添加的管理。要求在事务执行过程中,通过设置保存点,使得数据因回滚而还原到保存点;②用事务进行 StudentScore 数据库中学生学籍变动时的成绩管理,即实现从 bStudent 表中删除学号为 "3031073107"的学生时将 bScore 中其相应的成绩信息也删除。这两个操作要么都执行,要么一个也不执行,如果任何一个环节发生了错误,所做操作都将被取消。

【任务分析】 任务①通过在事务中设置保存点,以保证在事务的执行过程中发生错误时,能使插入的数据因回滚而还原到保存点;任务②通过将在两个表中执行的删除操作定义成一个事务来实现级联删除,以保证数据的完整性。

在应用程序中,可以使用事务控制语句 BEGIN TRANSACTION(本地事务)或者 BEGIN DISTRIBUTED TRANSACTION(分布事务)来开始一个用户定义的事务。在使用用户定义的事务时,一定要注意事务必须有明确的结束语句来结束。如果不使用明确的结束语句结束,系统可能把从事务开始到用户关闭连接之间的全部操作都作为一个事务来对待。事务的明确结束可以是下面的两种方式之一:COMMIT 语句和 ROLLBACK 语句。COMMIT 语句表示提交,即向数据库提交事务的所有操作以对数据库做永久地改动;而 ROLLBACK 语句表示回滚,即在事务运行的过程中发生了某种故障,事务不能继续执行,系统将事务中对数据库的所有已完成操作全部取消,回滚到事务开始时的一致状态。

(1)提交事务。

无论是执行 SQL 语句,还是在内存中修改数据,如果没有遇到错误,最后只有经过 COMMIT 语句提交后,所做的对数据库的修改才会发生物理上的更改。其语法格式如下:

```
COMMIT [TRAN[SACTION][事务名|事务名称变量]]
```

说明:事务名指定要结束的事务名称,如果缺省该参数,则是由前面的 BEGIN

TRANSACTION 指派的事务名称。

（2）回滚事务。

如果事务中出现错误，或者用户决定取消事务，则要清除自事务起点以来的所有数据的修改，使数据库恢复到事务开始之前的状态，并释放由事务占用的系统资源和数据库资源。这可通过 ROLLBACK 命令实现，其语法格式如下：

ROLLBACK [TRAN[SACTION][事务名|事务名称变量|保存点名|保存点变量]]

说明：在事务提交之前，可以执行 ROLLBACK 命令全部或部分回滚事务中的操作：①当要将事务全部回滚时，只需 ROLLBACK；②如果只想取消事务中的部分操作而不是全部操作，则可先通过"SAVE TRAN 保存点名"命令在事务内部设置保存点，将一个事务划分为若干组成部分，然后用"ROLLBACK TRAN 保存点名"命令将事务回滚到指定保存点。

【任务实现】

（1）在【查询编辑器】窗口中输入并执行以下命令代码：

```
USE StudentScore
GO
/*事务开始的标识*/
BEGIN TRAN INSERTRAN
INSERT INTO bStudent(Stud_Id,Stud_Name,Stud_Sex,Birth,Family_Place)
VALUES('1012123103','王静静','女','1993-09-15','江苏')
/*将事务保存一个保存点*/
SAVE TRAN INSERTPOINT
GO
INSERT INTO bStudent(Stud_Id,Stud_Name,Stud_Sex,Birth,Family_Place)
VALUES('3032133101','王正东','男','1995-11-04','山东')
INSERT INTO bStudent(Stud_Id,Stud_Name,Stud_Sex,Birth,Family_Place)
VALUES('3032113102','李海','男','1991-10-15','山西')
GO
/*如果事务执行中有错误,则回滚到保存点*/
IF @@ERROR<>0
ROLLBACK TRAN INSERTPOINT
GO
/*如果事务正常,则提交*/
COMMIT TRAN INSERTRAN
GO
```

说明：@@ERROR 是用于事务管理的全局变量，给出最近一次执行的出错语句引发的错误号，为 0 时表示未出错。

（2）在【查询编辑器】窗口中输入并执行以下命令代码：

```
BEGIN TRANSACTION
DELETE FROM bStudent WHERE Stud_Id='3031123104'
If@@Error!=0
BEGIN
    ROLLBACK TRAN
```

```
        RETURN
END
DELETE FROM bScore WHERE Stud_Id='3031123104'
If@@Error!=0
BEGIN
        ROLLBACK TRAN
        RETURN
END
COMMIT TRANSACTION
```

9.7 疑 难 解 答

（1）SQL Server 2008 事务与批有何区别？

SQL Server 2008 的批是一组被整体编译的 Transact-SQL 语句,而事务是一组被作为单个逻辑单元执行的 Transact-SQL 语句。批处理的组合发生在编译时刻,而事务的组合发生在执行时刻。即批是告诉 SQL Server 2008 如何编译语句,而事务是告诉 SQL Server 2008 如何执行语句。当在编译时,如果批中的某个语句存在语法错误,SQL Server 2008 将取消批中所有语句的执行;而在执行时,如果事务中的操作违反约束、规则等条件时,SQL Server 2008 将回滚整个事务。

（2）事务中不能使用的 Transact-SQL 语句有哪些？

并不是所有的 Transact-SQL 语句都可以在事务中使用,下面的语句就不能使用:CREATE DATABASE(创建数据库)、ALTER DATABASE(修改数据库)、DROP DATABASE(删除数据库)、RESTORE DATABASE(恢复数据库)、BACKUP LOG(备份日志)、RESTORE LOG(恢复日志)、UPDATE STATISTICS(更新统计信息)等。

（3）编写前台应用程序事务的原则是什么？

在开发数据库应用系统时,如果涉及对多个表的操作,这些操作步骤必须是要么全做,要么全不做时,就可以考虑使用事务机制,如银行储蓄业务的办理、电信计费系统等都需要使用事务。在应用系统的需求分析和功能设计阶段,必须对用户的业务流程进行详尽的分析后设计出事务,且设计的事务要避免死锁现象的发生。以下是编写有效的前台事务代码的指导原则。

① 不要在事务处理期间要求用户输入,应在事务启动之前获得所有需要的用户输入。

② 在浏览数据时,尽量不要打开事务。

③ 保持事务尽可能地短。在知道了必须进行的修改后启动事务,启动事务执行修改语句,然后立即提交或回滚。

④ 灵活地使用更低的事务隔离级别。

⑤ 在事务中尽量使访问的数据量最小,这样可以减少锁定的行数,减少事务之间的争夺。

小结：本项目围绕 Transact-SQL 程序设计这个主题，以学生成绩数据库为操作对象，介绍了 Transact-SQL 程序中的常量和变量、流程控制语句、游标以及事务的编程方法，介绍了用户自定义函数、存储过程和表级触发器的创建和管理方法。同时还介绍了 Transact-SQL 程序中的常量和变量的概念、存储过程和触发器的基本概念及其优点，以及事务的基本特性和 SQL Server 2008 的事务模式。

习　题　九

一、选择题

1. 在书写 SQL 语句时，可以用下列（　　）命令标志一个批的结束。
　　A. AS　　　　　　　　　B. DECLARE　　　　　C. GO　　　　　　D. END
2. 局部变量名前必须用下列（　　）符号开头。
　　A. &　　　　　　　　　B. @　　　　　　　　　C. @@　　　　　　D. ♯
3. 下列（　　）流程控制语句是 SQL Server 的条件分支语句。
　　A. BEGIN…END　　B. RETURN　　　　　C. WHILE　　　D. IF…ELSE
4. 下列（　　）不是 SQL Server 2008 支持的用户自定义函数。
　　A. 字符串函数　　　　　　　　　　　　　B. 内联表值型函数
　　C. 数值型函数　　　　　　　　　　　　　D. 多语句表值型函数
5. 下列（　　）语句用于创建触发器。
　　A. CREATE PROCEDURE　　　　　　　B. CREATE TRIGGER
　　C. ALTER TRIGGER　　　　　　　　　D. DROP TRIGGER
6. 下列（　　）不是事务所具有的。
　　A. 原子性　　　　　　B. 共享性　　　　　　C. 一致性　　　D. 持续性

二、填空题

1. SQL 中支持两种形式的变量：_____ 和 _____。
2. 函数是由一条或多条 Transact-SQL 语句组成的代码段，用于实现一些常用的功能，SQL Server 在 Transact-SQL 中提供了许多内置函数以供直接调用，其可分为 6 类：_____、_____、_____、_____、_____ 和 _____。
3. SQL Server 2008 支持以下 3 种用户自定义的函数：_____、_____、_____。
4. 事务的特性（ACID 特性）包括 _____、_____、_____ 和 _____ 4 个方面。
5. 在 SQL Server 中，有以下 3 类事务模式：_____、_____ 和 _____。

三、判断题

1. 注释是程序中不被执行的语句，主要用来说明代码的含义。　　　　　　（　　）

2. 存储过程是被分析和编译后的 Transact-SQL 程序,它驻留在数据库中,可以被应用程序调用,以实现某个任务。　　　　　　　　　　　　　　　　　　(　　)

3. 触发器不用被调用,它可以自动执行。　　　　　　　　　　　　　　(　　)

四、简答题

1. 试述游标的分类及其使用步骤。

2. 试述存储过程有哪些优点,触发器有哪些优点。

3. 什么是触发器? SQL Server 2008 支持哪 3 种触发器? 它们有何不同?

4. 什么是事务? 它有何作用?

五、项目实训题

1. 利用批处理在 People 数据库中,根据现有的部门表 bDept 创建一个仅包含部门号为“2003”部门职工详细信息的视图 Employee_Info。

2. 声明一个变量 Num,并将机修部(DeptId 为'2003')的职工人数赋给它。

3. 编写存储过程 Dept_Information,要求实现以下功能:输入部门编号,产生该部门的基本信息。调用存储过程,显示“2001”部门的基本信息。

4. 在 People 数据库中创建一个存储过程,存储过程名为 Employee_Salary,要求实现以下功能:根据职工号,查询该职工的工资情况,其中包括该职工的工号、姓名、性别、应发工资、各种扣除和实发工资等。

5. 在 People 数据库中创建一个存储过程,存储过程名为 Reason_Num,要求根据请假原由输出因为该原由请假的人数。

6. 在 bSalary 表上创建 DELETE 触发器 Del_Salary,实现当删除职工信息表(bEmployee)中的某个职工的记录时,对应职工工资信息表(bSalary)中的所有有关此职工的工资记录都删除。

7. 在 People 数据库中创建一个触发器,实现当插入或修改 bLeave 表中的请假天数时,自动计算出每个职工请假总天数。

8. 用事务进行 People 数据库中职工调动时的工资管理。即实现从 bEmployee 表中删除工号为“200101”的职工时将 bSalary 中其相应的工资信息也删除。这两个操作要么都执行,要么一个也不执行,如果任何一个环节发生了错误,所做操作都将被取消。

项目 10　在学生成绩管理系统中使用报表

知识目标：①了解 SQL Server 2008 报表的作用与功能；②理解 Reporting Services 的体系结构，了解报表的核心组件及其作用；③掌握报表服务的配置方法；④了解报表的组成和设计工具。

技能目标：①会安装和配置 SQL Server 2008 报表组件；②能利用 Visual Studio 制作一般数据报表；③会用向导式和直接书写 SQL 语句两种基本方式配置报表数据源；④能在报表中对数据排序、分组统计、使用参数、添加各种图形等。

报表是数据库应用程序的重要组成部分。在企业的管理和决策过程中，领导常常对统计数据和结果感兴趣。统计数据是对数据库中数据的统计和汇总，如果领导要求 DBA 提供一组统计报表，则使用 SQL Server 2008 Reporting Services(SSRS)是其首选。使用 Reporting Services 可以轻松地将多种关系数据源和多维数据源中的数据制作成报表，可以在报表中添加饼状、柱状等图表，还能发布以各种格式查看的报表，以及集中管理安全性和订阅。按照报表使用的过程和功能，将本项目分解成以下几个任务：

任务 10-1　安装 SQL Server 2008 Reporting Services

任务 10-2　检测 Reporting Services 安装结果

任务 10-3　在学生成绩数据库中设计和创建报表

任务 10-4　在报表中对数据排序、分组统计

任务 10-5　在报表中使用参数

任务 10-6　在报表中添加饼图和条形图

10.1　报表组件的安装与检测

任务 10-1　安装 SQL Server 2008 Reporting Services

【任务描述】　根据实际需求，在 SQL Server 2008 中安装 Reporting Services。

【任务分析】　Reporting Services 包含用于创建和发布报表及报表模型的图形工具与向导；用于管理 Reporting Services 的报表服务器管理工具；以及用于对 Reporting Services 对象模型进行编程和扩展的应用程序编程接口(API)。如果在安装 SQL Server 2008 时没有选择安装 Reporting Services，则可以按照下面的方法安装。

【任务实现】

(1) 启动 SQL Server 2008 安装程序，打开 SQL Server 安装中心窗口。

（2）在窗口左侧选择【安装】项，在窗口右侧单击"全新 SQL Server 独立安装或向现有安装添加功能"超链接，打开【安装程序支持规则】对话框，如图 10-1 所示。

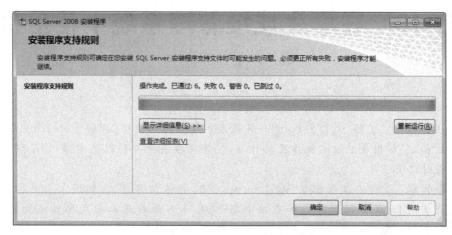

图 10-1 【安装程序支持规则】对话框

（3）安装程序对安装 SQL Server 2008 需要遵循的规则进行检测，如当前计算机的配置满足安装 SQL Server 2008 的要求，则可单击【确定】按钮，打开【安装程序支持文件】对话框，如图 10-2 所示。

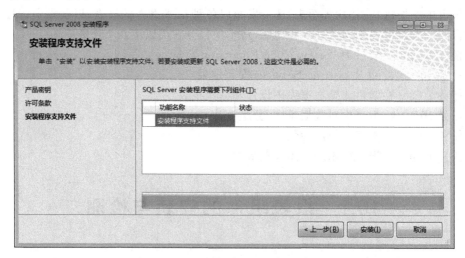

图 10-2 【安装程序支持文件】对话框

（4）单击【安装】按钮，安装"安装程序支持文件"。安装或更新 SQL Server 2008 时，这些文件是必需的。

（5）安装完成后，会在【安装程序支持规则】对话框中显示安装的状态，如图 10-3 所示。

（6）如果安装程序支持文件已经安装成功，则可单击【下一步】按钮，选择安装类型，这里选中【向 SQL Server 2008 现有实例中添加功能】单选按钮，此时会在【实例配置】对话框的【已安装的实例】列表中显示当前已安装的实例，如图 10-4 所示。

（7）单击【下一步】按钮，打开【功能选择】对话框，选择需要安装的功能模块，如

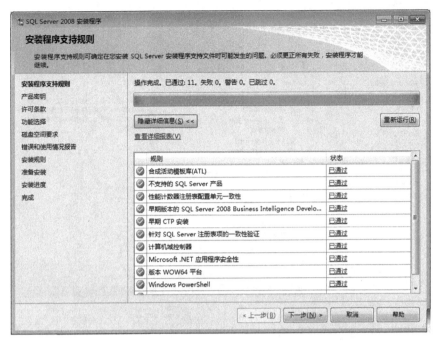

图 10-3　【安装程序支持规则】对话框中显示的安装状态

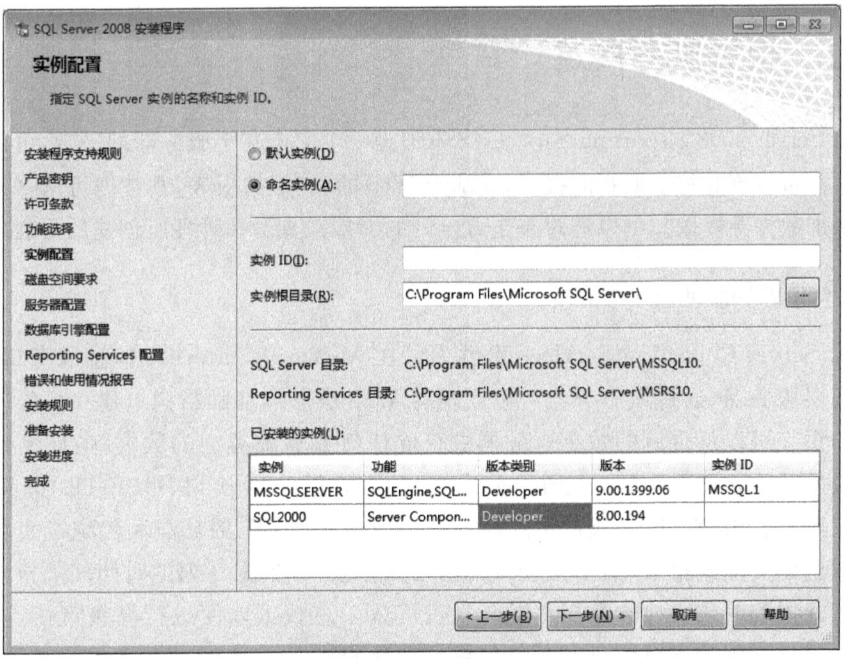

图 10-4　选择安装类型

图 10-5 所示。

（8）选中 Reporting Services 复选框，单击【下一步】按钮，并按照安装程序向导的提示完成对 Reporting Services 组件的安装。

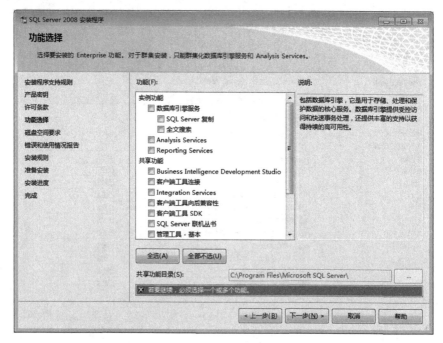

图 10-5　选择功能模块

10.1.1　报表服务概述

SQL Server 2008 Reporting Services(SSRS)是一个完全基于服务器的平台,可以用来建立、管理、发布传统的基于纸张的报表,或基于 Web 的、交互的报表,其数据可从多种关系数据源和多维数据源提取。可以通过基于万维网的连接来查看和管理所创建的报表。

1. Reporting Services 简介

SQL Server Reporting Services 提供了可在 Microsoft Internet 信息服务(IIS)下运行的中间层服务器,通过该服务器可以在现有 Web 服务器基础结构上建立报告环境。用户生成的报表可以从现有的数据服务器中获取任何数据源类型的数据,条件是数据源类型必须具有 Microsoft. NET Framework 托管的数据访问接口、OLE DB 访问接口或 ODBC 数据源。用户可以生成范围广泛的报表,将基于 Web 的功能和传统报表功能相结合。可以创建交互式报表、表格报表或自由格式报表,以根据计划的时间间隔检索数据或在用户打开报表时按需检索数据。矩阵报表可以汇总数据以便进行高级审核,同时在明细报表中提供详细的支持信息。可以使用参数化报表基于运行时提供的值来筛选数据。报表可以按桌面格式或面向 Web 的格式呈现。可以从许多查看格式中进行选择,以数据操作或打印的首选格式按需呈现报表。

Reporting Services 是基于服务器的,因此通过它可以集中存储和管理报表,安全地访问报表和文件夹,控制报表的处理和分发方式,并使报表在企业内的使用方式标准化。

Reporting Services 可以通过配置以提高可用性。可以在单服务器、分布式配置和群集配置上安装报表服务器。

2. SQL Server 2008 提供的报表功能

（1）可以基于关系、多维和 XML 数据源。用户可以创建使用 SQL Server 和 Analysis Services 中的关系和多维数据的报表。还可以使用 Microsoft. NET Framework 数据访问接口从 Oracle 和其他数据库获取数据。同时，报表功能还支持 ODBC 和 OLE DB 访问接口。可以使用 XML 数据处理扩展插件从任何 XML 数据源检索数据。

（2）提供了表格、矩阵、图表和自由格式的报表布局。

（3）支持即席报表。用户可以使用称为报表生成器的 ClickOnce 应用程序，以创建报表并将其直接保存到报表服务器。利用从报表服务器下载的一个瘦客户端，即可支持即席生成报表的功能。

（4）添加报表和交互性。通过添加指向相关报表以及指向提供详细支持信息的报表的链接，可以添加交互功能。用户可以添加 Microsoft Visual Basic 脚本表达式。

（5）支持参数化报表。用户可以添加参数，以修改查询或筛选数据集。动态参数在运行时根据用户的选择获取值（选择一个参数后将生成另一个参数的值列表）。

（6）提供多种显示格式。在打开报表时或打开报表后可以选择显示格式。用户可以选择面向 Web 的格式、面向页的格式以及桌面应用程序格式。这些格式包括 HTML、MHTML、PDF、XML、CSV、TIFF 和 Excel。

（7）支持自定义控件或报表项。用户可以嵌入自己所创建或从第三方供应商购买的自定义控件或报表项。自定义控件需要使用自定义报表处理扩展插件。

（8）提供导航功能。用户可以添加书签和文档结构图，以便在大型报表中提供导航选项。

（9）提供聚合功能。用户可以使用控件和表达式来聚合并汇总数据。聚合功能包括求和，计算平均值、最小值和最大值，进行计数，以及计算运行总计等。

（10）支持图形元素。用户可以嵌入或引用图像以及包含外部内容的其他资源。

10.1.2　Reporting Services 体系结构

SQL Server Reporting Services 是一组处理组件、工具和编程接口的集合，支持在托管环境中开发和使用格式丰富的报表。该工具集包括部署工具、配置和管理工具以及报表查看工具。与应用程序集成的编程接口包括简单对象访问协议（SOAP）、URL 端点和 Windows Management Instrumentation（WMI）。而其核心组件主要有：

- 一整套工具，可以用来创建、管理和查看报表。
- 一个报表服务器组件，用于承载和处理各种格式的报表。输出格式包括 HTML、PDF、TIFF、Excel、CSV 等。
- 一个 API，使开发人员可以在自定义应用程序中集成或扩展数据和报表处理，或者创建自定义工具来生成和管理报表。

处理分布在多个组件上。中央处理器和专用处理器用于检索数据,处理报表布局,呈现显示格式以及传递到目标。检索数据并将检索的数据从数据处理任务中分离后,即开始进行显示处理,并允许多个用户以针对不同设备设计的格式同时查看同一报表,或通过一次单击将报表的查看格式从 HTML 快速更改为 PDF、Microsoft Excel 或 XML。模块化体系结构是为了实现可扩展性而设计的。开发人员可以将报表功能包括在自定义应用程序中,或扩展报表功能以支持自定义功能。

图 10-6 显示了 Reporting Services 组件和工具。它显示了服务器组件之间的请求流和数据流,以及哪些组件发送和检索数据存储区中的内容。

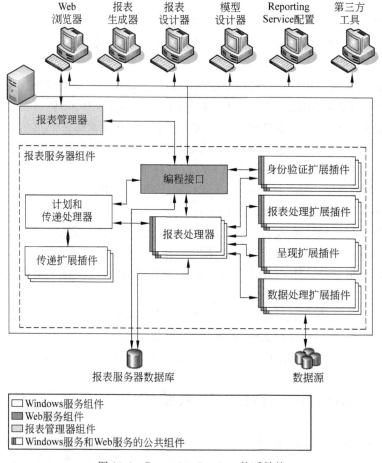

图 10-6 Reporting Services 体系结构

任务 10-2 检测 Reporting Services 安装结果

【任务描述】 试检测 Reporting Services 的安装,以检查其是否安装成功。

【任务分析】 安装 Reporting Services 后,可以对报表服务器和报表管理器进行检测,检查它们是否安装成功。只有本地管理员才能执行该操作,若要让其他用户执行测试,必须为这些用户配置报表服务器访问权限。

【任务实现】

（1）验证报表服务器已安装并正常运行。

① 在【开始】菜单中依次单击【所有程序】→Microsoft SQL Server 2008→【配置工具】→【Reporting Services 配置管理器】命令，打开【连接到报表服务器实例】对话框，如图 10-7 所示。

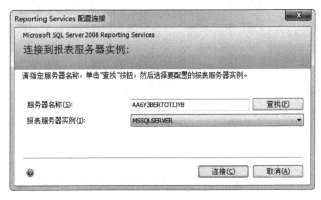

图 10-7 【连接到报表服务器实例】对话框

② 在【服务器名称】文本框中输入安装报表服务器的计算机名，从【报表服务器实例】下拉列表框中选择 SQL Server 实例名，单击【连接】按钮，连接到刚刚安装的报表服务器实例，并进入【Reporting Services 配置管理器】对话框，如图 10-8 所示。

图 10-8 【Reporting Services 配置管理器】对话框

③ 如果服务尚未启动，则单击【启动】按钮，启动 Reporting Services。此时可以在配置管理器中检查每个设置的状态指示器，以验证该设置是否已配置。

④ 单击对话框左侧的【Web 服务 URL】选项，打开图 10-9 所示的设置 Web 服务属性

347

页面。如要通过网页形式访问报表服务器,则需要对报表服务器的虚拟目录进行设置。默认的虚拟目录为 ReportServer,设置完成后单击【应用】按钮。

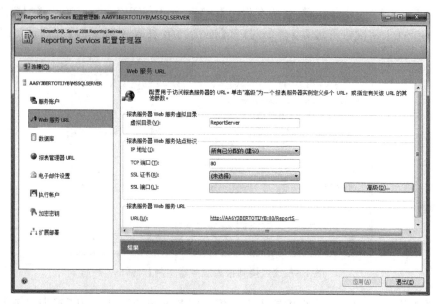

图 10-9   设置 Web 服务属性的页面

⑤ 打开浏览器,在地址栏中输入报表服务器的 URL。该地址由安装过程中为报表服务器指定的服务器名称和虚拟目录名组成,即:http://<计算机名称>/ReportServer,如这里为 http://aa6y3bertotijyb/ReportServer。如 Reporting Services 安装在本地,还可通过以下网址访问 Reporting Services 报表服务器:http://localhost/ReportServer。如果报表服务器已正确安装并设置了 URL,则在浏览器中将显示报表服务的版本号,如图 10-10 所示。

图 10-10   报表服务器虚拟目录

(2)验证报表管理器已安装并正常运行。

① 打开浏览器,在地址栏中输入报表管理器的 URL。该地址由安装过程中为报表

管理器指定的服务器名称和虚拟目录名组成。默认情况下,报表管理器虚拟目录的名称为 Reports。可以使用以下 URL 验证报表管理器的安装情况:http://<计算机名称>/Reports<实例名>,本例为 http://aa6y3bertotijyb/Reports/Pages/Folder. aspx,如图 10-11 所示。

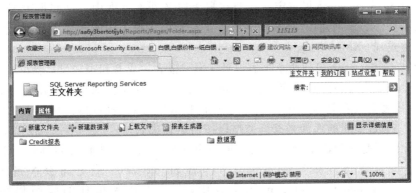

图 10-11 报表管理器虚拟目录

② 使用报表管理器创建新文件夹或上载文件,以测试定义是否传回报表服务器数据库。如果上述操作成功,则表明连接正常。

【任务总结】 报表服务器是 Reporting Services 的主要组件,它是一个 Windows 服务,而且可以提供 Web 网站服务,即通过网页形式访问报表服务器。报表管理器是基于 Web 的报表访问和管理工具,可通过 IE 进行访问。可以用报表管理器通过 HTTP 连接从远程位置管理单个报表服务器实例。需要注意的是,要能正确显示报表管理器中默认虚拟目录中的内容,还要在 Reporting Services 配置管理器的【执行账户】设置页面中添加相应的账户信息,这样可以给该账户赋予不要求输入凭据的访问权限,即做到了许可访问。另外,如果防火墙设置不当,也会影响报表管理器虚拟目录的正确显示。

10.1.3 配置报表服务

使用 Reporting Services 配置工具可以配置 SQL Server 2008 Reporting Services 的安装。如果使用"仅文件"安装选项安装报表服务器,必须使用此工具来配置服务器;否则服务器将不可用。如果使用默认配置安装选项安装报表服务器,可以使用此工具来验证或修改在安装过程中指定的设置。如果从以前的版本升级,可以使用此工具将报表服务器数据库升级为新格式。

Reporting Services 配置可以用来配置本地或远程报表服务器实例。要成功配置 Reporting Services,必须对承载要配置的报表服务器的计算机具有本地系统管理员权限,必须有权限在用于承载报表服务器数据库的 SQL Server 数据库引擎上创建数据库。

Reporting Services 配置工具使用图标来指示是否已配置设置,表示配置状态的可视指示符不能替代用于验证部署是否成功的测试。应始终测试 Reporting Services 安装以确保其工作正常。

10.2 报表设计与创建

Reporting Services 将报表定义存储在报表服务器数据库中。这些报表定义是使用报表定义语言(RDL)创建的,报表定义语言是一种描述报表中所有元素(包括数据模型、格式和表达式)的 XML 格式。

Reporting Services 包括两个报表设计工具:报表生成器和报表设计器。

报表生成器是一种客户端应用程序,可以基于报表模型生成报表。用户不必了解基础数据库、报表定义或 Reporting Services 存储报表的方式,就可以使用报表生成器创建即席报表,并通过简化的界面来查询数据以按需运行报表。

报表设计器是一种用于创建和发布报表定义的工具。报表设计器通过 SQL Server 2008 安装,既可以运行在与 Microsoft Visual Studio 2005 或更高版本完全集成的 Business Intelligence Development Studio 中,也可以作为单独的应用程序运行在 Microsoft Visual Studio . NET 外壳中。通过报表设计器可以访问所有报表定义功能。

需要说明的是,无论是报表生成器报表还是报表设计器报表,在进行管理、保护和传递时所用的方法和 API 都是相同的。

10.2.1 报表的组成

Reporting Services 中的报表使用报表项来显示数据和图形元素。除了数据区域外,报表项还包括文本框、图像、线条、矩形框和子报表。

(1) 文本框。

文本框用于显示报表中的所有文本数据。默认情况下,表或矩阵单元中包含用于显示数据的文本框。文本框可以放在报表上的任何位置,可以包含标签、字段或计算数据,可以使用表达式来定义文本框中的数据。

(2) 图像。

图像用于显示报表中的二进制图像数据。图像报表项可以使用 URL 来显示存储在 Web 服务器上的图像,还可以显示嵌入的图像数据,或显示数据库中的二进制数据图像。Reporting Services 支持. bmp、. jpeg、. gif 和. png 格式文件。

(3) 线条。

线条是一种可放在页面上任何位置的图形元素。线条由起点和终点来定义,可以指定多种样式(如粗细和颜色)。线条没有关联的数据。

(4) 矩形框。

可以通过两种方法使用矩形框,即作为图形元素和作为其他报表项的容器。如果在矩形框内放入其他报表项,则可以随矩形框一起移动这些报表项。如果需要在报表中保留大量的文本框和其他报表项,使用矩形框将十分有用。

(5) 子报表。

子报表是报表中指向报表服务器上其他报表的报表项。子报表指向的报表既可以是独立运行的完整报表,也可以是只有在嵌入主报表中时才可最佳显示的报表。定义子报表时,还可以定义用于筛选子报表数据的参数。

报表中的所有项(包括组、表、矩阵列和矩阵行)以及报表本身都有关联的属性,这些属性控制着报表项的外观和行为。

10.2.2　报表设计与创建

1. 报表设计

报表设计过程通常分为两个部分,即先定义数据,然后在页面上排列各个报表项。如果使用 SQL Server Reporting Services,数据定义过程将包括指定数据源和定义查询。然后,可以使用数据区域(如表、矩阵、列表和图表)在报表上显示数据,并向报表布局添加其他报表项(如图形元素和图像)。所有报表项都有一些确定在报表上如何显示的属性。

2. 报表创建

使用报表设计器或其他工具创建报表时,实际上是在创建报表定义。报表定义包含有关报表的数据源、数据结构以及数据和对象布局的信息。报表定义作为 RDL 文件存储在报表服务器项目中,而报表服务器项目包含在 Visual Studio 2008 解决方案中。

报表项目的作用是充当报表定义和资源的容器。在部署项目时,会将报表项目中的每个文件发布到报表服务器上。在第一次创建项目时,还将创建一个解决方案作为该项目的容器。可以将多个项目添加到一个解决方案中。

通过 Reporting Services,可以使用报表生成器或报表设计器创建报表。限于篇幅,下面只介绍使用报表设计器创建报表的方法。

任务 10-3　在学生成绩数据库中设计和创建报表

【任务描述】　使用报表设计器设计和创建 StudentScore 数据库中的成绩报表,报表内容包含学号、姓名、课程号和成绩。

【任务分析】　报表设计器是一个全面的报表创建工具,它驻留在 Microsoft Visual Studio 环境中。报表设计器提供了"数据"、"布局"和"预览"等选项卡式窗口,使用这些窗口可以采用交互方式设计报表。报表设计器还提供了查询生成器、表达式编辑器和向导,可以帮助用户放置图像或按步骤引导用户创建简单的报表。若要在报表设计器中生成报表,需要创建报表,添加数据,并安排数据和图形元素的布局。还可以在报表中添加交互功能,并使用表达式来控制输出。通过报表设计器,可以方便地完成设计报表、预览报表布局、将报表发布到服务器等操作。

(1) 设计报表。

报表设计器支持表格、矩阵或自由格式的报表。使用报表向导很容易创建表格报表和矩阵报表(也称为交叉表或透视表报表);使用 Visual Studio 界面可以创建自由格式报表(其中可以包括表、矩阵和图表)。

报表基于在报表设计器中创建的报表定义(.rdl)文件。RDL 描述了可以添加到报表中的所有功能。可以直接更改和保存.rdl 文件,也可以使用报表设计器对报表进行更改。

（2）预览布局。

在设计报表时,可以选择在将报表发布到报表服务器之前在本地对其进行测试。预览报表时,报表设计器可以使用与报表服务器相同的处理和呈现扩展插件来运行报表,以确保用户所看到的报表与运行报表时的预期外观相同。测试完成后,使用报表设计器将报表发布到报表服务器。

（3）发布到服务器。

发布报表是指将报表从硬盘上的报表定义(.rdl)文件复制到报表服务器数据库中。将报表发布到报表服务器之后,就可以脱离在 Visual Studio 中所使用的报表定义文件对报表进行管理和保护。

【任务实现】

（1）在【开始】菜单中,单击【所有程序】→Microsoft SQL Server 2008→SQL Server Business Intelligence Development Studio 命令,打开 Microsoft Visual Studio 2008 开发环境。

（2）选择【文件】→【新建】→【项目...】菜单命令,弹出【新建项目】对话框,在【项目类型】列表框中选择"商业智能项目",在【模板】列表框中选择"报表服务器项目"。

（3）在【名称】文本框中输入项目名称,在【位置】下拉列表框中指定要保存项目的位置,如图 10-12 所示。

图 10-12　【新建项目】对话框

（4）单击【确定】按钮,创建报表项目,如图 10-13 所示。

（5）在解决方案资源管理器中,右击【报表】文件夹,从弹出的快捷菜单中选择【添加】→【新建项...】命令,打开图 10-14 所示的【添加新项】对话框。

（6）在【模板】列表中选择"报表"项,在【名称】文本框中输入 Score.rdl,单击【添加】按钮,打开图 10-15 所示的报表

图 10-13　报表项目

设计窗口。该窗口由两个选项卡组成,分别是"设计"和"预览",在设计界面布局好报表的各项元素后,可以通过预览界面查看设计结果。

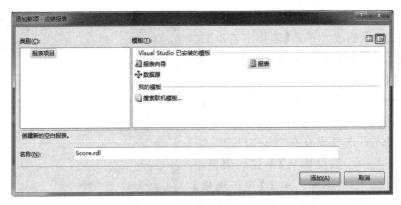

图 10-14 【添加新项】对话框

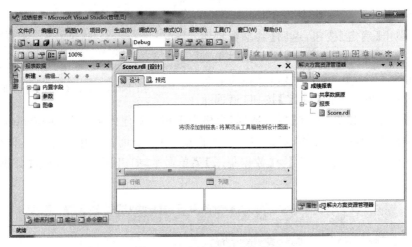

图 10-15 添加报表后的效果

（7）要想在报表中显示数据库中的数据项，需要将该数据库中的数据映射到项目中。在解决方案资源管理器中右击【共享数据源】文件夹，从弹出的快捷菜单中选择【添加新数据源】命令，打开图 10-16 所示的【共享数据源属性】对话框。

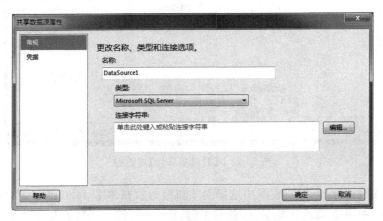

图 10-16 【共享数据源属性】对话框

（8）在【名称】文本框中可以修改数据源的名称，这里不做修改。单击【连接字符串】文本框右边的【编辑】按钮，打开图 10-17 所示的【连接属性】对话框以设置连接参数。

（9）从【服务器名】下拉列表框中选择数据库所在的服务器，或直接输入服务器名，这里输入 localhost；选择默认的登录验证模式；在【选择或输入一个数据库名】下拉列表框中选择 StudentScore 数据库。单击【测试连接】按钮，测试连接属性的正确性。

注意：要成功实现连接，事先应保证 SQL Server Reporting Services 服务已启动。

（10）单击【确定】按钮，返回【共享数据源属性】对话框，在【连接字符串】文本框中出现 Data Source = localhost；Initial Catalog = StudentScore。再次单击【确定】按钮，返回报

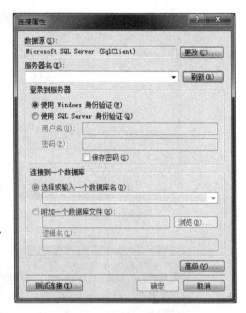

图 10-17 【连接属性】对话框

表设计器视图。可以看到，在【报表数据】窗格中出现了新建的数据源 DataSource1。

（11）在创建数据源后，需要添加一个数据集，用于查询报表中使用的具体数据。在【报表数据】窗格中单击【新建】→【数据集...】菜单命令，打开图 10-18 所示【数据集属性】对话框。

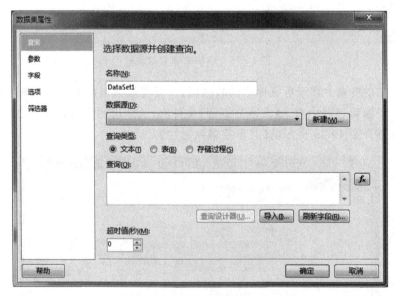

图 10-18 【数据集属性】对话框

（12）在【数据源】下拉列表框中选择刚才新建的数据源 DataSource1，然后单击【查询设计器】按钮，打开查询设计器窗口，在其中（此步也可直接在【数据集属性】对话框的【查

询】文本框中)编写以下 SQL 语句,从 StudentScore 数据库中检索学生成绩信息:

```
SELECT bStudent.Stud_Id,Stud_Name,Course_Id,Score
FROM bStudent JOIN bScore
ON bStudent.Stud_Id=bScore.Stud_Id
```

(13) 单击【查询设计器】工具栏上的“运行”按钮 ！，查看运行结果,如图 10-19 所示。

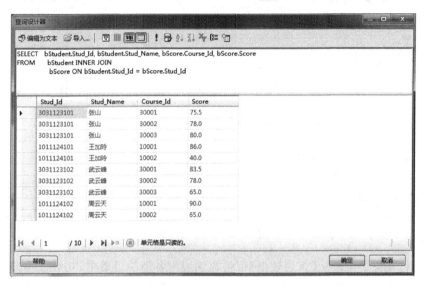

图 10-19 查看运行结果

(14) 向报表布局中添加表数据区域和字段。单击【设计】选项卡,在【工具箱】中单击“表”项,再单击设计区域,报表设计器将在设计区域添加一个具有 3 列的表,适当调整大小后,如图 10-20 所示。

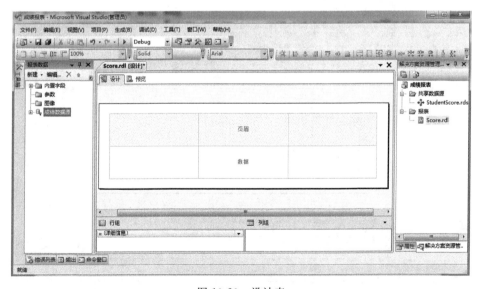

图 10-20 设计表

（15）在【报表数据】窗格中，找到【成绩数据源】节点，展开报表数据集以显示字段，如图 10-21 所示。

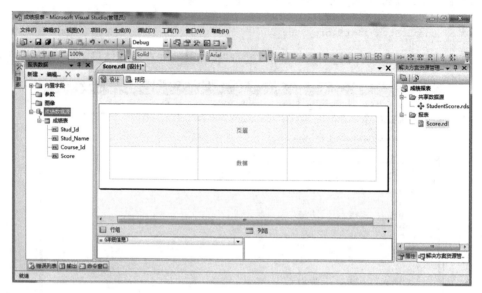

图 10-21　报表数据集

（16）将相应的字段从【报表数据】窗格拖到表中各列的页眉中，其数据字段会自动填入到第二行的"数据"报表行，如果要在报表中显示多于 3 列的内容，在相应列的顶部右击，选择快捷菜单中的【插入列】命令，根据需要选择在左侧或右侧，就可以在该列的左边或右边添加新的列。

这里将 Stud_Id、Stud_Name、Course_Id 和 Score 这 4 个字段，分别拖入表中各列的页眉行，数据行会自动对应填充，如图 10-22 所示。

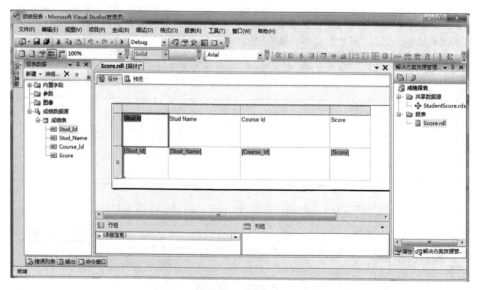

图 10-22　将数据字段拖入报表中

（17）单击【预览】选项卡，报表设计器将运行此报表，并将结果显示在预览视图中，如图 10-23 所示。

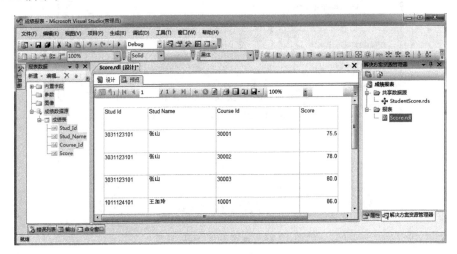

图 10-23　预览报表

（18）单击 ![按钮] 按钮，保存报表的创建。

任务 10-4　在报表中对数据排序、分组统计

【任务描述】　①在报表中进行分组。以学生表、课程表和成绩表的连接查询为基础，创建学生学号（Stud_Id）作为分组单位的成绩分组报表，包括学生的学号、姓名、课程名和成绩；②在分组报表的基础上按照姓名的拼音首字母排序。

【任务分析】　Reporting Service 2008 可以实现对数据按照某一个或多个字段分组功能，并可实现按照指定字段进行排序，下面分别对分组以及统计功能的实现进行步骤演示。

【任务实现】

（1）在报表中进行分组。

① 在【开始】菜单中，依次单击【所有程序】→【Microsoft SQL Server 2008】→【SQL Server Business Intelligence Development Studio】，打开 Microsoft Visual Studio 2008 开发环境，新建报表项目，项目名称为"学生成绩报表"，接下去的添加数据源步骤和任务 10-3 相同，在此不再赘述。项目默认连接到本机所安装的 SQL Server 2008 数据库。

② 新建报表。在解决方案资源管理器中右击【报表】文件夹，从弹出的快捷菜单中选择【新建报表】命令，选择使用报表向导，并使用刚才新建的数据源，单击【下一步】按钮。

③ 在【设计查询】对话框，输入查询数据的 SQL 语句，此处需要注意的是要把相应的字段名称转化为中文表头，如图 10-24 所示。

④ 单击【下一步】按钮。在报表类型中选择【表格】式报表，如图 10-25 所示。接着单击【下一步】按钮进入报表结构设计界面。

⑤ 在"设计表"对话框中选择对报表进行分组以及详细信息中显示的字段，是整个报表结构设计的关键步骤，此处要以学号进行分组，则首先在左侧的【可用字段】列表框中选

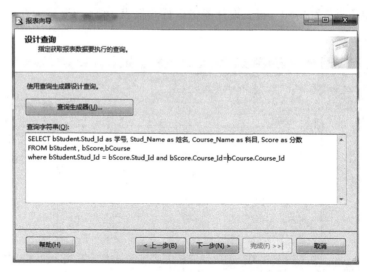

图 10-24 确定查询 SQL 语句

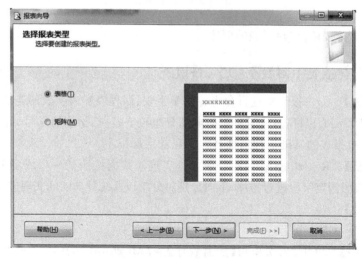

图 10-25 确定报表类型

择"学号";然后单击【组(G)＞】按钮将其作为分组的依据字段,如图 10-26 所示。

剩余字段都作为详细信息显示在报表中,全部选中可用字段,单击【详细信息(D)＞】按钮,将其加入详细信息的显示字段,结果如图 10-27 所示。

⑥ 单击【下一步】按钮,进入布局设计界面,选择"渐变"布局,同时选中【包括小计】以及【启用明细】复选框以实现更好的分组效果,单击【下一步】按钮,在表样式设置界面选择一款样式即可,最后单击【完成】按钮。最终完成的报表如图 10-28 所示。

可以看到,在报表中字段显示的地方都是乱码,这主要是由于未设置相应显示位置的字体而造成,点选显示方框的地方,在其属性列表中找到 Font 属性并展开,如图 10-29 所示。

⑦ 在 FontFamily 属性中把对应的字体家族改为中文字体家族,如选择"黑体",如图 10-30 所示。

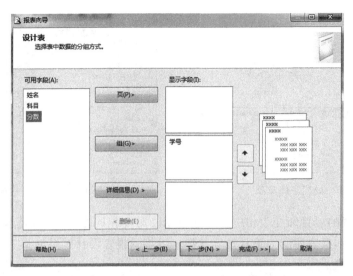

图 10-26　报表结构设计——分组字段选择

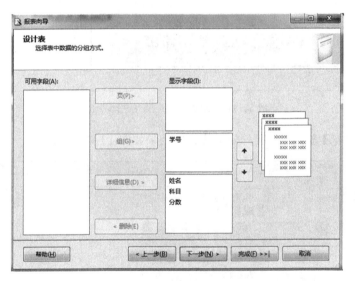

图 10-27　报表结构设计

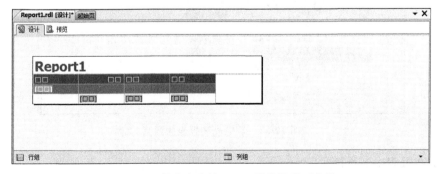

图 10-28　报表完成界面——默认情况下乱码

359

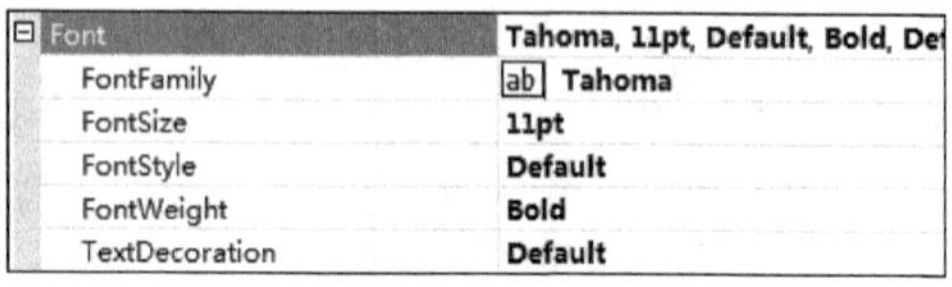

Font	Tahoma, 11pt, Default, Bold, De
FontFamily	Tahoma
FontSize	11pt
FontStyle	Default
FontWeight	Bold
TextDecoration	Default

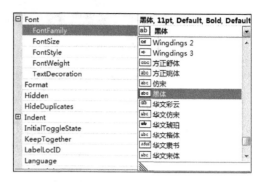

图 10-29 设置字体选项   图 10-30 选择中文字体避免乱码

此时所设置的项目即变为相应的中文显示。采用相同方式,设置其他字段的显示字体为中文字体后,报表即变为正常显示状态。最终的报表设计效果如图 10-31 所示。

图 10-31 正常显示的报表设计界面

⑧ 单击【预览】选项卡并展开分组信息后效果如图 10-32 所示。

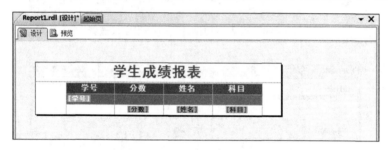

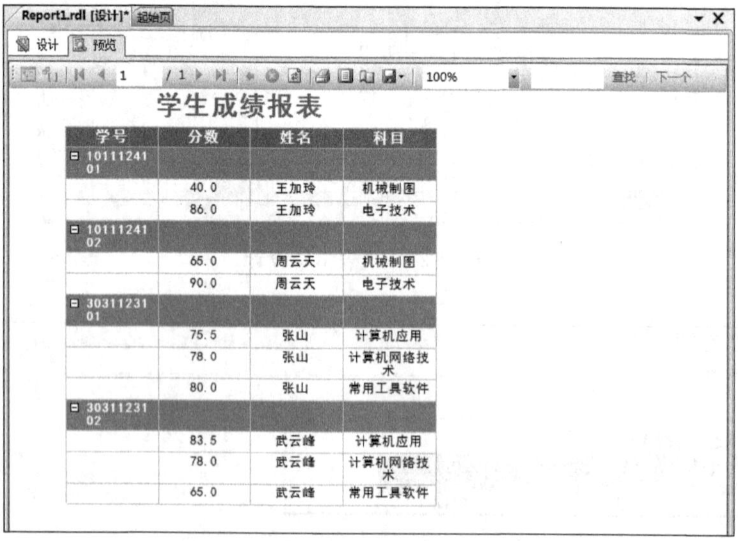

图 10-32 学生成绩报表的预览

(2)在报表中进行排序。

① 进入姓名字段的属性列表进行设置,选择其 UserSort 属性并展开,如图 10-33 所示。

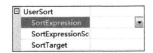

图 10-33　字段排序设置入口

② 单击 SortExpression 右侧的下拉按钮,在弹出的下拉列表框中选择"表达式"选项,弹出图 10-34 所示的【表达式】对话框。

图 10-34　排序表达式编辑对话框

③ 通过此对话框选择需要排序的字段,单击下方左侧【类别】列表框中的"字段",【项】列表框中会列出所有可选字段的值,如图 10-35 所示。

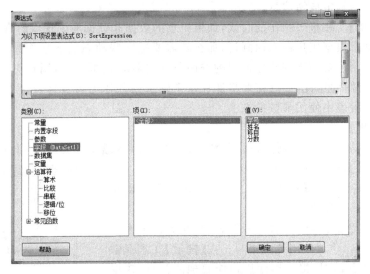

图 10-35　使用字段作为排序依据

④ 双击"姓名"字段,按照"姓名"字段排序的表达式就构建完成并显示在上方的区域中,最后单击【确定】按钮完成本次排序表达式的构建,单击【预览】选项卡,在刚才设置的

"姓名"字段上多出了 姓名 ▢ 代表"升序/降序"排序的符号,单击可以对其中的数据执行升序/降序排序,按照姓名降序排序的结果如图 10-36 所示,

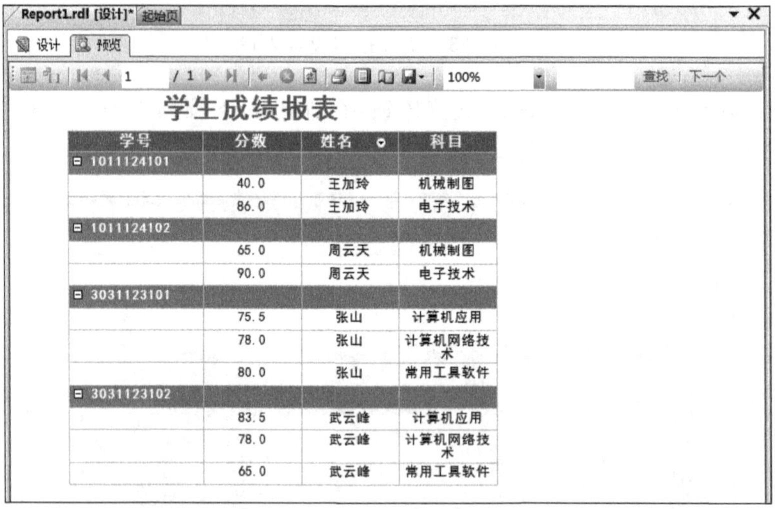

图 10-36   按"姓名"降序排序的学生成绩信息表

【任务总结】   分组和排序是数据统计中常用的功能,本任务通过对学生成绩管理系统中的学生成绩报表的制作实现了 Reporting Services 在制作报表时的分组和排序功能。

任务 10-5   在报表中使用参数

【任务描述】   在任务 10-4 实现的报表基础上,加入课程名筛选字段,根据输入的课程名查询相应的学生成绩信息。

【任务分析】   在报表制作的时候,如果报表的数据非数据库中现成的常量,而是由报表生成之前动态根据用户输入而制订,那么就需要把这些动态的变量作为参数的形式传入。参数的使用主要在于构建数据集的查询条件,例如,在报表中,用户可能只想看某些课程的学生成绩信息,此时,就需要将课程这个筛选条件作为参数传入报表中,本任务以此为例演示在报表中使用参数的方法。

【任务实现】

(1) 在报表项目左侧的【报表数据】窗格中右击【参数】文件夹,在弹出的快捷菜单中单击【添加参数】命令,如图 10-37 所示。

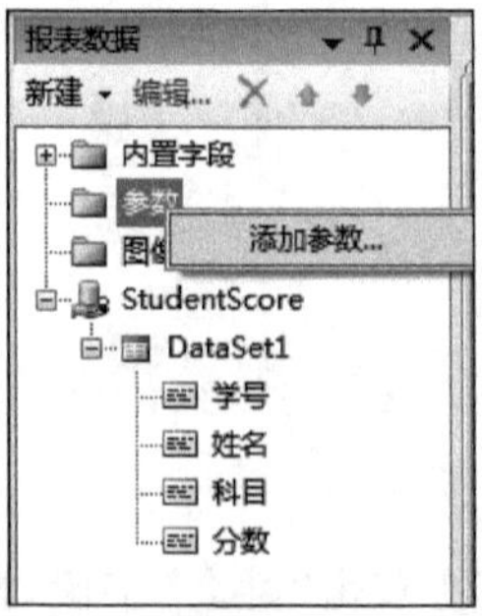

(2) 随后在弹出的【报表参数属性】对话框中编辑相应的参数,如图 10-38 所示。

(3) 在【名称】文本框中输入参数名称,此为在报表内部所用的变量名,建议使用英文书写。在【提示】文本框中输入提示的信息,它是报表界面用户能看到的信息,建议使用见名知意的中文名称。这里新建的课程参数名称为 course,而提示信息"科目"则会出现在最终的报表界面上。输入完成后,再根据需要设置其他选项。单击【确定】

图 10-37   添加"报表参数"入口

按钮完成参数的设置,同时参数列表中多出了一个刚才新建的参数,如图 10-39 所示。

图 10-38　报表参数编辑　　　　图 10-39　添加参数完成后的窗格

（4）在数据集中关联该参数。右击数据集 DataSet1,在弹出的快捷菜单中选择【数据集属性】命令,打开图 10-40 所示的【数据集属性】对话框。

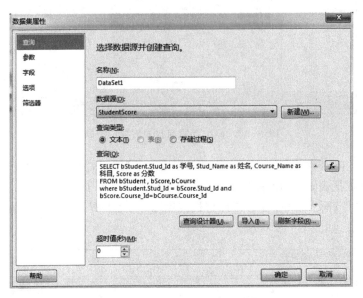

图 10-40　【数据集属性】对话框

（5）在查询 SQL 语句中加入下面的条件语句：bCourse. Course_Name like @kemu,以引入查询参数。注意,此时的参数@kemu 和之前定义的报表中的参数 course 并无任何关系,@kemu 纯粹只是 SQL 语句中的象征参数。接下来,要把这两个参数关联起来,单击【数据集属性】对话框左侧的【参数】选项,系统会自动把 SQL 中已有的参数识别出来并放置到待设置的参数列表中,如图 10-41 所示。

图 10-41　SQL 参数的识别与待设置

（6）下面要通过选择右边对应的参数值来关联报表中的参数，打开【参数值】下拉列表框，可以看到报表中的可供选择的参数，如图 10-42 所示。

图 10-42　SQL 参数与报表参数的关联

（7）选择下拉列表框中的@course，并单击【确定】按钮，完成参数引入到数据集中的过程。最后预览报表，就会出现本任务开头所示的目标效果页面。

（8）在【科目】输入区域内输入"计算机应用"，单击【查看报表】按钮，通过报表查询出相应的学生信息，如图 10-43 所示。

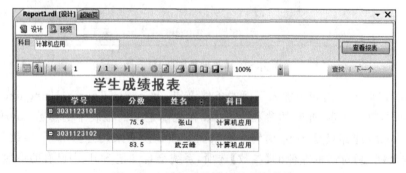

图 10-43　输入参数值后的报表结果

【任务说明】　如果在【科目】输入区域内没有输入任何课程名称,则查询出来的结果将是空的报表。

任务 10-6　在报表中添加饼图和条形图

【任务描述】　基于任务 10-4 中的学生成绩表,请使用饼图和条形图统计整体的选修科目(课程)构成及其分数走势状况,效果如图 10-44 所示。

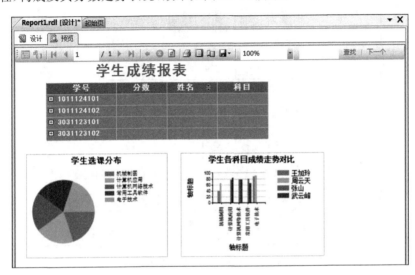

图 10-44　添加饼图与条形图后的学生成绩报表

【任务分析】　表式数据在表现数据规律以及分布方面并不能给人以比较直观的印象,人们要想从中发现规律还必须靠对数据的二次印象加工,而图表则可以以更加直观的方式呈现数据,给人以更加友好的数据交互方式。本任务以饼图和条形图为例来演示如何在报表中使用图形。

【任务实现】

(1) 在任务 10-4 报表的基础上,首先把报表的设计区域放大以容纳这两张图表,放大的方式是用鼠标拉住图表区域的下边框向下拉即可完成。放大后的效果如图 10-45 所示。

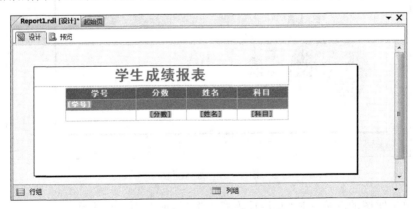

图 10-45　放大图表编辑区域

（2）在左侧的【工具箱】中选中"图标"对象拖动到放大后的白色区域，弹出图 10-46 所示的【选择图表类型】对话框。

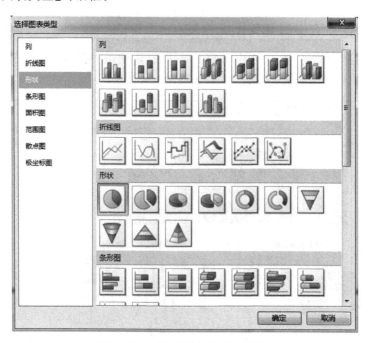

图 10-46 【选择图表类型】对话框

（3）选择形状中的"饼图"，单击【确定】按钮，饼图即被添加到报表中，如图 10-47 所示。

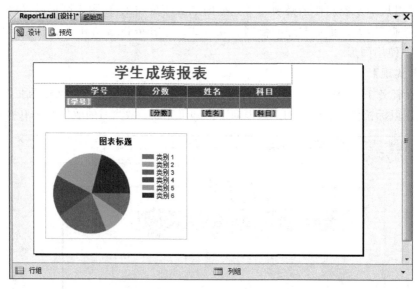

图 10-47 加入饼图

（4）单击饼图的图形区域，其设计模式被激活，如图 10-48 所示。

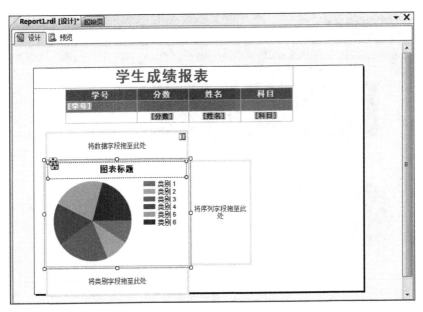

图 10-48　饼图设计模式

（5）由于统计各课程的学生选课人数分布情况，因此，在数据区域显示对学生学号的计数，因为学号可以唯一标识一个学生，鼠标拖动数据源中的"学号"字段至"数据"字段处，而在序列字段中拖入"科目"字段，拖入字段的饼图如图 10-49 所示。

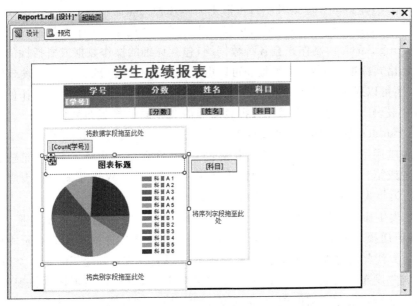

图 10-49　拖入字段后的饼图

（6）双击"图表标题"，修改其内容为"学生选课分布"，预览报表，效果如图 10-50 所示。

（7）至此便完成了饼图的添加与设计，然后再以同样的方式加入条形图即可，调整图表的相对位置后即可完成本节开头的最终效果图。

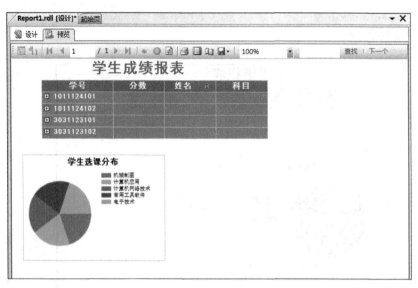

图 10-50　报表预览效果

10.3　疑　难　解　答

（1）Reporting Services 报表平台可以生成哪几种类型的报表？

答：Reporting Services 报表平台可以生成 3 种类型的报表：①托管报表。企业可以使用 Reporting Services 制作来自各种数据源、包含详细的操作数据或概括性的管理信息并遵守特定格式标准的报表，该类报表可以电子邮件附件形式或公司门户发布给企业中的每个人，还可以通过将 Reporting Services 并入外联网环境来向客户或合作伙伴提供报表。②即席报表。此类报表不像托管报表那样需要相同的排版布局，可以通过报表生成器（Report Builder）提供的报表模型自动生成。③嵌入式报表。Reporting Services 不只是一个报表应用系统，作为一个完全可扩展的系统，它还是一个开发平台，能够供内部的报表开发者或第三方独立软件供应商用于创建 Windows 或 Web 形式的报表应用。

（2）何为报表生命周期？它有哪几个阶段？

答：报表生命周期指报表从开发到分发的一系列相关活动，包括创建报表、管理报表、访问和传递报表 3 个阶段。Reporting Services 对报表生命周期的 3 个阶段提供了完全的支持：①若要创建报表，可使用报表设计器或报表生成器创建报表定义文件；②当报表创建完成并发布到报表服务器上后，就需要进行管理，管理报表可使用报表管理器，其管理内容包括对报表服务器的配置，定义安全性、设置属性，部署报表定义文件，创建共享计划和共享数据源等；③Reporting Services 提供了访问和传递报表的两种基本方法：请求式按需访问和基于订阅的访问。前者可以利用报表查看工具（如报表管理器）通过搜索报表服务器文件夹层次结构来访问所需的报表；后者则在某个事件激活时自动传递到一个目的地。

（3）Reporting Services 提供了哪 3 种查看报表的方法？

答：Reporting Services 提供了以下 3 种查看报表的方法：报表管理器、SharePoint 和可编程接口。①当服务器运行在本机模式下时，为联机查看报表，可以使用称为报表管理器的 Web 应用程序来定位报表，并将报表转换为所需的文件格式。报表管理器上的特定工具栏提供了对大型报表进行分页、查找报表中的文本、缩放或调整报表的大小、将报表转换为新的文件格式、打印报表以及改变报表参数等功能。②在 SharePoint 集成模式中，可以链接到 SharePoint 文档库或使用 Web Part 控件来定位和转换报表格式。此时无论打开的报表是位于文档库还是 Web Part 控件中，报表管理器所具有的分页浏览、查询、缩放、呈现、打印及选择参数等功能 SharePoint 中都有。③通过使用 Reporting Services API 或使用 URL 端点来访问报表，可以将报表查看器的功能集成到一个定制的应用中。

小结：本项目围绕 SQL Server 2008 报表服务的基本内容与管理方法，以学生成绩数据库为操作对象，介绍了 Reporting Services 的安装与配置，报表的设计与创建，以及在报表中对数据排序、分组统计、使用参数和绘制图形的方法与步骤。同时还介绍了 Reporting Services 的报表功能和体系结构，以及报表的组成和设计工具。

习 题 十

一、选择题

1. SSRS 的全称是（　　）。

    A. Service Search Resource Side   B. SQL Server 2008 Report Search

    C. SQL Server Reporting Service   D. SQL Server Reporting Servicer

2. 下列（　　）不是 SQL Server 2008 安装包中自带的组件。

    A. SQL Server 引擎   B. SSRS

    C. SSIS   D. Crystal Reporting

3. 在 SSRS 中，建立共享数据源的时候，若数据源是 SQL Server，则使用的数据提供者是（　　）。

    A. SQL Client Provider   B. OLE DB Provider

    C. ODBC Provider   D. DSN Provider

4. 在 SSRS 中建立共享数据源时，下列（　　）标识不能用来表示本机数据库实例。

    A. （local）   B. localhost

    C. 127.0.0.1   D. local

5. 在 SSRS 中出现字符乱码的解决方法一般是（　　）。

    A. 指定报表字符集   B. 指定显示控件字符集

    C. 改成英文字符   D. 无法处理

6. 下列（　　）不是 SSRS 中的图形区域的字段类型。

    A. 数据字段   B. 序列字段

C. 类别字段   D. 属性字段

二、填空题

1. 商业智能项目中包含的项目类型有 _____，_____，_____，_____，_____，_____和_____。

2. 报表视图中默认有_____，_____类型行。

3. 报表设计中，数据项可以被加入：_____、_____和_____ 3 种不同类型的项目中。

4. 报表中对数据字段的排序有 3 种属性可供设置，分别是_____，_____和_____。

三、判断题

1. SQL Server 2008 中 Reporting Services 需要依赖于操作系统的 IIS。   (   )

2. 默认情况下 SQL Server 2008 数据库实例是支持 TCP/IP 进行远程网络访问的。

                                                     (   )

3. SSRS 可以发布到 IIS 上。   (   )

4. 报表中的参数为空时默认不加任何查询条件。   (   )

四、简答题

1. 简述 SQL Server 2008 报表的特点。

2. 简述在报表中使用外部参数传入报表内部的方法。

3. 饼图中数据字段、序列字段和类别字段的区别是什么？

五、项目实训题

1. 仿照任务 10-3，使用报表设计器设计和创建 People 数据库中的工资报表，报表内容包含职工编号、姓名、职称和基本工资。

2. 仿照任务 10-4，在第 1 题创建的报表基础上，创建职称(Zhicheng)作为分组字段的工资分组报表。

3. 仿照任务 10-5，在第 1 题创建的报表基础上，加入职称筛选字段，根据输入的职称查询相应职称员工的工资信息。

项目 11　学生成绩数据库系统的开发

知识目标：①掌握 3 种不同的数据库系统体系结构及其适用场合；了解常用的数据库连接技术，以及 OLE DB 接口的技术要点；②掌握数据库访问对象 ADO.NET 的结构及其主要对象；③了解 Visual C♯和 ASP.NET 的编程特点及其主要的编程技术。

技能目标：①能根据实际业务系统需求选择合适的系统结构及其数据库访问技术；②会使用 OLE DB 应用程序接口连接 SQL Server 数据库；③能使用 ADO.NET 进行 SQL Server 数据库操作；④会利用 VS 开发平台进行数据库应用程序的开发。

数据库应用系统是在数据库管理系统的支持下运行的计算机应用软件。前已述及，开发数据库应用系统不仅要进行数据库的设计，还要进行应用程序的设计，这也是项目 7 中提到的系统实施阶段的主要任务。为了使读者对利用 Microsoft.NET Framework 开发平台进行数据库应用系统编程有较为全面的认识，本项目介绍了 C/S 和 B/S 两种不同体系结构下的 Windows 窗体应用程序和 Windows Web 应用程序的开发方法（前者使用 Visual C♯语言开发，后者使用 Visual Basic 语言开发）。按照开发的基本过程和内容，将项目主要分解成以下几个任务：

任务 11-1　确定学生成绩管理系统的体系结构及其前台开发工具

任务 11-2　确定系统的数据库访问技术（包括连接技术和数据库访问对象）

任务 11-3　使用 Visual C♯开发 C/S 结构的学生成绩管理系统

任务 11-4　使用 ASP.NET 开发 B/S 结构的学生成绩管理系统

11.1　数据库应用系统的体系结构

应用程序设计的一个关键要素是系统的体系结构。体系结构决定了应用程序的各个部分如何进行交互，同时也决定了每个部分实现的功能。随着信息系统的大型化、复杂化以及分布式的发展趋势和变化特点，其体系结构也发生了很大的变化，从以往基于局域网的客户/服务器（Client/Server，C/S）结构到已广泛使用的基于 Web 的浏览器/服务器（Browser/Server，B/S）结构，再到目前基于.NET 技术的分布式计算框架。

1. C/S 结构

C/S 结构是基于局域网技术而实现的。在 C/S 结构中，常将那些运行应用程序并向另一计算机请求服务的计算机称为客户机（Client），而用来接受客户机的请求并将数据库处理结果传送给客户机的计算机称为服务器(Server)。在这种数据库应用系统中,客户程序提供用户界面,通过数据引擎访问远程数据库服务器以获取数据。C/S 结构分为两层和多层的客户/服务器结构。图 11-1 所示的就是一个两层的 C/S 结构模型。

图 11-1　两层的 C/S 结构模型

在两层的 C/S 系统中,客户机通过网络与运行数据库系统的服务器相连,客户机用来完成数据表示和大部分事务逻辑的实现,服务器则完成数据的存储和更新等功能。在这种情况下,客户端是单用户的,运行相应的应用程序,如 Visual C++;而服务器端运行着各种数据库管理系统,如 SQL Server。但随着事务处理数量的增加,如把每个请求都传送到服务器,会产生大量的网络流量,势必影响到整个系统的性能,为此,需在两层之间加上一层或多层用于定义事务规则的商务服务器,形成多层的 C/S 结构。

2. B/S 结构

B/S 结构是基于 Internet 技术而实现的。在物理结构上,它由 Web 浏览器、Web 服务器和数据库服务器组成(图 11-2)。在逻辑结构上,B/S 包含 3 层:用户表示层、业务逻辑层和数据服务层。用户表示层位于 Web 浏览器端,包含系统的显示逻辑。其任务是向网络上的某一台 Web 服务器提出服务请求,并在 Web 服务器通过 HTTP 协议把所需的处理结果传送给浏览器后,将它显示在 Web 浏览器上。业务逻辑层位于 Web 服务器端,包含系统的事务处理逻辑。其任务是接受用户的请求,运行服务器脚本,执行相应的扩展应用程序,并借助 ADO、ADO.NET 等数据访问接口,通过 SQL 等方式向数据库服务器提出数据处理申请。在获取相关数据后,将结果转化成 HTML 传送给浏览器。数据服务层位于数据库服务器端,包含系统的数据处理逻辑。其任务是接受 Web 服务器对数据库操纵的请求,实现对数据库查询、修改、更新等功能,把运行结果提交给 Web 服务器。

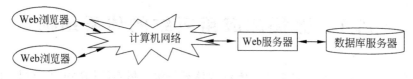

图 11-2　B/S 结构模型

在 B/S 结构中,数据和程序都放在服务器端,客户机上只需安装一个通用的浏览器软件,代替了各种应用软件,从而极大地简化了客户机的工作。同时,由于 B/S 结构可以直接接入 Internet,所以具有良好的可扩展性。

B/S 结构也有 3 层和多层之分。在基本的 3 层 B/S 结构中,通过使用一种称为服务器端脚本的技术(如 JSP、ASP.NET),允许开发者将编程逻辑嵌入 Web 页面。在基于组件的多层 B/S 结构中,人们利用组件封装业务逻辑,服务器脚本页面用于将相关信息从客户浏览器的会话层传递给组件层,所有与加强业务逻辑和数据访问相关的处理在组件层中执行。

3..NET 框架结构

分布式处理是将应用程序逻辑分布到两台或者更多台计算机上,实现异构平台间对象的相互通信。虽然这在基于组件的多层 C/S 和 B/S 结构中已通过 CORBA(通用对象请求代理结构)、DCOM(分布式组件对象模型)等协议得到广泛应用,但却增加了许多复杂性。微软推出的.NET Framework(框架)技术以 XML(可扩展标记语言)为基础,以 Web 服务为核心,通过 HTTP、SOAP(简单对象访问协议)、UDDI(通用发现与发布方法集)等开放标准,为开发者提供了一个简单易用、高效可靠的分布式应用集成框架,如图 11-3 所示。在此框架中,作为客户端表示层,可以是传统的 Windows Form 应用程序、基于 Web 的 ASP.NET 应用程序、蜂窝式移动应用程序等;Web 服务器是中间层,处理事务逻辑;数据库服务器是数据层,处理数据存储。

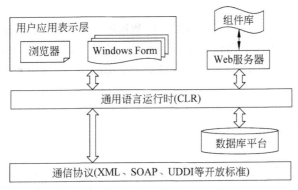

图 11-3 基于.NET 的应用程序架构

在.NET 结构中,通过安装.NET Framework,会产生一个名为"公共语言运行时(Common Language Runtime,CLR)"的运行时环境。它通过一套可用于多种编程语言的类库及其上的许多应用程序模板,为应用系统提供了一个统一的运行环境,允许开发者跨越多种语言进行编程、调试、管理意外错误等。

任务 11-1 确定学生成绩管理系统的体系结构及其前台开发工具

【任务描述】 试根据项目 7 所描述的应用需求确定学生成绩管理系统的体系结构,并选择合适的前台开发工具。

【任务分析】 如何选择系统的体系结构,主要取决于系统的应用需求,如系统的网络环境、可扩展性、安全性以及维护管理成本等方面。选择一种合适的前台开发工具,是保证项目开发成败的关键。在学生成绩管理系统中,如果是利用学校局域网进行管理,通常采用 C/S 结构,前台开发工具可以选择 Java、Visual C♯ 等;如果要求与 Internet 互联互通,在外网上也能访问系统,则可以采用 B/S 结构,便于使用浏览器进行学生成绩管理,此时前台开发语言可以选择 JSP、ASP.NET 等。这样,不管选择哪种系统结构,甚至是两者的混合结构,其后台都可以选择一个基于网络的数据库管理系统,如 Access、SQL Server、Oracle、DB2 等。

【任务实现】 根据项目 7 所描述的应用需求,建立一个基于校园网络应用平台的、面向学校教务部门以及各系部教学管理科室等层次用户的学生成绩管理系统,所以本系统应在学校校园网的基础上建立。为了使读者能体会到不同系统体系结构的差别,这里假设有两种不同结构的校园网,一种为仅能在学校内部使用的局域网,用户需在客户机上访问学生成绩管理系统;另一种为与外界连通的 Internet 网络,用户只需在客户机上安装一个通用的浏览器软件即可访问校园网。这样,在前一种情况下,学生成绩管理系统可以选择 C/S 体系结构;在后一种情况下,可以使用 B/S 体系结构。另外,系统开发工具确定为 Visual Studio 2008,其中 C/S 架构使用 Visual C♯ 窗体开发环境;B/S 架构使用 ASP. NET 开发环境。它们的后台数据库均建立在 SQL Server 2008 之上。

11.2　数据库访问技术

在实际开发中,为了使应用程序能够操作数据库中的数据,必须建立一个与数据库管理系统的访问机制,以实现应用程序和数据库之间的互相通信。目前,实现这种通信的方式主要有两种:数据库 API(Application Program Interface,应用程序接口)和数据库访问对象接口。

11.2.1　数据库 API

数据库 API 是在应用程序与数据库之间的一个软件接口,用来定义一个应用程序如何连接到数据库,如何将命令传送给数据库。目前常用的数据库 API 主要有 3 种:开放式数据库连接(Open DataBase Connectivity,ODBC)、对象链接和嵌入数据库(OLE DB)、Java 数据库连接(JDBC)。这些接口均由数据库驱动程序(在 OLE DB 中称为数据提供程序)实现,应用程序通过驱动程序访问数据库。

1. ODBC

ODBC 是微软公司为了便于用户在 Windows 系统下开发应用系统而制定的一种开放式的、标准化的应用程序接口。在 ODBC 中,驱动程序是一种动态链接库(. DLL 文件),用户通过它所提供的与特定 DBMS 相连接的函数可以访问几乎所有类型的数据库,如 Access、SQL Server、Oracle、DB2 等。ODBC 驱动程序仅运行于 Windows 平台,自动随 Microsoft Office 和 Windows 操作系统安装。

2. OLE DB

OLE DB 是微软公司提供的一种新型面向各种数据的底层访问接口,作为 UDA(通用数据访问)技术的一部分,为关系型或非关系型数据访问提供了一致的编程接口。OLE DB 建立在 Microsoft 的 COM(组件对象模型,其商业概念的称谓为 ActiveX)基础上,它包括一组 COM 组件程序,组件与组件之间或者组件与客户程序之间通过标准的 COM 接口通信,COM 接口封装了各种数据库系统的访问操作,为数据使用者(即应用程序)和数据提供者建立了标准。OLE DB 模型主要包括以下一些 COM 接口对象。

(1) 数据源(Data Source)对象。数据源对象对应于一个数据提供者,它负责管理用户权限、建立与数据源的连接等初始操作。

(2) 会话(Session)对象。在数据源连接的基础上建立会话对象。会话对象提供了事务控制机制。

(3) 命令(Command)对象。数据使用者利用命令对象执行各种数据库操作,如查询命令、修改命令等。

(4) 行集(RowSet)对象。提供了数据的抽象表示。它可以是命令执行的结果,也可以直接由会话对象产生。它是应用程序主要的操作对象。

由于 OLE DB 的数据提供程序是用 ActiveX 实现的,所以不但具有面向对象、与语言无关的特点,而且易用、高速、占用内存和磁盘空间少,非常适合于作为服务器端的数据库访问技术。但由于它采用 C++ 的概念进行设计,以尽可能提高中间层模块数据访问的性能,所以不能直接在 Visual Basic 或 JSP 等应用程序中使用,必须通过数据访问对象(如 ADO)来引用。

3. JDBC

JDBC(Java DataBase Connectivity)是一种可用于执行 SQL 语句的 Java API。它由一些 Java 语言编写的类和界面组成。JDBC 为数据库应用开发人员、数据库前台工具开发人员提供了一种标准的应用程序设计接口,使开发人员可以用纯 Java 语言编写完整的数据库应用程序,通过它访问各类关系数据库。JDBC 的任务主要有 3 个:同数据库建立连接、向数据库发送 SQL 语句、处理数据库返回的结果。

11.2.2　数据库访问对象接口

数据库访问对象接口比数据库 API 更容易使用,但其功能没有 API 丰富。下面介绍两种主要的数据访问对象接口,即 ADO 和 ADO.NET。

1. ADO

ADO(ActiveX Data Object)是一种基于 OLE DB 标准的数据库应用编程接口。它通过 OLE DB 提供的 COM 接口访问数据库,适合于各种 C/S 和 B/S 结构的应用系统。ADO 最早被作为微软的 Internet 信息服务(Internet Information Server,IIS)中访问数据库的接口。当安装 IIS 时,将在计算机上一并安装 ADO 对象。由于 Microsoft 提供了一个 ODBC/OLE DB 桥,允许从 OLE DB 中使用一个 ODBC 驱动器,因而通过 ODBC 驱动程序,ADO 可以访问各种类型的数据库系统。Web 环境下 ADO 的数据存取结构如图 11-4 所示。

图 11-4　在 Web 环境下 ADO 的数据存取结构

图 11-4 中,SQL DATA 主要指 SQL Server、Oracle、FoxPro 等;非 SQL DATA 主要指 Mail、Video、

Text、目录服务等。

另外,ADO 对象模型定义了一组可编程的自动化对象,可用于 Visual Basic、Visual C++、Java 以及其他各种支持自动化特性的脚本语言(如 ASP 和 JSP)。ADO 与数据库的交互主要通过 Connection 对象、Recordset 对象和 Command 对象完成。一个典型的 ADO 应用使用 Connection 对象建立与数据源的连接,然后用一个 Command 对象给出对数据库操作的命令,比如查询或者更新数据等。Recordset 用于对结果集数据进行维护或者浏览等操作。Command 命令所使用的命令语言与底层所对应的 OLE DB 数据源有关,不同的数据源可以使用不同的命令语言。对于关系型数据库,通常使用 SQL 作为命令语言,用于完成一个 SQL 查询、存储过程或其他类型的数据库交互。

2. ADO. NET

ADO. NET 是 Microsoft. NET 框架中的一种数据访问技术,虽然在某种程度上可认为它是对 ADO 的改进,但其引入了一些重大变化和革新,如组成 ADO. NET 的类与 ADO 对象不同。ADO 要求传输和接收的组件为 COM 对象,而 ADO. NET 以标准 XML 格式传输数据,所以不需要进行 COM 封装处理或数据类型转换;并且在结构松散的、本质非链接的 Web 应用中能提供比 ADO 更好的性能,即 ADO. NET 提供了一个完整的框架,用于访问和管理来自多种数据源(包括数据库和 XML 文件或流)的数据。这一切主要归功于 ADO. NET 提供的两个核心组件:DataSet 和. NET 数据提供程序。

(1) ADO. NET DataSet 组件。

在 ADO 中,数据处理主要依赖于两层结构,并且是基于连接的,连接一旦断开数据就不能再存取。而在 ADO. NET 中,数据处理被延伸到 3 层以上的结构,程序员需要切换到无连接的应用模型,DataSet 正是为此目的而设计的。DataSet 在内部采用 XML 来描述数据,可以容纳具有复杂关系的数据,并且不再依赖于数据库链路。DataSet 包含一个或多个 DataTable 对象的集合,这些对象由行、列、主键、外键、约束及其数据的关系信息组成,由此可以把 DataSet 想象成内存中的数据库,不管数据是来源于一个关系型的数据库还是来源于一个 XML 文档,都可以用一个统一的编程模型来创建和使用它,从而提高了程序的交互性和可扩展性,尤其适合于分布式的应用场合。

(2). NET 数据提供程序。

. NET 数据提供程序用于连接到数据源,以及检索和修改数据源中的数据,是应用程序与数据源之间的一座桥梁。它的设计是为了实现数据操作和对数据的快速、只进、只读访问,主要包括 Connection、Command、DataReader、DataAdapter 4 个对象。各对象的作用如下。

① Connection 对象提供与数据源的连接。

② Command 对象使用户能够访问用于返回数据、修改数据、运行存储过程以及发送或检索参数信息的数据库命令。

③ DataReader 对象从数据源中提供高性能的数据流。

④ DataAdapter 对象用于从数据源中检索数据,并填充 DataSet 中的表,并且会将对 DataSet 作出的更改返回数据源,从而起到连接 DataSet 对象和数据源的桥梁作用。

ADO. NET 两种组件间的关系如图 11-5 所示。

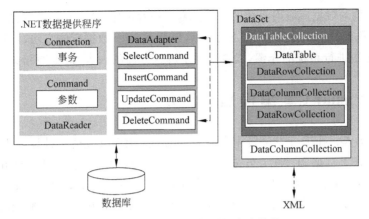

图 11-5 ADO.NET 的数据存取结构

任务 11-2 确定系统的数据库访问技术

【任务描述】 试根据开发学生成绩管理系统不同的体系结构及其采用的前台软件开发工具,确定系统的数据库访问技术(包括连接技术和数据库访问对象)。

【任务分析】 数据库应用程序接口 ODBC、JDBC 和 OLE DB,以及数据库访问对象 ADO 和 ADO.NET 都可以用于访问 SQL Server 数据库,但各有特点,不同的系统体系结构和软件开发工具所采用的数据库访问技术也有所不同,应用时需合理选择。对于数据库应用程序接口,ODBC 是一种最开放、最简单的应用标准,但其可移植性较差;OLE DB 具有面向对象、与语言无关的特点,而且易用、高速、占用内存和磁盘空间少,非常适合作为服务器端的数据库访问技术;而 JDBC 是 Java 和 JSP 中广泛使用的数据库连接技术。对于数据库访问对象接口,ADO 对象模型定义了一组可编程的自动化对象,可用于 Visual C++、Java 以及其他各种支持自动化特性的脚本语言(如 JSP)中;而 ADO.NET 则是 Microsoft.NET 框架中的一种数据访问技术。

【任务实现】 在本任务中,用户可根据不同的系统体系结构和前台软件开发工具,选择合适的数据对象接口或 API 应用程序接口访问 SQL Server 数据库。由于任务 11-1 所采用的系统开发工具为 Visual Studio 2008,它是基于 Microsoft.NET 框架平台技术,既可以开发 C/S 架构的 Windows 窗体应用程序,又可以开发 B/S 架构的 Web 应用程序,其数据库访问对象接口必须采用 ADO.NET。另外,为了能够获得较好的服务器端数据库访问性能,无论是采用 Visual C# 进行 C/S 结构的系统开发,还是采用 ASP.NET 进行 B/S 结构的系统开发,其数据库应用程序接口也均采用 OLE DB 技术。

11.3 使用 Visual C# 开发 C/S 结构的学生成绩管理系统

前几节介绍了数据库应用系统开发中所需的主要知识,从本节起,将从实例的角度来介绍使用 Visual Studio 2008 集成开发环境中的 Visual C# 和 Visual Basic 语言开发基于

C/S 和 B/S 结构的数据库应用系统的方法。由于篇幅所限,这里仅简要介绍 Visual C♯ 的编程知识,以及在 Visual Studio 2008 中访问 SQL Server 数据库的方法,不再对其程序设计的理论和方法进行系统的介绍,读者如需了解这方面的内容,请查阅相关书籍。

11.3.1 Visual C♯ 编程知识简介

Visual C♯ 是. NET 开发平台中专门为. NET 应用而开发的一种编程语言。. NET 开发平台包括. NET 框架和. NET 开发工具等组成部分,. NET 框架是整个开发平台的基础,包括公共语言运行时(CLR)和. NET 类库;. NET 开发工具包括 Visual Studio. NET 集成开发环境和. NET 编程语言。在. NET 运行库的支持下,. NET 框架的各种优点在 C♯ 中表现得淋漓尽致。

1. Visual C♯ 的编程特点

Visual C♯ 语言简单、功能强大、类型安全,而且是面向对象的。C♯ 凭借在许多方面的创新,在保持 C 语言风格的表现力和雅致特征的同时,实现了应用程序的快速开发。其具体的编程特点如下。

(1) 简洁的语法。C♯ 虽然是由 C 和 C++ 衍生出来的,但其在. NET 框架提供的“可操纵”环境下运行,不允许直接内存操作。去除了 C/C++ 中的指针,简化了其语法结构,从而使得它的易用性大大增强。

(2) 面向对象。C♯ 具有面向对象语言所应有的一切特性:封装、继承和多态性。在 C♯ 的类型系统中,每种类型都可以看作一个对象,且只允许单继承。C♯ 中没有全局函数、全局变量和全局常数,所有的都封装在一个类之中,从而使代码具有更好的可读性,并减少了发生命名冲突的可能。

(3) 与 Web 的紧密结合。C♯ 通过 SOAP 的使用能与 Web 紧密结合,从而使大规模、深层次的分布式开发成为可能。由于有了 Web 服务框架的帮助,对程序员来说,网络服务看起来就像是 C♯ 的本地对象,程序员们仅需要使用简单的 C♯ 语言结构和 C♯ 组件就能方便地开发 Web 服务,并允许通过 Internet 被运行在任何操作系统上的任何语言所调用。

(4) 完整的安全性与错误处理。C♯ 先进的设计思想可以消除软件开发中的许多常见错误,并提供了包括类型安全在内的安全性检查。为了减少开发中的错误,C♯ 会帮助开发者通过更少的代码完成相同的功能。C♯ 中不能使用未初始化的变量,对象的成员变量由编译器将其设置为零,当局部变量未经过初始化而被使用时,编译器将给出提示。

(5) 版本可控。C♯ 在语言中内置了版本控制功能,如函数重载必须被显式声明,而不会像在 C++ 或 Java 中经常发生的那样不经意地进行,这可防止代码错误的出现,还能保留版本化的特性。另一个相关的特性是对接口和接口继承的支持,从而保证复杂的软件可以被方便地开发和升级。

(6) 灵活性和兼容性。在简化语法的同时,C♯ 并没有失去灵活性。如 C♯ 在默认的状态下没有指针,但如果需要,C♯ 允许将某些类或类的某些方法声明为非安全的,从而能够使用指针、结构和静态数组,并且调用这些非安全代码不会带来任何其他的问题。另外,C♯遵守.NET 公用语言规范(CLS),从而保证了 C♯组件与其他语言组件间的互操作性。

2. Visual C♯ 的开发环境

C♯是 Visual Studio 2008 的一部分,同其他的.NET 语言一样,都必须在.NET 框架环境下运行。要建立一个完整的 C♯开发平台,必须安装 Visual Studio 2008 和.NET Framework SDK(Software Development Kit,软件开发工具包)。Visual Studio 通过功能齐全的代码编辑器、编译器、项目模板、设计器、代码向导、功能强大而易用的调试器以及其他工具,实现了对 Visual C♯ 的支持。通过.NET 框架类库,可以访问许多操作系统服务和其他有用的精心设计的类,这些类可显著加快开发周期。

(1) Visual Studio 2008 应用程序开发界面。

Visual Studio 2008 启动后,会显示图 11-6 所示的集成开发环境界面,主要包括标题栏、菜单栏、工具栏、工作区窗口、代码编辑窗口(文档窗口)、消息输出窗口和状态栏等基本元素,其中,菜单栏、工具栏、工作区窗口、代码编辑窗口和信息输出窗口都采用浮动窗口机制,可以根据用户的需要分别进行打开、关闭、移动等操作。

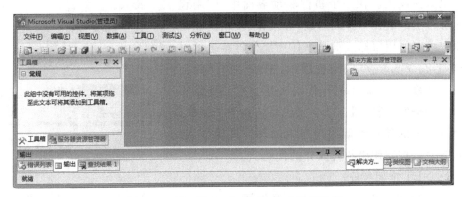

图 11-6　Visual Studio 2008 集成开发环境

Visual Studio 2008 集成开发环境窗口的最上端是标题栏,用于显示程序名称和所打开的文件名称。标题栏的下边为菜单栏和工具栏。工具栏下边是工作区窗门和代码编辑窗口,其中工作区窗口主要用来显示开发过程中的类、文件和资源等。而在工作区窗口下边则是信息输出窗口,主要用于显示编译、调试信息及一些其他信息。

(2) Visual Studio 中的属性窗口。

Windows 应用程序常常包含众多图形元素,如菜单、工具栏、对话框等,在 Windows 环境下,每一个这样的元素都作为一种可以装入应用程序的资源来存放。这种资源与源代码相分离的机制,能大大方便用户的操作。这是因为:一方面,多个应用程序可以引用同一资源的定义,从而减少了后续程序的开发时间;另一方面,用户可以在不影响源代码的情况下修改资源,并能同时开发资源和源代码,缩短软件的修改过程。Visual Studio 2008 给每个资源赋予相应的标识 ID 来表示资源的名称,使其可以像变量一样赋值,同时可以为它们设置相关属性。例如,新建一个按钮元素后,右击该按钮元素,从弹出的快捷菜单中选择【属性】命令,则可打开图 11-7 所示的【属性】面板,在其中可以对按钮的样式进行设置。

（3）事件驱动代码。

事件是指由用户操作或系统激发,且能被对象识别和响应的动作。在 Visual C# 的事件驱动界面中,每个窗口都包含有几个界面对象,如按钮、文本区、图标和菜单等,此时应用程序通常通过一段称为"事件循环"的代码来响应用户的操作。例如,用户单击一个按钮即为一个事件,当此事件发生时,会调用相应的函数,该函数包含对该按钮作出相应操作的代码,这就是事件驱动代码。即对象与程序之间用事件往来,一个对象可能会产生多个事件,通过事件驱动一段程序的执行,以完成对事件的响应。

一旦应用程序正确地响应了所有允许的控制,它的任务也就完成了。在一个事件驱动界面中,应用程序会在屏幕上绘制几个界面对象,如按钮、文本区和菜单。用户可以使用鼠标或键盘来任意操作屏幕上的对象。例如,在 Windows 应用程序中,把某一用户界面对象放在屏幕上,只需要两行代码来建立它。如果用户单击一个按钮,则按钮自己会完成一切必要的操作,从更新屏幕上的外观到调用程序中的预处理函数,该函数包含对该按钮作出相应操作的代码。

图 11-7　按钮元素的【属性】面板

（4）.NET 框架类库。

Visual Studio 2008 不仅仅是一个编译器,它也是一个全面的应用程序开发环境,可以充分利用具有面向对象特性的 C# 来开发出专业级的 Windows 应用程序。这是因为 Microsoft.NET 框架对 Windows 应用程序接口 API 进行了十分彻底的封装,使得用户编写应用程序变得更加容易,大大节省了应用程序的开发周期,降低了开发成本。并且,.NET框架层次结构包容了 Windows API 中的用户界面部分,能够很容易地以面向对象的方式建立 Windows 应用程序,这种层次结构适用于所有版本的 Windows 并彼此兼容,用.NET 框架建立的代码是完全可移植的并且支持混合编程,因为 Microsoft 自从.NET框架开始就已经把各种语言都整合到一个开发、编译以及运行平台上面来了。

3. Visual C# 应用程序的开发步骤

Visual Studio 2008 提供了丰富的模板支撑应用程序的开发,大大简化了开发程序的难度,开发某种类型的应用程序,其实就是选择某种模板的过程,模板选择后,设置完存储的文件位置,该项目的架构也就建立起来了,剩下的过程只需要根据需求向项目中添加相应的类文件完成对应的功能。其具体操作步骤如下。

（1）选择项目类型。

从 Visual Studio 2008 的【文件】菜单中选择【新建】命令，弹出图 11-8 所示的【新建】

图 11-8　【新建】子菜单

子菜单。从中可以根据应用程序的体系结构选择相应的项目类型：对于 C/S 结构的项目，选择【项目...】命令；对于 B/S 结构的项目，可以选择【网站...】命令以通过新建网站创建。另外，Visual Studio 2008 还支持单文件的创建以及从现有代码创建项目。

（2）选择应用程序类型。

单击【项目...】命令，打开图 11-9 所示的【新建项目】对话框，在其中可以选择不同的编程语言来创建各种类型的应用程序，Visual Studio 2008 支持多种应用程序类型。

图 11-9　【新建项目】对话框

① Windows 窗体应用程序。桌面型应用程序，在此类项目中，程序以可视化的视窗（Windows）作为运行的主要载体，可以自运行。

② 类库（Class Library）。.NET 应用程序中另一种主要的程序载体，没有界面外观，主要用来组织某一个应用主题的类集，不能自运行，只能被其他程序调用。

要创建新的基于 C/S 结构的 Visual C♯ 项目，需要在该对话框的【项目类型】列表中选中 Visual C♯，在【模板】列表中选中"Windows 窗体应用程序"。

（3）自定义项目名称。

选择好相应的项目类型后，系统会在图 11-9 所示对话框的【名称】文本框中给出以该项目类型加编号命名的默认项目名称。根据项目的命名规范，建议修改该项目名称，做到名称和项目功能的对应以及名称的见名知意。

（4）选择项目存放的位置。

在如图 11-9 所示对话框的【位置】输入框中,系统默认给出了存放位置,可以单击右侧的【浏览】按钮,重新选择一个磁盘位置进行存放。

（5）解决方案选项。

在图 11-9 所示对话框的【解决方案】下拉列表框中,选择"创建新解决方案"选项,此时,Visual Studio 2008 会默认将该项目作为创建的解决方案的第一个项目,并按照解决方案包含项目的方式来组织资源,如图 11-10 所示。

图 11-10　Visual Studio 2008 中解决方案和项目的包含关系

说明:项目可以视为编译后的一个可执行单元,可以是应用程序、动态链接库等。而企业级的解决方案往往需要多个可执行程序的合作,为便于管理多个项目,Visual Studio 集成开发环境中引入了解决方案的概念。另外,在 Visual Studio 中,一个应用程序项目往往包含多个文件,并形成一个有机的整体。如一个桌面型应用程序项目一般包括窗体文件及其存放窗体设计器设置的属性的代码文件、项目的配置文件、资源文件等。

（6）完成应用程序的创建。

单击【确定】按钮,生成项目文件,接着可以在该项目模板的基础上增加应用所需的功能设计,如添加窗体文件、类文件等,并最终形成满足需求的项目文件,通过编译无误后即可运行该应用程序。

11.3.2　在 Visual Studio 2008 中访问 SQL Server

1. Visual Studio 2008 访问数据库的技术

Visual Studio 2008 访问数据库有自己专属的类库,即 SQL Server 数据库驱动程序,具体体现在类库中包含了 ADO.NET 对应于 SQL 的所有对象,但同时 Visual Studio 保留了以往主流的数据库访问方式,如 ODBC、OLE DB 等,其对应的类库分别位于 System.Data.Odbc 和 System.Data.OleDb 命名空间下。

（1）ODBC(Open DataBase Connectivity)。

ODBC 是为客户应用程序访问关系数据库时提供的一个标准的基于 SQL 的统一接口。对于不同的数据库,ODBC 提供了一套统一的 API,使应用程序可以应用所提供的 API 来访问任何提供了 ODBC 驱动程序的数据库。而且,ODBC 已经成为一种标准,目前所有的关系数据库都提供 ODBC 驱动程序,使得 ODBC 的应用非常广泛,基本上可以用于所有的关系数据库。但由于 ODBC 只能用于关系数据库,使 ODBC 很难访问对象数据库及其他非关系数据库。

由于 ODBC 是一种底层的访问技术,因此,ODBC API 可以使客户应用程序从底层设置和控制数据库,完成一些高层数据库技术无法完成的功能。

（2）OLE DB(Object Linking and Embedding,DataBase)。

OLE DB 用一组抽象概念(包括数据源、会话、命令和行集)将数据的存储从需要访问数据的应用中分离出来。这是因为不同的应用需要访问不同数据类型和数据源,但是并不需要了解具体如何使用特定技术的方法访问这些数据。OLE DB 在概念上分为消费者和提供者。消费者是那些需要访问数据的应用程序,提供者是实现了那些接口并将数据提供给消费者的软件组件。OLE DB 是微软数据访问组件(MDAC)的一部分。MDAC是一组微软技术,以框架的方式相互作用,为程序员开发访问几乎任何数据存储提供了一个统一、全面的方法。OLE DB 的提供者可以用于提供像文本文件和电子表格一样简单的数据存储的访问,也可以提供像 Oracle、SQL Server 和 Sybase ASE 一样复杂的数据库的访问,还可以提供对层次类型的数据存储(如电子邮件系统)的访问。

（3）ADO. NET(ActiveX Data Object. NET)。

ADO. NET 是微软在. NET 框架中负责数据访问的类库集,它是使用在 COM 时代奠基的 OLE DB 技术以及. NET 框架的类库和编程语言来发展的,它可以让. NET 上的任何编程语言能够连接并访问关系数据库与非数据库型数据源(如 XML、Excel 或其他文档数据),还可以独立出来作为处理应用程序数据的类型对象,其在. NET 框架中的地位举足轻重。

2. 在 Visual Studio 2008 中利用 ADO. NET 连接数据库

（1）以可视化方式连接数据源。

在 ADO. NET 中,对数据库的连接体现在链接字符串中,链接字符串可以手动书写,但对于初学者,Visual Studio 2008 提供了可视化的向导方式来创建,具体步骤如下。

① 从 Visual Studio 2008 的【视图】菜单中选择【服务器资源管理器】命令,弹出图 11-11 所示【服务器资源管理器】窗口。

② 右击【数据连接】图标,从弹出的快捷菜单中选择【添加连接】命令,打开图 11-12 所示的【添加连接】对话框。

图 11-11　服务器资源管理器

③ 在【服务器名】下拉列表框中选择或输入所需连接的服务器名,如为本地连接,则为本机名称或 localhost;在【登录到服务器】设置区域选择连接服务器的身份验证的方式,默认为【使用 Windows 身份验证】;在【连接到一个数据库】设置区域选择添加数据库的方式,默认为【选择或输入一个数据库名】。需要说明的是,如果是输入数据库名称,则系统此时不进行连接检查,而如果是从下拉列表框中选择数据库,则会进行数据库连接测试,如果成功就列出该服务器上所有的数据库;否则显示相应的错误提示。设置完成后,可单击【测试连接】按钮以验证连接是否成功。

④ 连接测试成功后,单击【确定】按钮完成数据连接的添加。

此时在新添加的数据连接项上右击,从弹出的快捷菜单中选择【属性】命令,就可以在【属性】面板的【连接字符串】项中看到生成的连接字符串。如本项目应用程序中要连接的学生成绩数据库 StudentScore 所生成的连接字符串代码如下:

图 11-12 【添加连接】对话框

```
Data Source= localhost;Initial Catalog= StudentScore;Persist Security Info= True;
User ID= sa
```

从连接字符串中可以很清楚地看到,字符串其实是用"属性＝值"的方式描述了连接到一个数据源的各项配置信息。其中 Data Source 用于描述连接的数据库服务器名,Initial Catalog 指定数据库,User ID 说明用户名,Persist Security Info＝True 标识当前使用 SQL Server 身份验证方式登录到服务器,密码由于是敏感字段在此处不显示。

（2）在程序中使用连接字符串。

前面已经通过可视化方法生成了连接字符串,下面就可以在程序中使用该连接字符串访问数据库了,此可通过 ADO. NET 中的连接对象 SqlConnection 实现,该对象具有以下主要属性和方法。

① ConnectionString:用于设置连接对象所使用的连接字符串。

② Open()/Close():用于打开或关闭连接。

使用(1)中生成的连接字符串连接数据库的代码如下:

```
SqlConnection connection=new SqlConnection(connectionString);    //建立连接
connection.Open();                                               //打开连接
if(connection.State==System.Data.ConnectionState.Open)
```

384

```
{
    //在数据库打开状态下进行后续操作
}
```

3. 在 Visual Studio 2008 中利用 ADO. NET 操作数据库

（1）向数据库发送数据操作命令。

在成功连接到数据库后，要想操作数据库中的数据，就必须向数据库发送相关的操作命令，此可通过 ADO. NET 中的命令对象 SqlConnection 实现。通过 SqlCommand 运行数据库指令（如 SQL 语句），并传回由数据库中查询的结果集，或运行不回传结果集的数据库指令（如增、删、改）。使用 SqlCommand 对象时，最重要的是要搞清楚所发送的命令是什么以及要和已有的数据库连接对象关联。例如，前面连接的 StudentScore 数据库中包含学生表 bStudent，如果要向该数据库发送查询 bStudent 表中所有数据的命令，其程序代码如下：

```
SqlCommand cmd= new SqlCommand();              //创建命令对象
cmd.Connection= connection;                    //与数据库连接对象关联
cmd.CommandText= "select * from bStudent";
```

从上述代码可以看出，SqlCommand 对象主要的属性是所用的连接（Connection）以及命令文本（CommandText），那么具备了这两个属性后，如何获取相应的数据呢？

（2）在程序中操作数据记录。

对数据的操作方式分为增、删、改、查 4 种，其中前 3 种都牵涉更新，最后一种只是查询。对于数据的查询，ADO. NET 提供了两种方式访问数据库中的数据，其中一种方式便是利用 SqlDataReader 对 SqlCommand 所取到的数据进行快速、单向的读取，具体的操作方式如下：

```
SqlDataReader reader= cmd.ExecuteReader();
While(reader.Read())
{
    //针对每一条读到的数据进行处理
}
```

由此，相应的数据集已经和 Reader 关联起来了，通过对 Reader 的循环读取可以快速地访问数据集中的每一条数据，但是这种访问方式的特点是单向的，即当读到下一条记录的时候已经无法再访问上一条记录了，也正是基于这种牺牲，SqlDataReader 才能做到快速、高效地读取数据。

当然，对数据的访问肯定不仅仅局限在查询上，增、删、改更是重点，对于这 3 种操作，ADO. NET 的做法是把待访问数据的副本放置到数据集（Recorset）中，首先在记录集中完成对数据的操作，然后再同步更新到数据库中。

（3）ADO. NET 中的记录集。

① DataSet，脱机型数据模型的核心之一，可将它看成一个脱机型的数据库，它可以内含许多个 DataTable，并且利用关系与限制方式来设置数据的完整性，它本身也提供了

可以和 XML 交互作业的支持。DataSet 具有的主要方法及其功能如下。

ReadXml()/WriteXml()：以 DataSet 的结构读写 XML。

ReadXmlSchema()/WriteXmlSchema()：以 DataSet 的结构读写 XML Schema。

GetXml()/GetXmlSchema()：取得 DataSet 属性的 XML 或 XML Schema。

Merge()：合并两个 DataSet。

Load()：自 IDataReader 加载数据到 DataSet。

AcceptChanges()：将修改过的数据列的修改旗标改为 Unchanged。

GetChanges()：将修改过的数据列以 DataRow 数组方式传回。

RejectChanges()：撤销所有数据的修改。

② DataTable,脱机型数据模型的核心之一,可将它当成一个脱机型的数据表,是存储数据的收纳器。DataTable 具有的主要方法及其功能如下。

Copy()：将 DataTable 复制出一个副本,包含结构与数据。

Merge()：将两个 DataTable 合并。

Select()：以指定的特殊查询语法,传回符合条件的 DataRow 数组。

Compute()：以指定的汇总语法,传回汇总的结果。

GetErrors()：传回有错误的 DataRow 数组。

HasErrors：判断 DataTable 中的 DataRow 有没有含有错误的 DataRow。

③ DataRow,表示表格中的数据列,与数据栏组合成数据存储的单元。

IsNull()：判断指定的字段是否为 NULL 值。

ItemArray：将 DataRow 中的数据转换成数组。

④ DataColumn,表示表格中的字段。

⑤ DataView,展示数据的辅助组件,类似于数据库中的查看表,并可设置过滤条件与排序条件。

Filter：设置 DataView 的过滤条件。

Sort：设置 DataView 的排序条件。

ToTable()：将套用过滤与排序后的属性转换为 DataTable 对象。

⑥ DataRelation,可在 DataTable 之间设置字段间的关系。

⑦ Constraint,设置字段的条件约束,如 ForeignKeyConstraint 为外部键限制,而 UniqueConstraint 则确保了字段中的值都是唯一的。

需要说明的是,DataSet 和 DataTable 除了处理数据库中的数据外,还经常被用来管理应用程序中的数据,并且由于它们可以存储在 XML 中的特性,也让其可以用来存储需要保存的应用程序信息。

（4）使用 SqlDataAdapter 把数据填充到数据集中。

如前所述,要实现对数据的增、删、改,就必须先把数据填充到数据集中,ADO. NET 使用 SqlDataAdapter 来实现该功能,其具体代码如下：

```
SqlDataAdapter adap=new SqlDataAdapter();        //创建 SqlDataAdapter 对象
adap.Command=cmd;                                //与命令对象关联
Dataset ds=new Dataset();                        //创建 Dataset 对象
```

```
Adap.fill(ds);                                    //填充数据集
```

从代码中可以看出，SqlDataAdapter 只需要与负责发送命令的 Command 相关联，并声明接收转出数据的数据集即可实现对数据的转出操作。

通过上述操作，数据已经被填充到 Dataset 中，通过 DataSet 的结构模型指导，其中包含了若干张表，那么前面查询到的学生表的数据便以其中一张表的形式存在，要访问该张表，做法如下：

```
DataTable bStudent=ds.Tables[0];                  //使用下标索引的方式
```

① 增加数据。

```
DataRow row=bStudent.NewrRow();
row[0]=值 0;
row[1]=值 1;
row[2]=值 2;
…
row[n]=值 n;
```

之后还要把该行添加到学生表中：

```
bStudent.Rows.Add(row);
bStudent.AcceptChanges();
```

通过上述操作即完成了对数据表中一行的增加。

② 删除数据。删除操作的操作对象是 DataRow，所以通过在 DataTable 的 Rows 行集合中通过适合的条件定位到该行，之后执行：

```
row.delete();
bStudent.AcceptChanges();
```

即可完成某一行的删除。

③ 修改数据。修改的操作对象也是行，定位到该行后，对行中除主键外的各字段赋予新值后即可完成更新操作，具体代码如下：

```
row[0]=新值 0;
row[1]=新值 1;
row[2]=新值 2;
…
row[n]=新值 n;
bStudent.AcceptChanges();
```

上述 3 种操作的结果都只是在本地数据集中进行，DataSet 是离线式数据副本，所以要想把这些更改同步到数据库中还需要执行下述操作：

```
SqlCommandBuilder builder=new SqlCommandBuilder(adap);
adap.Update(ds);
```

通过使用 ADO. NET 对数据库的操作不难发现，其对数据的访问是逐层递进、接力实现的，并且和 DataSet 的数据结构的特点有很大的关联。

任务 11-3　使用 Visual C♯ 开发 C/S 结构的学生成绩管理系统

1) 学生成绩管理系统中的"用户登录"功能模块的设计

【任务描述】　假设已创建基于 C/S 结构的学生成绩管理系统项目 StudentScore-Manager,其编程语言为 Visual C♯。请在项目中添加"用户登录"功能模块,要求实现不同级别的用户能根据各自的用户名和口令进入系统,其界面如图 11-13 所示。

【任务分析】　本任务以 Visual Studio 2008 为开发环境,采用 3 层架构设计,最上层是 UI 层,实现用户界面的布局,中间是业务逻辑层,实现功能逻辑的处理,最下层是数据访问层,单纯实现数据的访问,在数据访问层使用 ADO. NET 访问数据库。分层的结构可以构建条理清晰的代码架构,易于后续的维护,下面所有功能的实现都按此结构进行。

【任务实现】　在项目的解决方案资源管理器中,右击项目名称 StudentScoreManager,从弹出的快捷菜单中选择【添加】→【新建项】命令,在打开的模板选择对话框中选择"Form 窗体"项,在【名称】文本框中输入窗体名称 Login,单击【确定】按钮,新的窗体即被添加到项目中。

（1）窗体主要属性如表 11-1 所示。

表 11-1　窗体的主要属性

属　性	设置值
Name	Login
Text	用户登录

图 11-13　学生成绩管理系统【用户登录】功能界面

（2）添加标签、文本框、按钮等元素,各元素属性的设置如表 11-2 所示。

表 11-2　各元素的属性设置

元　素　名	属　性	设　置　值
标签(共 2 个)	Name	lbl_userName、lbl_password
	Text	用户名、密码
文本框(共 2 个)	Name	txt_userName、txt_password
按钮(共 2 个)	Name	btn_submit、btn_cacel
	Text	登录、取消

（3）编写事件过程程序代码。

① "登录"按钮事件响应代码如下:

```
private void simpleButton1_Click(object sender,EventArgs e)
    {
        if (textEdit1.Text==string.Empty)
        {
            MessageBox.Show("用户名不能为空!","提示",MessageBoxButtons.OK);
            textEdit1.Focus();
```

```
            return;
        }
        if (textEdit2.Text==string.Empty)
        {
            MessageBox.Show("密码不能为空!","提示",MessageBoxButtons.OK);
            textEdit2.Focus();
            return;
        }
        Person p=new Person();
        p.Id=textEdit1.Text.Trim();
        p.Password=textEdit2.Text.Trim();
        if (p.Login())
            this.DialogResult=DialogResult.OK;
        else
        {
            MessageBox. Show ( "用户名或密码错误,请重新输入!"," 提示 ",
            MessageBoxButtons.OK,MessageBoxIcon.Error);
            textEdit1.Focus();
        }
    }
}
```

② 登录验证功能封装在 Person 类中,具体代码如下:

```
class Person
{
    string id;
    public string Id
    {
        get {return id;}
        set {id=value;}
    }
    string password;
    public string Password
    {
        get {return password;}
        set {password=value;}
    }
    string name;
    public string Name
    {
        get {return name;}
        set {name=value;}
    }
    string bz;
    public string Bz
    {
        get {return bz;}
        set {bz=value;}
    }
    public bool Login()
    {
        DataBase db=new DataBase();
```

```
Person p=db.GetPersonById(Id);
if (p==null)
    return false;
else return p.Password==this.Password ? true : false;
}
}
```

其中用到的 GetPersonById()方法的代码如下:

```
public Person GetPersonById(string id)
{
    Person p=null;
    OpenConnection();
    command.CommandText=" select users _ dh, users _ name, Users _ bz, Password from
    [users] where users_dh='" + id +"'";
    reader=command.ExecuteReader();
    if (reader.Read())
    {
        p=new Person();
        p.Id=reader[0].ToString();
        p.Name=reader[1].ToString();
        p.Role=(Role)Convert.ToInt32(reader[2]);
        p.Password=reader[3].ToString();
    } reader.Close();
    return p;
}
```

2) 学生成绩管理系统中的"学生基本信息管理"功能模块的设计

【任务描述】 在学生成绩管理系统项目中增加"学生基本信息管理"功能模块,要求实现学生基本信息的显示、添加、修改和删除 4 个功能,其界面如图 11-14 所示。

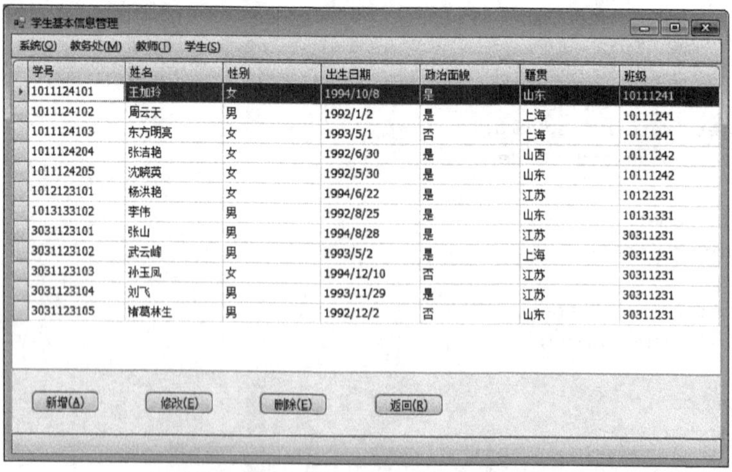

图 11-14 学生成绩管理系统中【学生基本信息管理】功能模块界面

【任务分析】 由于用户从登录模块进入系统后,就要在主窗口模块中选择相应的操作模块,所以本任务就是在前面建立的 StudentScoreManager 项目中添加一个"学生基本信息管理"功能模块,模块中要实现的 4 个功能的具体开发步骤可参看【任务实现】部分。

390

【任务实现】

（1）主窗体设计，其主要属性如表 11-3 所示。

（2）添加表格、按钮等元素，各元素属性的设置如表 11-4 所示。

表 11-3　窗体的主要属性

属　性	设　置　值
Name	ucStudent
Text	学生基本信息管理

表 11-4　各元素的属性设置

元 素 名	属　性	设　置　值
表格	Name	gridControl1
按钮（共 4 个）	Name	btn_add、btn_edit、btn_delete、btn_return
	Text	新增、修改、删除、返回

（3）编写事件过程程序代码。

① 窗体加载，代码如下：

```
//逻辑处理层：
private void barButtonItem4 _ ItemClick (object  sender, DevExpress. XtraBars.
ItemClickEventArgs e)
{
    if (stuMgr==null)
    {
        stuMgr=new ucStudent();
        this.Controls.Add(stuMgr);
    }
    this.Text="学生基本信息管理";
    stuMgr.Visible=true;
    stuMgr.BringToFront();
    stuMgr.SetDataSource(db.GetAllStudents());
    stuMgr.Dock=DockStyle.Fill;
}
public void SetDataSource(DataTable dataSource)
{
    gridControl1.DataSource=dataSource;
    gridView1.FocusedRowHandle=focusedRow;
}
//数据访问层
public DataTable GetAllStudents()
{
    studentCmd.CommandText="select * from bStudent";
    OpenConnection();
    DataTable table=new DataTable();
    studentAdap.Fill(table);
    table.Columns[0].Caption="学号";
    table.Columns[1].Caption="姓名";
    table.Columns[2].Caption="性别";
    table.Columns[3].Caption="出生日期";
    table.Columns[4].Caption="政治面貌";
    table.Columns[5].Caption="籍贯";
    table.Columns[6].Caption="班级";
    studentTable=table;
    return table;
}
```

② 由于在系统中存在如学生基本信息管理,专业、课程、班级、系统等基本信息管理,这些数据的管理只是数据表不同,采用的表格模板都是相同的,而且都具有增、删、改、查操作。所以,本系统充分利用面向对象中继承和重载的特点,首先在模板中设置虚方法以及相应的处理逻辑,然后在具体的模块维护中根据不同的特点重载该虚方法,模板中的虚方法定义如下:

```
public partial class ucModel{
    private void ucUserMgr_Load(object sender,EventArgs e)
    {
        form_load();
    }
    private void simpleButton1_Click(object sender,EventArgs e)
    {
        Add();
    }
    private void simpleButton2_Click(object sender,EventArgs e)
    {
        Edit();
    }
    private void simpleButton3_Click_1(object sender,EventArgs e)
    {
        Delete();
    }
    public virtual void Add() {}
    public virtual void Edit() {}
    public virtual void Delete() {}
    public virtual void form_load() {}
}
```

③ 在【学生基本信息管理】窗体中继承该窗体,代码如下:

```
public partial class ucStudent :ucModel
{
    public ucStudent()
    {
        InitializeComponent();
    }
}
```

④ 添加功能的重载实现,代码如下:

```
public override void Add()
{
    frmStudent stu=new frmStudent();
    stu.isUpdate=false;
    stu.ShowDialog();
}
```

⑤ 删除功能的重载实现,代码如下:

```
public override void Delete()
```

```
    {
        if (MessageBox.Show ( " 你 确 定 要 删 除 吗?"," 删 除 提 示 ", MessageBoxButtons.
    YesNoCancel,MessageBoxIcon.Question)==DialogResult.Yes)
        {
            DataBase.GetDataBase().DeleteStudent(SelectedId);
        }
    }
```

⑥ 修改功能的重载实现，代码如下：

```
public override void Edit()
{
    frmStudent stu=new frmStudent(FocusedRow);
    stu.isUpdate=true;
    stu.ShowDialog();
}
```

（4）添加学生信息窗体设计，其主要属性如表 11-5 所示。

（5）添加标签、文本框、组合框、按钮等元素，各元素属性的设置如表 11-6 所示。

表 11-5　窗体的主要属性

属　性	设置值
Name	frmStudent
Text	学生信息

表 11-6　各元素的属性设置

元　素　名	属　性	设　置　值
标签（共 7 个）	Name	labelControl1、 labelControl2、 labelControl3、 labelControl4、labelControl5、labelControl6、labelControl7
	Text	学号、姓名、性别、出生日期、政治面貌、班级、籍贯
文本框（共 3 个）	Name	txtXh、txtName、txtFamilyAddress
组合框（共 3 个）	Name	cbxGender、cbxPolictics、cbxClass
日期控件（共 1 个）	Name	dateTimePicker1
按钮（共 1 个）	Name	btn_save
	Text	保存

设置好的窗体如图 11-15 所示。

（6）编写添加记录事件过程程序代码。

```
//业务逻辑层
private void btn_save_Click(object sender,
EventArgs e)
{
    if (isUpdate)
    {
        DataBase.GetDataBase().
        UpdateStudent(new string[] {txtXh.
        Text,txtName.Text,cbxGender.Text,
        dateTimePicker1. Value. ToShortDate
        String ( ), cbxPolictics. Text,
        txtFamilyAddress. Text, cbxClass.
```

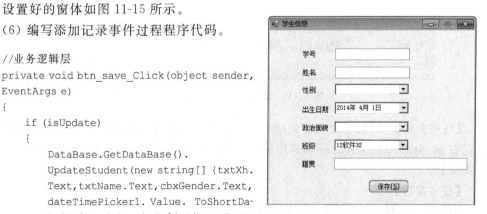

图 11-15　设置好的【学生信息】功能窗体

```
        SelectedValue.ToString()});
    }
    else
    {
        DataBase.GetDataBase().AddAStudent(new string[] {txtXh.Text,txtName.Text,
        cbxGender.Text,dateTimePicker1.Value.ToShortDateString(),cbxPolictics.
        Text,txtFamilyAddress.Text,cbxClass.SelectedValue.ToString()});
    }
    this.Close();
}
//数据访问层
public int AddAStudent(string[] toAdd)
{
    DataRow row=studentTable.NewRow();
    for (int i=0; i<studentTable.Columns.Count; i++)
        row[i]=toAdd[i];
    studentTable.Rows.Add(row);
    return studentAdap.Update(studentTable);
}
```

3) 学生成绩管理系统中的"课程基本信息管理"功能模块的设计

【任务描述】 在学生成绩管理系统项目中增加【课程基本信息管理】功能模块,要求实现课程基本信息的显示、添加、修改和删除 4 个功能,其界面如图 11-16 所示。

图 11-16 【课程信息维护】功能界面

【任务分析】 本任务要实现的模块是学生成绩管理系统中的一个主要功能模块,所以仍在 StudentScoreManager 项目中设计。模块中 4 个功能的具体开发步骤可参看【任务实现】部分。

【任务实现】

(1) 主窗体设计,其主要属性如表 11-7 所示。

(2) 表格、按钮等元素都来自父类的继承,各元素属性的设置如表 11-8 所示。

表 11-7　窗体的主要属性

属　性	设置值
Name	ucCourse
Text	课程信息维护

表 11-8　各元素的属性设置

元素名	属　性	设　置　值
表格	Name	gridControl1
按钮 （共 4 个）	Name	btn_add、btn_edit、btn_delete、btn_return
	Text	新增、修改、删除、返回

（3）编写事件过程程序代码。

① 初始化，代码如下：

```
    if (courseMgr==null)
    {
        courseMgr=new ucCourse();
        this.Controls.Add(courseMgr);
    }
    this.Text="课程信息维护";
    courseMgr.AddCustomDisplay();
    courseMgr.Visible=true;
    courseMgr.BringToFront();
    courseMgr.SetDataSource(db.GetAllCourse());
    courseMgr.Dock=DockStyle.Fill;
public DataTable GetAllCourse()
{
    courseCmd.CommandText="select * from bCourse";
    OpenConnection();
    DataTable table=new DataTable();
    courseAdap.Fill(table);
    table.Columns[0].Caption="课程编号";
    table.Columns[1].Caption="课程名称";
    table.Columns[2].Caption="课程类型";
    table.Columns[3].Caption="总学时";
    courseTable=table;
    return table;
}
public partial class ucCourse : ucModel
{
    DataBase db=DataBase.GetDataBase();
    public ucCourse()
    {
        InitializeComponent();
    }
    public ucCourse(bool display)
    {
        InitializeComponent();
    }
}
```

② 添加功能，代码如下：

```
public override void Add()
{
```

```
        frmCourse course=new frmCourse();
        course.ShowDialog();
    }
    private void btn_save_Click(object sender,EventArgs e)
    {
        if (isUpdate)
        {
            DataBase.GetDataBase(). UpdateCourse (new string [] {textEdit1. Text,
            textEdit2. Text, comboBoxEdit1. SelectedIndex. ToString (), numericUpDown1.
            Value.ToString()});
        }
        else
            DataBase.GetDataBase().AddACourse(new string[] {textEdit1.Text,textEdit2.
            Text, comboBoxEdit1. SelectedIndex. ToString (), numericUpDown1. Value.
            ToString()});
        this.Close();
    }
```

③ 删除功能,代码如下:

```
public override void Delete()
{
    if (MessageBox.Show ( " 你 确 定 要 删 除 吗?"," 删 除 提 示 ", MessageBoxButtons.
    YesNoCancel,MessageBoxIcon.Question)==DialogResult.Yes)
    {
        DataBase.GetDataBase().DeleteCourse(SelectedId);
    }
}
```

④ 修改功能,代码如下:

```
    public override void Edit()
    {
        frmCourse course=new frmCourse(FocusedRow);
        course.isUpdate=true;
        course.ShowDialog();
    }
    private void btn_save_Click(object sender,EventArgs e)
    {
        if (isUpdate)
        {
            DataBase. GetDataBase (). UpdateCourse (new string [ ] {textEdit1. Text,
            textEdit2. Text, comboBoxEdit1. SelectedIndex. ToString (), numericUpDown1.
            Value.ToString()});
        }
        else
            DataBase. GetDataBase (). AddACourse (new string [ ] {textEdit1. Text,
            textEdit2.Text, comboBoxEdit1. SelectedIndex. ToString (), numericUpDown1.
            Value.ToString()});
        this.Close();
    }
```

4) 学生成绩管理系统中的"成绩信息管理"功能模块的设计

【任务描述】 在学生成绩管理系统项目中增加"成绩信息管理"功能模块,要求实现成绩基本信息的显示、录入、修改和保存 4 个功能,其界面如图 11-17 所示。

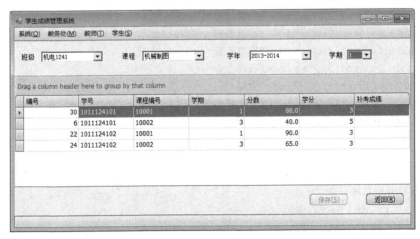

图 11-17 【学生成绩管理系统】功能界面

【任务分析】 本任务要实现的模块也是学生成绩管理系统中的一个主要的功能模块,所以仍在 StudentScoreManager 项目中设计,模块中 4 个功能的具体开发步骤可参看【任务实现】部分。

【任务实现】

(1) 主窗体设计,其主要属性如表 11-9 所示。

(2) 添加标签、组合框、表格、按钮等元素,各元素属性的设置如表 11-10 所示。

表 11-9 窗体的主要属性

属　　性	设置值
Name	ucScore
Text	成绩管理

表 11-10 各元素的属性设置

元　素　名	属　　性	设　置　值
表格	Name	grid_score
标签(共 4 个)	Name	label1、label2、label3、label4
	Text	班级、课程、学年、学期
组合框(共 4 个)	Name	cbx_class、cbx_course、cbx_year、cbx_term
按钮(共 2 个)	Name	btn_save、btn_return
	Text	保存、返回

(3) 编写事件过程程序代码。

① 在 DataBase 类中编写获取班级和课程信息的方法,为成绩管理窗体中的班级下拉列表框和课程下拉列表框提供数据源。

```
//获取班级信息的方法
public DataTable GetAllClass()
{
```

397

```
    clsCmd.CommandText="select * from bClass";
    OpenConnection();
    DataTable table=new DataTable();
    clsAdap.Fill(table);
    table.Columns[0].Caption="班级编号";
    table.Columns[1].Caption="班级名称";
    table.Columns[2].Caption="班级人数";
    table.Columns[3].Caption="所属专业";
    table.Columns[4].Caption="学制";
    table.Columns[5].Caption="所在系";
    classTable=table;
    return table;
}


//获取课程信息的方法
public DataTable GetAllCourse()
{
    courseCmd.CommandText="select * from bCourse";
    OpenConnection();
    DataTable table=new DataTable();
    courseAdap.Fill(table);
    table.Columns[0].Caption="课程编号";
    table.Columns[1].Caption="课程名称";
    table.Columns[2].Caption="课程类型";
    table.Columns[3].Caption="总学时";
    courseTable=table;
    return table;
    }
```

② 成绩管理窗体中初始化数据的加载。

```
if (scoreMgr==null)
{
    //将获取班级和课程信息的方法作为参数传入成绩管理窗体
    scoreMgr=new ucScore(db.GetAllClass(), db.GetAllCourse());
    this.Controls.Add(scoreMgr);
}
scoreMgr.Visible=true;
scoreMgr.BringToFront();
scoreMgr.Dock=DockStyle.Fill;


//班级和课程下拉列表框数据的加载
private void ucScore_Load(object sender, EventArgs e)
{
    comboBox1.DataSource=cls;
    comboBox1.ValueMember="Class_Id";
```

```
comboBox1.DisplayMember="Class_Name";
comboBox2.DataSource=course;
comboBox2.ValueMember="Course_Id";
comboBox2.DisplayMember="Course_Name";
max_score_id=DataBase.GetDataBase().GetMaxScoreId();
}
```

③ 通过下拉列表框的事件切换加载、显示成绩管理列表。

```
private void comboBox3_SelectedIndexChanged(object sender, EventArgs e)
{
    if (comboBox1.SelectedIndex > =0 && comboBox2.SelectedIndex > =0 && comboBox3.
    SelectedIndex > =0 && comboBox4.SelectedIndex > =0)
    {
        DataTable scoreTable=DataBase.GetDataBase().GetScoreByClass(comboBox1.
        SelectedValue.ToString());
        if (scoreTable.Rows.Count==0)
        {
            students = DataBase. GetDataBase ( ). GetStudentsByClass (comboBox1.
            SelectedValue.ToString());
            grid_score.DataSource=students;
        }
        else if (scoreTable.Rows.Count > 0)
        {
            grid_score.DataSource=scoreTable;
        }
    }
}
```

说明：上述代码中用到的 GetStudentsByClass(string class_id)和 GetScoreByClass(string classid)方法用于分两种情况从数据库中查找某个班级的学生成绩,其实现代码如下：

```
public DataTable GetStudentsByClass(string class_id)
{
    studentCmd.CommandText="select Stud_Id,Stud_Name,null as score,null as xuefen,
    null as bukao from bStudent where class_id='" +class_id +"'";
    OpenConnection();
    DataTable table=new DataTable();
    studentAdap.Fill(table);
    table.Columns[0].Caption="学号";
    table.Columns[1].Caption="姓名";
    table.Columns[2].Caption="成绩";
    table.Columns[3].Caption="学分";
    table.Columns[4].Caption="补考成绩";
    studentTable=table;
    return table;
}
```

399

```
public DataTable GetScoreByClass(string class_id)
{
    if (scoreAdap==null)
    {
        scoreAdap=new SqlDataAdapter("select ID as 编号,Stud_Id as 学号,Course_Id
            as 课程编号,Term as 学期,Score as 分数,Credit as 学分,Makeup as 补考成绩 from
            bScore where stud_id in (select stud_id from bstudent where class_id= '"+
            class_id +"')", connection);
    }
    if (scoreBuilder==null)
        scoreBuilder=new SqlCommandBuilder(scoreAdap);
    if (scoreTable==null)
        scoreTable=new DataTable();
    scoreAdap.Fill(scoreTable);
    return scoreTable;
}
```

④ 录入成绩信息的保存。

```
private void simpleButton1_Click(object sender, EventArgs e)
{
    DataRow r;
    DataTable scoreStructure=DataBase.GetDataBase().GetScoreByClass("1");
    scoreStructure.Clear();
    max_score_id++;
    foreach (DataRow row in students.Rows)
    {
        r=scoreStructure.NewRow();
        r["Stud_Cod"]=max_score_id++;
        r["Stud_Id"]=row["Stud_Id"];
        r["Course_Id"]=comboBox2.SelectedValue.ToString();
        r["Term"]=comboBox4.Text;
        r["Score"]=row["score"];
        r["Credit"]=row["xuefen"];
        r["Makeup"]=row["bukao"];
        scoreStructure.Rows.Add(r);
    }
    int i=DataBase.GetDataBase().UpdateScore();
    if (i>0)
    {
        MessageBox.Show("分数保存成功!", "提示", MessageBoxButtons.OK);
        grid_score.Enabled=false;
    }
}
```

11.4   使用 ASP.NET 开发 B/S 结构的学生 成绩管理系统

11.4.1   ASP.NET 编程知识简介

微软推出的新一代开发平台 Microsoft.NET 框架,只要符合.NET 的公共运行规范(CLS)的语言都可以使用它提供的强大的类库(FCL),并被编译为中间语言(MSIL),在应用中可当作一个组件来调用,同时享受公共语言运行时带来的一切好处:垃圾自动回收(GC)、实时编译(JIT)、跨语言互动、跨平台。而作为.NET 中以 Web 为基础的应用程序模型的 ASP.NET,可借助上述.NET 的优势,提供更稳定的性能、更快速的开发、更简便的管理及全新的语言及网络服务,是构建多层分布式应用系统的较好选择。

1. ASP.NET 的运行机制

ASP.NET 是.NET 平台架构中的一个部件,它不是 ASP 的简单升级,而是微软推出的能开发驻留在 IIS 上并且使用 HTTP、SOAP 等 Internet 协议的功能强大且稳定的企业级 Web 应用程序的新一代 Active Server Pages,其运行机制与 ASP 有着本质的区别。

当用户通过浏览器发出一个对 *.aspx 文件的请求时(HTTP:Request),Web 服务器响应该 HTTP 请求,调用 ASP.NET 引擎(aspnet_isapi.dll),将其解析成源程序代码,由 CLR 编译器编译为一致的 IL 格式,再由 JIT 编译器编译成机器代码,并将其当成"类(DLL 文件)"来处理,此后,当再有对此页面的请求时,由于 ASPX 页面已经被编译过,CLR 会直接执行编译过的代码,最后由 Web 服务器生成标准的 HTML 页面传送给客户浏览器(HTTP:Response)。

2. ASP.NET 的网页架构及编程特点

ASP.NET 将以往"Web 应用程序"的范畴加以扩充,如融入 Web Service 的概念、改善组件管理的不便、制作可重复使用的控件 Pagelet 等,基本上有下列几类文件:

① ASP.NET 文件(*.aspx)。

② 强化后的 Global.asax 文件,新增为 19 种事件过程。

③ 包含文件(*.inc 或 *.aspx)或"Code Behind"文件。

④ 应用程序配置(web.config)文件,可让 Web 开发者一次指定整个 Web 应用程序的配置,节省一个个设置的时间。

⑤ 位于 Web 应用程序目录下的 Pagelet(*.ascx 可重复使用的自定义控件)与 Web Service(*.asmx 可被调用的远程组件程序逻辑)。

另外,ASP.NET 网页元素主要有 6 种:HTML、服务器控件(Server Controls,对应于 ASP 的窗体元素)、内置对象(如 Request、Response、Server 等)、以往已有的服务端组件、Web Services 及 Pagelet 等。下面将介绍 ASP.NET 网页架构的主要技术特点。

（1）Page 前导指令。

前导指令主要是用于说明网页的各种属性，如采用的程序语言、是否需用到事务机制、是否启用 Session 对象等。为了扩充 ASP 网页中前导指令的功能，ASP．NET 网页特别加入一个新的 Page 前导指令，其中不乏新增的属性。如为了在 ASP．NET 网页里调用STA(Single-Thread Apartment)组件，程序中须用 Page 前导指令加以设置：

```
<%@ Page aspcompat="true"%>
```

（2）"事件驱动"特性。

ASP．NET 的"事件驱动"特性，反映在网页上即为当加载、卸载或单击页面上的控件时，一段特定的代码将执行；并且每一次加载网页时先执行 Page_Load()事件，接着是自定义的事件过程，最后是 Page_Unload()事件，打破了以往 ASP 网页代码自上而下执行的一般规律。这样，在编程时，可将一些初始化或数据库访问的操作放在 Page_Load()事件中，从而能适当地分割代码成为一独立的程序块，有利于程序的模块化。

另外，正是因为有了"事件驱动"的特性，ASP．NET 允许开发者使用一种称为"Code Behind(代码隐藏)"的机制将 Web 应用程序逻辑（通常用 VB．NET 或 C♯开发）从表示层中分离出来，并允许多个页面使用相同的代码，从而使维护更容易。而且，Code Behind常被编译成一个 DLL 文件，该文件驻留在应用程序的组合体高速缓冲区中，在应用程序启动时，可以立即得到它，从而能带来性能的提高。

（3）命名空间。

．NET 类按照逻辑关系将一个个的 Library(* ．dll)组织成了称为命名空间(NameSpace)的层次结构。NameSpace 处于．NET 中对象层次的最上层，可看成同类型对象的集合。一个 NameSpace 之下可拥有多个类(Class)，二者分别表示对象集合和对象，它们之间的关系如图 11-18 所示。

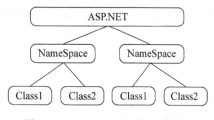

图 11-18　NameSpace 的层次结构

NameSpace 必须在程序的开始处用<import>标记导入，因为只有在引用了 NameSpace 后方可使用其内的对象。但内建的 NameSpace 不需引用就可使用其所含对象，如 System、System．Web等。另外，用户也可自定义 NameSpace 作为网页服务，提供给其他网页调用。

（4）服务器控件。

服务器控件(Server Controls)是 ASP．NET 网页的一大特色，其最大的好处是可让后台 ASP．NET 程序直接访问前台窗体元素的属性，并使窗体字段与程序逻辑的分开成为可能。Server 端的控件共有四大类：内置控件（对应原 HTML 元素）；Rich 控件（对应原组件）；List 控件（常用来与 ADO．NET 进行数据绑定，如 Repeater、DataList、DataView 控件等）；Validation 控件（验证控件，如 RequiredFieldValidator 等）。在实际编程时，要特别注意其 ID 属性的使用，因为程序中常常依此取出其中的字段内容。

（5）面向对象的编程语言。

ASP．NET 提供 3 种内置的程序语言：C♯、VB．Net 和 JScrip．Net，都是完全面向对象的编程语言,具有面向对象编程语言的一切特性,如封装性、继承性、多态性等,不仅使代码更加清晰、更易于阅读管理,而且这种代码的结构增强了它的可复用性和共享性。其中 C♯ 语言已在 11.3 节中介绍过,而 VB.Net 是 VBScript 的自然演进,用其编写网页最大的改变为:在语法上是明确的数据类型定义、对结构化异常处理的支持、对象实例的创建及其方法的调用方式;在运行结果上则是被转换成类并被编译成一个个 DLL,使得 ASP.NET 几乎全是基于组件和模块化,每一个页、对象和 HTML 元素都是一个运行的组件对象。

11.4.2　在 ASP.NET 中访问 SQL Server

1. ASP.NET 与数据库的连接

ASP.NET 使用功能强大的 ADO.NET 数据服务访问数据库,主要提供了两种连接数据库的方式。

(1) 使用 ADO.NET Managed Provider。

此种方式可以连接到任何 ODBC 或者 OLE DB 数据中心,主要有 OLE DB.NET 数据提供程序、ODBC.NET 数据提供程序等。前者通过 OleDbConnection 对象提供了与基于 OLE DB 标准数据源的连接;后者则通过创建 DSN 实现与基于 ODBC 标准数据源的连接。

(2) 使用 SQL Managed Provider。

此种方式通过 SQL Server.NET 数据提供程序使用 SqlConnection 对象提供了与 Microsoft SQL Server 7.0 及以上版本的连接,并针对 SQL Server 访问进行了优化,设计为直接访问 SQL Server,没有其他附加的技术层。该提供程序还具有一个智能连接缓冲池机制,所以能够提供更快的缓冲数据库连接访问。

另外,ADO.NET 的定义包含在 System.Data 命名空间中,其下的 SQL Server 提供程序位于 System.Data.SqlClient 命名空间中,OLE DB 提供程序位于 System.Data.OleDb 命名空间中,在访问数据库之前需用 Imports 命令将它们引入到程序中。如使用 SQL Server 提供程序,则需在程序开头包含以下两句:

```
Imports System.Data
Imports System.Data.Sqlclient
```

然后定义数据库连接:

```
Dim objConn As SqlConnection=New SqlConnection("Data Source=localhost;User ID=sa;
Password=123456;Initial Catalog=StudentScore")
```

2. ASP.NET 与 SQL 结合操作数据库

前已述及,ADO.NET 在 ADO 的基础上,除了对原有的数据访问对象进行修改和扩充外,还增加了许多其他对象,如 DataSet、DataView、DataReader 和 DataAdapter 等,这里针对几个常用的数据操作对象在 ASP.NET 中的应用再作一些补充介绍。

(1) Command 对象的使用。

ASP.NET 通过 ADO.NET 的连接对象实现了同数据库的连接后,就可使用 Command 对象来执行 SQL 命令,从而实现对数据库的操作,并在浏览器上动态地查询、修改、删除和插入数据库的记录信息。Command 对象、SQL 语言及数据库三者之间的关系如图 11-19 所示。

图 11-19　Command 对象、SQL 语言及数据库之间的关系

Command 对象通过 Command Text、Connection 或 Command Type、Parameters 等属性创建;通过 Cancel、Dispose、ExecuteReader、ExecuteScalar 等方法执行。

(2) DataReader 对象的使用。

DataReader 对象用于从数据源中读取只进且只读的数据流,使用 DataReader 每次在内存中始终只有一行,所以能提高应用程序的性能并减少系统开销,适合在检索大量数据时使用。它有两种:一是 SQL Server 专用的 SqlDataReader;二是通用型的 OleDbDataReader。下面以 SqlDataReader 说明 DataReader 对象的使用。

当创建了 Command 对象的实例后,就可以通过 Command 对象的 ExecuteReader 方法创建一个 DataReader 对象的实例。例如:

```
Dim sqltext As String
Dim objCmd As SqlCommand
sqltext= "select * from bClass "
'创建 sqlCommand 对象
objCmd=New SqlCommand(sqltext,objConn)
Dim objReader As SqlDataReader=objCmd.ExecuteReader()
```

接下来,就可以用此对象的 Item 属性取出每个字段的内容;用 FieldCount 属性计算字段的总数;用 Read 方法从查询结果中获取行,并判断是否已到达 DataReader 对象的尾端。由于 Item(j)集合对象的下标是从 0 开始的,所以欲显示某条记录的内容,可用一循环取出:

```
For j=0 to objRead.FieldCount-1
    Response.Write("<td>"& Trim(objRead.Item(j))&"</td>")
Next
```

(3) DataSet 对象的使用。

前已述及,DataSet 是 ADO.NET 最重要的数据集之一,它是不依赖于数据库的独立数据集合,即使断开数据连接,或者关闭数据库,DataSet 依然可用。正因为如此,ADO.NET 访问数据库的步骤也相应改变了,简述如下。

① 创建一个数据库连接。

② 请求一个记录集合。

③ 把记录集合暂存到 DataSet。

④ 如果需要,返回第②步(DataSet 可以容纳多个数据集合)。

⑤ 关闭数据库连接。

⑥ 在 DataSet 上做所需要的操作。

使用 DataSet 的方法有若干种,这些方法可以单独应用,也可以结合应用。

方法一:在 DataSet 中以编程方式创建 DataTables、DataRelations 和 Constraints,并使用数据填充这些表。

方法二:通过 DataAdapter 用现有关系数据源中的数据表填充 DataSet。

方法三:使用 XML 加载和保持 DataSet 内容。

(4) DataAdapter 对象的使用。

DataAdapter 对象借助 Command 对象在数据源中执行 SQL 命令,以便将数据加载到 DataSet 中,并使对 DataSet 中数据的更改与数据源保持一致。每个 .NET 数据提供程序都包含一个 DataAdapter 对象:OLE DB .NET 数据提供程序包含一个 OleDb DataAdapter 对象;而 SQL Server .NET 数据提供程序包含一个 SQL DataAdapter 对象。

DataAdapter 的 SelectCommand 属性用于从数据源中检索数据;DataAdapter 的 InsertCommand、UpdateCommand 和 DeleteCommand 属性按照对 DataSet 中数据的修改来管理对数据源中数据的更新;而 Fill 方法则使用 DataAdapter 的 SelectCommand 的结果来填充 DataSet 对象。例如:

```
Dim sqltext As String
Dim objDA As SqlDataAdapter
Dim objDS As DataSet
sqltext="select * from bMajor"
objDA=New SqlDataAdapter
'通过 sqlDataAdapter 变量创建 sqlCommand 对象
objDA.SelectCommand=New SqlCommand(sqltext,objConn)
'将数据从数据源中取出,填充数据集
objDS=New DataSet
objDA.Fill(objDS,"bMajor")
```

3. ASP. NET 的数据绑定技术

数据绑定也是 ASP. NET 网页的特色之一,绑定的来源不一定是数据库,常见的数据源有数组、XML 文件等。而可与之绑定的对象可有 Server 端的 List 控件(如 GridView 控件)及内置控件(如列表框、下拉列表框)。

以往,当想从一数据源获取数据并显示于窗口时,常常是用服务器端的脚本结合 HTML 标记,如在 ASP 或 JSP 中的列表框或选择框,用户不得不创建一个循环,以便让控制系统装入数据;当要将大量数据以表格的形式显示时,就更要写一大堆<table>、<tr>及<td>等标签,其代码相当烦琐。但在 ASP. NET 里,用户将会拥有一个 databound,这意味着它会与数据源连接,并会自动装入数据。使网页内容变得较为简洁,易于维护。下面主要介绍 DataGrid 控件与 DataSet 对象的绑定技术。

在 ASP. NET 中,可以将 DataSet 对象和 GridView 控件相结合,以产生表格样式的效果,由于 DataSet 对象可存储一个以上的数据表内容,若想将 GridView 控件绑定到内存中的 DataSet 对象,需指定 DataSource 属性结合至 DataSet 对象中的哪一个数据表,及其所对应数据表的属性,然后再用 GridView 控件的 DataBind()方法进行真正的绑定,代码如下:

```
GridView1.DataSource=objDS.Tables("bMajor").DefaultView
GridView1.DataBind()
…
<asp:GridView id=" GridView1" runat="Server"
…/>
```

任务 11-4　使用 ASP. NET 开发 B/S 结构的学生成绩管理系统

【任务描述】　在 Visual Studio. NET 2008 中使用 ASP. NET 技术设计学生成绩管理系统中的"专业信息浏览与维护"功能模块,要求实现专业信息的显示、修改和删除功能。

【任务分析】　要实现本任务的功能,在 ASP. NET 中只需创建两个文件:一个是用于显示信息的页面文件,其中包含一个能以表格显示信息的数据绑定控件;另一个是用于事件处理的代码隐藏文件,主要包含数据绑定、修改和删除的功能代码。

【任务实现】

(1) 新建项目。

打开 Visual Studio 2008,选择菜单【文件】→【新建】→【项目...】命令,在弹出的【新建项目】对话框中选择 Visual Basic 项目类型,【模板】选择【ASP. NET Web 应用程序】,在【名称】文本框中输入 xscjgl,在【位置】输入框中输入 D:\SQL2008,单击【确定】按钮,如图 11-20 所示。

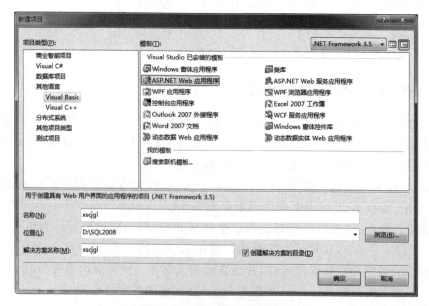

图 11-20　【新建项目】对话框

（2）数据显示界面的设计。

① 在解决方案资源管理器中右击 xscjgl，从弹出的快捷菜单中选择【添加】→【新建项…】命令，打开【添加新项】对话框。在其中选择 Web 类别及【Web 窗体】模板，在【名称】文本框中输入 Major_list.aspx，然后单击【添加】按钮，如图 11-21 所示。

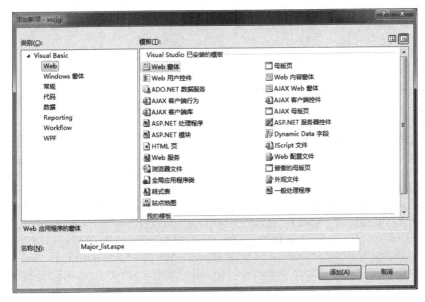

图 11-21 【添加新项】对话框

此时在创建 Major_list.aspx 窗体文件的同时还生成了 Major_list.aspx.vb 代码隐藏文件，它包含用于事件处理的代码，使 Web 应用程序逻辑从表示层中分离出来。若要在解决方案资源管理器中查看此文件，可单击【显示所有文件】图标，然后展开 Major_list.aspx 节点。

② 右击 Major_list.aspx 文件，从弹出的快捷菜单中选择【打开】命令，打开该文件。在其【源】视图中可以看到以下代码：

```
<%@ Page Language="vb" AutoEventWireup="false" Codebehind="Major_list.aspx.vb"
Inherits="xscjgl.Major_list"%>
```

其中，@Page 指令的 Codebehind 属性说明正在使用一个代码隐藏文件，而 Inherits 属性指定在源文件中存在的类，这个类需要从 Page 类中派生。

下面将通过在此页面中添加一个能以表格显示信息的数据绑定控件来建立用户界面。由于 GridView 不但可以表格形式显示数据库中的数据，而且还支持数据项的选择、排序、分页和修改，所以，"专业信息浏览与维护"功能界面就用它来实现。其具体代码如下：

```
<html xmlns="http://www.w3.org/1999/xhtml">
<head runat="server"><title>专业信息浏览与维护</title></head>
<body bgcolor="#e6e4c4" link="#0000cc" vlink="#999999" alink="#ff0000">
<br />
```

```
<div align="center">
<table cellspacing="1" cellpadding="4" width="465" bgcolor="#416327">
<tr valign="top" bgcolor="#e6e4c4">
<td width="460" height="10" bgcolor="#6d8e4d"></td></tr>
<tr valign="top" bgcolor="#e6e4c4">
<td width="460" height="18">
<div align="center"><font size="1" color="#0000ff"><b>--专业信息浏览与维护--
</b></font></div></td></tr>
<tr valign="top" bgcolor="#e6e4c4">
<td width="460" height="15">
<form runat="server" ID="Form1">
<table border="1" cellpadding="0" cellspacing="0" width="100%">
<tr><td>
<asp:Label id="lblShow" runat="server" /><p>
<asp:GridView id="MajorGridView" runat="server" HorizontalAlign="Center" Width=
"500" Height="132" BackColor="#e6e4c4" BorderColor="#416327" ShowFooter="false"
CellPadding="2" CellSpacing="0" Font-Name="隶书" Font-Size="12px" HeaderStyle-
BackColor="#6D8E4D" HeaderStyle-ForeColor="#FFFFFF" HeaderStyle-Font-Bold=
"True" HeaderStyle-HorizontalAlign="Center" ItemStyle-BackColor="#e6e4c4"
ItemStyle-Font-Name="宋体" ItemStyle-HorizontalAlign="Center" ItemStyle-
VerticalAlign="Middle" AutoGenerateColumns="False" OnRowEditing="Major_ECmd"
OnRowUpdating="Major_UCmd" OnRowCancelingEdit="Major_CCmd" DataKeyNames="Major_Id"
OnRowDeleting="Major_Delete">
<Columns>
<asp:BoundField HeaderText="专业代号" DataField="Major_Id" ReadOnly="True" />
<asp:BoundField HeaderText="专业名称" DataField="Major_Name" />
<asp:BoundField HeaderText="系部代号" DataField="Depart_Id" ReadOnly="True"/>
<asp:BoundField HeaderText="系部名称" DataField="Depart_Name" ReadOnly="True"/>
<asp:CommandField ShowEditButton="true" HeaderText="操作" ButtonType="Button"
EditText="修改专业名称" UpdateText="更新" CancelText="放弃" />
<asp:ButtonField HeaderText="DEL" ButtonType="Button" Text="删除" CommandName=
"Delete" />
</Columns>
</asp:GridView></p>
</td></tr></table>
</form></td></tr>
<tr bgColor="#e6e4c4">
    <td width="460" height="4" bgcolor="#6d8e4d"></td></tr>
</table>
<br />
<p align="center"><b><font color="#ff0000">注意:1.修改操作只能修改专业名称,如
其他项错误,则需将该专业删除;</font></b></p>
<p><b><font color="#ff0000">2.如果该专业下已有班级则不能删除!</font></b></p>
<div align="center">
<p><font size="2">(注:每完成一次删除操作请进行页面的刷新,以显示最新数据)</font>
</p>
</div>
</div>
```

```
</body>
</html>
```

上述代码中的 CommandField 是数据项发生编辑、修改、取消修改时，相应处理函数的入口，它通常结合数据表格的 EditIndex 属性来使用。

（3）用于事件处理的代码隐藏文件的设计。

在解决方案资源管理器中右击 Major_list. aspx. vb 文件，从弹出的快捷菜单中选择【查看代码】命令，打开该文件，在其中输入以下代码：

```vb
Imports System
Imports System.Configuration
Imports System.Data
Imports System.Data.sqlclient

Public Class Major_list
    Inherits System.Web.UI.Page
    Dim objConn As SqlConnection=New SqlConnection("Data Source=localhost;User ID=sa;
    Password=123456;Initial Catalog=StudentScore")
    Dim sqltext As String
    Dim objDA As SqlDataAdapter
    Dim objDS As DataSet
    '初始化页的用户代码
    Private Sub Page_Load(ByVal sender As Object,ByVal e As EventArgs)
        If Not IsPostBack Then
            BindGrid()
        End If
    End Sub
    '将 GridView 控件绑定到内存中的 DataSet 上
    Sub BindGrid()
        sqltext="select Major_Id,Major_Name,Depart_Id,Depart_Name from bMajor
        order by Major_Id"
        objDA=New SqlDataAdapter
        '通过 sqlDataAdapter 变量创建 sqlCommand 对象
        objDA.SelectCommand=New SqlCommand(sqltext,objConn)
        '将数据从数据源中取出,填充数据集
        objDS=New DataSet
        objDA.Fill(objDS,"bMajor")
        '进行数据绑定
        MajorGridView.DataSource=objDS.Tables("bMajor").DefaultView
        MajorGridView.DataBind()
    End Sub
    Sub Major_ECmd(ByVal Sender As Object,ByVal e As GridViewEditEventArgs)
        '通过数据表格的 EditIndex 来使用 CommandField
        MajorGridView.EditIndex=e.RowIndex
        BindGrid()
    End Sub
```

```
Sub Major_UCmd(ByVal Sender As Object,ByVal e As GridViewUpdateEventArgs)
    Dim objCmd As SqlCommand
    '取出要修改专业名的 Major_Id
    Dim contentID As Integer=MajorGridView.DataKeys(e.RowIndex).Values(0)
    Dim tb As TextBox
    '定义修改数据的 sql 字符串
    sqltext="update bMajor set Major_Name=@MajorName where Major_Id=@
    contentID"
    '创建 sqlCommand 对象
    objCmd=New SqlCommand(sqltext,objConn)
    '获得更改的数据
    objCmd.Parameters.Add(New SqlParameter("@contentID",SqlDbType.Char,2))
    objCmd.Parameters.Add(New SqlParameter("@MajorName",SqlDbType.VarChar,
    40))
    '将获得的行键值传给命令参数
    objCmd.Parameters("@contentID").Value=contentID
    '取回 GridView 相应字段储存中的 textBox
    tb=CType(MajorGridView.Rows(e.RowIndex).Cells(1).Controls(0),TextBox)
    '将 textBox 中的数据传给命令参数
    objCmd.Parameters("@MajorName").Value=tb.Text
    '打开数据连接
    objCmd.Connection.Open()
    Try
        '更新 bMajor 表中的相应字段
        '执行 update 命令
        objCmd.ExecuteNonQuery()

        '显示修改成功信息
        lblshow.text="<font color='red'>修改数据(" & contentID & ")成功!<font>"

        '将 GridView 中的当前行切换出编辑模式
        MajorGridView.EditIndex=-1

    '处理异常
    Catch exp As SqlException
        lblshow.text="<font color='red'>修改数据(" & contentID & ")有误,请重试
        一次!<font>"
    End Try
    '关闭数据连接
    objCmd.Connection.Close()
    '调用 BindGrid()方法
    BindGrid()
End Sub
Sub Major_CCmd(ByVal Sender As Object,ByVal e As GridViewCancelEditEventArgs)
    MajorGridView.EditIndex=-1
    BindGrid()
```

```
    End Sub
    Sub Major_Delete(ByVal Sender As Object,ByVal e As GridViewDeleteEventArgs)
        Dim objCmd As SqlCommand
        Dim contentID As String
        Dim objrs As SqlDataReader
        Dim Check As Boolean
        '取出要删除专业的 Major_Id
        contentID=MajorGridView.DataKeys(e.RowIndex).Values(0).ToString
        '定义 SQL 字符串
        sqltext="select * from bClass where Major_Id=" & contentID
        '创建 sqlCommand 对象
        objCmd=New SqlCommand(sqltext,objConn)
        '执行"select"命令
        objCmd.Connection.Open()                '打开连接
        objrs=objCmd.ExecuteReader()            '产生 sqlDataReader
        Check=False                             '暂定该专业下无班级
        While objrs.Read()
            Check=True                          '在记录集中找到班级
        End While
        objrs.Close()

        If Check Then                           '如果存在班级
            Response.Redirect("messagebox.aspx?msg=该专业下已有班级,不能删除!")
            Response.End()
            objCmd.Connection.Close()
        Else
            Try
                '在 bMajor 表中删除该专业
                '定义"delete"字符串
                sqltext="delete from bMajor where Major_Id='" & contentID & "'"
                '创建 sqlCommand 对象
                objCmd=New SqlCommand(sqltext,objConn)
                'objCmd.Connection.Open()
                '执行"delete"命令
                objCmd.ExecuteNonQuery()
                '显示删除成功信息
                lblshow.text="<font color='red'>删除数据(" & contentID & ")成功!<
                font>"
            Catch exp As SqlException
                lblshow.text="<font color='red'>删除数据(" & contentID & ")有误,请
                重试一次!<font>"
            End Try
            objCmd.Connection.Close()
            BindGrid()
        End If
    End Sub
End Class
```

（4）运行项目。

首先将 xscjgl 解决方案中的 xscjgl 项目文件夹复制到 C:\inetpub\wwwroot\下；然后打开 Internet 信息服务（IIS）管理器，展开服务器名称下的【网站】→Default Web Site 节点，右击 xscjgl 项，从弹出的快捷菜单中选择【转换为应用程序】命令；最后打开 IE 浏览器，在地址栏中输入以下网址：http://localhost/xscjgl/Major_list.aspx，按回车键后显示图 11-22 所示界面。如果要修改专业名称，则可单击【修改专业名称】按钮，进入编辑模式修改，如图 11-23 所示；如果要删除某专业，则可单击【删除】按钮。

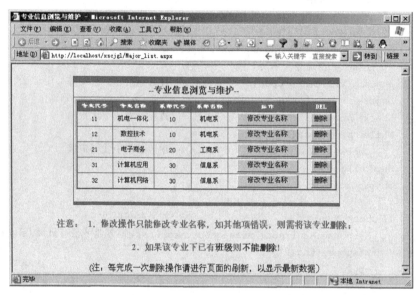

图 11-22　【专业信息浏览与维护】界面

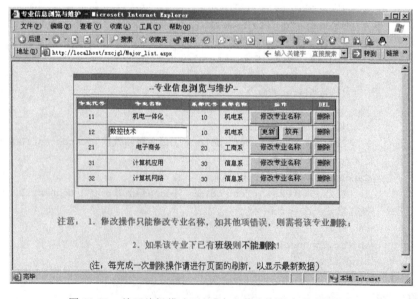

图 11-23　处于编辑模式下的【专业信息浏览与维护】界面

11.5　疑 难 解 答

（1）在 Visual C♯ 中使用 SqlCommand 对象调用存储过程时常用到哪几个主要的属性？

答：在 Visual C♯ 中，使用 SqlConnection 对象与数据库建立连接后，可以使用 SqlCommand 对象并配合存储过程对数据库执行查询、添加、删除和修改等各种操作，其一般用到以下几个主要属性：①CommandType 属性，用于获取或设置一个值，该值指示如何解释 CommandText 属性，默认为 Text。如为存储过程，则为 StoredProcedure；②CommandText 属性，用于获取或设置要对数据源执行的 Transact-SQL 语句或存储过程；③Parameters 属性，用于获取 SQL 语句中的参数集合，即 SqlParameterCollection 实例。如 Parameters 属性可通过调用 Add 方法实现向其添加参数。

（2）在开发 ASP. NET 数据库应用程序时，如何选择 ADO. NET 提供的两个用于检索关系型数据并把它存储在内存中的对象 DataSet 和 DataReader？

答：在设计应用程序时，决定使用 DataSet 还是 DataReader 应考虑应用程序需要的功能。在应用程序需要以下功能时使用 DataSet：①操作结果中的多个分离的表；②操作来自多个源（如来自多个数据库、XML 文件和电子表格的混合数据）的数据；③在层之间交换数据或使用 XML Web 服务；④需要通过缓冲重复使用相同的行集合以提高性能（如排序、搜索或过滤数据）；⑤每行需要执行大量的处理；⑥需要使用 XML 操作（如 XSLT 转换和 Xpath 查询）维护数据。在应用程序需要以下功能时使用 DataReader：①不需要缓冲数据；②正在处理的结果集太大而不能全部放入内存中；③需要迅速一次性访问数据，采用只向前的只读的方式。

小结：本项目围绕数据库应用系统开发的内容与方法，以学生成绩管理系统在 Visual Studio 2008 环境中的开发过程为主线，介绍了系统体系结构、数据库访问技术的确定原则，以及使用 Visual C♯ 和 ASP. NET 开发数据库应用系统的编程技巧和步骤。同时还介绍了 C/S、B/S 和 . NET 框架结构的特点和应用场合以及目前常用的两种数据库访问技术的特点和种类。

习 题 十 一

一、选择题

1. 下列（　　）不是 Visual C♯ 的编程特点。

    A. 面向对象　　　　　　　　　　B. 完整的安全性与错误处理

    C. 简洁的语法　　　　　　　　　　D. 强大的 MFC 类库

2. 下列（　　）不是 Visual C♯ 桌面型应用程序项目包括的文件。

    A. 窗体文件　　　　　B. 配置文件　　　　　C. 头文件　　　　　D. 资源文件

3. 下列(　　)不是 Visual C♯程序的基本组成部分。

    A. 注释　　　　　　　B. Using 指令　　　　C. 脚本元素　　　　　D. 类

4. 下列(　　)不是 ASP. NET 网页架构的新增特点。

    A. 使用 Page 前导指令　　　　　　　　　　B. 新增"事件驱动"特性

    C. 使用命名空间　　　　　　　　　　　　　D. 使用包含文件(＊. inc)

5. 在 ASP. NET 中,若想将 GridView 控件绑定到内存中的 DataSet 上,需指定下列 GridView 控件的(　　)属性。

    A. DataSourse　　　　B. Caption　　　　　C. DataMember　　　D. Columns

二、填空题

1. 数据库应用系统是在_____的支持下运行的一类计算机应用软件。开发数据库应用系统不仅要进行数据库的设计,还要进行_____的设计。

2. C/S 结构是基于_____技术而实现的。在 C/S 结构中,常将那些运行应用程序并向另一计算机请求服务的计算机称为_____,而用来接受客户机的请求并将数据库处理结果传送给客户机的计算机称为_____。

3. B/S 结构是基于_____技术而实现的。在物理结构上,它由_____、_____和_____组成。而在逻辑结构上,B/S 包含 3 层:_____层、_____层和_____层。

4. 目前常用的数据库 API 主要有 3 种:_____、_____和_____。这些接口均由_____实现,应用程序通过其访问数据库。

5. ADO. NET 是微软. NET 框架中的一种_____技术,它提供的两个核心组件分别为_____和_____。

6. 在 Visual C♯中,可以使用 ODBC 和 OLE DB 数据库访问方式,其对应的类库分别位于_____和_____命名空间下。

三、判断题

1. 客户端应用程序与数据库服务器必须位于同一台计算机上。　　　　　　　　(　　)

2. OLE DB 的数据提供程序不能直接在 Visual Basic 或 JSP 等应用程序中使用,必须通过数据访问对象来引用。　　　　　　　　　　　　　　　　　　　　　　　(　　)

3. VS 访问数据库有自己专属的类库,即 SQL Server 数据库驱动程序,其位于 System. Data. SqlClient 命名空间中。　　　　　　　　　　　　　　　　　　　　(　　)

4. 在 Visual C♯中,控件具有属性名和属性值,属性名基本上都是系统规定好了的。

　　　　　　　　　　　　　　　　　　　　　　　　　　　　　　　　　　　(　　)

5. 在 Visual C♯中,事件一般都是由用户通过输入手段或者是系统某些特定的行为产生的。

　　　　　　　　　　　　　　　　　　　　　　　　　　　　　　　　　　　(　　)

四、简答题

1. 试述 C/S、B/S 及 . NET 框架 3 种体系结构的特点。

2. OLE DB 模型主要包括哪些 COM 接口对象?

3. 什么是 . NET 数据提供程序? 它主要包括哪 4 个对象? 各有什么作用?

4. 试述在 Visual Studio 中利用 ADO. NET 连接数据库的主要步骤。

5. 在 ASP. NET 中,有哪两种连接数据库的方式?

五、项目实训题

1. 仿照任务 11-3,试在 Visual Studio 2008 中使用 Visual C♯ 设计人事管理系统中的"雇员信息录入与维护"功能,使之能实现雇员信息的添加、删除和修改。

2. 仿照任务 11-3,试在 Visual Studio 2008 中使用 Visual C♯ 设计人事管理系统中的"请假信息管理"功能,实现对人事管理数据库中 bSalary 表中数据的添加、修改、删除和显示。

3. 仿照任务 11-4,试在 Visual Studio 2008 中用 ASP. NET 技术设计人事管理系统中的"部门信息浏览与维护"功能,使之能实现部门信息的添加、删除和修改。

附 录

StudentScore 数据库各数据表数据实例

（1）bClass（班级信息表）数据表记录如附表 1 所示。

附表 1　bClass 数据表记录

记录号	Class_ Id	Class_ Name	Class_ Num	Major_ Id	Length	Depart_ Id
1	30311231	计应 1231	45	31	3	30
2	10111241	机电 1241	40	11	4	10
3	10111242	机电 1242	40	11	4	10
4	10121231	数控 1231	40	12	3	10
5	10131331	计控 1331	40	13	3	10
6	30321331	网络 1331	45	32	3	30
7	10111331	机电 1331	45	11	3	10
8	20211331	电商 1331	45	21	3	20

（2）bMajor（专业信息表）数据表记录如附表 2 所示。

附表 2　bMajor 数据表记录

记录号	Major_ Id	Major_ Name	Depart_ Id	Depart_ Name
1	31	计算机应用	30	信息系
2	32	计算机网络	30	信息系
3	11	机电一体化	10	机电系
4	12	数控技术	10	机电系
5	13	计算机控制	10	机电系
6	21	电子商务	20	工商系

（3）bStudent（学生信息表）数据表记录如附表 3 所示。

附表 3　bStudent 数据表记录

记录号	Stud_Id	Stud_Name	Stud_Sex	Birth	Member	Stud_Place	Class_Id
1	3031123101	张山	男	94/08/28	是	江苏	30311231
2	3031123102	武云峰	男	93/05/02	是	上海	30311231
3	3031123103	孙玉凤	女	94/12/10	否	江苏	30311231
4	3031123104	刘飞	男	93/11/29	是	江苏	30311231
5	3031123105	褚葛林生	男	92/12/02	否	山东	30311231
6	1011124101	王加玲	女	94/10/08	是	山东	10111241
7	1011124102	周云天	男	92/01/02	是	上海	10111241
8	1011124103	东方明亮	女	93/05/01	否	天津	10111241
9	1011124204	张洁艳	女	92/06/30	是	山西	10111242
10	1011124205	沈晓英	女	92/05/30	是	山东	10111242
11	1012123101	杨洪艳	女	94/06/22	是	江苏	10121231
12	1013133102	李伟	男	92/08/25	是	山东	10131331
13	1012123103	王静静	女	93/09/15	是	江苏	10121231
14	1013123104	李永生	男	92/07/17	是	浙江	10121231
15	1012123105	吴小威	男	92/04/05	是	浙江	10121231
16	3032133101	王正东	男	95/11/04	是	山东	30321331
17	3032113102	李海	男	91/10/15	否	山西	30321131

（4）bCourse（课程信息表）数据表记录如附表 4 所示。

附表 4　bCourse 数据表记录

记录号	Course_Id	Course_Name	Course_Type	Hours
1	10001	电子技术	2	80
2	10002	机械制图	1	60
3	10003	数控机床	2	70
4	20001	商务基础	0	36
5	20002	国际贸易	2	62
6	30001	计算机应用	1	90
7	30002	计算机网络	1	80
8	30003	常用工具软件	0	38
9	30004	数据库原理	2	72

（5）bScore(学生成绩表)数据表记录如附表 5 所示。

附表 5　bScore 数据表记录

Stud_Cod	Stud_Id	Course_Id	Term	Score	credit	Makeup
1	3031123101	30001	1	69.5	3	
2	3031123101	30002	2	78.0	5	
3	3031123102	30001	1	83.5	3	
4	3031123103	30001	1	90.5	3	
5	3031123103	30002	2	81.0	5	
6	3031123103	30003	3	91.5	3	
7	3031123104	30002	2	92.0	5	
8	1011124101	10001	3	74.5	5	
9	1011124101	10002	3	80.0	5	
10	1011124102	10002	3	46.5	0	
11	1012123101	10001	3	71.0	5	
12	1012123101	10002	3	76.0	5	
13	1012123101	10003	4	80.0	6	

参 考 文 献

[1] 刘芳. SQL Server 数据库技术及应用项目教程[M]. 北京:清华大学出版社,2010.

[2] 郭江峰. SQL Server 2005 数据库技术与应用[M]. 北京:人民邮电出版社,2007.

[3] 赵杰,李涛,朱慧,崔路明,等. SQL Server 2005 管理员大全[M]. 北京:电子工业出版社,2009.

[4] 吴戈,朱勇,赵婉芳,等. SQL Server 2008 学习笔记:日常维护、深入管理、性能优化[M]. 北京:人民邮电出版社,2009.

[5] 崔群法,祝红涛,赵喜来,等. SQL Server 2008 中文版从入门到精通[M]. 北京:电子工业出版社,2009.

[6] 赵斌. SQL Server 2008 应用开发案例解析[M]. 北京:科学出版社,2009.

[7] 邵鹏鸣,张立. SQL Server 数据库及应用(SQL Server 2008 版)[M]. 北京:清华大学出版社,2012.

[8] 刘金岭,冯万利,周泓. 数据库系统及应用实验与课程设计指导——SQL Server 2008[M]. 北京:清华大学出版社,2013.

[9] 于润伟. C♯项目实训教程[M]. 北京:电子工业出版社,2009.